办公自动化任务驱动教程

主　编：邱桂华
副主编：袁　丽　曾新锋
王震宇　陈　娟

北京理工大学出版社
BEIJING INSTITUTE OF TECHNOLOGY PRESS

内容简介

本书分三部分，第一部分介绍了办公自动化的定义、发展和功能，办公自动化系统软件，Microsoft Office 2010软件安装和卸载的详细过程，办公自动化系统的层次模型及低碳办公；第二部分主要介绍Microsoft Word 2010文档文本的录入、编辑、图文混排、艺术字插入、形状巧妙运用，办公表格编辑和本科论文排版，Microsoft Excel 2010表格单元格内文本录入、使用、数据处理及统计分析功能，以及Microsoft PowerPoint 2010演示文稿的编辑和应用；第三部分主要介绍办公自动化设备——打印机、复印机及扫描仪的基本知识和应用。

本书可作为应用型本科及高职院校管理、财经类专业办公自动化课程教学、集中实训及企业培训教材。

图书在版编目（CIP）数据

办公自动化任务驱动教程 / 邱桂华主编. —北京：北京理工大学出版社，2017.8
ISBN 978-7-5682-4609-5

Ⅰ.①办…　Ⅱ.①邱…　Ⅲ.①办公自动化－应用软件－教材
Ⅳ.①TP317.1

中国版本图书馆CIP数据核字（2017）第197702号

出版发行 / 北京理工大学出版社有限责任公司
社　　址 / 北京市海淀区中关村南大街 5 号
邮　　编 / 100081
电　　话 /（010）68914775（总编室）
82562903（教材售后服务热线）
68948351（其他图书服务热线）
网　　址 / http：//www.bitpress.com.cn
经　　销 / 全国各地新华书店
印　　刷 / 涿州市新华印刷有限公司
开　　本 / 787 毫米 ×1092 毫米　1/16
印　　张 / 20.5
字　　数 / 495千字
版　　次 / 2017 年 8 月第 1 版　2017 年 8 月第 1 次印刷
定　　价 / 72.00 元

责任编辑 / 王玲玲
文案编辑 / 王玲玲
责任校对 / 周瑞红
责任印制 / 施胜娟

前　言

随着社会的不断发展和信息技术的不断深入，各行各业使用计算机软件办公越来越普遍，Microsoft Office 办公软件成为日常生活学习的必备工具，掌握办公设备的使用及办公自动化软件操作已经成为走向企事业单位的基本技能。熟练使用 Microsoft Office 三大组件——Word、Excel、PowerPoint，可以帮助我们迅速处理日常工作所需的各种通知、公文、报表及文字演示。

本书采用任务驱动设计知识内容，由浅入深、图文并茂、清晰准确地介绍了操作过程。主要围绕 Word 2010、Excel 2010、PowerPoint 2010 知识点设计若干具体任务，每个教学任务贯穿教学目标、内容。通过学习任务，使学生积极主动地寻求解决问题的办法，培养学生自动学习、自主探索和互助协作学习的能力。本书主要特点如下：

1. 趣味性：本书摆脱传统的知识内容设计方式，将抽象、枯燥的知识点融入趣味性强的任务内容，通过任务引导充分调动学生学习的积极性和主动性。

2. 教学载体任务化：把教学内容和教学目标巧妙地设计到一个个任务中，使学生通过完成任务来达到学习知识和提高操作技能的目的。

3. 实践性：针对具体的办公应用，设计的每个任务具有很强的操作性、普遍性，学生通过任务的分析、比较及操作，可以达到有针对性的训练，用实践检验理论，从而达到学以致用的目的。

4. 知识延续性：在每一个任务项目下，设计若干个小任务，构筑基于工作过程和以项目任务为载体的办公教学体系。

本书主要内容分三部分：办公自动化基础篇、办公自动化软件篇、办公自动化设备篇。第一部分主要介绍办公自动化的定义、发展和功能，办公自动化系统软件概述，Microsoft Office 2010 软件安装和卸载的详细过程，办公自动化系统的层次模型及低碳办公；第二部分主要介绍 Microsoft Word 2010 文档文本的录入、编辑、图文混排、艺术字插入、形状巧妙运用，办公表格编辑和本科论文排版，Microsoft Excel 2010 表格单元格内文本的录入、使用、数据处理及统计分析功能，Microsoft PowerPoint 2010 演示文稿的编辑和应用；第三部分主要介绍办公自动化设备——打印机、复印机及扫描仪的基本知识和应用。

本书适合作为应用型本科、高职院校各管理、财经类专业办公自动化课程教学、集中实训，并可作为企业培训教材。其中高职院校可以根据教学内容、教学课时及教学计划，对第6章内容进行选讲，各高等院校对可根据学校硬件环境对第三篇章节进行取舍。

本书共13章，由邱桂华担任主编，袁丽、曾新锋、王震宇、陈娟担任副主编。其中第1章、第2章、第4章、第7章和第8章由邱桂华编写，第5章、第10~13章由袁丽编写，第3章由陈娟编写，第6章由王震宇编写，第9章由曾新锋编写。全书由邱桂华统稿，左振华审阅了全部书稿。

编者在本书的写作过程中得到了余敏燕等老师的大力帮助和支持，也参考了其他书籍，在此一并表示感谢。由于时间仓促，编者水平有限，书中难免有不当之处，恳请各教学单位和广大读者批评指正！

编 者

CONTENTS 目录

第一篇　办公自动化基础篇

第1章　办公自动化基础知识 ……(3)

1.1　办公自动化概述 ……(3)

1.1.1　办公自动化的定义 ……(3)

1.1.2　办公自动化的发展 ……(4)

1.1.3　办公自动化的功能 ……(6)

1.2　办公自动化系统 ……(7)

1.2.1　办公自动化系统概述 ……(7)

1.2.2　办公自动化系统软件 ……(7)

1.3　Microsoft Office 2010 的安装和卸载 ……(9)

1.3.1　安装要求 ……(9)

1.3.2　安装 Office 2010 ……(9)

1.3.3　卸载 Office 2010 ……(15)

1.4　办公自动化系统的层次模型 ……(17)

1.4.1　事务型 OA 系统 ……(17)

1.4.2　信息管理型 OA 系统 ……(17)

1.4.3　决策型 OA 系统 ……(18)

1.5　低碳办公 ……(18)

1.5.1　实行方式 ……(19)

1.5.2　应用领域 ……(21)

1.5.3　办公准则 ……(21)

1.6　课后练习 ……(22)

第二篇　办公自动化软件篇

第2章　制作 Word 基本文本及图文编排文档 ……(25)

2.1　任务：制作培训通知 ……(25)

2.1.1 任务描述 …………（25）
2.1.2 任务实现 …………（26）
2.2 任务扩展：制作宣传简报 …………（43）
2.2.1 任务描述 …………（43）
2.2.2 任务实现 …………（44）
2.3 课后练习 …………（56）

第 3 章 制作办公表格 …………（58）
3.1 任务：制作学生成绩表 …………（58）
3.1.1 任务描述 …………（58）
3.1.2 任务实现 …………（59）
3.2 任务扩展：巧用表格做封面 …………（71）
3.2.1 任务描述 …………（71）
3.2.2 任务实现 …………（72）
3.3 任务扩展：文本表格互转 …………（76）
3.3.1 任务描述 …………（76）
3.3.2 任务实现 …………（77）
3.4 课后练习 …………（79）

第 4 章 制作图形功能应用文档 …………（82）
4.1 任务：算法流程图的制作 …………（82）
4.1.1 任务描述 …………（82）
4.1.2 任务实现 …………（83）
4.2 任务扩展：应用 SmartArt 图形制作组织结构图 …………（99）
4.2.1 任务描述 …………（100）
4.2.2 任务实现 …………（100）
4.3 课后练习 …………（106）

第 5 章 利用 Word 批量制作文档 …………（108）
5.1 任务：制作给家长的一封信 …………（108）
5.1.1 任务描述 …………（108）
5.1.2 任务实现 …………（109）
5.2 任务扩展：批量制作信封 …………（125）
5.2.1 任务描述 …………（125）
5.2.2 任务实现 …………（126）
5.3 课后练习 …………（136）

第 6 章 制作毕业论文文档 …………（138）
6.1 任务：毕业论文封面的制作 …………（138）
6.1.1 任务描述 …………（138）
6.1.2 任务实现 …………（139）
6.2 任务扩展：毕业论文排版 …………（145）

6.2.1 任务描述 ……(145)
6.2.2 任务实现 ……(146)
6.3 课后练习 ……(162)

第7章 制作Excel表格数据文档 ……(164)
7.1 任务：制作学生成绩信息表 ……(164)
7.1.1 任务描述 ……(164)
7.1.2 任务实现 ……(165)
7.2 任务扩展：制作学生成绩统计分析表 ……(189)
7.2.1 任务描述 ……(189)
7.2.2 任务实现 ……(190)
7.3 课后习题 ……(205)

第8章 制作Excel高级应用文档 ……(208)
8.1 任务：筛选学生成绩信息表中的成绩记录 ……(208)
8.1.1 任务描述 ……(208)
8.1.2 任务实现 ……(209)
8.2 任务扩展：建立某公司职工工资排序和分类汇总表 ……(216)
8.2.1 任务描述 ……(216)
8.2.2 任务实现 ……(216)
8.3 任务扩展：建立某公司职工工资数据透视图表 ……(221)
8.3.1 任务描述 ……(221)
8.3.2 任务实现 ……(222)
8.4 任务扩展：制作某公司职工工资图表统计表 ……(233)
8.4.1 任务描述 ……(233)
8.4.2 任务实现 ……(233)
8.5 课后习题 ……(241)

第9章 制作PPT演示文稿 ……(243)
9.1 任务：制作江科校园相册 ……(243)
9.1.1 任务描述 ……(243)
9.1.2 任务实现 ……(244)
9.2 任务扩展：制作毕业论文答辩演示文稿 ……(250)
9.2.1 任务描述 ……(250)
9.2.2 任务实现 ……(251)
9.3 课后练习 ……(268)

第三篇 办公自动化设备篇

第10章 打印机 ……(271)
10.1 介绍打印机 ……(271)
10.1.1 打印机的分类 ……(272)

10.2 使用打印机 ……(275)
10.2.1 安装打印机驱动 ……(277)
10.2.2 打印机的管理 ……(282)
10.3 打印机的选购和使用注意事项及故障排除 ……(285)
10.3.1 打印机的选购 ……(285)
10.3.2 打印机的使用注意事项及故障排除 ……(287)
10.4 课后练习 ……(288)

第 11 章 复印机 ……(289)
11.1 介绍复印机 ……(289)
11.1.1 复印机的分类 ……(290)
11.1.2 数码复合机 ……(291)
11.2 使用复印机 ……(292)
11.2.1 复印机的基本操作 ……(292)
11.3 复印机的选购和使用注意事项及故障排除 ……(293)
11.3.1 复印机的选购 ……(293)
11.3.2 复印机的使用注意事项及故障排除 ……(294)
11.4 课后习题 ……(296)

第 12 章 传真机 ……(297)
12.1 介绍传真机 ……(297)
12.1.1 传真机的分类 ……(297)
12.1.2 传真机的功能 ……(300)
12.2 使用传真机 ……(300)
12.2.1 传真机的安装与设置 ……(301)
12.2.2 传真机的使用方法 ……(302)
12.3 传真机的选购和使用注意事项及维护 ……(305)
12.3.1 传真机的选购 ……(305)
12.3.2 传真机的使用注意事项及维护 ……(306)
12.4 课后习题 ……(307)

第 13 章 扫描仪 ……(309)
13.1 介绍扫描仪 ……(309)
13.1.1 扫描仪的分类 ……(309)
13.2 使用扫描仪 ……(312)
13.3 扫描仪的选购指南和使用技巧及注意事项 ……(314)
13.3.1 扫描仪的选购指南 ……(314)
13.3.2 扫描仪的注意事项 ……(315)
13.3.3 扫描仪的使用技巧 ……(316)
13.4 课后习题 ……(319)

参考文献 ……(320)

第一篇

办公自动化基础篇

第1章 办公自动化基础知识

1.1 办公自动化概述

1.1.1 办公自动化的定义

随着信息化技术发展速度的加快，计算机在办公领域的普及和办公自动化程度的不断深入，熟练掌握办公软件和设备进行工作显得尤为重要。掌握和使用办公软件和设备的前提是必须了解办公软件和设备，这也是现代化办公的基础。

办公自动化（Office Automation，OA）没有统一的定义，最早是由美国通用汽车公司D·S·哈特于1936年提出的，之后出现了许多有关办公自动化的定义。20世纪70年代，美国麻省理工学院M.C.Zisman教授将办公自动化定义为："办公自动化是将计算机技术、通信技术、系统科学及行为科学应用于传统的数据处理难以处理的、数据庞大且结构不明确的、包括非数值型信息的办公事务处理的一项综合技术。"也有人认为，就是在办公室中应用计算机以支持那些有知识而又不是计算机专家的工作人员；或者说，办公事务中只能用文字处理机进行处理，进行这种处理就是办公自动化。根据我国国情，国务院电子振兴办公室在1992年曾对我国的办公自动化做如下定义："办公自动化是应用计算机技术、通信技术、系统科学、管理科学等先进科学技术，不断使人们的部分办公业务借助于各种办公设备，并由这些办公设备与办公人员构成服务于某种办公目标的人机信息系统。"其目的是尽可能充分利用信息资源，提高工作效率与质量、生产效率，辅助决策，服务于各级办公活动。20世纪90年代以后，计算机网络的高速发展不仅为办公自动化提供了信息交流的手段与技术支持，更使办公活动跨时间与空间的信息采集、信息处理与利用成为可能。它为办公自动化赋予了新的内涵和应用空间，也提出了新的问题与要求。鉴于上述情况，在2000年11月召开的办公自动化国际学术研讨会上，专家们建议将办公自动化更名为办公信息系统（Office Information Systems，OIS），他们认为："办公信息系统是以计算机科学、信息科学、地理空间科学、行为科学和网络通信技术等现代科学技术为支撑，以提高专项和综合业务管理水平和辅助决策效果为目的的综合性人机信息系统。”

在行政机关中，运用计算机、网络和通信等现代信息技术手段，实现政府组织结构和工作流程的优化重组，超越时间、空间和部门分隔的限制，建成一个精简、高效、廉洁和公平的政府运作模式，以便全方位地向社会提供优质、规范、透明、符合国际水准的管理与服务，人们将其称为行政机关的办公自动化，大都把这种办公自动化叫作电子政务，而企事业单位大都叫作 OA，即办公自动化。通过实现办公自动化，或者说实现数字化办公，可以优化现有的管理组织结构，调整管理体制，在提高效率的基础上，增加协同办公能力，强化决策的一致性，最后实现提高决策效能的目的。

事实证明，实现办公自动化的最终目的是为企事业单位实现减少纸张、文具等传统办公用品的消耗，更主要的是可以缩短办公事务中的时间周期，以降低各种办公费用的支出及人员成本，并大大提高办公效率。

1.1.2　办公自动化的发展

1946 年，美国宾夕法尼亚大学诞生了世界上第一台计算机，计算机的出现促进了人类社会的进步和繁荣。作为信息科学的载体和核心，计算机科学在知识时代扮演了重要的角色。具体来讲，办公自动化经历了三个主要阶段：

1. 第一阶段（1985—1993 年）：起步阶段

早期，办公室人员使用计算机只是为了完成文件的输入、简单的文件管理、文档资源共享及文件检索功能，计算机处理主要以结构化数据处理为中心，基于文件系统或关系型数据库系统，使日常办公也开始运用 IT（Information Technology）技术，提高了文件等资料的管理水平。这一阶段实现了基本的办公数据管理（如文件管理、档案管理等），但普遍缺乏办公过程中最需要的沟通协作支持、文档资料的综合处理等，导致应用效果不佳。

2. 第二阶段（1993—2002 年）：应用阶段

随着数据库技术的发展，客户服务器结构出现，OA 系统进入了数据库管理系统（DataBase Management System，DBMS）的阶段。办公自动化软件真正成熟并得到广泛应用是在 Lotus Notes 和 Microsoft Exchange 出现以后，其所提供的工作流机制及非结构化数据库功能可以方便地实现非结构化文档的处理、工作流定义等重要的 OA 功能，OA 应用进入了实用化的阶段。这个阶段 OA 的主要特点是以网络为基础、以工作流为中心，提供了文档管理、电子邮件、目录服务、群组协同等基础支持，实现了公文流转、流程审批、会议管理、制度管理等众多实用的功能，极大地方便了员工工作，规范了组织管理，提高了运营效率。

3. 第三阶段（2002 年至今）：发展阶段

OA 应用软件经过多年的发展已经趋向成熟，功能也由原先的行政办公信息服务，逐步

扩大延伸到组织内部的各项管理活动环节，成为组织运营信息化的一个重要部分。同时，市场和竞争环境的快速变化，使得办公应用软件具有更高、更多的内涵，客户更关注如何方便、快捷地实现内部各级组织、各部门及人员之间的协同，内外部各种资源的有效组合，以及为员工提供高效的协作工作平台。

随着管理水平的提高，Internet（互联网或因特网）技术的出现，仅实现文档管理和流转已经不能满足要求，OA 的重心开始由文档的处理转入数据的分析，即所说的决策系统。未来办公自动化的发展方向应该是数字化办公。所谓数字化办公，即几乎所有的办公业务都在网络环境下实现。从技术发展角度来看，特别是互联网技术的发展、安全技术的发展和软件理论的发展，实现数字化办公是可能的。从管理体制和工作习惯的角度来看，全面的数字化办公还有一段距离，首先，数字化办公必然冲击现有的管理体制，使现有管理体制发生变革，而管理体制的变革意味着权利和利益的重新分配；另外，管理人员原有的工作习惯、工作方式和法律体系有很强的惯性，改变尚需时日。尽管如此，全面实现数字化办公是办公自动化发展的必然趋势。

数字化办公与一般的办公方式的不同主要体现在实现手段上，即信息的输入、处理、输出三大步的处理手段的数字化。具体指采用扫描仪把书面信息直接“送入”计算机（信息输入），而无须重新录入，然后通过网络技术以电子化方式发送至任何需要该信息的地方，最后通过打印机输出信息，达到信息共享的目的。

数字化办公有很多优点，它实现了从“集中印刷”到“自主打印”的飞跃，具有极大的灵活性，不受时间、地点及打印数量的限制。另外，它还将打破传统的“先打印，后分发”工作模式，建立“先分发，后打印”的打印新概念。传统的“先打印，后分发”的工作方式是：PC→打印机→复印机→邮寄→信息用户，而“先分发，后打印”的数字化办公概念则是扫描仪→电脑→另一台电脑→打印机→信息用户模式，时空距离大为缩短。运用 Internet 进行“互联网打印”则更简单，用户只要通过浏览、分类、传送及打印几个步骤，就可得到需要的信息。整个办公网络拓扑结构如图 1–1 所示。

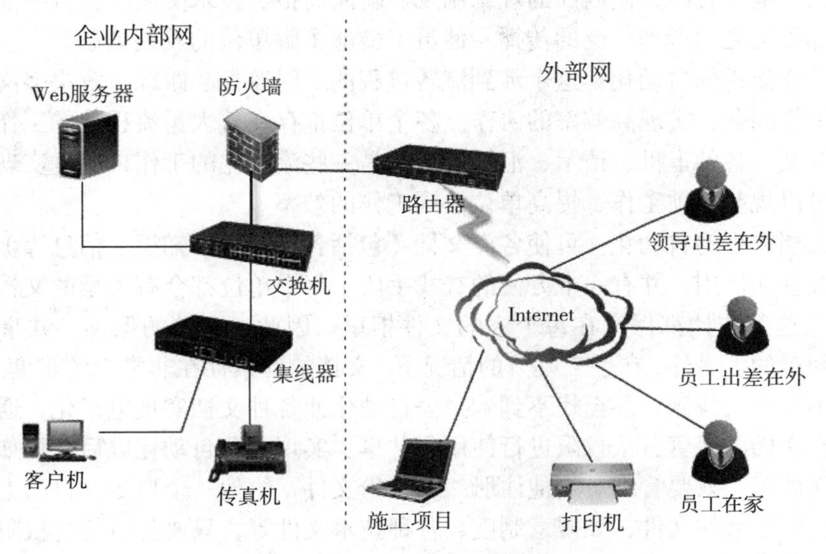

图 1–1　办公网络拓扑结构

1.1.3 办公自动化的功能

办公自动化就是利用现有的信息技术把日常办公过程电子化、数字化，以便创造一个集成的办公环境，使所有的办公人员都在同一个桌面环境下一起工作，提高办公效率。办公自动化的效率不仅仅强调的是个人的办公效率的提高，更主要的是利用 Internet 或 Intranet（企业内部网）实现群体协同工作。协同工作意味着要进行信息的交流、工作的协调与合作。由于网络的存在，这种交流与协调几乎可以在瞬间完成，并且不必担心对方是否在电话机旁边或是否有传真机可用。这里所说的群体工作，可以包括在地理上分布很广，甚至分布在全球各个地方，以至于工作时间都不一样的一群工作人员。

办公自动化可以和一个企业的业务结合得非常紧密，甚至是定制的，因而可以将诸如信息采集、查询、统计等功能与具体业务密切关联。操作人员只需单击一个按钮，就可以得到想要的结果，从而极大地方便了企业领导的管理和决策。

办公自动化还是一个企业与整个世界联系的渠道，企业可以通过 Internet 和 Intranet 与外界相连。一方面，企业的员工可以在 Internet 上查找有关的技术资料、市场行情，与现有或潜在的客户、合作伙伴联系；另一方面，其他企业可以通过 Internet 访问本企业对外发布的信息，如企业介绍、生产经营业绩、业务范围、产品 / 服务等信息，从而起到宣传介绍的作用。随着办公自动化的推广，越来越多的企业将通过自己的 Intranet 连接到 Internet 上，所以，这种网上交流的潜力将非常巨大。办公自动化已经成为企业界的共识。众多企业认识到尽快进行办公自动化建设，并占据领先地位，将有助于保持竞争优势，使企业的发展形成良性循环。

具体来说，主要实现下面七个方面的功能：

①建立内部的通信平台。建立组织内部的邮件系统，使组织内部的通信和信息交流快捷通畅。

②建立信息发布的平台。在内部建立一个有效的信息发布和交流的场所，例如，电子公告、电子论坛、电子刊物，使内部的规章制度、新闻简报、技术交流、公告事项等能够在企业或机关内部员工之间得到广泛的传播，使员工能够了解单位的发展动态。

③实现工作流程的自动化。这牵涉到流转过程的实时监控、跟踪，解决多岗位、多部门之间的协同工作问题，实现高效率的协作。各个单位都存在着大量流程化的工作，例如公文的处理、收发文、各种审批、请示、汇报等，都是一些流程化的工作，通过实现工作流程的自动化，就可以规范各项工作，提高单位协同工作的效率。

④实现文档管理的自动化。可使各类文档（包括各种文件、知识、信息等）能够按权限进行保存、共享和使用，并有一个方便的查找手段。每个单位都会有大量的文档，在手工办公的情况下，这些文档都保存在每个人的文件柜里。因此，文档的保存、共享、使用和再利用是十分困难的。另外，在手工办公的情况下，文档的检索存在非常大的难度。文档多了，需要的东西不能及时找到，甚至找不到。办公自动化使各种文档实现电子化，通过电子文件柜的形式实现文档的保管，按权限进行使用和共享。实现办公自动化以后，比如说，某个单位来了一个新员工，只要管理员给他注册一个身份文件，给他一个口令，自己上网就可以看到这个单位积累下来的文件，如规章制度、各种技术文件等，只要身份符合权限可以阅览的范围，他就都能看到，这样就减少了很多培训环节。

⑤辅助办公。牵涉的内容比较多，如会议管理、车辆管理、物品管理、图书管理等与日常事务性的办公工作相结合的各种辅助办公，实现了这些辅助办公的自动化。

⑥信息集成。每一个单位都存在大量的业务系统，如购销存、ERP 等各种业务系统，企业的信息源往往都在这个业务系统里，办公自动化系统应该跟这些业务系统实现很好的集成，使相关的人员能够有效地获得整体的信息，提高整体的反应速度和决策能力。

⑦实现分布式办公。这就是要支持多分支机构、跨地域的办公模式及移动办公。现在地域分布越来越广，移动办公和跨地域办公成为很迫切的一种需求。

1.2 办公自动化系统

1.2.1 办公自动化系统概述

办公自动化系统（Office Automation System，OAS）是利用技术的手段提高办公的效率，进而实现办公自动化处理的系统。它采用 Internet/Intranet 技术，基于工作流的概念，使企业内部人员方便、快捷地共享信息，高效地协同工作；改变过去复杂、低效的手工办公方式，实现迅速、全方位的信息采集、信息处理，为企业的管理和决策提供科学的依据，深受众多企业的青睐。

一个企业实现办公自动化的程度也是衡量其实现现代化管理的标准。OA 从最初的以大规模采用复印机等办公设备为标志的初级阶段，发展到今天的以运用网络和计算机为标志的阶段，对企业办公方式的改变和效率的提高起到了积极的促进作用。

OAS 软件解决企业的日常管理规范化、增加企业的可控性、提高企业运转的效率的基本问题，范围涉及日常行政管理、各种事项的审批、办公资源的管理、多人多部门的协同办公，以及各种信息的沟通与传递。概括地说，OAS 软件跨越了生产、销售、财务等具体的业务范畴，更集中关注企业日常办公的效率和可控性，是企业提高整体运转能力不可缺少的软件工具。

1.2.2 办公自动化系统软件

办公软件就是将现代办公和计算机技术相结合的办公自动化软件，主要用于编辑和反映工作事项，如进行公文管理、编辑通知、公告、工作日程、工作计划总结、表格制作及演示文稿制作等。市场上流行的办公自动化系统软件有很多，主要有金山公司的 WPS（Word Processing System）Office 和 Microsoft（微软）公司的 Office 等。这里主要介绍 WPS 公司的办公软件 WPS Office 和 Microsoft 公司的 Office。

1. WPS Office

WPS Office 是由金山软件股份有限公司自主研发的一款办公软件套装，可以实现办公软件最常用的文字、表格、演示等多种功能。具有内存占用小、运行速度快、体积小巧、强大插件平台支持、免费提供海量在线存储空间及文档模板、支持阅读和输出 PDF 文件、全面兼容微软 Office 97–2010 格式（doc/docx/xls/xlsx/ppt/pptx 等）的独特优势，覆盖 Windows、

Linux、Android、iOS 等多个平台。WPS 中文意为文字编辑系统，是金山软件公司的一种办公软件。最初出现于 1989 年，在微软 Windows 系统出现以前，DOS 系统盛行的年代，WPS 曾是中国最流行的文字处理软件。目前，金山公司推出的 WPS 最新版为 WPS Office 2016。

2. Microsoft Office

Microsoft Office 是微软公司开发的一套基于 Windows 操作系统的办公软件套装。常用组件有 Word、Excel、PowerPoint 等。该软件最初出现于 20 世纪 90 年代早期，最初是一个推广名称，指一些以前曾单独发售的软件的合集。当时推广的重点是购买合集比单独购买要省很多钱。最初的 Office 版本只有 Word、Excel 和 PowerPoint，另外一个专业版包含 Microsoft Access。随着时间的流逝，Office 应用程序逐渐整合，共享了一些特性，例如，拼写和语法检查、OLE 数据整合和微软 Microsoft VBA（Visual Basic for Applications）脚本语言。主要版本有：Office 97、Office 2000、Office XP、Office 2003、Office 2007、Office 2010、Office 2013 及 Office 2016。本书以 Microsoft Office 2010 为办公操作环境，这里只介绍 Microsoft Office 2010 版本。

Microsoft Office 2010 是 Microsoft 公司推出的新一代办公软件，开发代号为 Office 14，2009 年 11 月，Microsoft 公司发布了 Office 2010 公开测试版，Office 2010 RTM 版是在 2010 年 4 月份发布给原始设备制造商的。它是目前最为流行的办公自动化软件之一，它以其丰富而强大的功能赢得了广大的用户。因此，Office 2010 一经面市就受到了各方面的广泛关注。Office 2010 几乎包括了 Word、Excel、PowerPoint、Access、Outlook、Publisher、Visio、Project、OneNote 等所有的 Office 组件。

该软件共有 6 个版本，分别是初级版、家庭及学生版、家庭及商业版、标准版、专业版和专业高级版，此外，还推出了 Office 2010 免费版本，其中仅包括 Word 和 Excel 应用。除了完整版以外，微软还发布了针对 Office 2007 的升级版 Office 2010。Office 2010 可支持 32 位和 64 位 Windows Vista 及 Windows 7，仅支持 32 位 Windows XP，不支持 64 位 Windows XP。现已推出最新版本 Microsoft Office 2016。按照微软公司面向不同市场推出的套件，Office 2010 可分为 6 个不同的版本，见表 1–1。

表 1–1　Office 2010 版本

版　本	组　件
专业增强版	Word，Excel，Outlook，PowerPoint，OneNote，Access，SharePoint Workspace，InfoPath，Publisher，Office Web Apps，Communicator
标准版	Word，Excel，Outlook，PowerPoint，OneNote，Publisher，Office Web Apps
专业版	Word，Excel，Outlook，PowerPoint，OneNote，Access，Publisher
小型企业版	Word，Excel，Outlook，PowerPoint，Access，OneNote
家庭 / 学生版	Word，Excel，Outlook，PowerPoint，OneNote
移动版	Word，Excel，Outlook，PowerPoint，OneNote，Access，Publisher
注：Microsoft Office 2010 版本与 2003 版本及以前版本不能完全兼容，在使用 2010 版本时，需要对以什么版本保存做出选择，否则，文档在不同版本的电脑上使用会受到影响。	

1.3 Microsoft Office 2010 的安装和卸载

1.3.1 安装要求

安装 Office 2010 与安装 Office 2003 相比，电脑硬件的配置的要求相对较高。Microsoft 公司推荐使用的操作系统为 Microsoft Windows 7（当然也可以选择 Windows Vista）。Office 2010 安装硬件的基本配置和建议的配置方案见表 1-2。

表 1-2　Office 2010 硬件安装的基本配置和建议的配置方案

硬件名称	基本配置	建议配置
CPU	主频 1 GHz 以上	主频 2 GHz 以上
内存	512 MB 以上	1 GB 以上
硬盘可用空间	2 GB 以上	4 GB 以上
显示器	分辨率为 800 × 600 像素 / 英寸以上	分辨率为 1 024 × 768 像素 / 英寸以上
操作系统	Microsoft Windows Vista 以上	Microsoft Windows 7（SP1）

1.3.2 安装 Office 2010

Office 2010 的安装方式与其他软件类似，一般有三种安装方式：

1. 光盘安装

准备一张 Microsoft Office 2010 安装光盘（带序列号），双击安装文件后，便可以选择所有组件安装或选择自定义用户所需的组件。下面以第一次安装 Office 2010 中常用组件到默认路径（C:\Program Files）中为例，讲解安装全过程。其操作步骤如下。

第一步：将安装光盘 Office 2010 放入光驱（这里是 I 盘），待光盘自动运行后，可以看到“我的电脑”中的光盘目录，如图 1-2 所示。

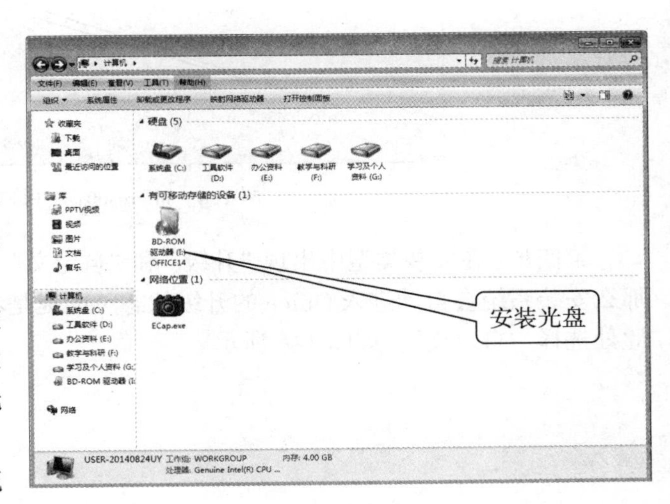

图 1-2　安装光盘

第二步：在 Windows 7 操作系统下直接双击 I 盘即可运行；或者右击鼠

标，找到“打开”选项，然后找到安装的可运行文件 setup.exe，并双击该安装文件，如图 1–3 所示。

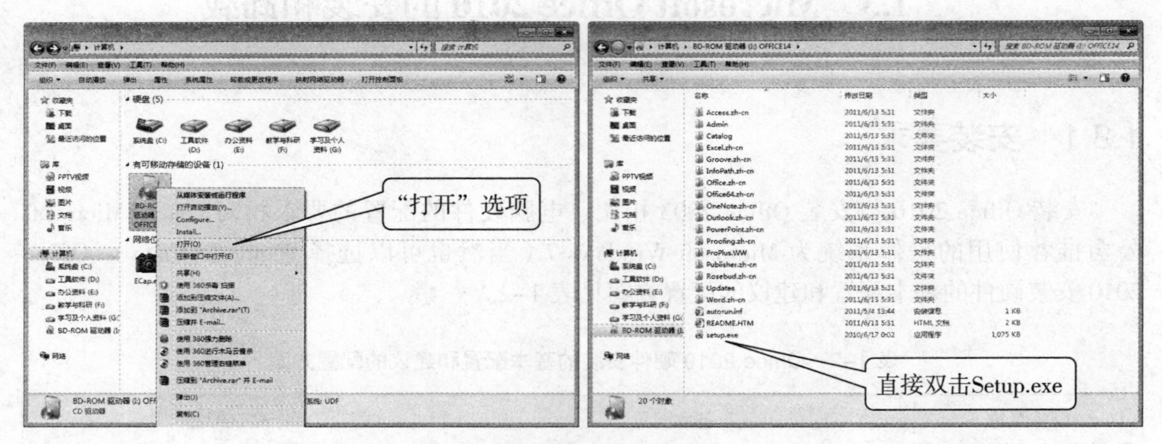

图 1–3　Setup.exe 文件

第三步：系统将自动运行至安装界面，提示是否接受 Microsoft 软件许可证条款，将“我接受此协议的条款”前的“□”内标记为“√”，单击“继续”按钮，如图 1–4 所示。

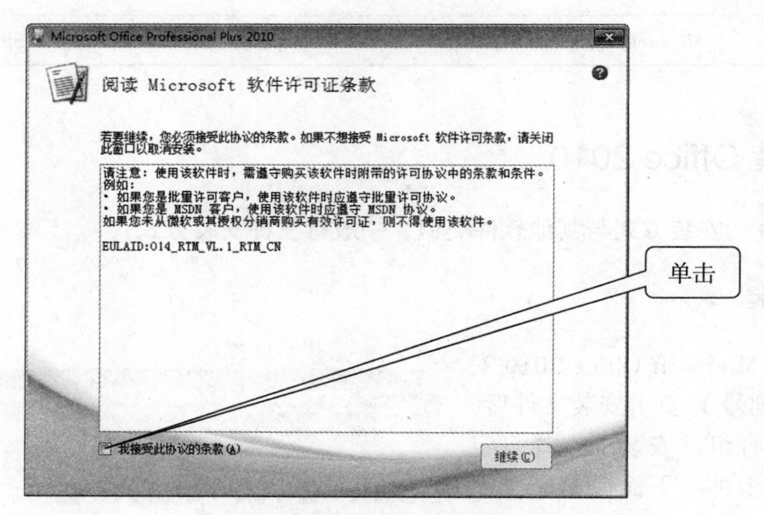

图 1–4　Microsoft 软件许可证条款

第四步：在安装类型中出现“升级”和“自定义”两个选项，如果用户选择“升级”按钮，那么安装系统会自动进入 Office 的升级状态（前提是本机安装了 Office 2010 以前的旧版本）。此处选择“自定义”，如图 1–5 所示。

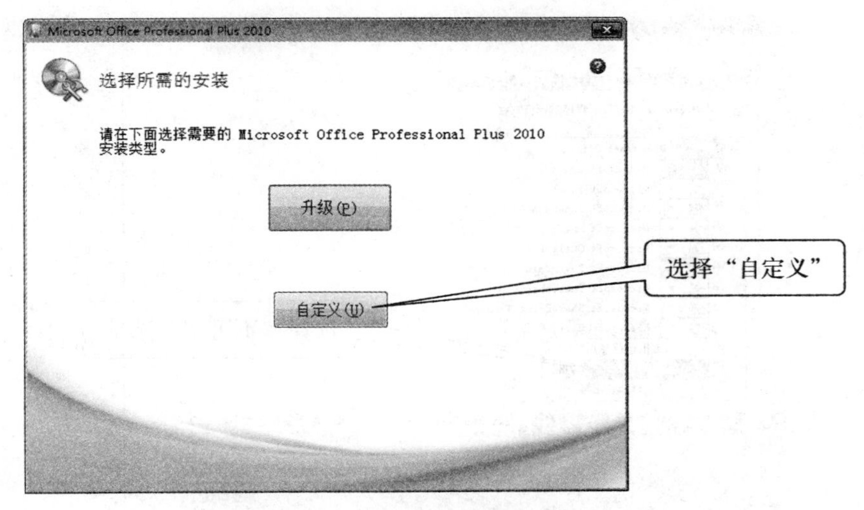

图 1-5　选择安装类型界面

建议安装的时候选择单击“自定义”选项按钮，进行自定义安装。在打开的对话框中有四个选项卡：“升级”“安装选项”“文件位置”及“用户信息”，默认打开“升级”选项卡。如果用户要“升级”，选中“保留所有早期版本”单选按钮，如图 1-6 所示。

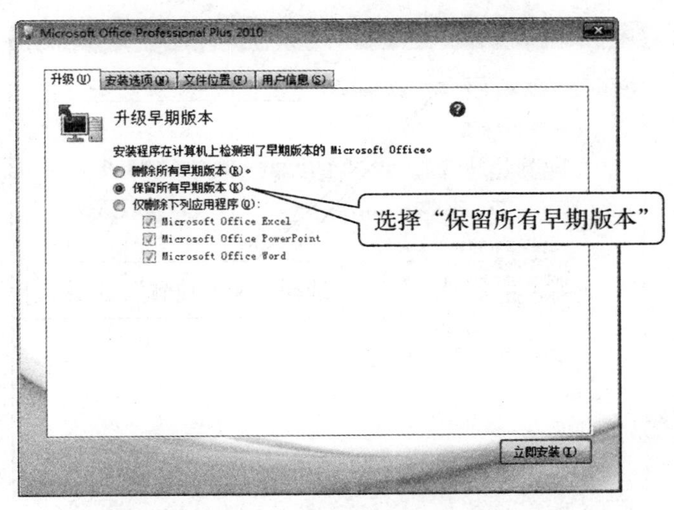

图 1-6　自定义安装方式中的“升级”选项卡

第五步：选择“安装选项”选项卡，选择所需的安装组件。如果用户不需要某组件，则选中该组件，然后右击鼠标，在快捷菜单中选择“不可用”选项，将不会安装该组件，如图 1-7 所示。

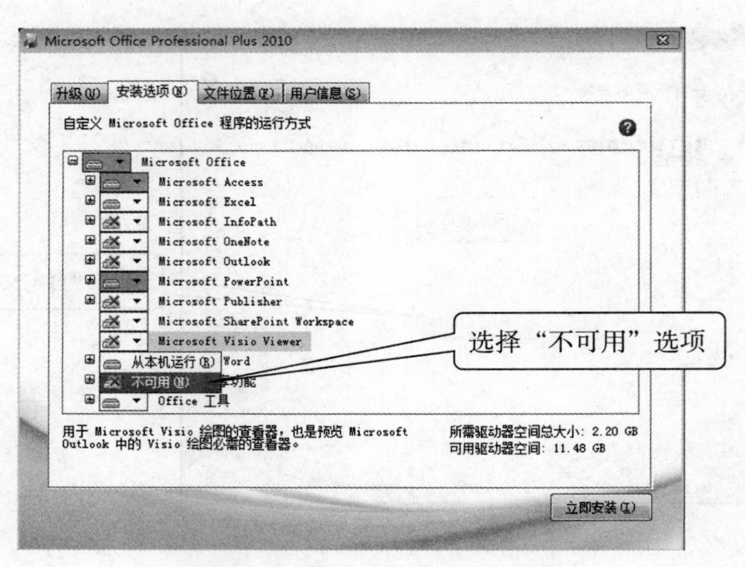

图 1-7　选择安装 Office 组件

第六步：选择“文件位置”选项卡，可以查看文件安装路径“C：\Program Files\Microsoft Office”、安装所需的磁盘空间、可用驱动器空间等内容，如图 1-8 所示。

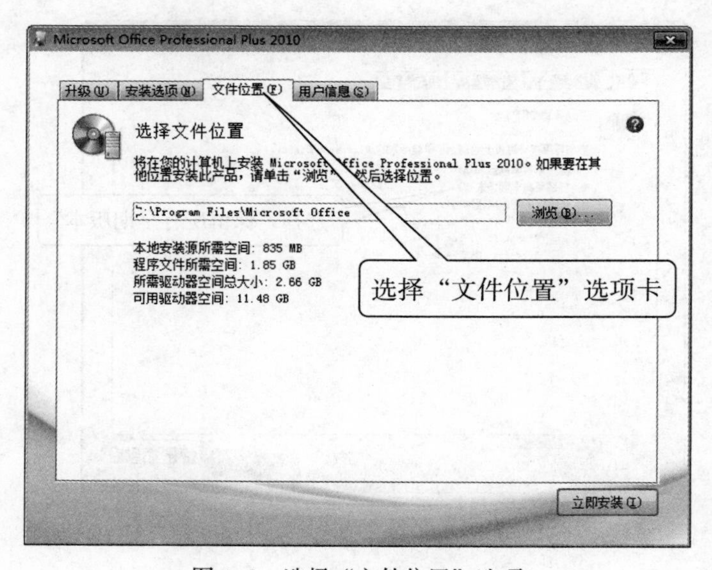

图 1-8　选择“文件位置”选项

第七步：选择“用户信息”选项卡，可以输入全名、缩写及公司或组织名称等内容，如图 1-9 所示。

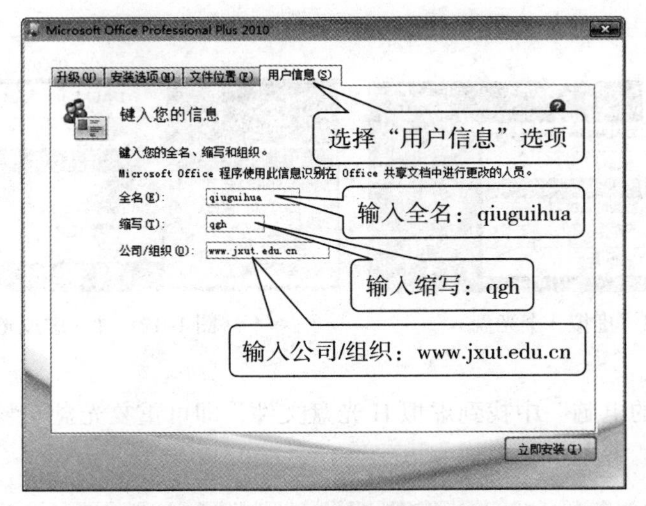

图 1-9　选择“用户信息”选项

第八步：单击面板右下角的“立即安装”按钮，等待 5~10 min 即可完成 Office 2010 的安装，然后单击“关闭”按钮，此时出现“若要完成安装，必须重启系统，是否立即重启？”面板，单击“是”按钮，即可完成 Office 2010 的安装，如图 1-10 所示。

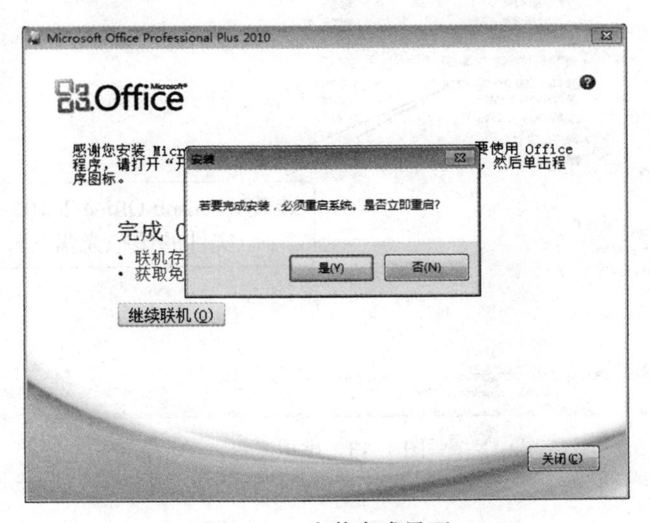

图 1-10　安装完成界面

2. ISO（光盘镜像）文件安装

如果要从 ISO 文件安装，必须准备好安装 Microsoft Office 2010 的 ISO 文件和 DAEMON TOOL Lite10.5 软件。

首先，从网上下载 DAEMON TOOL Lite10.5 软件，安装好后，可以虚拟出几个光盘，如图 1-11 所示。

其次，将安装 Microsoft Office 2010 的 ISO 文件弹入虚拟光盘（H 盘）中，如图 1-12

所示。

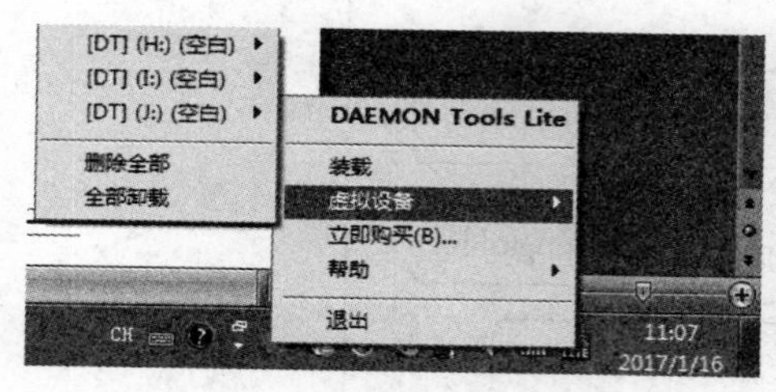

图 1–11　虚拟 3 个光盘

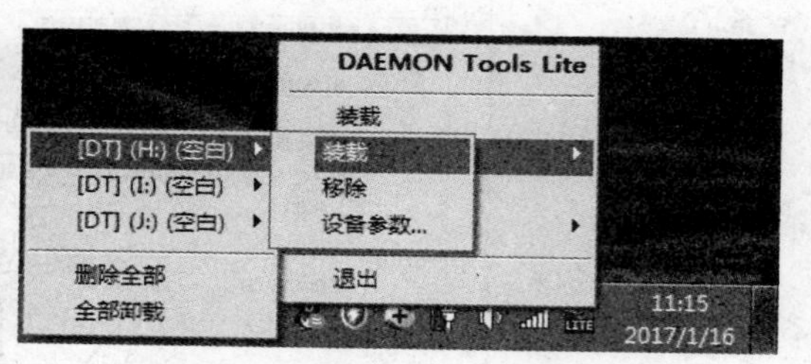

图 1–12　弹入虚拟光盘中

最后，在“我的电脑”中找到虚拟 H 光盘文件，即可重复光盘安装的全部步骤，如图 1–13 所示。

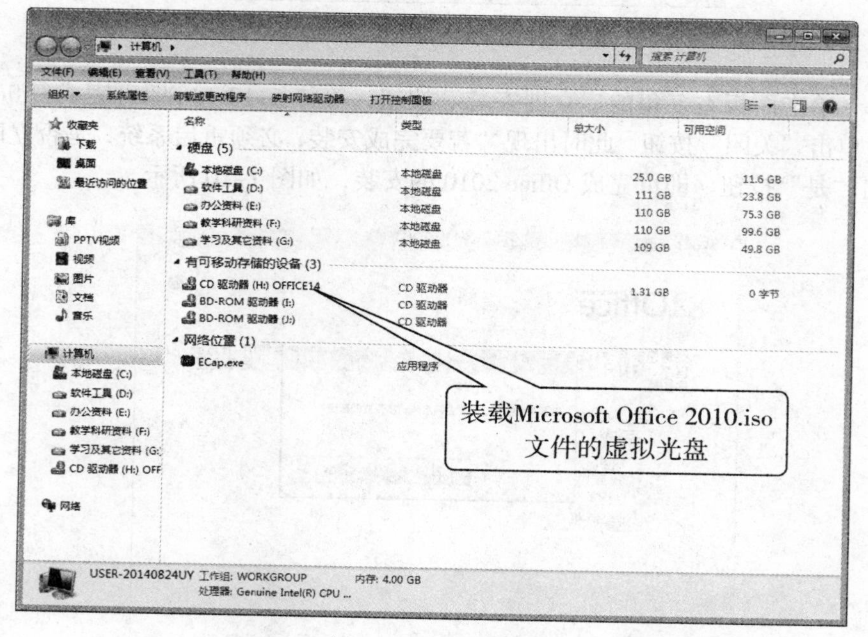

图 1–13　虚拟光盘

3. 网络安装

如果从 Microsoft Office 2010 光盘引导安装时遇到了问题，或是计算机没有光盘驱动器，那么需要通过网络进行安装。只要远程主机上存在 Microsoft Office 2010 安装资源，便可通过局域网或互联网进行网络访问。

首先要能够实现局域网或互联机中主机之间的相互访问，这里以局域网为例进行资源访问。通过双击“网上邻居”，找到“查看工作组计算机”选项。通过工作组找到主机 USER-20140824UY 进行资源访问，如图 1–14 所示。

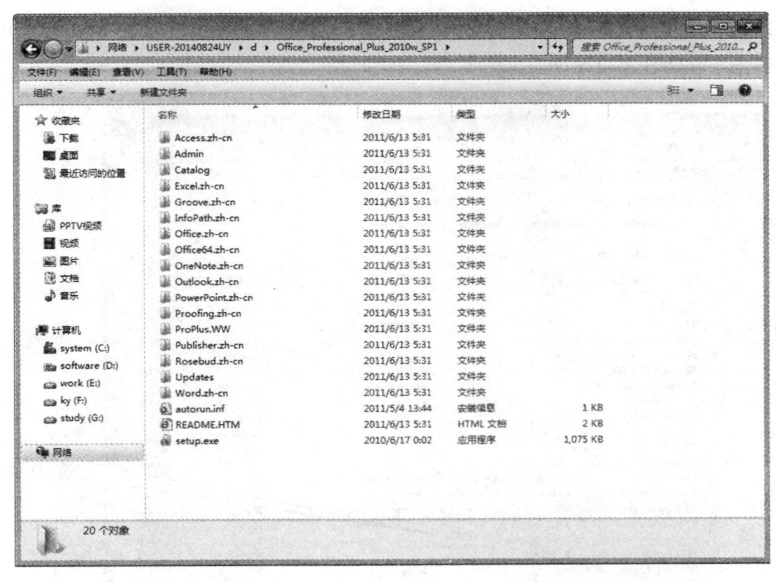

图 1–14　远程主机上的 Office 2010 资源

安装过程和光盘安装的全部步骤一样，这里不再赘述。

1.3.3　卸载 Office 2010

用户在使用的过程中，如果想卸载 Office 2010，可以通过“添加 / 删除程序”功能完成。其操作过程步骤如下。

第一步：单击“开始”菜单按钮，打开“开始”菜单找到“设置”下拉菜单，选择“控制面板”选项。在打开的“控制面板”选项中单击“程序和功能”，如图 1–15 所示。

图 1–15　启动控制面板

第二步：打开“程序和功能”对话框，找到“Microsoft Office Professional Plus 2010”选项，单击“更改”按钮，如图 1–16 所示。

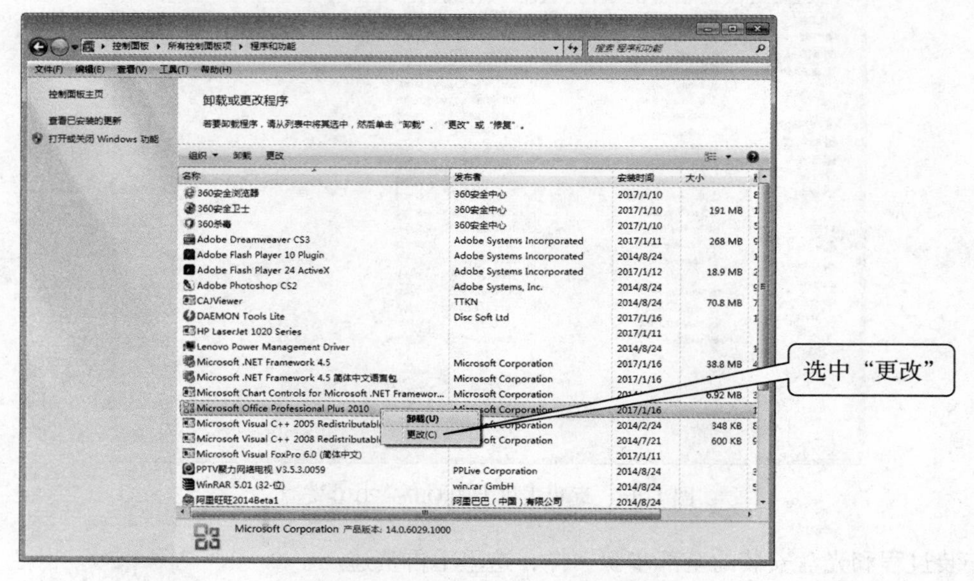

图 1–16 “程序和功能”对话框

第三步：出现三个选项：添加或删除功能、修复和删除，如图 1–17 所示。

图 1–17 更改选项

- 添加或删除功能。Office 组件安装后，用户在使用 Office 组件的过程中，如果发现某个组件没有或者多余，那么可以对安装在本机中的 Office 组件进行添加或删除组件。
- 修复。如果 Office 软件在运用的过程中经常出现问题，那么用户可以通过该功能修复安装该组件程序。
- 删除。当出现新版本的 Office 软件后，或者经过添加 / 修复该软件还有问题时，用户可以通过该功能卸载 Office 软件并重新安装。

第四步：选中“删除”按钮，单击“继续”按钮，在打开的确认是否卸载软件的对话框中，单击“是”按钮执行卸载软件的操作。在卸载软件的过程中，同样也会出现安装过程中的进度条窗口。完成卸载后，同样需要重启电脑完成操作。

1.4 办公自动化系统的层次模型

事务型 OA 系统、信息管理型 OA 系统和决策型 OA 系统是广义的或完整的 OA 系统构成中的三个层次模型。三个层次模型间的相互联系可以由程序模块的调用和计算机数据网络通信手段做出。一体化的 OA 系统的含义是利用现代化的计算机网络通信系统把三个层次的 OA 系统集成一个完整的 OA 系统，使办公信息的流通更为合理，减少许多不必要的重复输入信息的环节，以提高整个办公系统的效率。

一体化、网络化的 OA 系统的优点是，不仅在本单位内可以使办公信息的运转更为紧凑有效，而且有利于和外界的信息沟通，使信息通信的范围更广，能更方便、快捷地建立远距离的办公机构间的信息通信，并且有可能融入世界范围内的信息资源共享。

1.4.1 事务型 OA 系统

事务型 OA 系统只限于单机或简单的小型局域网上的文字处理、电子表格、数据库等辅助工具的应用，一般称之为事务型办公自动化系统。事务型 OA 系统中，最为普遍的应用有文字处理、电子排版、电子表格处理、文件收发登录、电子文档管理、办公日程管理、人事管理、财务统计、报表处理、个人数据库等。这些常用的办公事务处理的应用可做成应用软件包，包内的不同应用程序之间可以互相调用或共享数据，以便提高办公事务处理的效率。这种办公事务处理软件包应具有通用性，以便扩大应用范围，提高其利用价值。此外，在办公事务处理方面可以使用多种 OA 子系统，如电子出版系统、电子文档管理系统、智能化的中文检索系统（如全文检索系统）、光学汉字识别系统、汉语语音识别系统等。在公用服务业、公司等经营业务方面，使用计算机替代人工处理的工作日益增多，如订票、售票系统，柜台或窗口系统，银行业的储蓄业务系统等。事务型或业务型的 OA 系统的功能都是处理日常的办公操作，是直接面向办公人员的。为了提高办公效率，改进办公质量，适应人们的办公习惯，要提供良好的办公操作环境。

1.4.2 信息管理型 OA 系统

信息管理型 OA 系统是第二个层次。随着信息利用重要性的不断提高，在办公系统中对和本单位的运营目标关系密切的综合信息的需求日益增加。信息管理型的办公系统，是把事务型（或业务型）办公系统和综合信息（数据库）紧密结合的一种一体化的办公信息处理系统。综合数据库存放该有关单位的日常工作所必需的信息。例如，在政府机关，这些综合信息包括政策、法令、法规，有关上级政府和下属机构的公文、信函等政务信息；一些公用服务事业单位的综合数据库包括和服务项目有关的所有综合信息；公司企业单位的综合数据库包括工商法规、经营计划、市场动态、供销业务、库存统计、用户信息等。作为一个现代化的政府机关或企、事业单位，为了优化日常的工作，提高办公效率和质量，必须具备供本单位各个部门共享的综合数据库。这个数据库建立在事务型 OA 系统基础之上，构成信息管理型 OA 系统。

1.4.3 决策型 OA 系统

决策型 OA 系统是第三个层次。它建立在信息管理型 OA 系统的基础之上。它使用由综合数据库系统所提供的信息，针对所需要做出决策的课题，构造或选用决策数字模型，结合有关内部和外部的条件，由计算机执行决策程序，做出相应的决策。随着三大核心支柱技术——网络通信技术、计算机技术和数据库技术的成熟，世界上的 OA 已进入新的层次。在新的层次中，系统有四个新的特点：

①集成化。软硬件及网络产品的集成、人与系统的集成、单一办公系统同社会公众信息系统的集成，组成了“无缝集成”的开放式系统。

②智能化。面向日常事务处理，辅助人们完成智能性劳动，如汉字识别、对公文内容的理解和深层处理、辅助决策及处理意外等。

③多媒体化。包括对数字、文字、图像、声音和动画的综合处理。

④运用电子数据交换（EDI）。通过数据通信网，在计算机间进行交换和自动化处理。

这个层次包括信息管理型 OA 系统和决策型 OA 系统。事务型 OA 系统称为普通办公自动化系统，而信息管理型 OA 系统和决策支持型 OA 系统称为高级办公自动化系统。例如，市政府办公机构，实质上经常定期或不定期地收集各区、县政府和其他机构报送的各种文件，然后分档存放并分别报送给有关领导者阅读、处理，再将批阅后的文件妥善保存，以便以后查阅。领导者研究各种文件之后做出决定，一般采取文件的形式向下级返回处理指示。这一过程，是一个典型的办公过程。在这一过程中，文件本身是信息，其传送即是信息传送过程。但应当注意到，领导在分析决策时，可能要翻阅、查找许多相关的资料，参照研究，才能决策，所以，相关的资料查询、分析，决策的选择等，也属于信息处理的过程。

1.5 低碳办公

随着人类进程发展加速，全球人口飞速增加，消费欲望加剧，空气中 PM 2.5 指数排放量越来越大；地球温度在不断升高，冰川在融化；森林每天都在被破坏，办公纸张不断在浪费。不断恶化的环境和各种不必要的浪费已经严重影响到人类的生活和可持续的发展。

人类正面临着生态文明环境下的改革与创新，应提供低碳生产、低碳生活、低碳办公的现代化生态文明生活方式，建立资源型、节约型、环境友好型社会。

所谓低碳（Low-carbon），指的是较低（更低）的温室气体（二氧化碳为主）排放。随着世界工业经济的发展、人口的剧增、人类欲望的无限上升和生产生活方式的无节制，世界气候面临越来越严重的问题，二氧化碳排放量越来越大，地球臭氧层正遭受前所未有的危机，全球灾难性气候变化屡屡出现，已经严重危害到人类的生存环境和健康安全，即使是人类曾经引以为豪的高速增长或膨胀的 GDP，也由于环境污染、气候变化而大打折扣。

低碳办公（Low-carbon Office）是指在公务活动中尽量减少能量的消耗，从而减少碳，特别是二氧化碳的排放。

从狭义上来说，低碳办公是指在办公活动中使用节约资源、减少污染物产生和排放、可回收利用的产品。它是“节能减排、全民行动”的重要组成部分，主张从身边的小事做起，珍惜每一度电、每一滴水、每一张纸、每一升油以及每一件办公用品。然而真正实施起来却有一定的难度，据好视通的一项调查发现，如果有 10 万用户每天工作结束后关闭电脑，就能节省高达 2 680 kW · h 的电能，减少 3 500 磅[①] 的二氧化碳的排放量，这相当于每月减少 2 100 多辆汽车上路。一项来自 IBM 的评估则表明，该公司全球范围仅因鼓励员工在不需要时关闭设备和照明，一年就能节省 1 780 万美元，相当于减少了 5 万辆汽车行驶的排放量。

低碳办公从广义上来说包含的内容相当广泛，如办公环境的清洁、办公产品的安全、办公人员的健康等。在低碳办公逐渐成为趋势的今天，很多中小企业开始寻求兼具高性价比及环保特点的彩色办公设备。

1.5.1 实行方式

实现低碳办公主要可以通过以下方式实现。

1. 选择低碳办公生活

（1）办公室空调的节能利用

为了减少能耗，一般情况下，夏季办公楼空调温度设置在 26 ℃ ~28 ℃，冬季办公楼空调温度设置不要高于 20℃。使用空调时关好窗户，下班前 20 min 关闭办公室空调。办公室内的温度在空调关闭后将保持一段时间，因此下班前 20 min 关闭空调，既不会影响室内人员工作，又可节约大量的电能。

（2）办公室的电脑节能利用

注意平时对电脑的清洁，如果机箱内灰尘过多，会影响电脑的散热，而显示器屏幕浮着的灰尘也会影响到其亮度。定期清洁擦拭，不仅省电，还可以使电脑得到良好的保养。将电脑显示器亮度调整到一个合适的值。显示器亮度过高，既会增加耗电量，也不利于保护视力。

为电脑设置合理的“电源使用方案”。短暂休息期间，关闭电脑显示器；较长时间不用，启动“待机”模式；更长时间不用，启用“休眠”模式。坚持这样做，每天可至少节约 1 度电，还能延长电脑和显示器的使用寿命。

办公室电脑屏幕保护画面要简单，并及时关闭显示器。屏幕保护越简单越好，最好是不设置屏幕保护，运行庞大复杂的屏幕保护会比正常运行时更加耗电。可以把屏幕保护设为“无”，然后在电源使用方案里面设置关闭显示器的时间，直接关显示器比使用任何屏幕

① 1 磅 =0.45 千克。

保护都要省电。

（3）办公设备选购

在用于打印的办公设备中，喷墨打印机耗电量最小，一般工作功率为15~20 W，待机功耗约为0.8 W；激光打印机的功耗是喷墨打印机的十几倍，一台普通激光打印机的功耗为200~500 W，待机功耗为2~5 W；一台普通集A3幅面打印、复印、打印、分组/分套打印、移动打印及传真功能的多功能一体化打印机的功耗则更大，一般为1 300~1 600 W。

因此，在选购办公设备时，首先要根据办公的需要，尽可能选购功耗低的办公设备。

2. 选择网络办公

（1）远程培训、远程会议及远程办公

对于人力资源部门来说，采用远程培训的方式对各地分支机构员工进行培训，无疑是最快速、最有效的方法。同时，还可以登录线上学习平台，使用录制的标准课件，进一步提高学习效率。

无论是董事会议或是全国销售会议，没必要所有人都要长途差旅。简单地运用网络视频会议系统，在降低企业运营成本的同时，可以迅速降低二氧化碳的排放量。

利用网络信息化，可以安排部分员工定期在家工作，在降低企业运营成本的同时，还可以提高生产力和员工士气，节省了每天浪费在上下班路上的时间。

（2）项目协同

项目组的成员可以进行远程协作，使地理上分开的工作组以更高的速率和灵活性用电子方式组织起来。许多大公司与其分公司间通过视讯平台，利用桌面视讯会议，实现整个公司的办公自动化。相关人员可以在屏幕上共同修改文本、图表，进行资源共享。

（3）人才资源招聘

通过视频面对面地初步筛选合适的候选人，对企业和应聘者来说都极大地提高了工作效率。视频面试比电话面试更加真实可靠，并且企业还拓宽了招聘渠道，可以招聘到更多的在异地的人才。

（4）资源共享

在信息化办公系统中，员工可以通过企业或校园网络进行硬件、软件和信息资源共享。比如，员工可极大地利用网络共享打印机、服务器、扫描仪及绘图仪等设备；公司通过OA内部系统、内部短信、QQ群、微信群等平台发布通知，员工可以在很短时间内知晓信息，减少不必要的中间环节，节省办公成本。

（5）网上发布

举办在线的产品发布会或渠道会议，企业客户、合作伙伴通过视讯平台远程参与，相比传统的发布会将大大节约邀请嘉宾参会的差旅费和招待费，这是一场高效率、低碳的产品发布会。

3. 选择无纸化办公

无纸化办公，是指在处理各种工作如信息沟通、文件起草、阅读和存储，利用计算机、iPad、手机等现代化办公设置和网络传输技术进行办公时，少用或不用纸张和笔的一种工作方式。

采取无纸化办公平台，尽量减少文件复印及打印。可以通过网络在线处理公文、收发电子邮件、传真，在减少纸张消耗的同时，也可以减少二氧化碳的排放，还可以提高办公效率。

1.5.2 应用领域

（1）生活领域

木炭是烧烤、火锅等最优燃料。特别是机制炭，由于它经高温精炼，所以无烟、无毒、无异味，烧时不爆火星，灰分低，发热量大，燃烧时间长，越来越受到人们的青睐。

利用风力、太阳能等可再生能源和清洁高效能源技术进行发电，主要供应居民用电、家用热水和空间加热、路灯等方面。通过这种清洁能源可以减少二氧化碳排放，创建一条可持续发展之路。

（2）低碳工业领域

利用木炭独特的微孔结构和超强的吸附能力，在工业上用来对食品、药品、酒类、油类、贵重金属等进行回收，进行吸附、去胶、除异味，以及环保方面气体净化、污水处理等。

（3）农、畜牧业领域

在农业领域，利用秸秆发电等可再生能源和清洁高效能源技术创造了独特的经济效益。为建立清洁发展机制，减少温室气体排放，应加大生物能和其他可再生能源的研发和利用力度。

在畜牧业领域，通过生态养殖，利用自然界中的生物链规律，保证原料、产品、废物的循环利用，以解决畜牧业生产环节中的废弃物污染、水污染和低排放，是发展低碳畜牧业的一条可行之路。

1.5.3 办公准则

随着全球能源紧张，大气 PM 2.5 污染严重，人类迫切希望能够节能减排、绿色出行、低碳办公，建立全球可持续发展的动力。低碳办公要求从身边做起，从个人做起，这是办公人员的行为准则，应做到以下几点。

①办公室内养殖一些净化空气的植物，如吊兰、非洲菊、无花观赏桦等，它们可以吸收甲醛，也能分解复印机、打印机等排放的苯，还能吸收尼古丁。

②购买办公用品应考虑环保因素，这样不仅可降低公司长期成本，更重要的是，可为自己创造一个绿色环境。

③尽量少使用复印机、打印机等，因为它们不仅会消耗大量的耗材，还会释放出污染空气和对身体有害的气体，危害健康。

④办公室的空调和制冷设备须定期清理，这样可加强空调制冷、省电功能，并改善房间空气。

⑤下班或者需要离开办公室时随手关掉显示器电源，这样不仅可以省电，还可以减少二氧化碳的产生量。

⑥双面使用纸张。多使用一面，就相当于少砍了 50% 本应该被砍伐的树木。

⑦传真和邮件尽量在网络上完成，这样，可以减少纸张使用，还可以提高工作效率。

⑧多使用微信、QQ、内部通信系统等各种即时通信工具。

⑨分类管理收集到的传单纸张，如果不用，可以卖掉，以帮助它们进入再循环。

⑩除非必要，尽量不要浪费一次性纸杯等用品。

⑪办公室的静音环境很重要，没有人喜欢在嘈杂的环境内工作，接电话时控制音量，手机保持振动，讨论事情时心平气和，选择低噪办公用具。

低碳办公人员行为准则，还需要依靠大家的智慧和努力共同完成。

1.6 课后练习

1. 描述你接触过的办公自动化设备，各有什么特点？

2. 从互联网或局域网下载 DAEMON 软件，完成该软件的安装。

3. 在机房利用 DAEMON 软件完成 Microsoft Office 2010 的安装。

4. 从互联网或局域网下载虚拟软件 VMware 或 Virtual PC，完成虚拟软件的安装，并在虚拟机中完成 Microsoft Windows 7 操作系统的安装。

5. 在机房利用虚拟软件 VMware 或 Virtual PC 和 Microsoft Office 2010 的 ISO 文件完成 Microsoft Office 2010 的安装。（前提：此虚拟机中要有操作系统）

6. 如何启动和退出 Microsoft Office Word 2010？

7. 如何启动和退出 Microsoft Office Excel 2010？

8. 如何启动和退出 Microsoft Office PowerPoint 2010？

9. 分小组讲述并演示 Microsoft Office Word 2010 的主要功能，它与 Microsoft Office Word 2007 有哪些不同？

10. 分小组讲述并演示 Microsoft Office Excel 2010 的主要功能，它与 Microsoft Office Excel 2007 有哪些不同？

11. 分小组讲述并演示 Microsoft Office PowerPoint 2010 的主要功能，它与 Microsoft Office PowerPoint 2007 有哪些不同？

12. 如何理解低碳生活、低碳生产及低碳办公，你打算如何做起？

第二篇

办公自动化软件篇

第2章

制作Word基本文本及图文编排文档

随着信息化技术不断深入和社会经济的迅猛发展，计算机办公已经普及化，计算机、打印机及扫描仪等已经成为每个企业办公的必备硬件，新时代要求人才能够更好地适应岗位，因此，掌握 Office 办公软件的使用就显得尤为重要。

在工作中，经常会接收到办公文件及通知等；在生活中，经常会收到企业推销产品的宣传单，或者走在大街上，也能看到制作精美的海报、张贴画等；在学习上，经常需要使用计算机来撰写学习笔记、论文等。那么，这些漂亮的文档是如何编排的呢？本章将学习 Microsoft Office 2010 中的 Word 办公软件，主要完成 Word 的基本操作，图形、图片的插入，以及艺术字、文本框等对象的操作，让用户能够通过任务训练快速掌握 Word 的基本操作技巧和应用。

本章知识技能要求：

- ✧ 掌握 Word 2010 的基本操作
- ✧ 掌握 Word 2010 中首字下沉、项目符号和编号及分栏等操作
- ✧ 掌握 Word 2010 中图形的绘制、样式设置
- ✧ 掌握图片、文本框的运用及设置，并进行综合处理

2.1 任务：制作培训通知

2.1.1 任务描述

开学伊始，学校各项工作已经步入正轨，学校党委决定举办新一期的党员培训班，需要通知各学院、各班级入党积极分子参加党员培训班。由于学院较多，电话通知怕有遗漏，因此学校组织部决定对各学院下发一份公文，通知各学院的入党积极分子准时参加培训。秘书草拟了一份红头文件，下发到各学院，以便方便、快捷地完成此项工作。

本任务实施要求如下：

①设计公文版头信息；

②录入基本信息并排版好；

③调整阅读模式。

任务效果如图 2–1 所示。

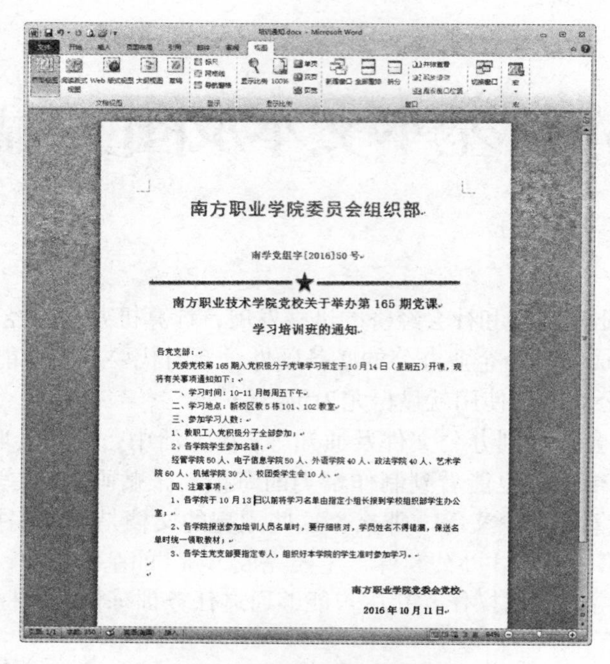

南方职业学院委员会组织部

南学党组字[2016]50 号

南方职业技术学院党校关于举办第 165 期党课
学习培训班的通知

各党支部：

党委党校第 165 期入党积极分子党课学习班定于 10 月 14 日（星期五）开课，现将有关事项通知如下：

一、学习时间：10–11 月每周五下午

二、学习地点：新校区教 5 栋 101、102 教室

三、参加学习人数：

1、教职工入党积极分子全部参加；

2、各学院学生参加名额：

经管学院 50 人、电子信息学院 50 人、外语学院 40 人、政法学院 40 人、艺术学院 60 人、机械学院 30 人、校团委学生会 10 人、

四、注意事项：

1、各学院于 10 月 13 日以前将学习名单由指定小组长报到学校组织部学生办公室；

2、各学院报送参加培训人员名单时，要仔细核对，学员姓名不得错漏，保送名单时统一领取教材；

3、各学生党支部要指定专人，组织好本学院的学生准时参加学习。

南方职业学院党委会党校

2016 年 10 月 11 日

图 2–1　培训通知效果图

2.1.2　任务实现

1. 设计公文版头信息

打开程序菜单 Microsoft Office 2010，启动 Word 2010 软件，系统会自动创建一个名为“文档 1”的文档，文件以“培训通知”为名保存。

知识加油站

如果在编辑文档的过程中需要另外创建一个或多个新文档，可以用以下方法之一来创建：

方法一：执行“文件”→“新建”命令。

方法二：按 Alt+F 组合键打开“文件”选项卡，执行“新建”命令（或直接按 N 键）。

方法三：按快捷键 Ctrl+N。

①单击菜单栏“页面布局”选项卡，在“页面设置”面板中单击“页边距”图标下拉按钮，在打开的下拉列表中单击“自定义页边距”按钮，弹出“页面设置”对话框，将页边距设置为上：3.7 厘米、下：3 厘米、左：2.5 厘米、右：2.5 厘米，如图 2–2 所示。

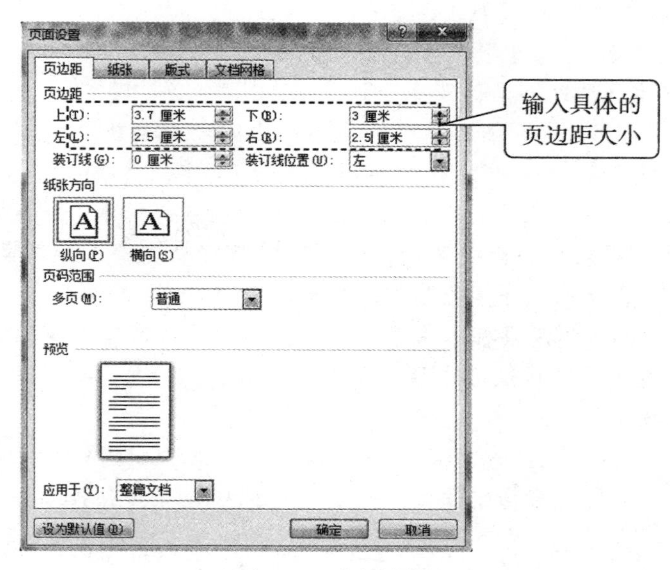

图 2–2 页边距设置

②录入版头信息，文字内容为：“南方职业学院委员会组织部 南学党组字［2016］50 号”。效果如图 2–3 所示。

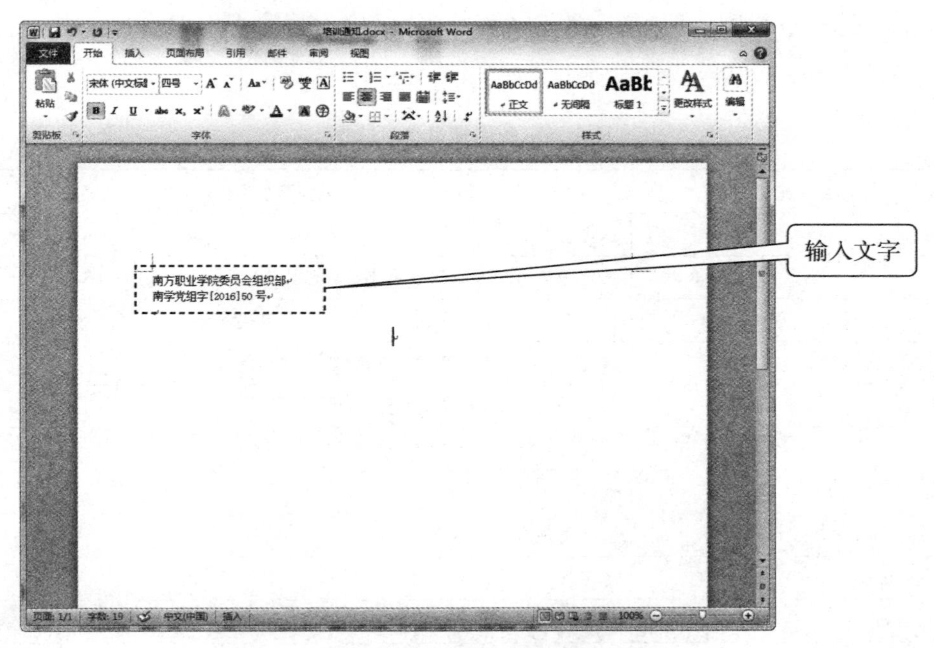

图 2–3 公文版头信息录入

知识加油站

在 Word 中选定文本，有以下几种方式。

利用鼠标选定文本

根据所选定文本区域的不同，选择不同方式，具体操作如下。

- 选定任意大小的文本区：首先将“I”形鼠标指针移动到所要选定文本区的开始处，然后拖动鼠标直到所选定的文本区的最后一个文字，并松开鼠标左键，这样，鼠标所拖动过的区域被选定，并以灰底形式显示出来。文本选定区域可以是一个字符或标点，也可以是一行或多行，甚至可以是整篇文档。如果要取消选定区域，可以用鼠标单击文档的任意位置或按键盘上的箭头键。
- 选定大块文本：首先用鼠标单击选定区域的开始处，然后按住 Shift 键，再配合滚动条将文本翻到选定区域的末尾，单击选定区域的末尾，则两次单击范围中包括的文本就被选定。
- 选定一个句子：按住 Ctrl 键，将鼠标光标移动到所要选定的句子的任意处单击。
- 选定一个段落：将鼠标指针移到所要选定段落的任意行处连击三下。或者将鼠标指针移到所要选定段落左侧选定区，当鼠标指针变成向右上方指的箭头时双击之。
- 选定整个文档：按住 Ctrl 键，将鼠标指针移到文档左侧的选定区单击。或者将鼠标指针移到文档左侧的选定区并连续快速三击鼠标左键。或直接按快捷键 Ctrl+A 选定全文。

利用键盘选定文本

当用键盘选定文本时，注意应首先将插入点移到所选文本区的开始处，然后再按表 2-1 所示的组合键。

表 2-1　利用键盘选定文本

按组合键	选定功能
Shift+ →	选定当前光标右边的一个字符或汉字
Shift+ ←	选定当前光标左边的一个字符或汉字
Shift+ ↑	选定到上一行同一位置之间的所有字符或汉字
Shift+ ↓	选定到下一行同一位置之间的所有字符或汉字
Shift+Home	从插入点选定到它所在行的开头
Shift+End	从插入点选定到它所在行的末尾
Shift+Page Up	选定上一屏
Shift+Page Down	选定下一屏
Ctrl+Shift+Home	选定从当前光标到文档首
Ctrl+Shift+End	选定从当前光标到文档尾
Ctrl+A	选定整个文档

利用扩展功能选定文本

在扩展式模式下，可以用连续按 F8 键扩大选定范围的方法来选定文本。

如果先将插入点移到某一段落的任意一个中文词（英文单词）中，那么，

第一次按 F8 键，状态栏中出现“扩展式选定”信息项，表示扩展选区方式被打开；

第二次按 F8 键，选定插入点所在位置的中文词 / 字（或英文单词）；

第三次按 F8 键，选定插入点所在位置的一个句子；

第四次按 F8 键，选定插入点所在位置的段落；

第五次按 F8 键，选定整个文档。

也就是说，每按一次 F8 键，选定范围扩大一级。反之，反复按 Shift+F8 组合键，可以逐级缩小选定范围。

如果需要退出扩展模式，只要按下 Esc 键即可。

为了使文档版头更加清晰醒目，可对版头进行设置，具体操作步骤如下。

第一步：选中“南方职业学院委员会组织部”字段，在菜单栏“开始”选项卡中的“字体”面板中，单击“字体” 宋体 右端的下拉按钮，在随之展开的字体列表中，单击选择“黑体”；

单击“字号” 五号 右端的下拉按钮，在随之展开的字号列表中，选择“一号”字体；

单击“字体颜色”按钮 A 右端的下拉按钮，展开颜色列表框，单击“红色”选项；

单击“加粗” B 图标按钮，给所选的文字设置“加粗格式”，效果如图 2-4 所示。

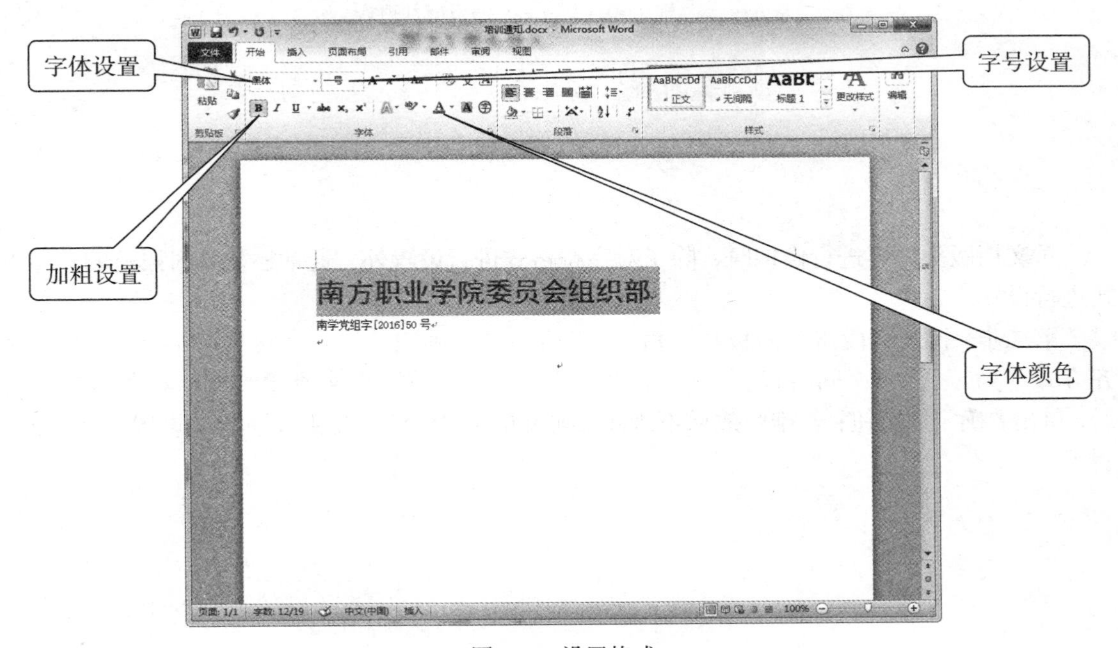

图 2-4　设置格式

知识加油站

选择“字体”面板右下角的图标按钮，弹出“字体”对话框，单击“高级”选项卡，通过“缩放”列表框来设置文字在水平方向的比例；通过“间距”调整字符的“磅值”，加大或缩小文字间距；通过“位置”调整“磅值”，改变文字相对水平基线提升或降低文字显示的位置，如图 2–5 所示。

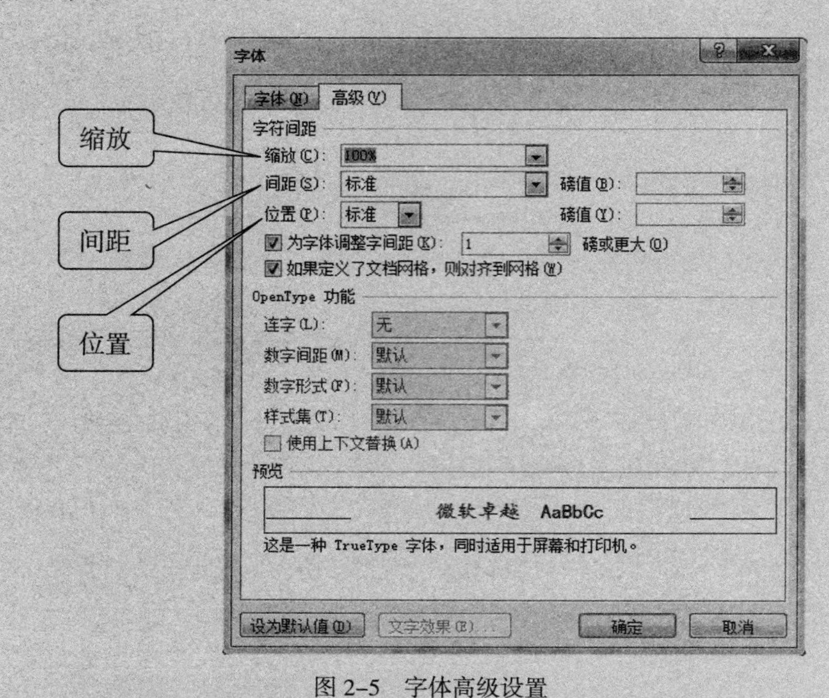

图 2–5　字体高级设置

对文档版头内容进行修饰时，除了对字符格式进行设置外，通常还需要对段落的整体格式进行设置。

第二步：打开“段落”面板右下角的图标按钮，弹出“段落”设置对话框，选择“对齐方式”为“居中”，间距设置为段后“2 行”。在“预览”框中查看，确认排版效果满意后，单击“确定”按钮；若排版效果不理想，则可单击“取消”按钮取消本次设置，如图 2–6 所示。

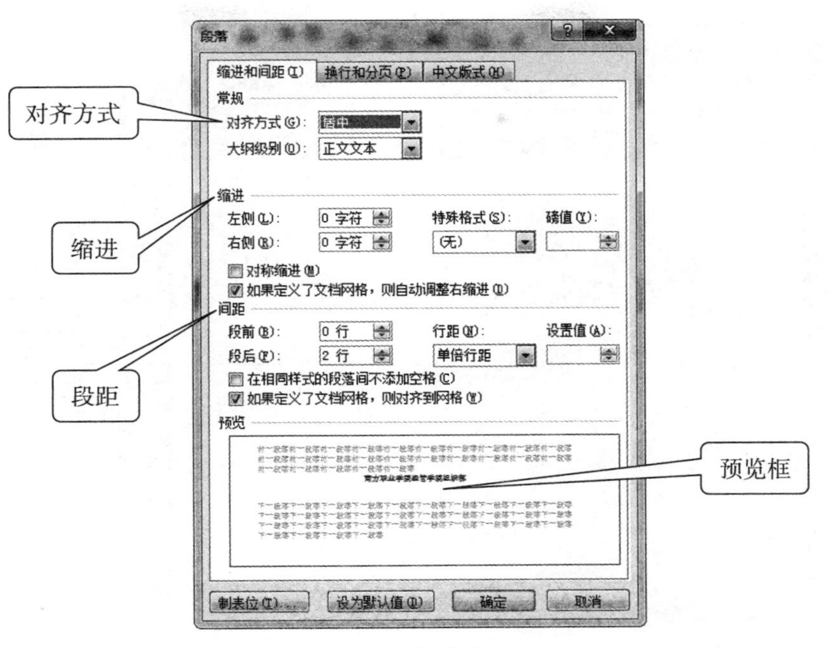

图 2-6　段落设置

知识加油站

设置段落对齐的快捷键见表 2-2。

表 2-2　段落对齐的快捷键

快捷键	作用说明
Ctrl+J	使所选定的段落两端对齐
Ctrl+L	使所选定的段落左对齐
Ctrl+R	使所选定的段落右对齐
Ctrl+E	使所选定的段落居中对齐
Ctrl+Shift+D	使所选定的段落分散对齐

第三步：和“南方职业学院经管学院组织部”字段格式设置的操作方式一样，将“南学党组字［2016］50 号”段落字体设置为“宋体、四号、加粗、字体红色”，段落格式设置为“居中、段后间距为 1 行”，如图 2-7 所示。

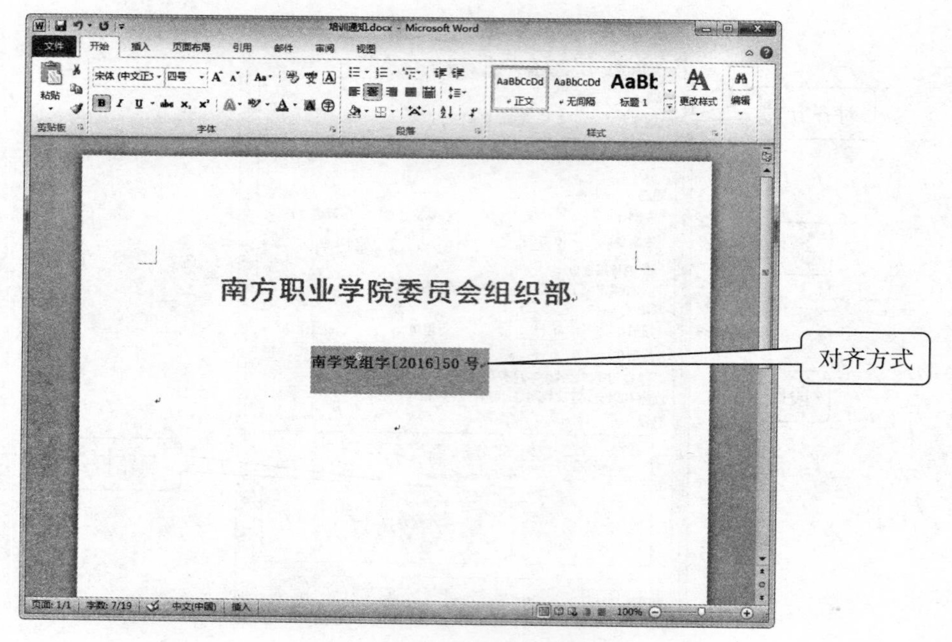

图 2-7　公文版头格式设置

③制作公文的红头线。

Word 2010 提供了多种形状工具，可以使用这些工具在文档中绘制所需要的形状，具体操作步骤如下。

第一步：单击菜单栏“插入”选项卡，点开“形状”图标下拉按钮，选择“直线”选项，如图 2-8 所示。

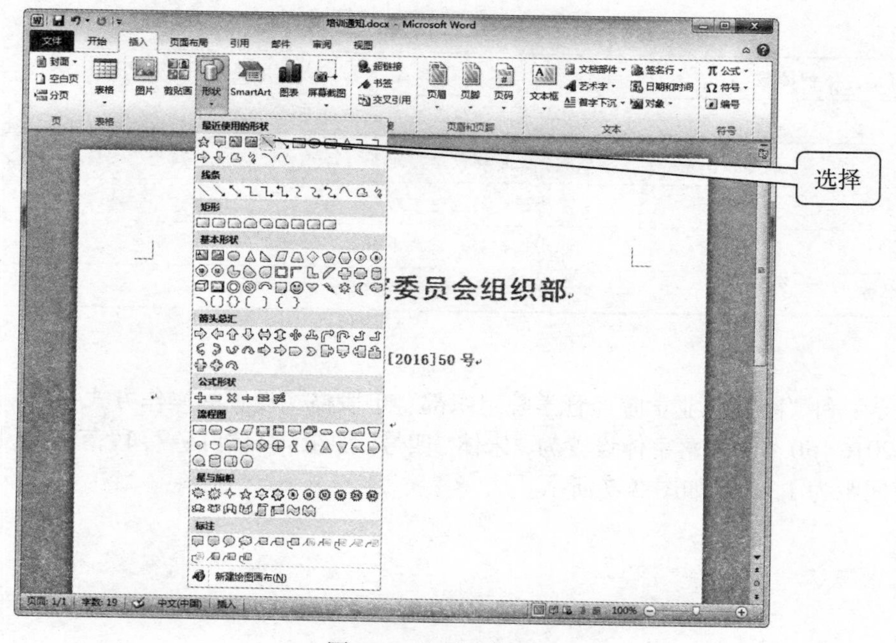

图 2-8　选择直线形状

第二步：在需要插入形状的位置拖动鼠标，并按住 Shift 键（说明：按住此键可以保证线条呈水平状态）绘制直线，调整直线的位置和长短。选中绘制好的直线，单击“格式”选项中“形状样式”面板上的图标按钮，选择“中等线 – 强调颜色 2”图标，效果如图 2–9 所示。

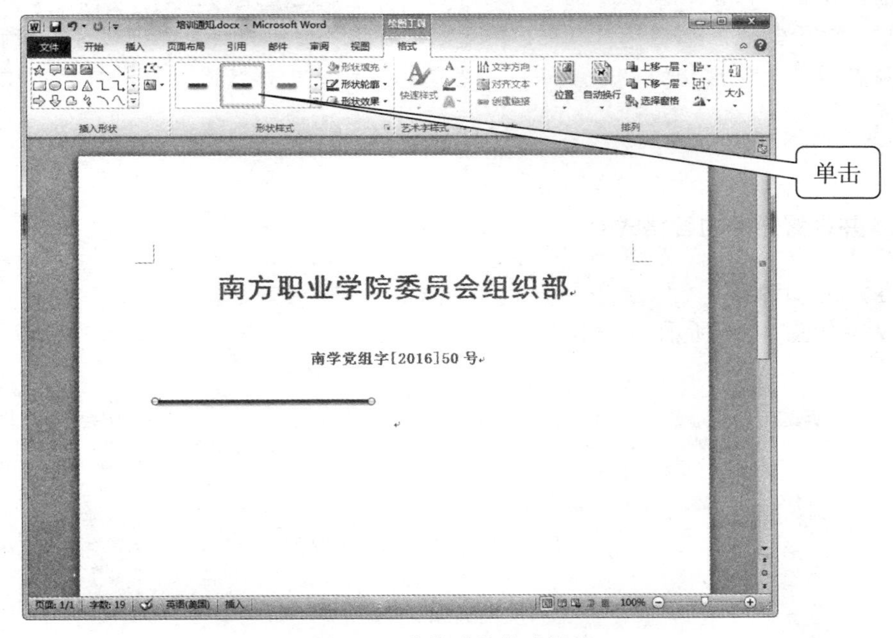

图 2–9　直线形状格式设置

第三步：用同样的方法把五角星和另一条直线画好，并设置好格式，效果如图 2–10 所示。

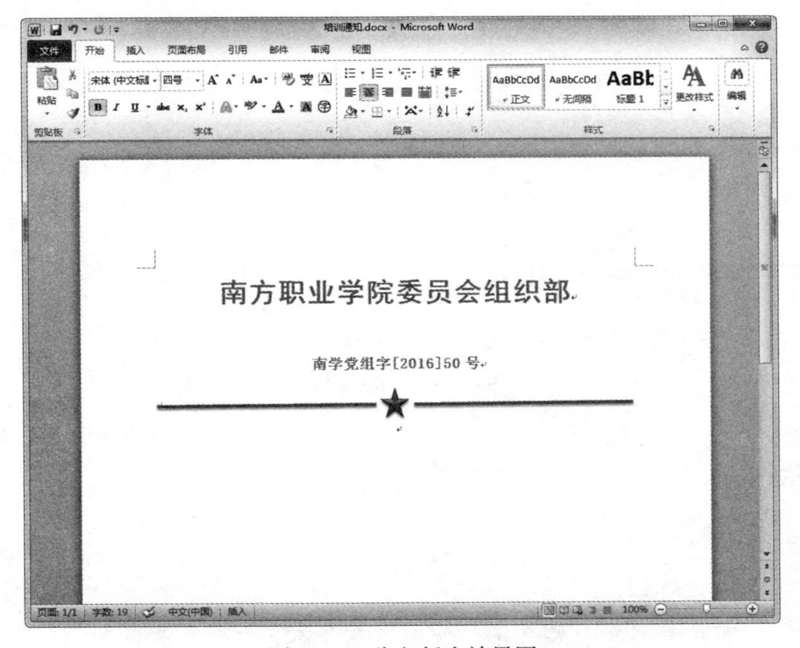

图 2–10　公文版头效果图

注意：

直线的设置和图形的设置不一样，选中直线后，只会出现2个控制点，可以调整直线的长短。对于其他图形形状的设置，在选中形状后，形状的四周会出现8个控制点，拖动控制点即可改变形状的大小、外观。当鼠标指针呈 形状时，拖动鼠标可以改变形状的位置。

2. 录入并设置通知内容格式

（1）录入通知内容

具体文字如图2-11所示。

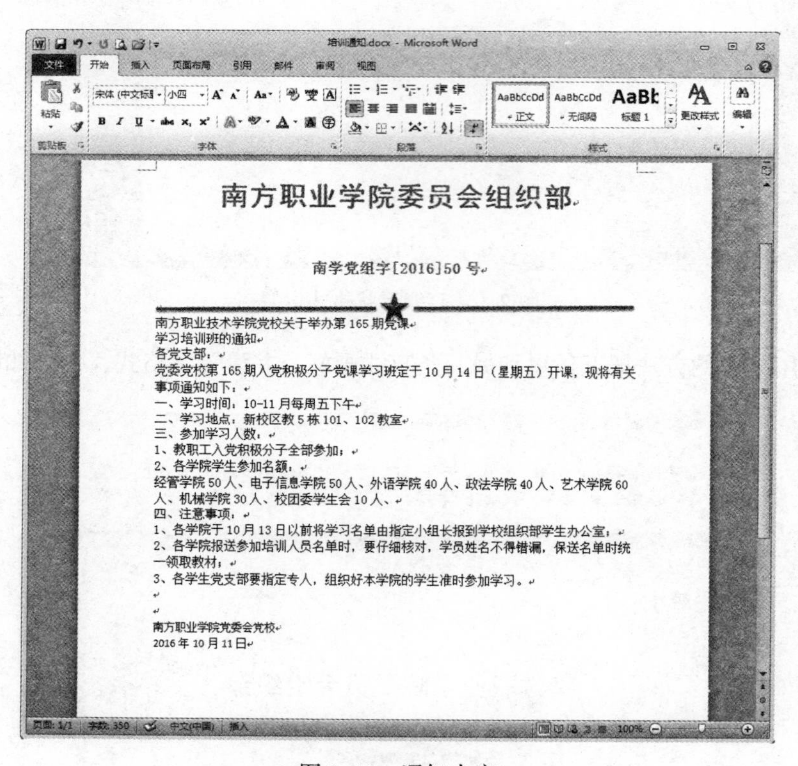
南方职业学院委员会组织部

南学党组字[2016]50号

南方职业技术学院党校关于举办第165期党课
学习培训班的通知
各党支部：
党委党校第165期入党积极分子党课学习班定于10月14日（星期五）开课，现将有关事项通知如下：
一、学习时间：10-11月每周五下午
二、学习地点：新校区教5栋101、102教室
三、参加学习人数：
1、教职工入党积极分子全部参加；
2、各学院学生参加名额：
经管学院50人、电子信息学院50人、外语学院40人、政法学院40人、艺术学院60人、机械学院30人、校团委学生会10人、
四、注意事项：
1、各学院于10月13日以前将学习名单由指定小组长报到学校组织部学生办公室；
2、各学院报送参加培训人员名单时，要仔细核对，学员姓名不得错漏，保送名单时统一领取教材；
3、各学生党支部要指定专人，组织好本学院的学生准时参加学习。

南方职业学院党委会党校
2016年10月11日

图2-11　通知内容

注意：

在录入文本时，在某些段落前加上编号或某种特定的符号（又称项目符号），这样可以提高文档的层次性。

手工输入段落编号或项目符号不仅效率不高，而且在增、删段落时还需修改编号顺序，容易出错。

在 Word 2010 中，可以在键入时自动给段落创建编号或项目符号，也可以给已键入的各段文本添加编号或项目符号。

①在键入文本时，自动创建编号或项目符号。

在键入文本时，先输入一个星号“*”，后面跟一个空格，然后输入文本。输完一段按 Enter 键后，星号会自动改变成黑色圆点的项目符号，并在新的一端开始处自动添加同样的项目符号。

如果要结束自动添加项目符号，可以按 BackSpace 键删除插入点前的项目符号，或再按一次 Enter 键。

为段落添加项目符号或编号后，按 Enter 键换行时，会在下一行自动添加项目符号或编号，若接着按 Ctrl+Z 组合键，可取消回行段落的项目符号或编号。

②如果“项目符号”列表中没有所需要的项目符号，可以单击“定义新符号项目”按钮，如图 2-12 和图 2-13 所示；在打开的对话框中，选定或设置所需要的“编号”，如图 2-14 所示。

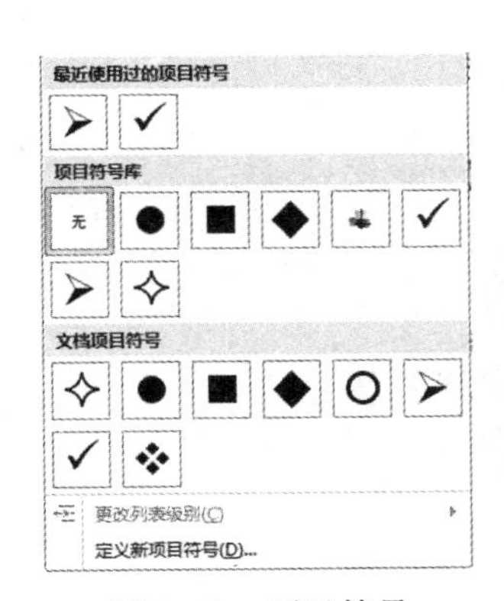

图 2-12　项目符号

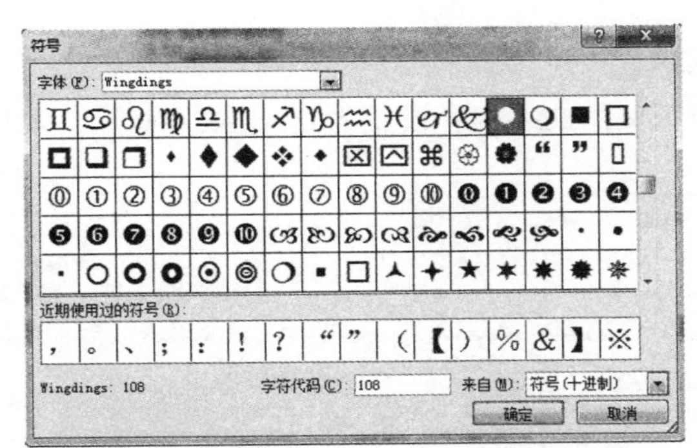

图 2-13　定义新符号选项

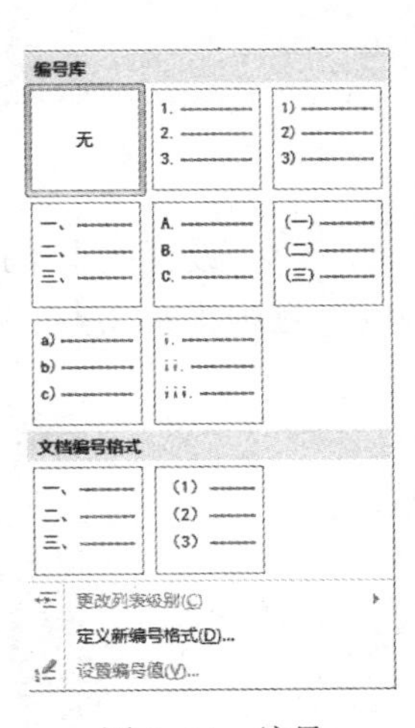

图 2-14　编号

（2）设置文本标题格式

选中通知的标题字段：“南方职业技术学院党校关于举办第 165 期党课学习培训班的通知”，将标题文字设置为“宋体、小二号、加粗”，段落设置为段前、段后各 0.5 行，效果如图 2-15 所示。

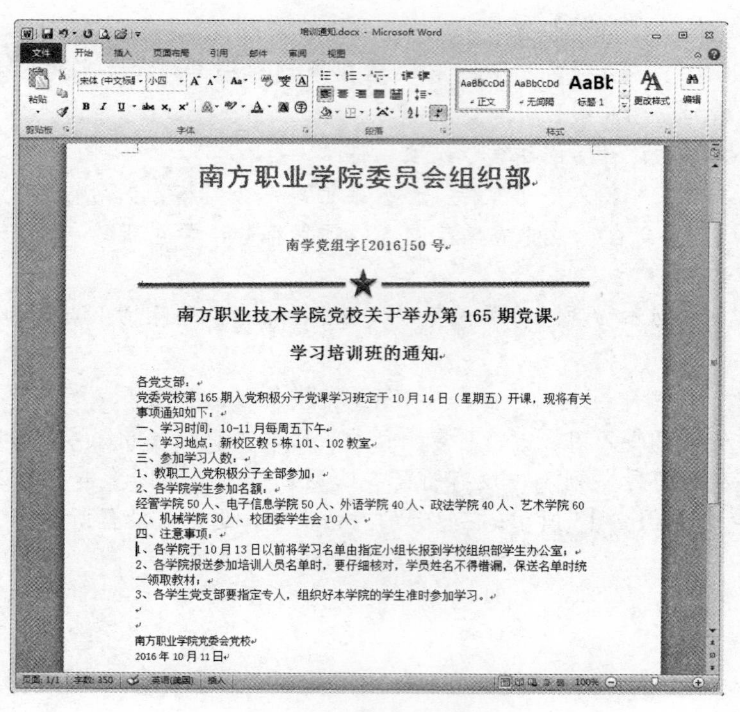

图 2-15　设置标题格式

（3）设置文本字体格式

选中正文文本，将正文的文字内容设置为“宋体、四号”，效果如图 2-16 所示。

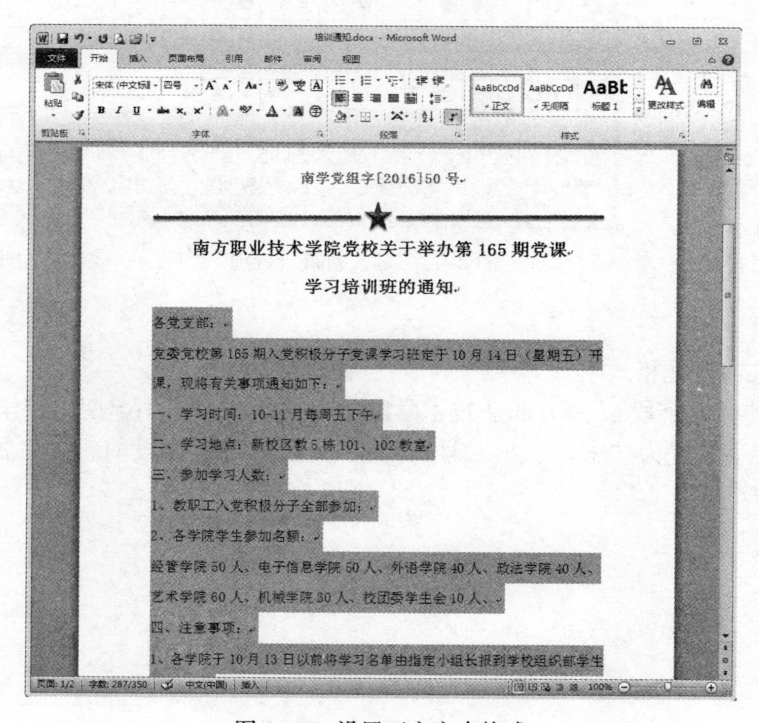

图 2-16　设置正文文本格式

（4）设置文本段落格式

设置段落格式可以使文档结构清晰、层次分明、美观，便于阅读。

第一步：设置段落的缩进。

选中正文部分，单击菜单栏“开始”选项卡中“段落”面板中的“增加缩进量”图标按钮，使所选正文的左侧空白位置增大，单击多次可以将段落调整到合适的位置，效果如图 2–17 所示。

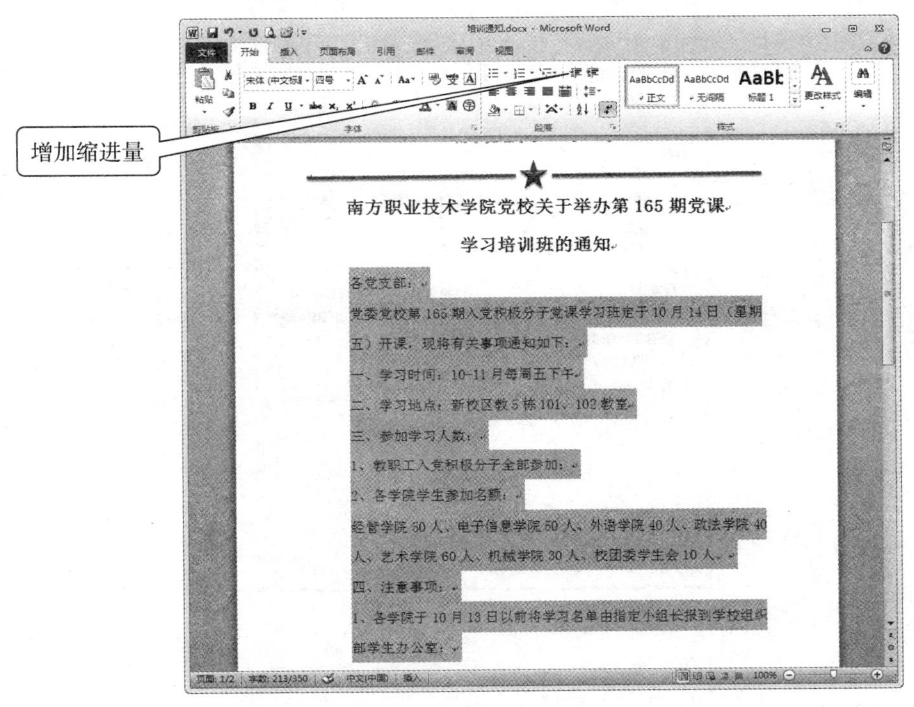

图 2–17　缩进后的效果图

第二步：设置正文行间距。

选中正文，单击菜单栏“开始”选项卡，打开“段落”面板右下角的图标按钮。单击“缩进和行距”选项卡中“间距”组的“段前”和“段后”文本框的增减按钮，设定间距，每按一次，增加或减少 0.5 行。“段前”“段后”选项分别表示所选段落与上、下段之间的距离，根据正文的要求，也可以不设置。

知识加油站

初学者常用按 Enter 键插入空行的方法来增加段间距或行距。显然，这是一种不得已的办法。实际上，可以用“段落”对话框来精确设置段间距和行间距。

- 行距：行距是指两行的距离，而不是两行之间的距离。即指当前行底端和上一行低端的距离，而不是当前行顶端和上一行低端的距离。
- 段间距：两段之间的距离。
- 行距、段间距的单位：可以是厘米、磅、当前行距的倍数。

设置“左侧”缩进“1 字符”，选择“特殊格式”选项中的“首行缩进”；单击“行距”列表框下拉按钮，选择“固定值”选项，在“设置值”框中键入“20 磅”。

在“预览”框中查看，确认排版效果满意后，单击“确定”按钮；若排版效果不理想，则可单击“取消”按钮取消本次设置，如图 2–18 所示。

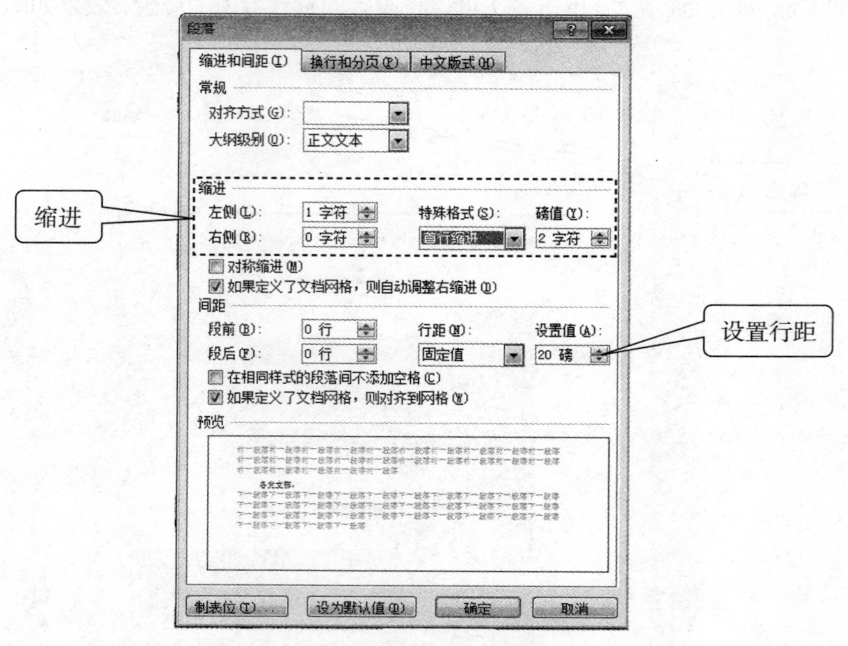

图 2–18　正文段落设置

注意：

在设置段落文字的行间距时，若要使行间距比该行文字高度大，则可以使用“1.5 倍行距”或“多倍行距”；若要使行距比该行文字高度小，则可以将“固定值”中的“设置值”调小。

设置段落后的文本更加美观，效果如图 2–19 所示。

（5）设置落款

按照设置正文的方法，将落款文字内容设置为“宋体、四号、加粗”，段落设置为“右对齐”，并适当地进行微调，排版效果满意后，保存即可。效果如图 2–20 所示。

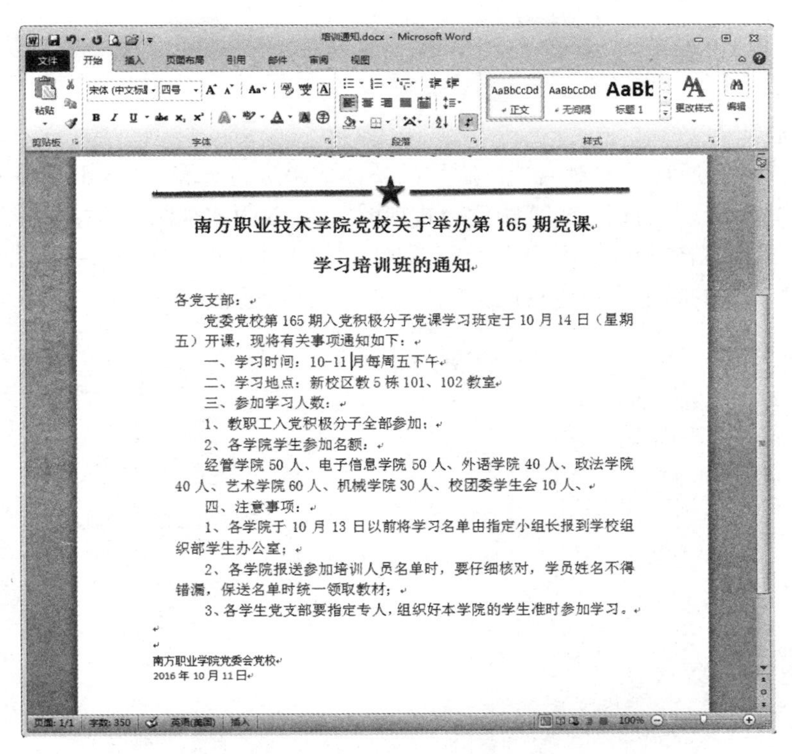

南方职业技术学院党校关于举办第 165 期党课

学习培训班的通知

各党支部：

党委党校第 165 期入党积极分子党课学习班定于 10 月 14 日（星期五）开课，现将有关事项通知如下：

一、学习时间：10-11 月每周五下午

二、学习地点：新校区教 5 栋 101、102 教室

三、参加学习人数：

1、教职工入党积极分子全部参加：

2、各学院学生参加名额：

经管学院 50 人、电子信息学院 50 人、外语学院 40 人、政法学院 40 人、艺术学院 60 人、机械学院 30 人、校团委学生会 10 人、

四、注意事项：

1、各学院于 10 月 13 日以前将学习名单由指定小组长报到学校组织部学生办公室：

2、各学院报送参加培训人员名单时，要仔细核对，学员姓名不得错漏，保送名单时统一领取教材：

3、各学生党支部要指定专人，组织好本学院的学生准时参加学习。

南方职业学院党委会党校

2016 年 10 月 11 日

图 2-19　正文设置后的效果

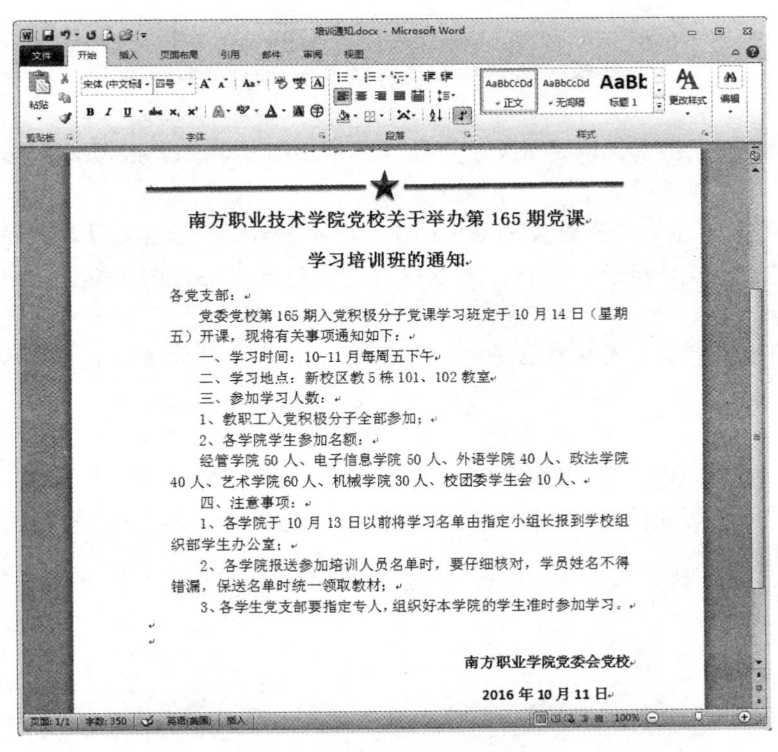

南方职业技术学院党校关于举办第 165 期党课

学习培训班的通知

各党支部：

党委党校第 165 期入党积极分子党课学习班定于 10 月 14 日（星期五）开课，现将有关事项通知如下：

一、学习时间：10-11 月每周五下午

二、学习地点：新校区教 5 栋 101、102 教室

三、参加学习人数：

1、教职工入党积极分子全部参加：

2、各学院学生参加名额：

经管学院 50 人、电子信息学院 50 人、外语学院 40 人、政法学院 40 人、艺术学院 60 人、机械学院 30 人、校团委学生会 10 人、

四、注意事项：

1、各学院于 10 月 13 日以前将学习名单由指定小组长报到学校组织部学生办公室：

2、各学院报送参加培训人员名单时，要仔细核对，学员姓名不得错漏，保送名单时统一领取教材：

3、各学生党支部要指定专人，组织好本学院的学生准时参加学习。

南方职业学院党委会党校

2016 年 10 月 11 日

图 2-20　设置落款后的效果

3. 调整阅读模式

（1）阅览通知

在编排完成后，通常需要对文档排版后的整体效果进行查看。Word 2010 共提供了五种查看文档的视图模式："页面视图""阅读版式视图""Web 版式视图""大纲视图"和"草稿"。用户可以在"文档视图"功能区中选择需要的文档视图模式，如图 2-21 所示，也可以在 Word 2010 文档窗口的右下方单击视图按钮选择视图。

图 2-21　视图模式

知识加油站

- "页面视图"：可以显示 Word 2010 文档的打印结果外观，主要包括页眉、页脚、图形对象、分栏设置及页面边距等元素，是最接近打印结果的页面视图。
- "阅读版式视图"：以图书的分栏样式显示 Word 2010 文档，"文件"按钮、功能区等窗口元素被隐藏起来。在阅读版式视图中，用户还可以单击"工具"按钮选择各种阅读工具。
- "Web 版式视图"：以网页的形式显示 Word 2010 文档。Web 版式视图适用于发送电子邮件和创建网页。
- "大纲视图"：主要用于设置 Word 2010 文档和显示标题的层级结构，并可以方便地折叠和展开各种层级的文档。大纲视图广泛用于 Word 2010 长文档的快速浏览和设置。
- "草稿"：取消了页面边距、分栏、页眉页脚、图片等元素，仅显示标题和正文，是最节省计算机系统硬件资源的视图方式。

正常模式一般采用"页面视图"进行编辑，但对文档进行查看时，为了方便阅读文档内容，可使用"阅读版式视图"查看文档，在该状态下，文档内容将以全屏显示于电脑屏幕，效果如图 2-22 所示。

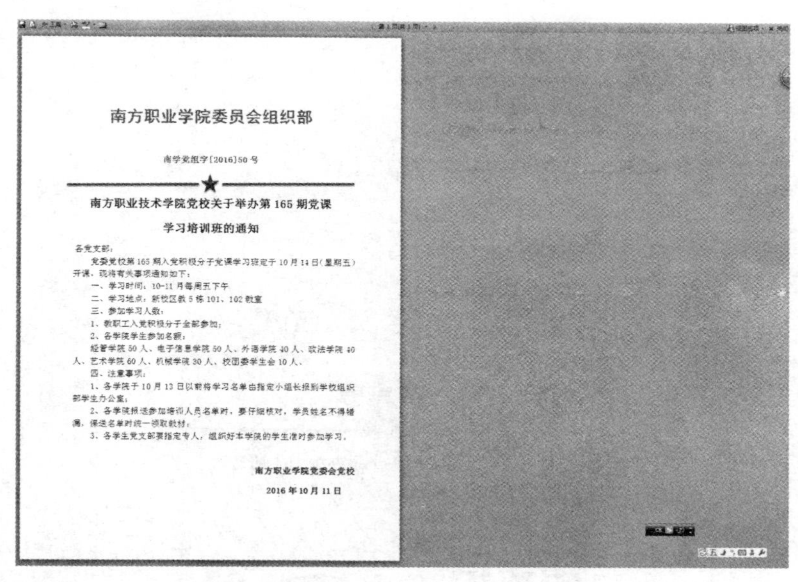

南方职业学院委员会组织部

南学党组字[2016]50 号

南方职业技术学院党校关于举办第 165 期党课

学习培训班的通知

各党支部：

党委党校第 165 期入党积极分子党课学习班定于 10 月 14 日（星期五）开课，现将有关事项通知如下：

一、学习时间：10–11 月每周五下午

二、学习地点：新校区教 5 栋 101、102 教室

三、参加学习人数：

1、教职工入党积极分子全部参加；

2、各学院学生参加名额：

经管学院 50 人、电子信息学院 50 人、外语学院 40 人、政法学院 40 人、艺术学院 60 人、机械学院 30 人、校团委学生会 10 人、

四、注意事项：

1、各学院于 10 月 13 日以前将学习名单由指定小组长报到学校组织部学生办公室；

2、各学院报送参加培训人员名单时，要仔细核对，学员姓名不得错漏，保送名单时统一领取教材；

3、各学生党支部要指定专人，组织好本学院的学生准时参加学习。

南方职业学院党委会党校

2016 年 10 月 11 日

图 2–22　阅读版式效果

在“阅读版式视图”下，文档内容不会以当前的页面格式进行显示，内容的自动换行、分页等均根据屏幕大小自动调整，以方便查看文档内容。

（2）更改文档显示比例

在查看文档时，可通过调整文档比例进行查看，即查看文档放大或缩小后的效果。在 Word 2010 中，调整文档显示比例的方式有以下几种。

①拖动窗口右下方的“显示比例” 100% 图标按钮可快速调整比例。

②按住 Ctrl 键，并滑动鼠标滚轮。

③单击“视图”选项卡中的“显示比例”组中的图标按钮，调整视图的缩放比例。

知识加油站

如何拆分窗口？

在查看文档内容时，如果文档页码比较多，需要对比文档前后的内容，也就是要同时看到文档中两个不同位置的内容，可使用拆分窗口功能，将文档窗口拆分为两个窗口，在两个窗口中可显示出同一文档中不同位置的内容，具体操作如下：

第一步：单击菜单栏“视图”选项卡中“窗口”面板中的“拆分”按钮，如图 2–23 所示。

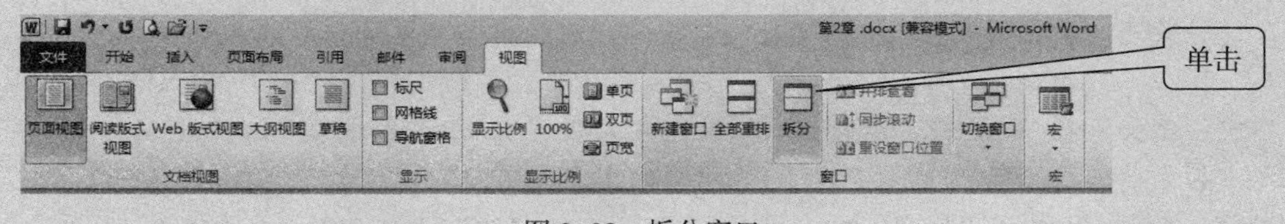

图 2–23　拆分窗口

第二步：这时文档中出现一条拆分线，拆分线随着鼠标移动，选择合适的位置单击鼠标左键即可选定拆分线位置。文档拆分后的效果如图 2–24 所示。

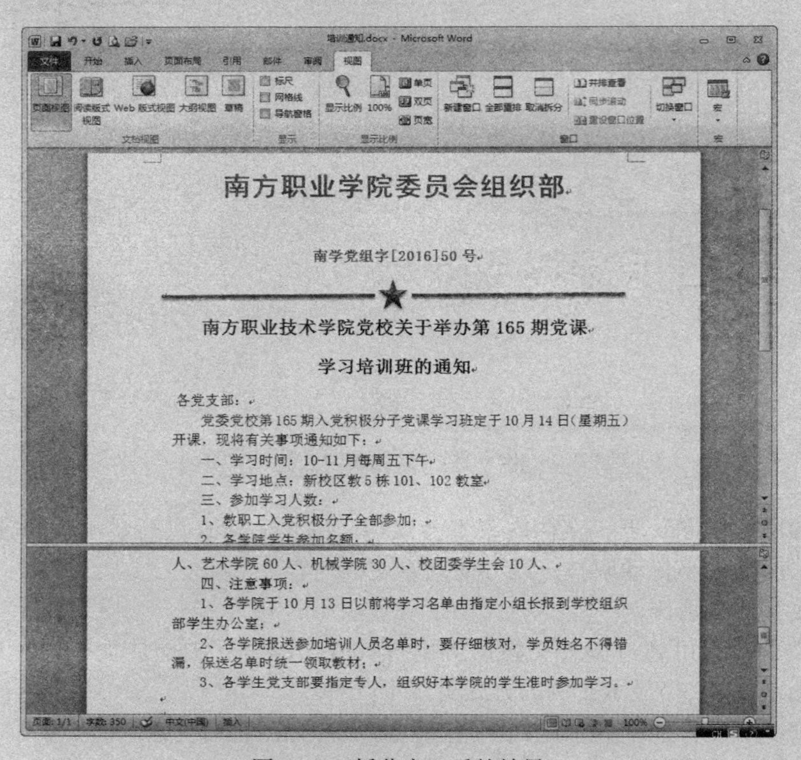
南方职业学院委员会组织部

南学党组字[2016]50 号

南方职业技术学院党校关于举办第 165 期党课

学习培训班的通知

各党支部：

党委党校第 165 期入党积极分子党课学习班定于 10 月 14 日(星期五)开课，现将有关事项通知如下：

一、学习时间：10–11 月每周五下午

二、学习地点：新校区教 5 栋 101、102 教室

三、参加学习人数：

1、教职工入党积极分子全部参加；

2、各学院学生参加名额：

人、艺术学院 60 人、机械学院 30 人、校团委学生会 10 人、

四、注意事项：

1、各学院于 10 月 13 日以前将学习名单由指定小组长报到学校组织部学生办公室；

2、各学院报送参加培训人员名单时，要仔细核对，学员姓名不得错漏，保送名单时统一领取教材；

3、各学生党支部要指定专人，组织好本学院的学生准时参加学习。

图 2–24　拆分窗口后的效果

拆分为两个窗口后，在任意一个窗口，单击鼠标，滑动滚轮，就可以看到该窗口内容上下滚动，而另一个窗口内容不变。

要取消窗口的拆分，单击菜单栏“视图”选项卡中“窗口”面板中的“取消拆分”图标即可。

至此，培训通知设置完成，可以下发给各学院及班级了。

知识加油站

Word 2010、Excel 2010 和 PowerPoint 2010 都采用了新的文件格式，Microsoft 公司做出这种改变的原因有很多：提高文件的安全性、减少文件损坏的概率及减少文件大小。

现在，对于文档、工作簿和演示文稿，默认的文件格式末尾有一个“x”，表示 XML 格式。例如，在 Word 中，默认情况下文档用扩展名 .docx 进行保存，而不是 .doc。

如果将文件保存为模板，则应用同样的规则：在旧的模板扩展名后加上一个“x”。例如，在 Word 中为 .dotx。

如果文件中包含代码或宏，则必须保存为支持宏的新文件格式。对于 Word 文档，将转换为 .docm；对于 Word 模板，则为 .dotm。

2.2 任务扩展：制作宣传简报

为了贯彻中央办公厅提出的“两学一做”学习教育方案，开展“两学一做”学习教育，学校要求各学院针对“两学一做”进行宣传。

2.2.1 任务描述

学院党务秘书针对学校这一要求，决定自己运用 Word 图文混排的功能进行宣传简报的设计。“两学一做”的宣传简报的制作是 Word 图文混排的综合应用，要求运用 Word 2010 进行文字编辑、首字下沉、分栏和格式编排，还涉及图片、文本框、剪贴画等对策对象的插入等操作，如图 2-25 所示。

本任务实施要求如下：

①新建 Word 文档并进行页面设置；

②设置边框和底纹、分栏排版；

③插入图片或剪贴画；

④修饰文本。

图 2-25 “两学一做”的宣传简报

2.2.2 任务实现

1. 新建一空白文档，将文档进行页面设置

第一步：选择菜单栏“页面布局”选项卡，单击“纸张方向”图标按钮，选择横向图标命令。

第二步：选择菜单栏“页面布局”选项卡，单击“页边距”按钮，在弹出的下拉菜单中选择“自定义页边距”命令，设置上、下页边距都为 2.5 厘米，左、右页边距都为 2 厘米，并以“宣传简报”命名保存。

2. 制作简报标题

第一步：插入艺术字，单击菜单栏“插入”选项卡，单击“艺术字”图标下拉按钮，选择艺术字样式，在弹出的下拉列表中选择第 4 行第 3 列的艺术字样式“渐变填充 – 蓝色，强调文字颜色 1”，弹出一个文本框，显示占位文字“请在此放置您的文字”，在占位符中输入“‘两学一做’学习专刊”。将艺术字的字体设置为“楷体”，字号“36 号”，效果如图 2–26 所示。

图 2–26　插入艺术字

第二步：设置艺术字修饰效果。

为了使艺术字的效果更加独特、美观，可以在艺术字上添加一些修饰，比如改变艺术字的形态、三维效果、阴影效果。

首先，选择已插入的艺术字，选择菜单栏“绘图工具 – 格式”选项卡，在“排列”选项组中单击“位置”下拉菜单，在下拉列表中选择“顶端居中，四周型文字环绕”，如图 2–27 所示。

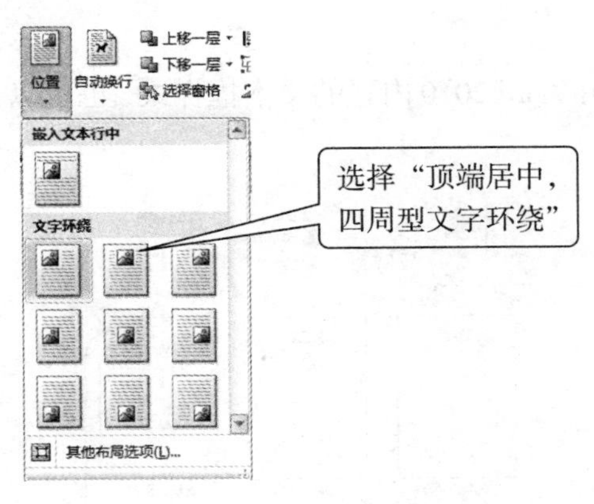

图 2–27　位置列表

然后选择已插入的艺术字，选择菜单栏“绘图工具 – 格式”选项卡，单击“文本效果”文本效果图标按钮，选择“转换”级联菜单，选择“跟随路径”中的“上弯弧”命令，如图 2–28 所示。

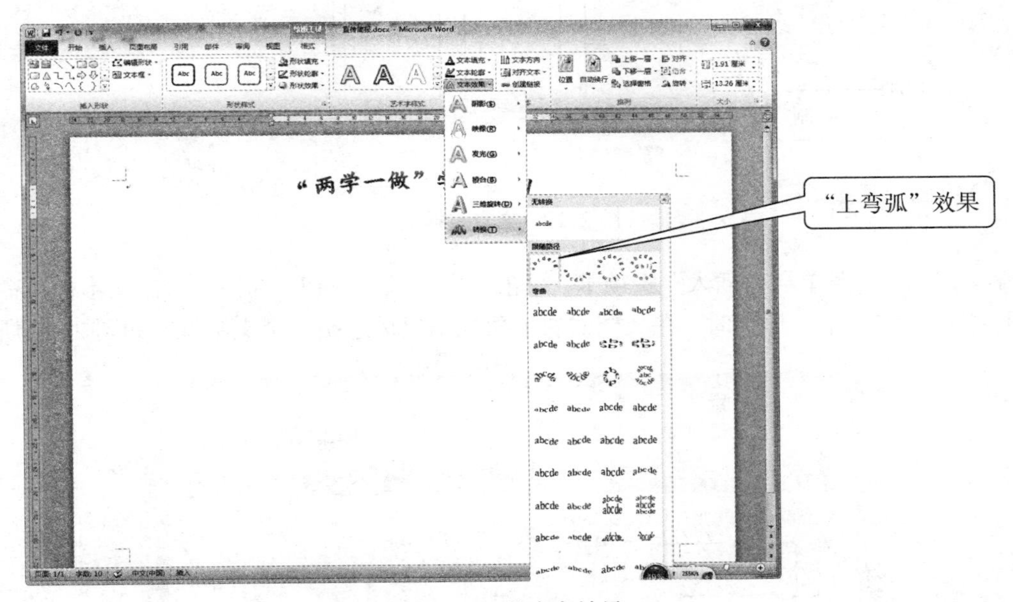

图 2–28　艺术字效果

注意：

选中艺术字后，拖动艺术字周围的控制点可以调整艺术字大小，拖动艺术字上的粉色的控制点图标◆可以调整艺术字的形状。

3. 插入文本框

文本框是一种图形对象，作为存放图形或文本的“容器”，它可以放在页面的任何位置，并可随意调整其大小。

文本框的绘制可以使用 Word 2010 内置的文本框样式，也可以手动绘制所需要的文本框，如图 2-29 所示。

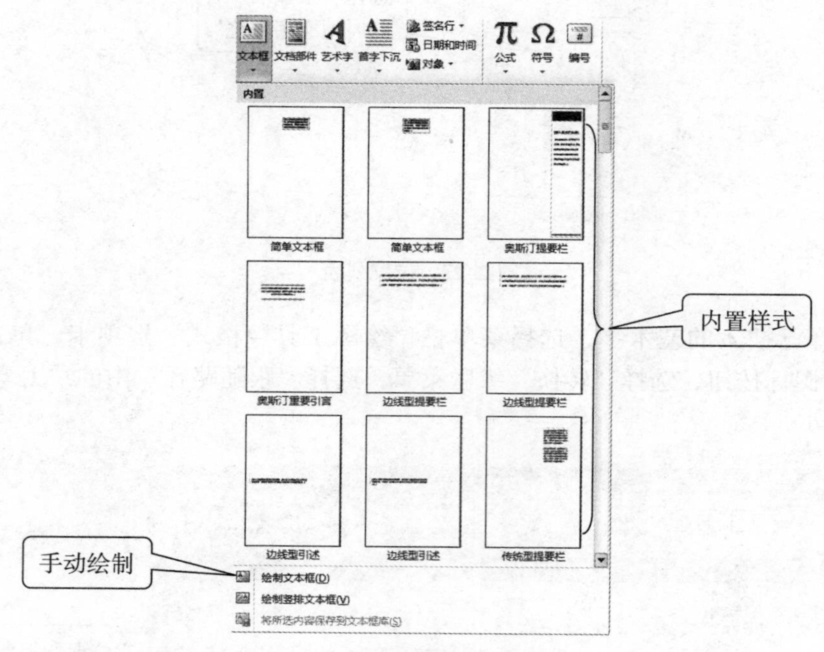

图 2-29　文本框样式

第一步：单击菜单栏“插入”选项卡，单击“文本框”按钮，选择“绘制文本框”命令，当鼠标指针变成“十”形状时，在文档的右上角拖动鼠标绘制一个文本框，如图 2-30 所示。

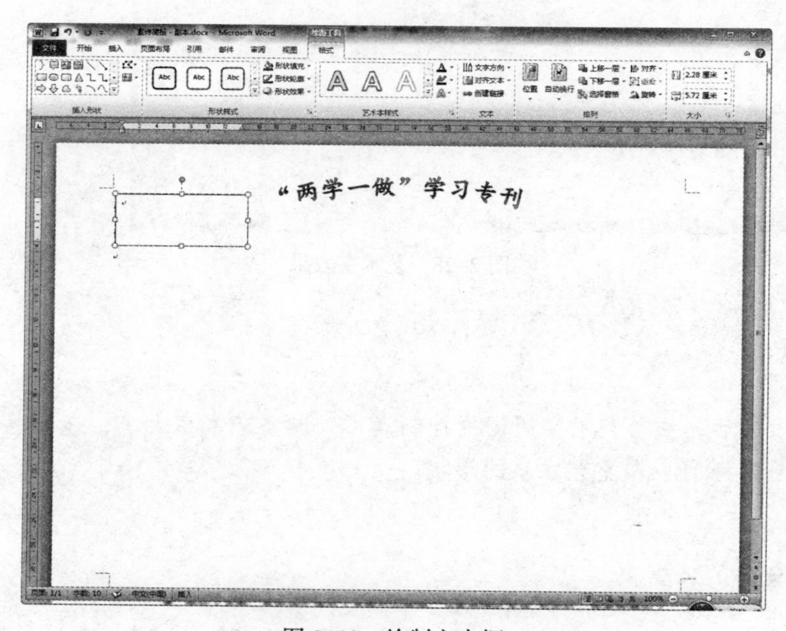

图 2-30　绘制文本框

第二步：在文本框中添加文字，并设置文字双行合一。

在文本框中输入所需的文字“学党章党规系列讲话，做合格党员”，选中“党章党规系列讲话”这六个字，选择菜单栏“开始”选项卡，在“段落”选项组中单击“中文版式”按钮，如图 2–31 所示。在弹出的下拉菜单中选择“双行合一”命令，打开“双行合一”对话框，如图 2–32 所示。

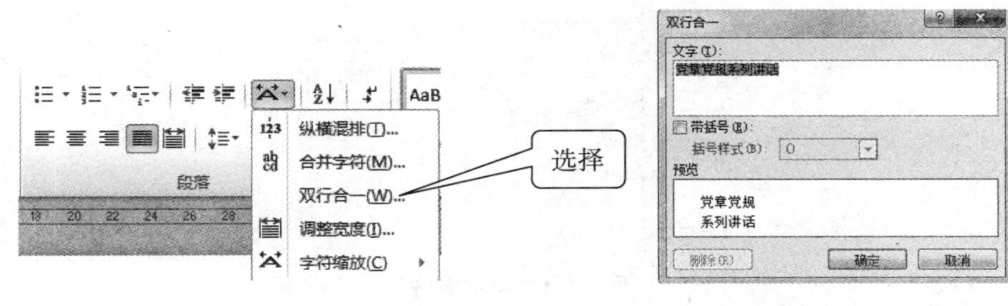

图 2–31　中文版式　　　　图 2–32　双行合一

将该行文字字体设置为“楷体、小二号、加粗”，其中“双行合一”的效果文字设置为“小一号”，效果如图 2–33 所示。

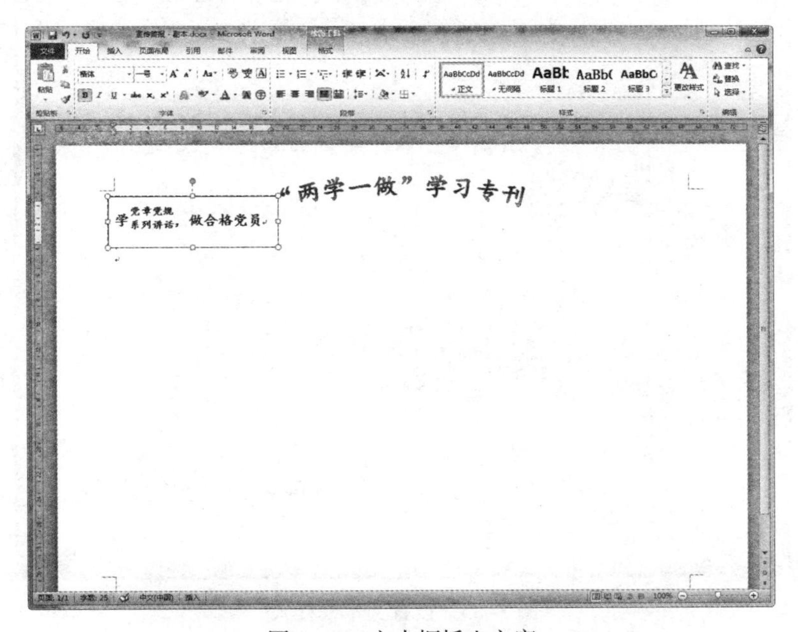

图 2–33　文本框插入文字

注意：

在文本框中输入文字后，文字将成为文本框的一部分，在移动文本框时，文字将同时跟着移动。

第三步：设置文本框格式。

首先选定文本框，打开菜单栏“绘图工具 – 格式”选项卡，单击“对齐文本”下拉菜单，选择“中部对齐”命令，如图 2–34 所示。

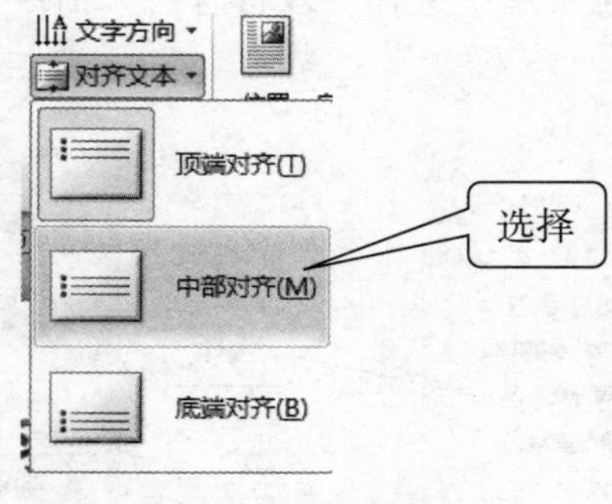

图 2–34　文本对齐

然后单击“形状样式”面板组中的下拉列表，在弹出的下拉列表中选择第 4 行第 3 列的艺术字样式“细微效果 – 红色，强调颜色 2”，效果如图 3–35 所示。

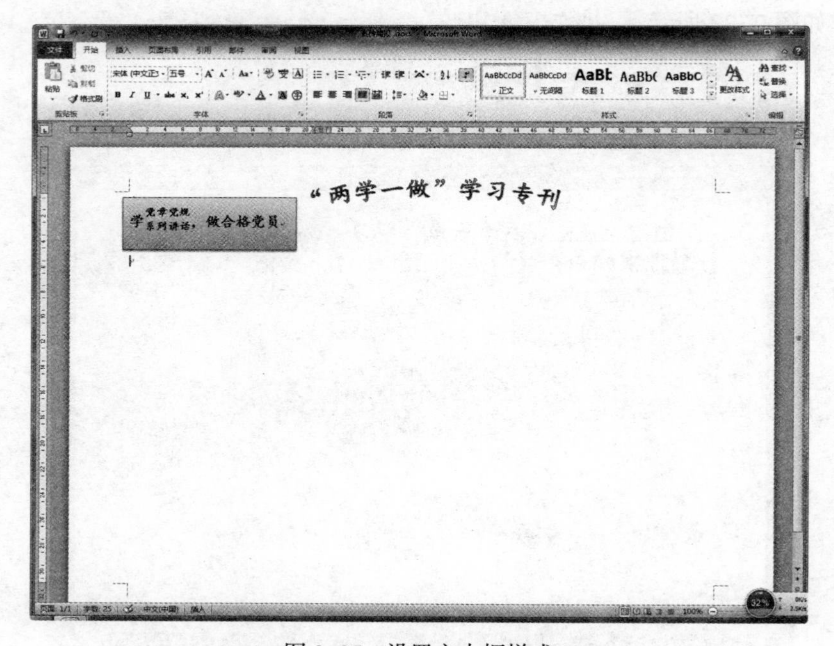

图 3–35　设置文本框样式

注意：

在“设置形状格式”对话框中可以使用“填充”“线条颜色”“线型”“阴影”和“三维格式”等命令为文本框填充颜色，可以给文本框边框的设置线型和颜色，给文本框对象添加阴影或产生立体效果等。

知识加油站

改变文本框的位置、大小和环绕方式

- 移动文本框：鼠标指针指向文本框的边框线，当鼠标指针变成“十”形状时，用鼠标拖动文本框，实现文本框的移动。
- 复制文本框：选中文本框，按 Ctrl 键的同时，用鼠标拖动文本框，可实现文本框的复制。
- 改变文本框的大小：选定文本框，在其四周出现 8 个控制大小的小方块，向内或外拖动小方块，可改变文本框的大小。
- 改变文本框的环绕方式：文本框环绕方式的设定与艺术字环绕方式的设定基本相同；另外，用与设置图形叠放次序类似的方法，也可以改变文本框的叠放次序。

4. 插入图片

在文档中插入图片，可以使文档更加生动形象。

第一步：定位光标后，单击“插入”→“图片”，选择需要插入的图片，单击“插入”按钮即可。

第二步：插入图片后，单击鼠标右键，弹出如图 2–36 所示对话框，选择“大小和位置”按钮。弹出“布局”对话框，打开“文字环绕”，选择“穿越型”，单击“确定”按钮，如图 2–37 所示。

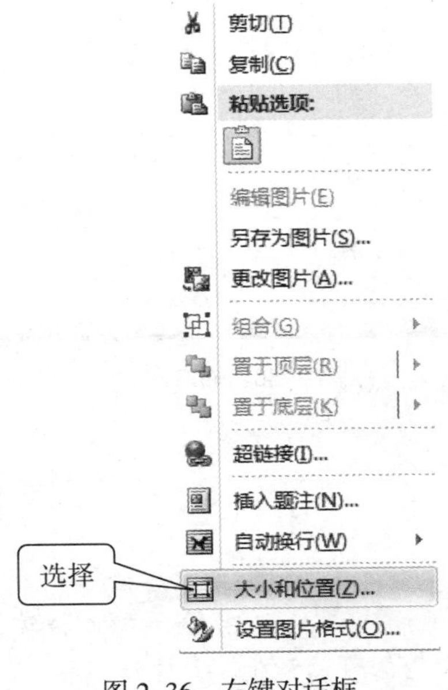

图 2–36　右键对话框

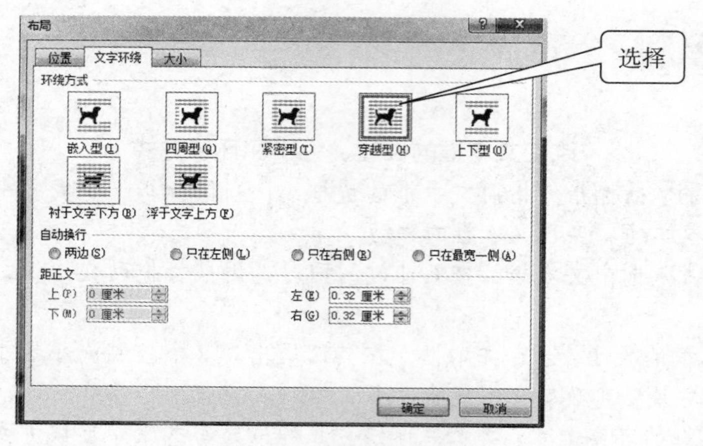

图 2–37 “布局”对话框

设置好后，选中图片，当指针呈“ ”形状时，拖动图片到右上角即可，效果如图 2–38 所示。

图 2–38 插入图片

知识加油站

Word 2010 中提供的剪贴画种类繁多、齐全，画面精美，在文档中插入剪贴画，既简洁，又生动形象，增加了文档的可阅读性。

剪贴画主要包括生活、科技、工业、背景、幻想、地图、标志、符号及动物等方面，用户还可以从 Office.com 网站上下载相应的剪贴画。

5. 制作宣传简报的文本内容

第一步：录入简报内容，效果如图 2–39 所示。

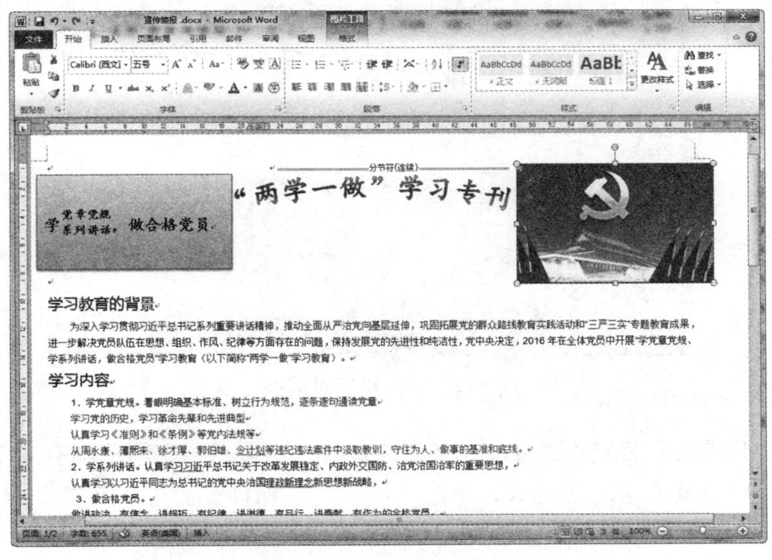

图 2–39　插入简报内容

知识加油站

分节

Word 2010 文档中的分节符，可以将 Word 文档分成多个部分。每个部分可以有页边距、页眉 / 页脚、纸张大小等不同的页面设置。

Word 2010 制作文档从小到大可以分为 4 个层次：字符、段落、节和文档，如果一篇文档没有设置分节，那么整个文档就是一节。同一节的编排格式相同，不同节的编排格式可以不同。

第二步：设置分栏。

对简报、杂志等的设置，经常用到分栏排版。多栏排版的迁移栏末尾的文本与后一栏开头的文本是衔接的。这样设置使版面显得更为生动、活泼，增强可读性。

注意：

在设置分栏时，Word 2010 会自动插入分节符。

选中要分栏的文本内容，选择菜单栏“页面布局”选项卡，在“页面设置”选项组中单击“分栏”图标按钮，在弹出的下拉列表中选择“更多分栏”命令，打开“分栏”对话框，如图 2–40 所示，在“预设”分栏组的 5 种默认的分栏方式中选择一种方式，并且可以自定义栏的宽度和间距。

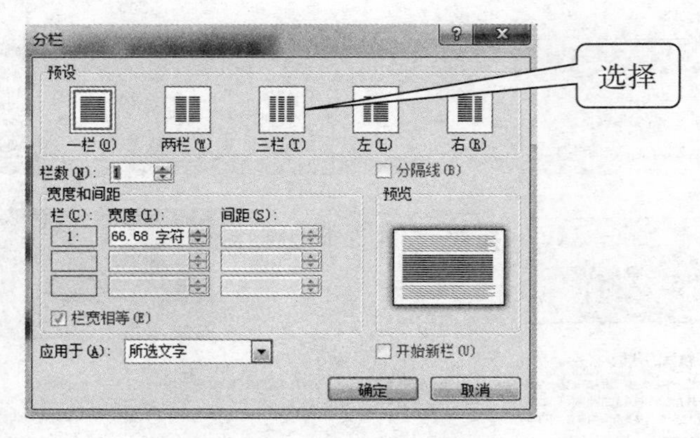

图 2–40　“分栏”对话框

如果单击“分隔线”复选框，可以在各栏之间加一分隔线，应用范围有“整个文档”“选定文本”等，用户视具体情况选定后，单击“确定”按钮即设置好了分栏。根据内容适当调整，效果如图 2–41 所示。

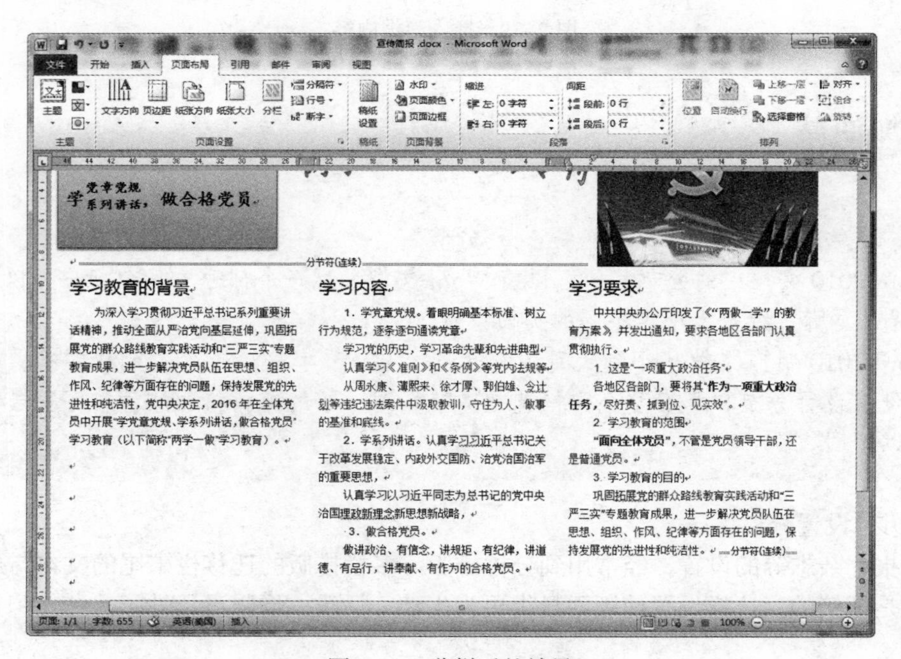

图 2–41　分栏后的效果

第三步：对文本内容进行设置。

选中正文内容，把字体设置为“楷体、小四”，段落设置为“固定值 18 磅、首行缩进 0.85 厘米”，在文本的左下角位置采用上面同样的操作方法插入一张图片，使简报更加美观，效果如图 2–42 所示。

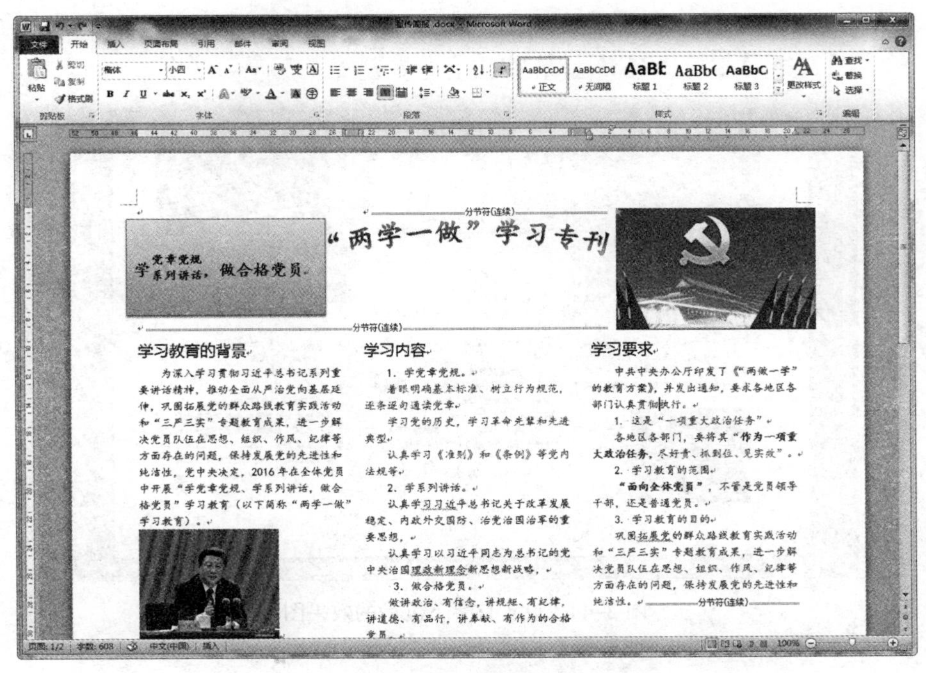

图 2–42　设置格式后的效果

6. 设置首字下沉

将光标移到要设置首字下沉的段落的任意处，选择菜单栏“插入”，选择“首字下沉”图标按钮的下拉列表，单击“首字下沉选项”按钮，打开“首字下沉”对话框，从“无”“下沉”和“悬挂”三种首字下沉格式选项命令中选定“下沉”，字体为“华文楷体”，下沉行数为 2 行，如图 2–43 所示，然后单击“确定”按钮，效果如图 2–44 所示。

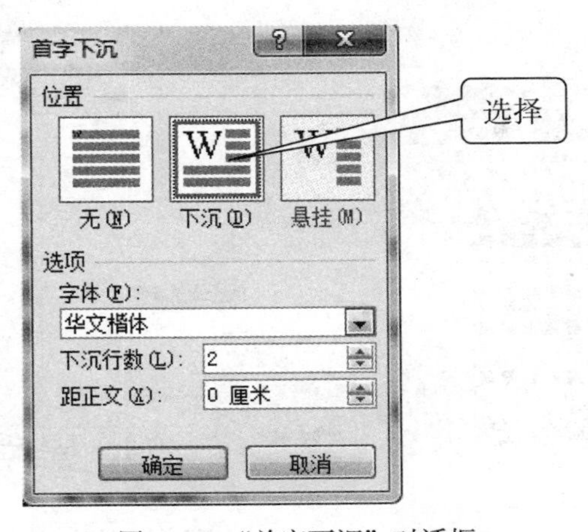

图 2–43　“首字下沉”对话框

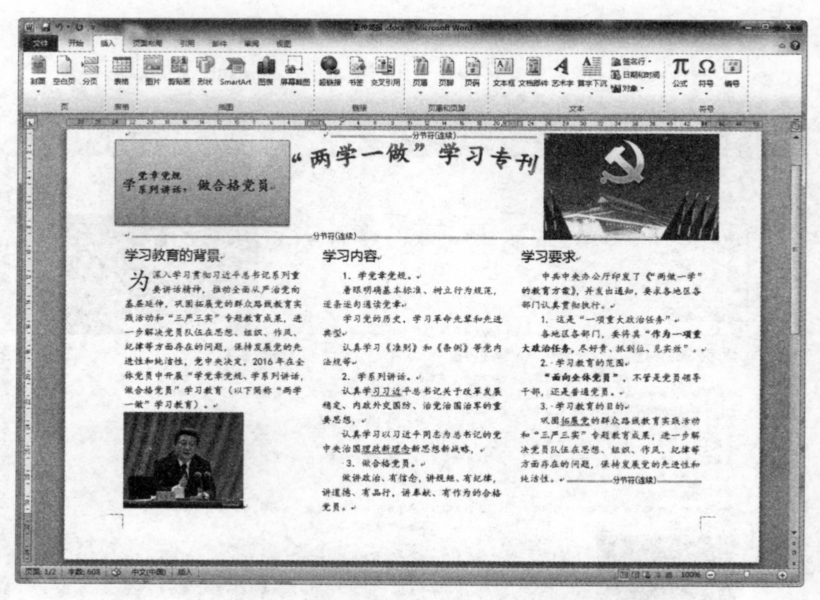

图 2–44　设置首字下沉后的效果图

7. 设置边框和底纹

为段落或文字添加边框和底纹，不仅可以美化文档，使其美观、赏心悦目，还可以突显文档内容。

第一步：设置底纹。

选定“学习教育的背景”文字，选择菜单栏“页面布局”，在“页面背景”选项组中单击“页面边框”图标，弹出“边框和底纹”对话框，在“底纹”选项中，选择填充颜色为“橙色、强调文字颜色 6、淡色 60%”，“应用于”选择“文字”，如图 2–45 所示，单击“确定”按钮。

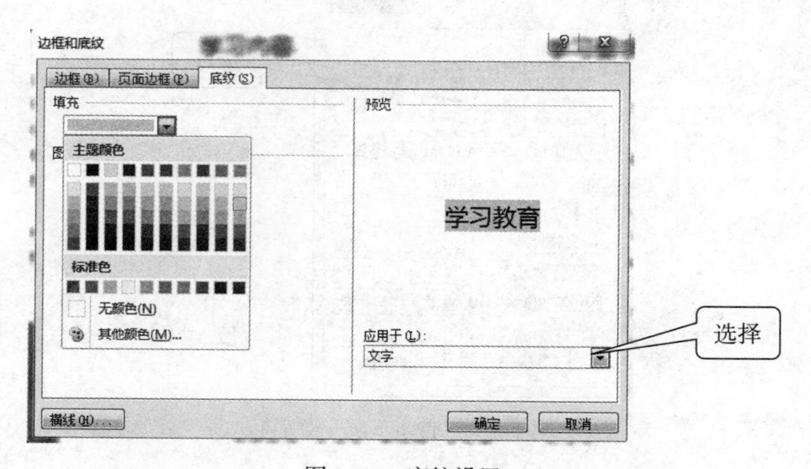

图 2–45　底纹设置

将“学习内容”“学习要求”文字，按照“学校教育的背景”同样的要求进行底纹设置，完成后的效果如图 2–46 所示。

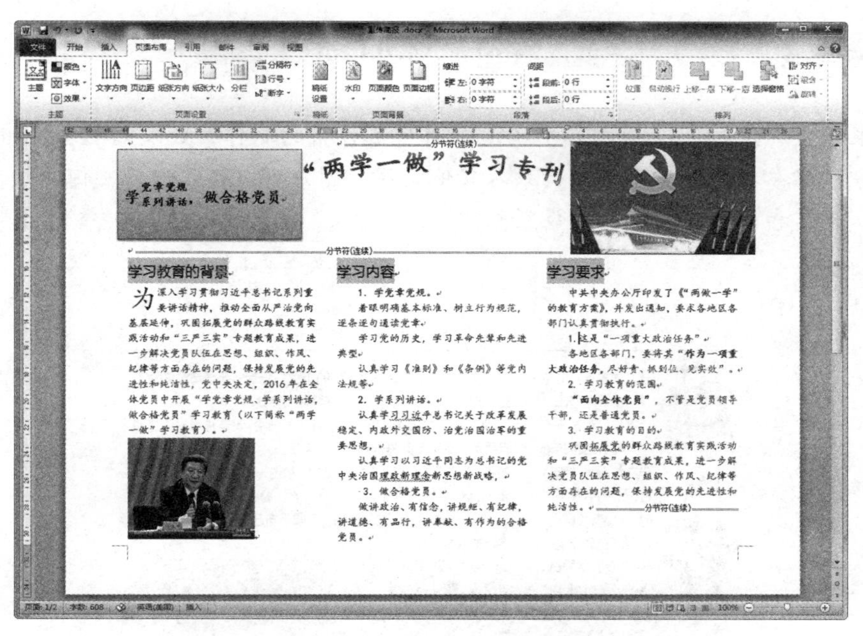

图 2–46　设置底纹后的效果

第二步：设置边框。

选定“1. 学党章党规。”字段，选择菜单栏“页面布局”，在“页面背景”选项组中单击“页面边框”图标，弹出“边框和底纹”对话框，在“边框”选项中，选择“设置”选项区中的“方框”；在“样式”选项区中选择第四种虚线，“应用于”选择“文字”，如图 2–47 所示，单击“确定”按钮。

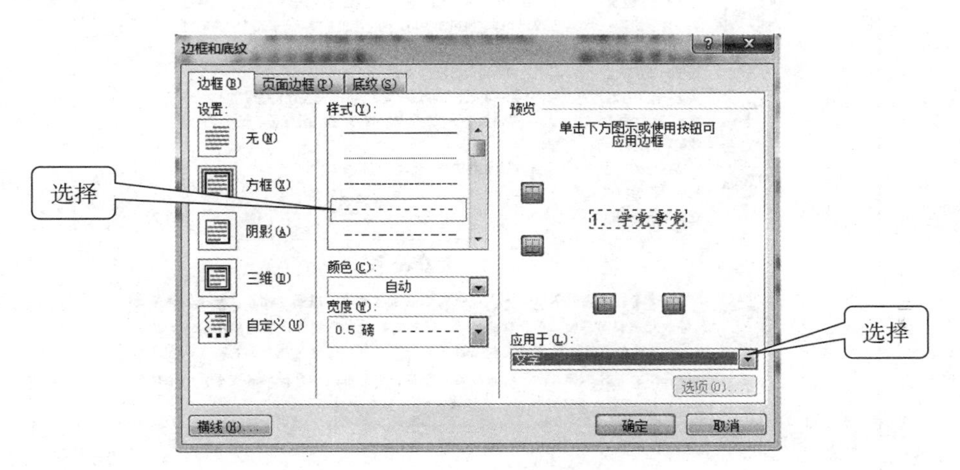

图 2–47　边框设置

将“2. 学系列讲话。”“3. 做合格党员。”“1. 这是‘一项重大政治任务’”“2. 学习教育的范围”“3. 学习教育的目的”字段进行同样边框的设置。

至此，宣传海报设置操作全部完成。

2.3 课后练习

1. 要求学生利用 Microsoft Word 2010 软件完成校报的制作，效果如图 2–48 所示，校报中文字部分可以参考效果文字或自行录入其他文字，图片可以自己选择，但必须包含首字下沉、水印、图片和艺术字的插入等设置。

校报

母校伴我成长

十年寒窗，如今的我已迈出大学校门两年多了。每当回想起漫步在校园时，领略校园的秀丽景色时，呼吸着校园里特有的空气味道时，感受大学里奋进的激情时，我内心就汇聚起对工程学院的深深怀念和浓浓真情。

有时我总觉得自己是昨天才来到这个被称为“电力摇篮”的地方。而当寒风刮在脸上的时候，才恍然明白我已离开这里两年多了。学校在我心里永远都有一种亲切感。

一直都想在校园里的每条路上再走一走，在时过境迁的过往里寻找留下的记忆。那根植在心底的记忆永远不能抹去，在我奔波忙碌的白天黑夜里，在我经历了不同的喜悦伤悲后，那些记忆总是不经意地浮出水面，让我重温那些美好的片段。

记得初次来到学校时，天下着蒙蒙细雨，我走进绿意葱葱的世界里，似乎觉得越走越远，永无尽头，我觉得校园甚大。我想，在这样大的校园里学习生活，以后也一定会成长为一个“博大”的人。

时光流转，如今的我已踏上了属于自己的新天地。虽然回学校的次数少了，但心里却从没忘记……

当我再次走在校园的小路上时，我仿佛回到了从前，回到了做为莘莘学子在校园漫步的时刻；当我再次坐在学校的图书馆里时，仿佛回到了从前，回到了考试前复习的紧张时刻；当我再次来到运动场上时，仿佛回到了从前，回到了带球射门的精彩瞬间；当我再次来到寝室里时，仿佛又回到了从前，回到了那些欢声笑语的日子，回到了那些无话不谈的夜晚……打开寝室的窗户，让绚丽的夕阳照在脸上，我想起了那句“昨夜西风凋碧树，独上高楼，望尽天涯路”。是母校让我登上了高楼，让我“望尽天涯路”。未来的日子我会加倍努力，决不辜负母校的培养！

体会一次成长，收获一次成功。是母校让我懂得了人生的意义，是母校给予了我宝贵的知识，是母校赋予了我前行的力量！

母校伴我共成长，我与工程共奋进！

青春寄语

青春，之因此耀眼动人，是正因它燃烧了自我，照亮了别人。阳光，原来能够如此明亮而温暖。望着彩旗飘扬，望着这些笑容明媚目光坚定的人们——铁路人，心里的感动无法言喻。我深深感觉到青春能够无悔无憾。青春从来未有过它的界限，而其本身又是一种很冷酷的界限，它意味着一种纯净的完美，无论忧伤与愉悦，是过去还是此刻，或是将来。它总是来过……

图 2–48　校报效果图

2. 要求学生利用 Microsoft Word 2010 软件完成海报的制作，海报上文字部分可以参考效果图中文字或自行录入其他文字，图片可以自己任意选择，效果如图 2–49 所示。

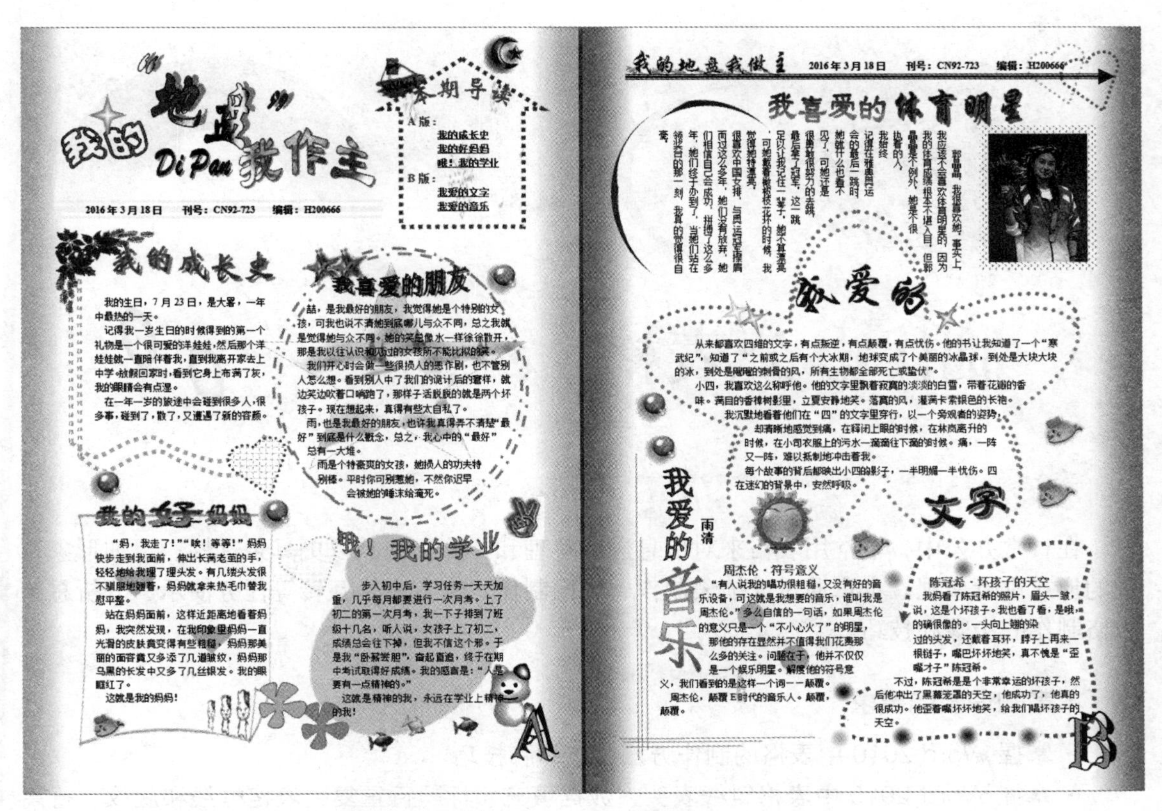
我的"地盘"我作主
Di Pan
本期导读
A 版：
我的成长史
我的好妈妈
哦！我的学业
B 版：
我爱的文字
我爱的音乐
2016 年 3 月 18 日 刊号：CN92-723 编辑：H200666
我的成长史
我喜爱的朋友
我的好妈妈
哦！我的学业
A
我的地盘我做主 2016 年 3 月 18 日 刊号：CN92-723 编辑：H200666
我喜爱的体育明星
我爱的文字
我爱的音乐
雨清
周杰伦 · 符号意义
陈冠希 · 坏孩子的天空
B

图 2–49 海报效果图

第3章 制作办公表格

在日常办公中，常常用表格来对信息进行整理和计算，使其以更具条理性、更加形象直观的形式进行呈现。本章通过成绩表制作、封面制作、文本表格互转等任务演示，分析总结表格制作的步骤和技巧。

本章知识技能要求

- ✧ 掌握 Word 2010 中表格的制作方法、步骤和技巧
- ✧ 掌握 Word 2010 中表格斜线表头、数据填充、标题行重复、表格框线和底纹、行高列宽、文字对齐、表格拆分与合并等格式化设置
- ✧ 掌握 Word 2010 中表格数据求和、求平均值、排序等基本运算
- ✧ 掌握图表的生成和美化

3.1 任务：制作学生成绩表

教师每学期都要制作学生的成绩登记表，经常要求使用 Word 进行排版打印成绩登记表，为了满足这一日常教学需求，本任务利用 Word 2010 软件为用户制作一张图文并茂的统计表格，要求用户能够快速地使用 Word 进行表格数据的录入和打印。

3.1.1 任务描述

本任务具体要求如下：

①设置纸型为 A4，上边距和下边距为 2 厘米，左、右边距为 2.54 厘米，页面方向为横向；

②添加标题文字“江西科技学院 2016—2017 学年第一学期部分学生成绩统计表”，字体为“黑体”，字号为“二号”“加粗”“居中”，颜色为“黑色”；

③“班级：2016 级本电子商务 1 班”和日期字体为“宋体”“四号”“加粗”，插入日期显示为当前日期；

④表格外侧框线为外粗内细的双线，大小为 3 磅；将第一行底纹设置为浅绿色，最后一行设置为茶色；

⑤为第 2 张表格添加同第 1 张的标题行；

⑥利用公式计算总分、平均分并按总分由高至低排序，并在名次栏输入相应的值；

⑦将所有学生的各科成绩生成柱形图。

任务效果如图 3-1 和图 3-2 所示。

江西科技学院 2016—2017 学年第一学期部分学生成绩统计表

班级：2016 级本电子商务 1 班　　　　二〇一七年二月八日

学号	姓名	电商概论	经济学	管理学	高等数学	大学英语	体育	总分	平均分
01611001.	李明	89	88	79	85	79	85	505	84.17
01611002.	王晓	87	76	89	80	76	75	483	80.5
01611003.	张山	78	87	85	66	66	66	448	74.67
01611004.	李华	89	83	81	67	88	64	472	78.67
01611005.	陈晨	90	92	82	87	78	89	518	86.33
01611006.	洛斌	65	78	79	79	88	76	465	77.5
01611007.	宁旭	89	76	67	87	77	79	475	79.17

图 3-1　效果图 1

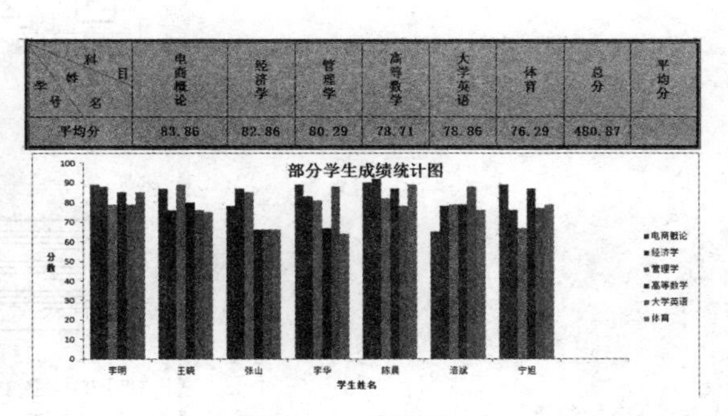

学号 姓名 科目	电商概论	经济学	管理学	高等数学	大学英语	体育	总分	平均分
平均分	83.86	82.86	80.29	78.71	78.86	76.29	480.87	

图 3-2　效果图 2

3.1.2　任务实现

首先新建一个 Word 文档，文件名命名为“学生成绩表制作 .docx”，通过以下步骤实现学生成绩表的制作。

1. 页面布局设置

第一步：在 Word 2010 菜单栏，单击“页面布局”选项卡，单击“纸张方向 – 横向”命令，如图 3-3 所示。

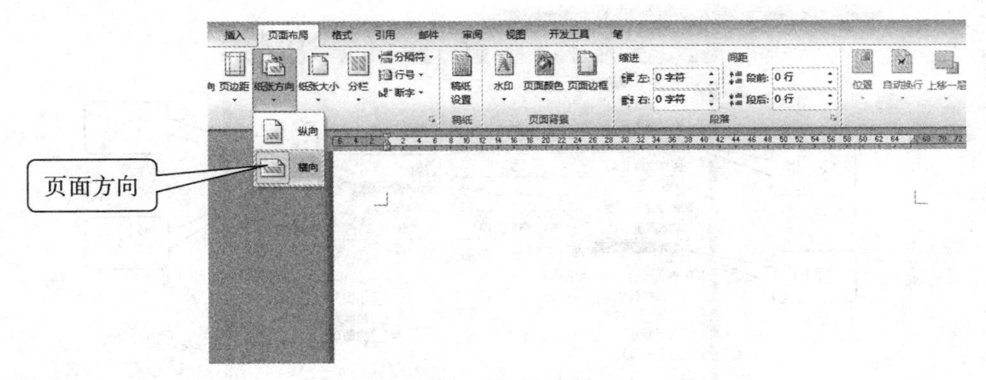

图 3-3　页面方向设置

第二步：在 Word 2010 菜单栏，单击“页面布局”选项卡，单击“页边距 – 自定义边距”命令，在弹出的对话框中设置上、下边距值为 2 厘米，左、右边距值为 2.54 厘米，如图 3-4 所示。

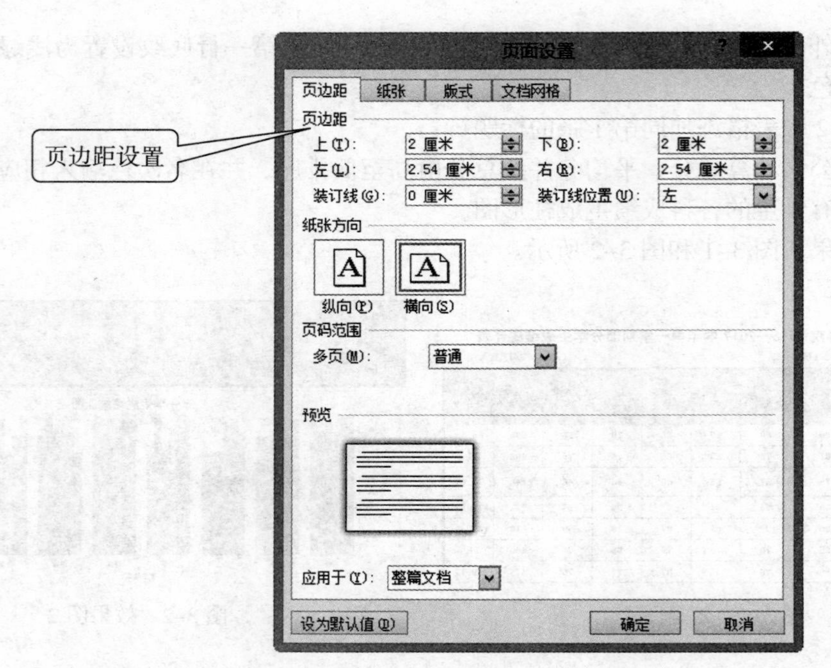

图 3–4　页边距设置

2. 标题设置

第一步：将光标定位于页面顶端区域，输入“江西科技学院 2016—2017 学年第一学期部分学生成绩统计表”文字信息。

第二步：选中标题，单击菜单栏“开始”选项卡，在“字体”面板组中选中字体为“黑体”，字号选择“二号”，“加粗”，“居中”，颜色选择为“黑色”，如图 3–5 所示。

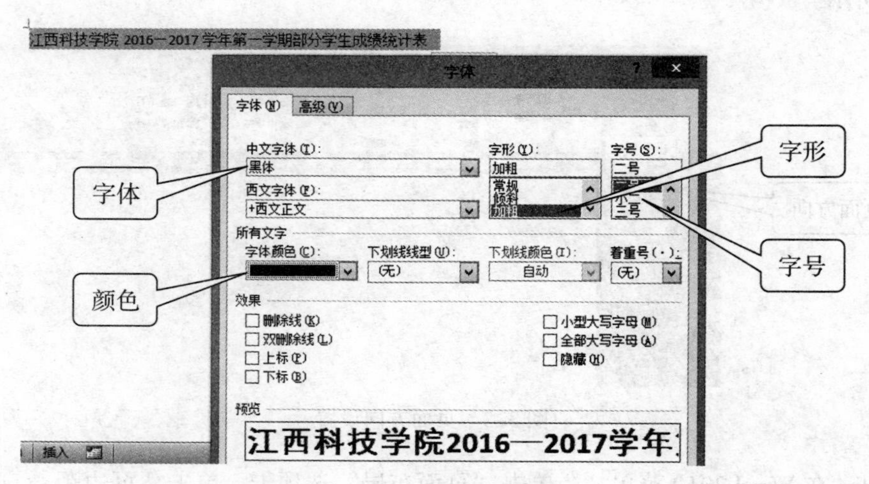

图 3–5　标题格式设置

3. 班级及日期设置

第一步：在标题下方左侧输入“班级：2016 级本电子商务 1 班”，并将文字格式设置为“宋体”“四号”“加粗”“左对齐”，如图 3-6 所示。

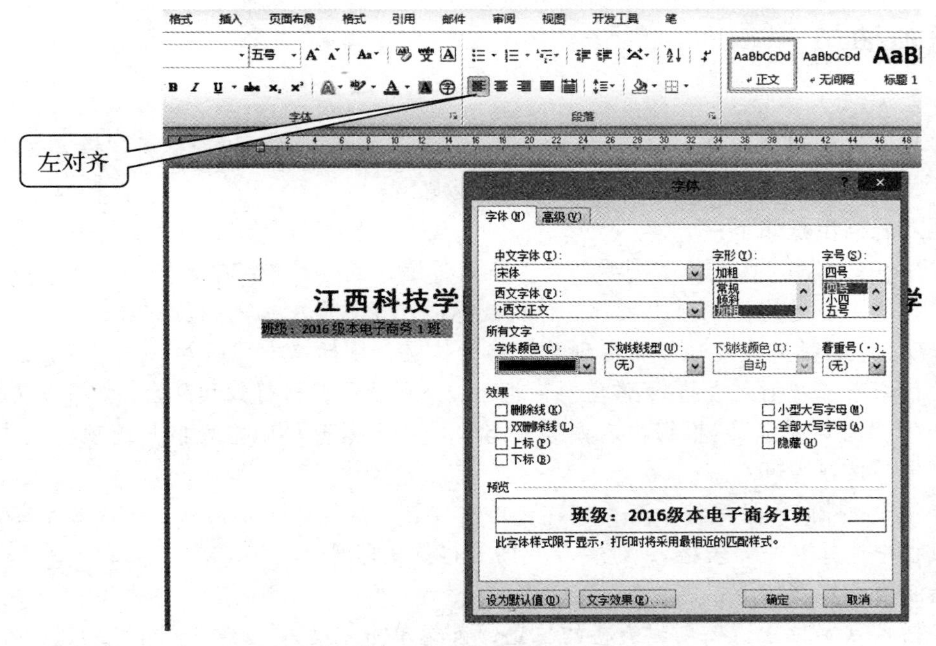

图 3-6　班级文字格式设置

第二步：单击菜单栏“插入”选项卡，在“文本”工具栏中选择“日期和时间”，选择“2017 年 3 月 9 日星期四”格式，语言选择“中文（中国）”，单击“确定”按钮，如图 3-7 所示。

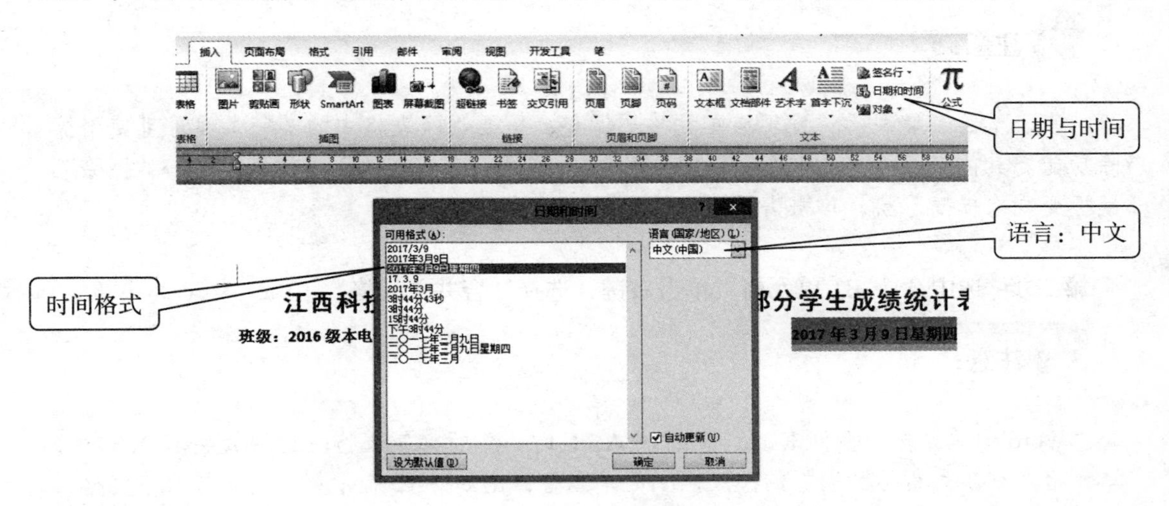

图 3-7　系统时间插入

4. 表格制作

第一步：创建表格。单击菜单栏“插入”选项卡，选择“表格”按钮，在弹出的菜单中单击“插入表格”，在弹出的对话框中选择：行数 9，列数 10。

知识加油站

根据表格的规则程度，分为规则表格和不规则表格。规则的表格用“插入表格”功能制作，不规则的表格使用“绘制表格”功能制作。

插入表格步骤如下：

方法一：将插入点定位于需要创建表格的位置，鼠标单击“插入”→“表格”功能，拖动鼠标选中合适的行和列的数量，释放鼠标即可在页面中插入相应的表格。

方法二：将插入点定位于需要创建表格的位置，鼠标单击“插入”→“表格”功能，在下拉框中选择“插入表格”，弹出对话框后，分别设置表格行数和列数，如果需要的话，可以选择“固定列宽”“根据内容调整表格”或“根据窗口调整表格”选项。完成后单击“确定”按钮即可。

方法三：将插入点定位于需要创建表格的位置，鼠标单击“插入”→“表格”功能，在下拉框中选择“快速表格”，选择相应的表格样式即可。

绘制表格步骤如下：

将插入点定位于需要创建表格的位置，鼠标单击“插入”→“表格”功能，在下拉框中选择“绘制表格”，这时，鼠标会变成绘图笔的形状。当鼠标变成绘图笔后，先拖动绘图笔绘制出表格的外边框，然后在边框内绘制横线和竖线，直至表格制作完成。

注意：

当表格绘制完成后，发现有单元格要调整，需要删除表格中的某一条线，可使用擦除功能。具体步骤如下：将光标定位于表格内，单击“表格工具”→“设计”→“擦除”，鼠标变成橡皮擦形状，单击需要删除的线即可。

第二步：选中 A1、B1 单元格，单击右键，选择“合并单元格”。

注意：

Word 中单元格命名同 Excel，列标用 A，B，C，…，行标是表格左边的数字 1，2，3，…，单元格名称就是行标和列标的交叉点上的单元格，比如，A2 表示第一列第二行单元格。

知识加油站

单元格的合并：选择需要合并的连续单元格，单击右键，选择“合并单元格”即可。

单元格的拆分：“拆分单元格”为“合并单元格”的逆操作，只需将光标定位于需拆分的单元格，单击右键，选择“拆分单元格”，在弹出的对话框中设置好行数和列数即可。

第三步：拖动行格线，将标题行高度调整到合适值。

知识加油站

表格行高和列宽调整通常有以下几种方法。

方法一：拖动标尺。将光标移到所选行（列）的任一单元格，拖动标尺上下（左右）来调整表格。

方法二：拖动行（列）格线。光标对准行（列）格线，鼠标马上会变成左右（上下）双箭头，拖动即可调整表格行（列）的行高（列宽）（按住 Alt 键可以进行微调）。

方法三：自动调整。选中表格，鼠标单击右键，可选中“根据窗口调整表格”“根据内容调整表格”“固定列宽”自动调整。

方法四：表格属性。用鼠标右键单击表格内部，然后在弹出的下拉菜单中选择“表格属性”命令，在“行”和“列”中可以设置表格的“列宽”和“行高”。

第四步：选择菜单栏“插入”选项卡中“形状－直线”工具，在表头中绘制两条斜线，如图 3-8 所示。

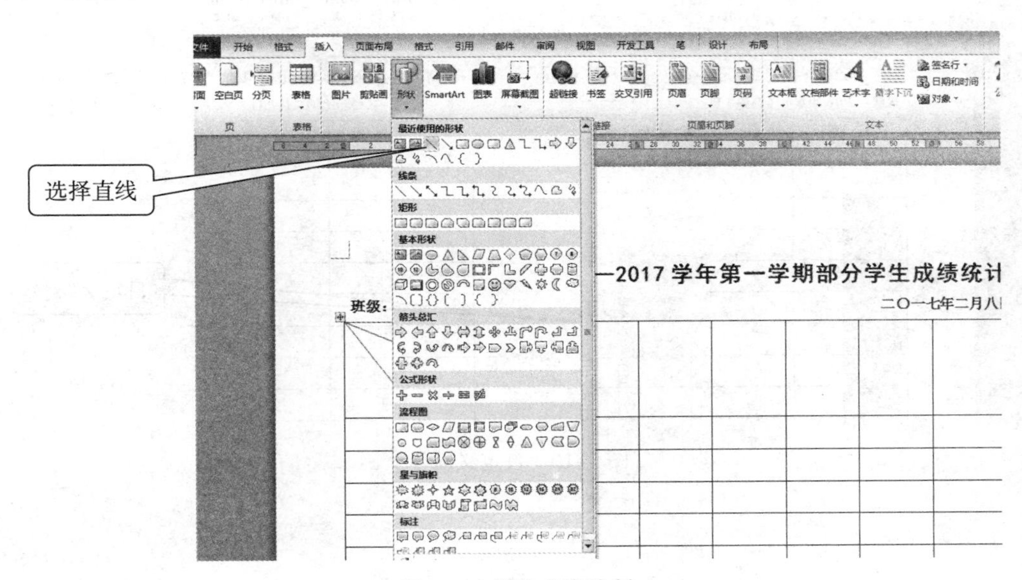

图 3-8　斜线表头绘制

第五步：选择菜单栏“插入”→“文本框”→“绘制文本框”命令，在文本框中输入“成绩”，同时将文本框的线条设置为“无”。重复此步骤，完成表头标题。如图 3-9 所示。

图 3-9　表头标题设置

知识加油站

表格表头的绘制有两种方式：

第一种方式：通过形状添加直线方法实现两分、多分线头的表头制作。

第二种方式：通过添加表格单元格斜线边框的方式实现两分表头制作。

第六步：选中 A2：A9 单元格区域，单击菜单栏“开始”选项卡，选择“段落”面板中的“编号”☰ ▾图标按钮，在弹出的菜单中选择“定义新编号格式”命令，设置为学号格式，如图 3-10 和图 3-11 所示。

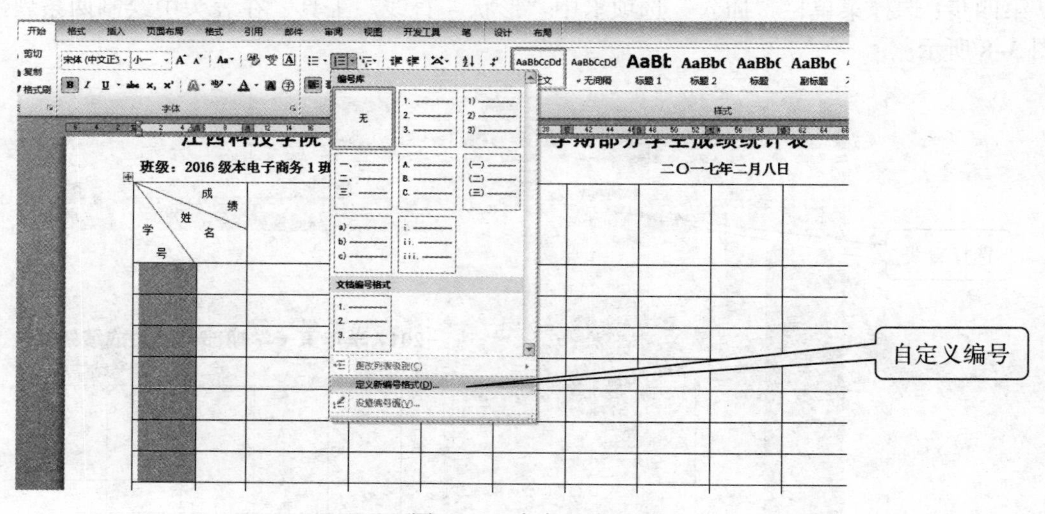

图 3-10　自定义编号

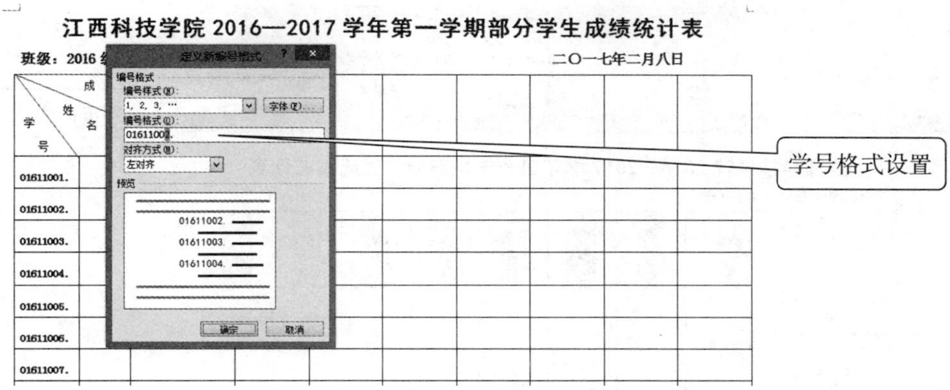
江西科技学院 2016—2017 学年第一学期部分学生成绩统计表
班级：2016
二〇一七年二月八日
定义新编号格式
编号格式
编号样式(N):
1, 2, 3, …
字体(F)...
编号格式(O):
01611001.
对齐方式(M):
左对齐
预览
01611002.
01611003.
01611004.
确定
取消
成
姓
名
学
号
01611001.
01611002.
01611003.
01611004.
01611005.
01611006.
01611007.
学号格式设置

图 3-11　学号设置

知识加油站

在表格中选择文本：文本方式同样适用，此外，还有以下快捷方法：选择某个单元格，鼠标移动到该单元格左边缘处，单击左键；选择某行，鼠标移动到该行左边缘处，单击左键；选中某列，鼠标移动到该列顶端边缘处，单击左键；选中整个表格，将鼠标移动到表格左边边缘处，鼠标单击表格移动点或按 Ctrl 键的同时单击左键。

第七步：按照任务效果图，将表格中其他数据录入。

知识加油站

文字的录入和编辑：可将每一个单元格看作独立的文档来录入文字，如果录入文字过程中按 Enter 键，表示在当前单元格另起一段，而不是移动到其他单元格。要往另一个单元格中输入文字，须用方向键或者使用鼠标来定位新的活动单元格。

表格中的光标定位：方法一，直接用鼠标将光标定位于目标单元格中；方法二，用键盘的上、下、左、右方向键在表格中定位；方法三，使用快捷键，按 Tab 键将光标移到下一个单元格，按 Shift+Tab 组合键将光标移到上一个单元格，按 Alt+PgDn 组合键将光标移动到最后一个单元格。

第八步：选中 C1：J1 区域，单击菜单栏“绘图工具 – 布局”，选择“对齐方式 – 文字方向”命令，设置为垂直方向并中部居中，如图 3-12 所示。

图 3–12　文字方向设置

知识加油站

设置文字方向即更改单元格文字方向，通过单击可进行文字方向的调整，共有 9 种方向："靠左两端对齐""中部两端对齐""靠右两端对齐""中部左对齐""中部居中""中部右对齐""靠下左对齐""靠下居中对齐""靠下右对齐"。

第九步：选中整张表格，单击鼠标右键，在弹出的菜单中选择"边框和底纹"，在弹出的对话框中先选择样式"外粗内细"，宽度为 3 磅，再选择框线应用位置，应用于"表格"，如图 3–13 所示。

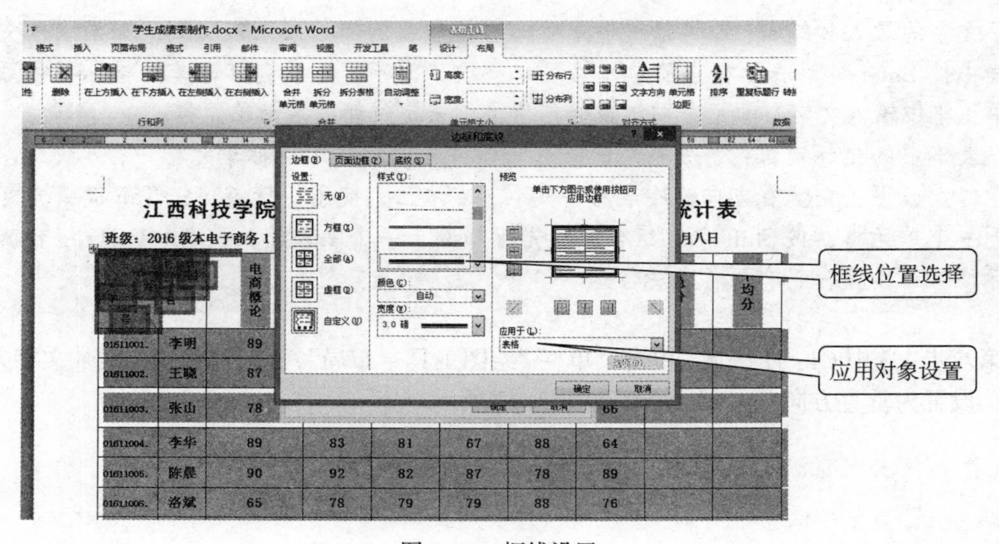

图 3–13　框线设置

第十步：选中表格第一行，单击鼠标右键，在弹出的菜单中选择“边框和底纹”，在弹出的对话框中选择“底纹”，找到“浅绿色”的颜色，应用于“单元格”，如图 3-14 所示。重复上述步骤，将最后一行底纹设置为“茶色”。

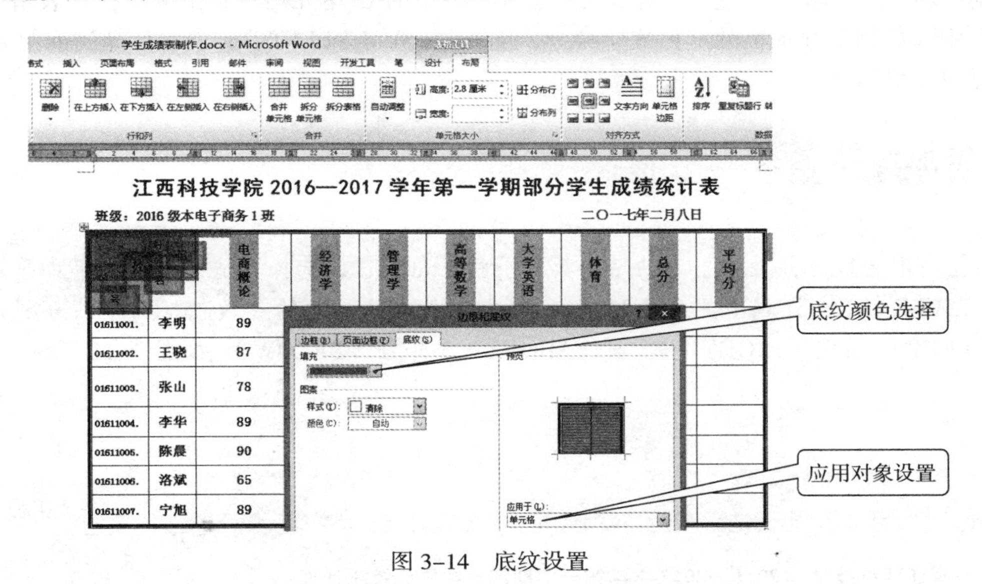

图 3-14 底纹设置

注意：

应用于有文字、段落、单元格、表格四个选项。应用的范围不同，作用效果就不同。用户在选择应用时，要根据实际需要，做出相应的选择。

第十一步：选中标题行，单击菜单栏“表格工具 – 布局”中“数据”面板上的“重复标题行”命令，如图 3-15 所示。

学生成绩表制作.docx - Microsoft Word

删除 在上方插入 在下方插入 在左侧插入 在右侧插入 合并单元格 拆分单元格 拆分表格 自动调整 高度: 2.8 厘米 宽度: 分布行 分布列 文字方向 单元格边距 排序 重复标题行

行和列 合并 单元格大小 对齐方式

标题行重复

江西科技学院 2016—2017 学年第一学期部分学生成绩统计表

班级：2016 级本电子商务 1 班　　二〇一七年二月八日

		电商概论	经济学	管理学	高等数学	大学英语	体育	总分	平均分
01611001.	李明	89	88	79	85	79	85		
01611002.	王晓	87	76	89	80	76	75		
01611003.	张山	78	87	85	66	66	66		
01611004.	李华	89	83	81	67	88	64		
01611005.	陈晨	90	92	82	87	78	89		
01611006.	洛斌	65	78	79	79	88	76		
01611007.	宁旭	89	76	67	87	77	79		

图 3-15 标题行重复设置

5. 表格数据计算

第一步：将光标定位于头标题字段“总分”栏下的I2单元格，单击菜单栏“表格工具－布局”中“数据”面板上的“公式”命令，输入“=SUM（LEFT）”，表示计算当前单元格左侧单元格的数据之和。

知识加油站

在使用函数时，可单击“粘贴函数”下拉三角按钮，选择合适的函数，例如平均数函数AVERAGE、计算函数COUNT等。其中公式中括号内的参数包括四个，分别是左侧（LEFT）、右侧（RIGHT）、上面（ABOVE）和下面（BELOW），如图3-16所示。

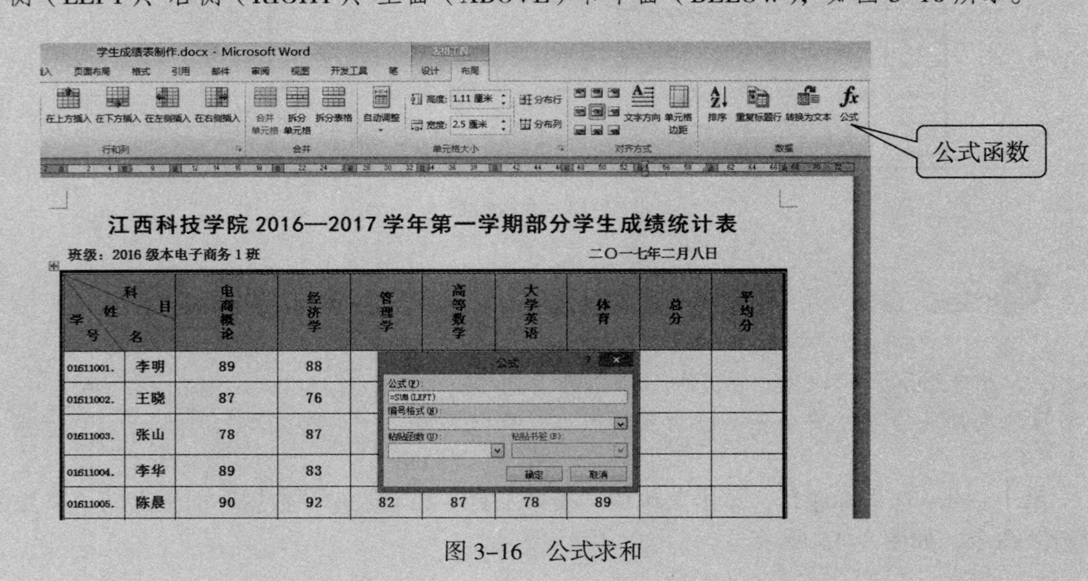

图3-16　公式求和

第二步：选中I2单元格，单击鼠标右键，选择“复制”，选中I3：I9单元格区域，在弹出的菜单中选择“保留源格式”粘贴，依次选中I3，I4，…，I9单元格，鼠标右键，选择“更新域”，即完成总分求和。

第三步：将光标定位于J2单元格，单击菜单栏“表格工具－布局”中“数据”面板上的“公式”命令，输入“=Average（C2:H2）”，参数值表示对C2：H2连续单元格区域数据求平均值。如果是对不连续单元格数据进行计算，参数值中各单元格名称用逗号相隔，如：C2，D2，H2，如图3-17所示。依次选中I3，I4，…，I9单元格，重复上述步骤，即完成平均值求值。

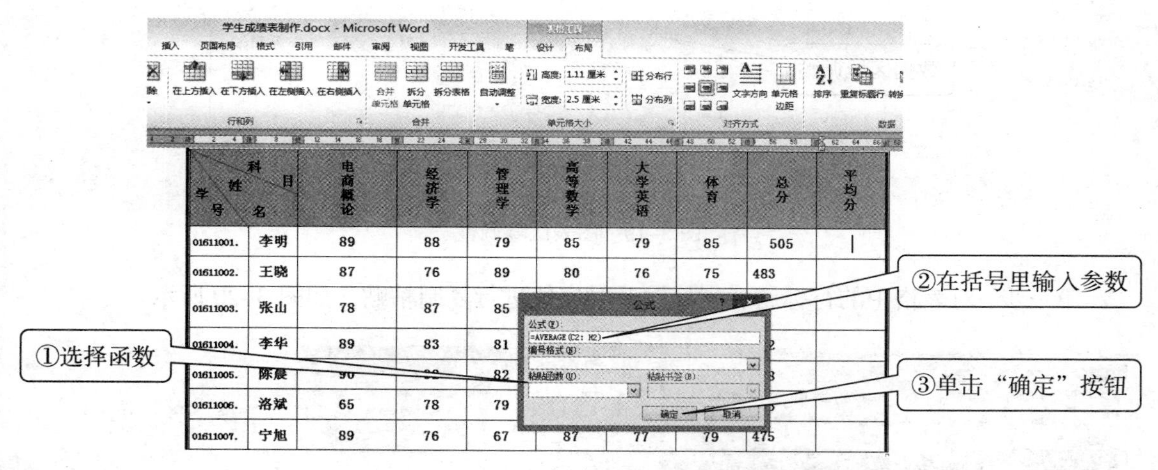

图 3–17 公式求平均值

6. 表格数据对齐方式设置

选中整张表格，单击鼠标右键，在弹出的菜单中选择“水平居中”对齐方式，此时可以将表格中所有文字和数据设置水平居中效果。

7. 生成柱形图

第一步：将光标定位于表格之后，选择菜单栏“插入”，在“插图”面板中选择“图表”命令，在弹出的“插入图库”对话框面板中选择“柱形图－簇状柱形图”图标，如图 3–18 所示。

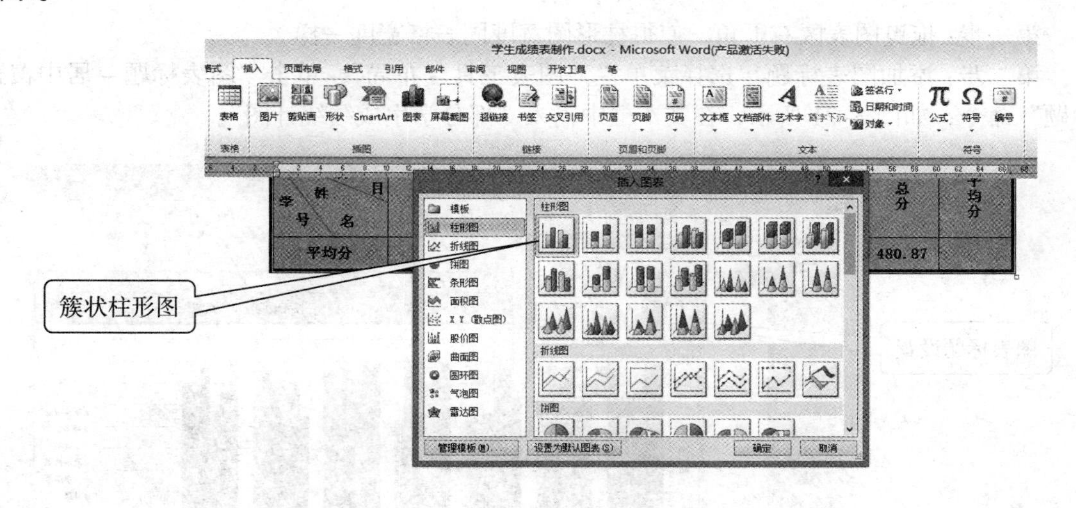

图 3–18 柱形图

第二步：在弹出的 Excel 窗口中，将图表数据区域拖曳成 7 行 6 列，如图 3–19 所示。

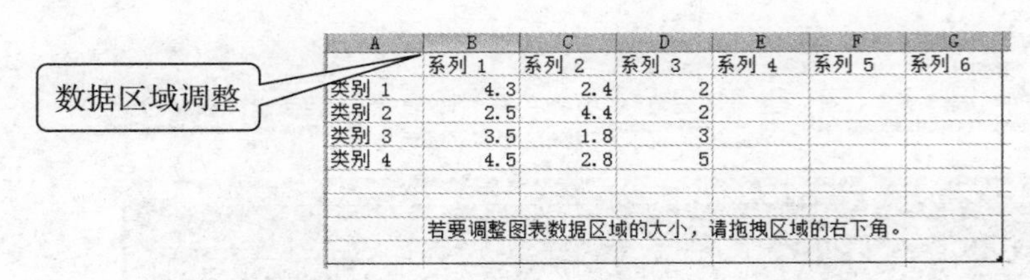

图 3–19　图表区域调整

第三步：对表格中的行标题、列标题及对应值进行复制粘贴，如图 3–20 所示。

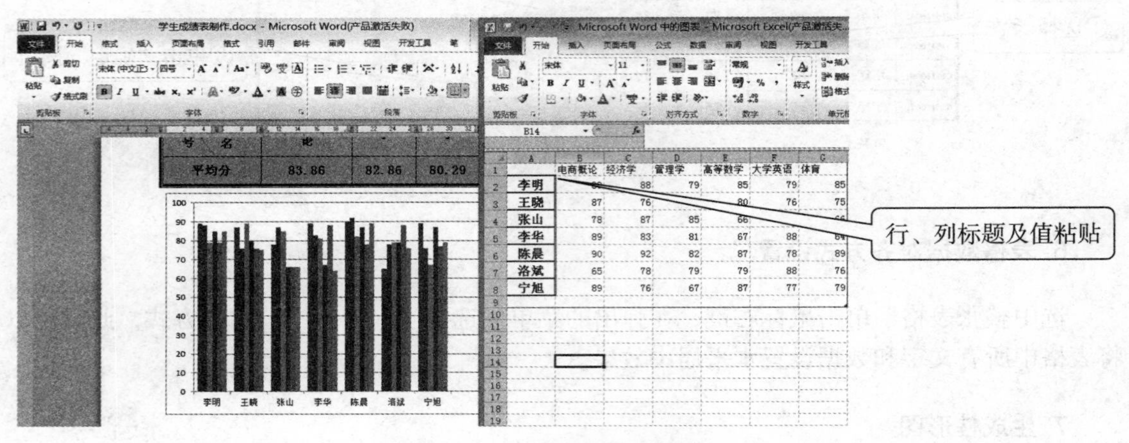

图 3–20　图表数据粘贴

8. 柱形图修饰

第一步：拖曳图表区右下角，使得柱形图宽度同表格宽度一样。

第二步：添加图表标题。选择菜单栏“图表工具 – 布局”，单击“图表标题 – 居中覆盖标题”命令，如图 3–21 所示，在文本框中输入“部分学生成绩统计图”。

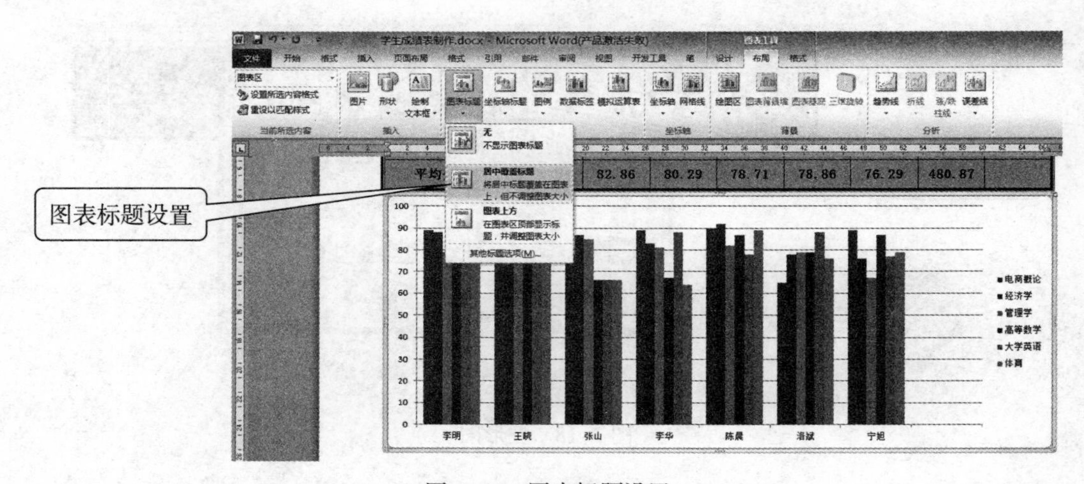

图 3–21　图表标题设置

第三步：添加坐标轴标题。选择菜单栏“图表工具－布局”，单击“坐标轴标题”命令，如图 3–22 所示，依次设置横坐标轴标题和纵坐标轴标题。

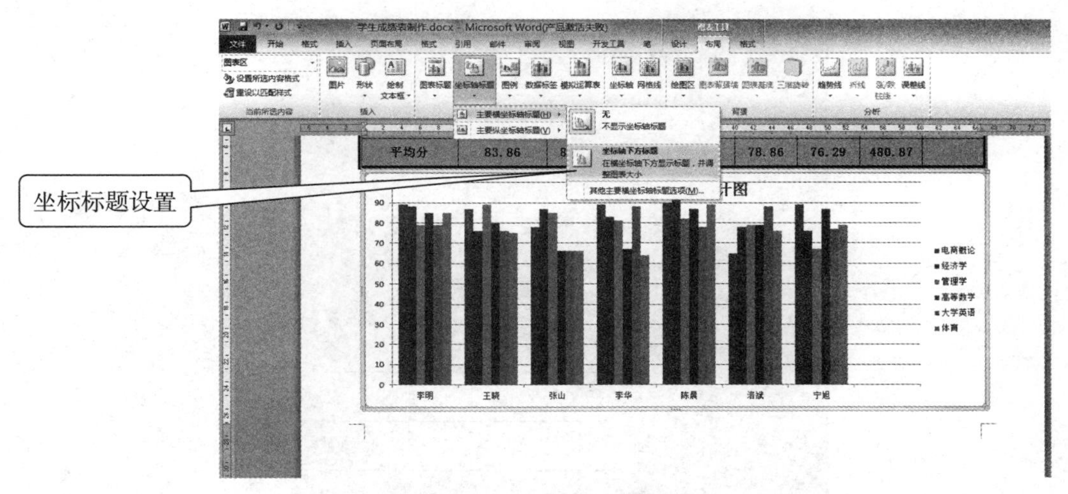

图 3–22 坐标轴标题设置

第四步：删除网格线。选中网格线，鼠标单击右键，选择“删除”，如图 3–23 所示。

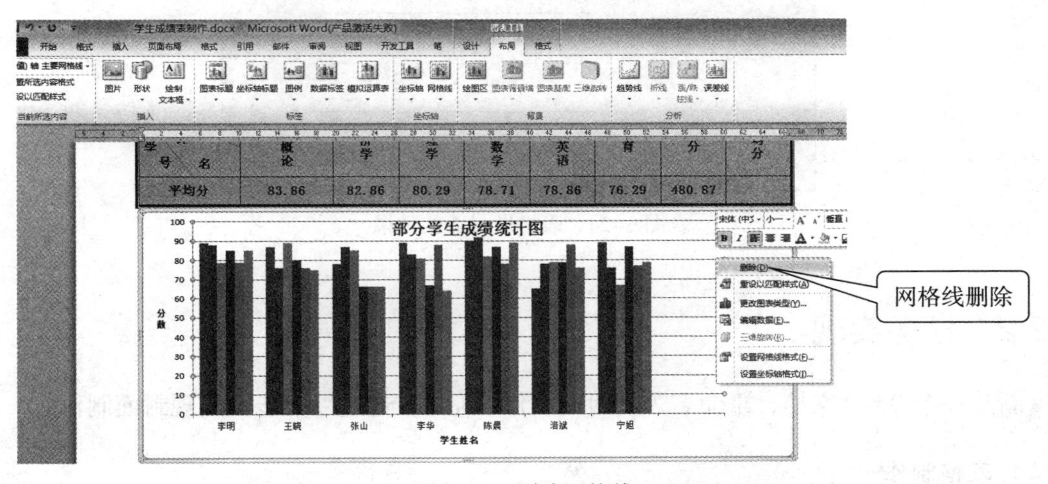

图 3–23 删除网格线

至此，成绩统计表制作全部完成。

3.2 任务扩展：巧用表格做封面

3.2.1 任务描述

在 Word 中，表格除了用来进行数据汇总、计算、展示等外，还可以用来对涉及图片、文字、艺术字、下划线等多种元素的综合文档布局，使文档更具条理性、美观性。本小节就以用表格来制作封面为例，任务效果如图 3-24 所示。

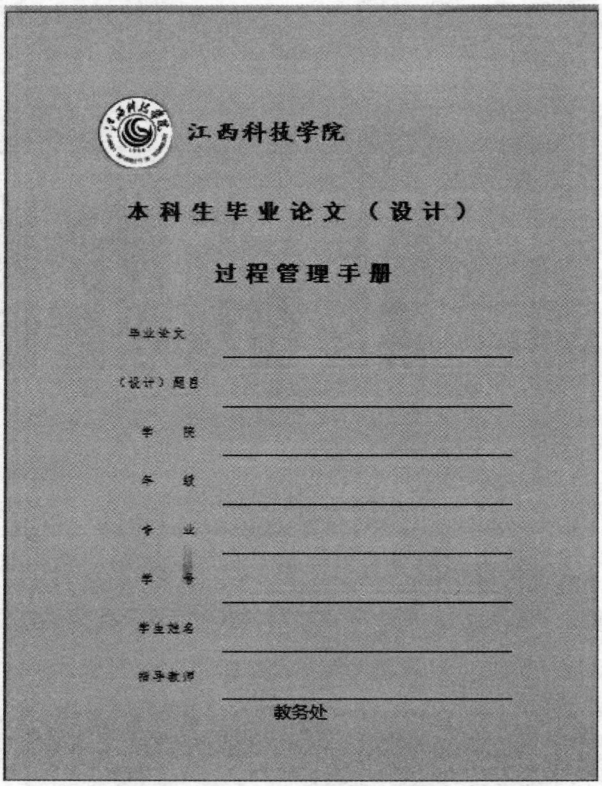

图 3-24　表格做封面的效果

3.2.2　任务实现

新建一个 Word 文档，重命名为“封面制作 .docx”，通过以下步骤实现封面制作。

1. 表格制作

第一步：插入表格。单击菜单栏“插入”选项卡，单击“表格”按钮，在弹出的菜单中单击“插入表格”命令，在弹出的对话框中设置行数 12、列数 2。

第二步：合并单元格。选中 A2、B2 单元格，单击鼠标右键合并单元格。同样，合并 A3、B3 单元格，A12、B12 单元格。

第三步：设置行高、列宽。选中 1~3 行，单击鼠标右键，在弹出的菜单中选择“表格属性”，在弹出的对话框中设定行高值，如图 3-25 所示。

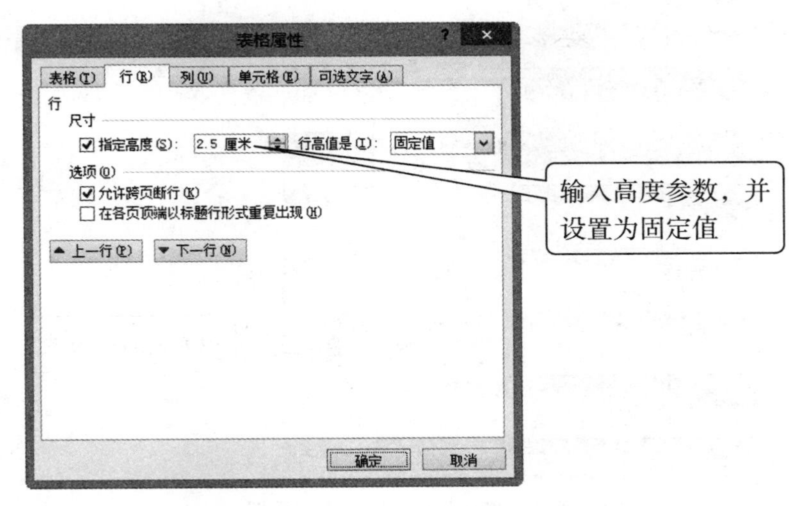

图 3–25　行高值

重复上述步骤，将 4~12 行高度设为 1.5 厘米，列宽调整到相应值。

2. 表格内容编辑

第一步：在 A1 单元格插入校徽图片，并调整到合适大小。在 B1 单元格输入文字“江西科技学院”，格式设置：黑体、一号、加粗，中部两端对齐。

第二步：在第二行输入文字“本科生毕业论文（设计）”，格式设置：黑体、二号、加粗，字符宽度 16 字符，如图 3–26 所示。

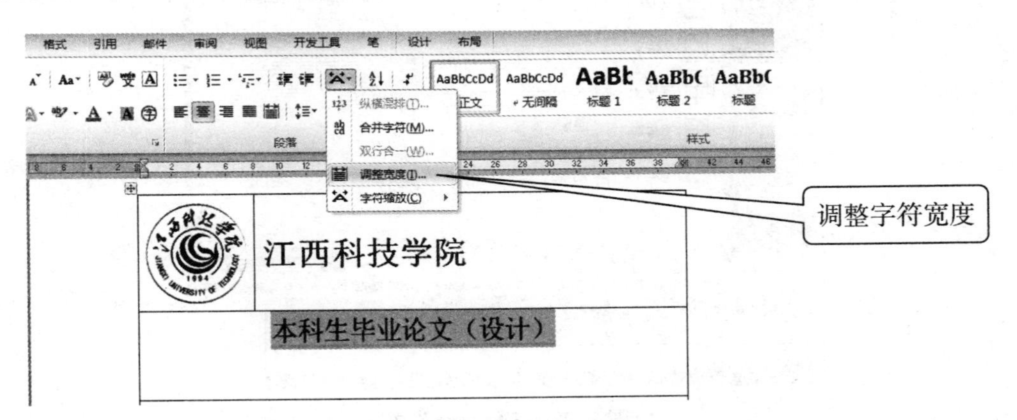

图 3–26　字符宽度设置

在第三行输入“过程管理手册”，格式设置：黑体、二号、加粗，字符宽度 10 字符。

第三步：第 4~11 行所有文字格式：仿宋、四号，宽度 4 字符。

第四步：选中第 2~12 行，单击鼠标右键，在弹出的菜单中选择“单元格对齐方式 – 水平居中”命令，如图 3–27 所示。

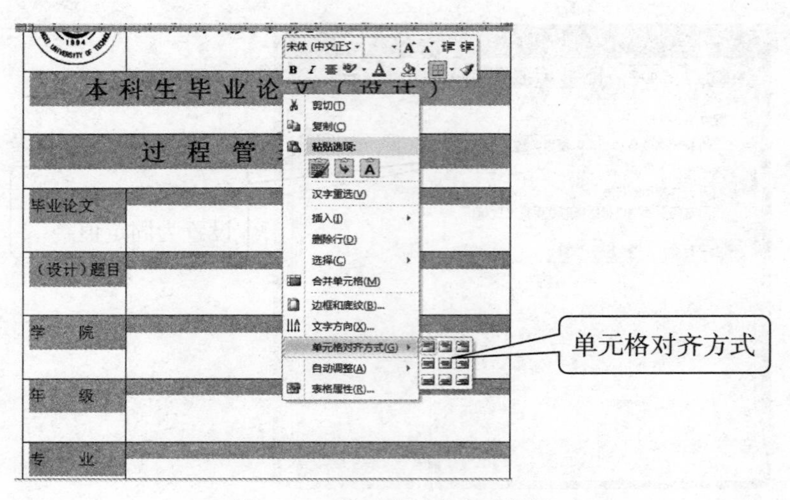

图 3–27　单元格对齐方式设置

3. 表格边框设置

第一步：选中整个表格，鼠标单击右键，选择“边框和底纹”，在弹出的对话框中将框线设置为“无”，如图 3–28 所示。

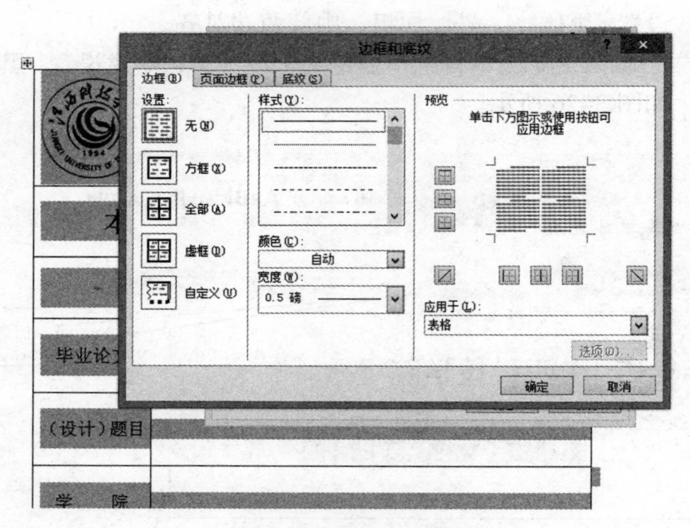

图 3–28　表格框线设置

第二步：选中 B5：B11 单元格区域，单击鼠标右键，在弹出的菜单中选择“边框和底纹”命令，在预览界面选择表格的上、中、下三处框线，如图 3–29 所示。

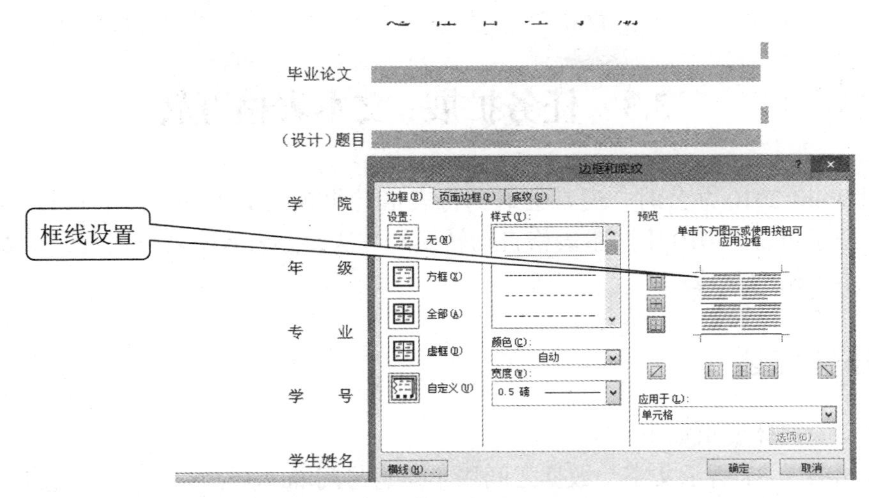

图 3-29 单元格框线设置

4. 页面设置

选择菜单栏“页面布局 – 页面颜色”命令，选中水绿色即可实现封面背景颜色设置，如图 3-30 所示。

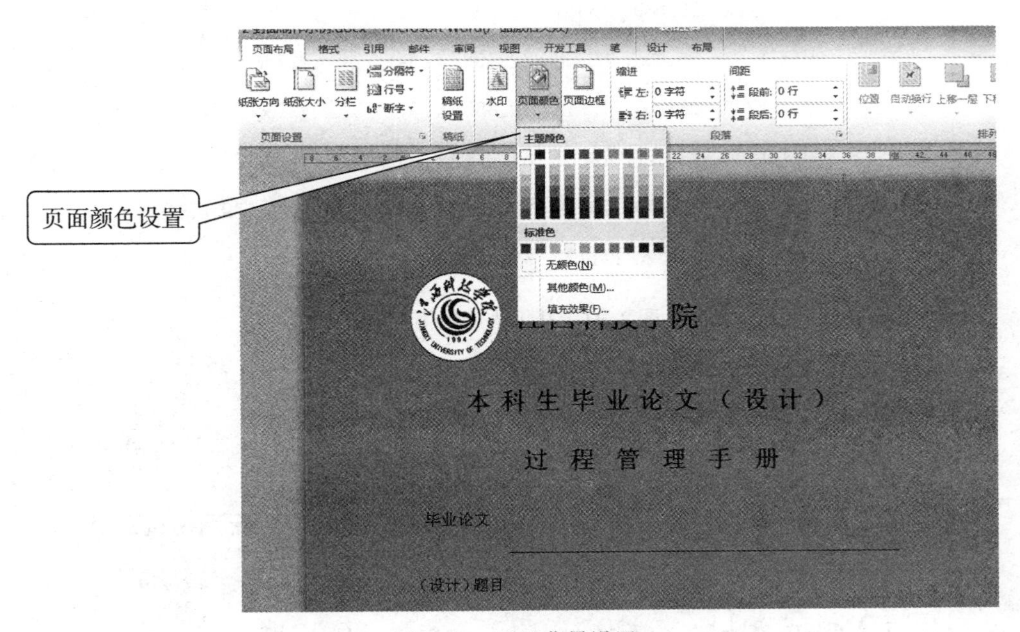

图 3-30 页面背景设置

至此，用表格进行封面制作全部完成。

3.3 任务扩展：文本表格互转

在使用 Word 2010 办公时，通常会遇到将表格转化成文字或者将文字制成表格的情况，此时如果掌握了 Word 2010 中文本表格自动转换的方法，办公效率就可以提升很多。本任务主要实现文本表格的互转。

3.3.1 任务描述

本任务实施具体要求如下：

①输入如图 3-31 所示文字，数据之间用半角逗号间隔。

某天猫店销售周报

序号，日期，PV，UV,付款率，UV 转化率，平均客单价，平均停留时间（秒），咨询转化率

1，2017/1/20，228725，66337，31.28%，0.34%，240，282，25.35%

2，2017/1/21，225589，66387，31.23%，0.33%，248 ，273，23.06%

3，2017/1/22，234605，68756，32.48%，0.34%，249 ，273，29.78%

4，2017/1/23，282900，72816，30.83%，0.57%，225 ，285，34.34%

5，2017/1/24，286427，70361，31.27%，0.53%，228 ，338，32.50%

6，2017/1/25，281779，70138，33.80%，0.63%，223 ，333，29.55%

7，2017/1/2，382232，111401，32.90%，0.45%，213 ，308，30.71%

图 3-31 某天猫店销售周报

②利用文本转换表格功能，转换为如图 3-32 所示表格。

某天猫店销售周报

序号	日期	PV	UV	付款率	UV 转化率	平均客单价	平均停留时间（秒）	咨询转化率
1	2017/1/20	228,725	66,337	31.28%	0.34%	240	282	25.35%
2	2017/1/21	225,589	66,387	31.23%	0.33%	248	273	23.06%
3	2017/1/22	234,605	68,756	32.48%	0.34%	249	273	29.78%
4	2017/1/23	282,900	72,816	30.83%	0.57%	225	285	34.34%
5	2017/1/24	286,427	70,361	31.27%	0.53%	228	338	32.50%
6	2017/1/25	281,779	70,138	33.80%	0.63%	223	333	29.55%
7	2017/1/2	382,232	111,401	32.90%	0.45%	213	308	30.71%

图 3-32 某天猫店销售周报

③利用表格转换文本功能，将图 3-32 所示表格转换为图 3-33 所示文本。

某天猫店销售周报

序号	日期	PV	UV	付款率	UV 转化率	平均客单价	平均停留时间（秒）	咨询转化率
1	2017/1/20	228,725	66,337	31.28%	0.34%	240	282	25.35%
2	2017/1/21	225,589	66,387	31.23%	0.33%	248	273	23.06%
3	2017/1/22	234,605	68,756	32.48%	0.34%	249	273	29.78%
4	2017/1/23	282,900	72,816	30.83%	0.57%	225	285	34.34%
5	2017/1/24	286,427	70,361	31.27%	0.53%	228	338	32.50%
6	2017/1/25	281,779	70,138	33.80%	0.63%	223	333	29.55%
7	2017/1/2	382,232	111,401	32.90%	0.45%	213	308	30.71%

图 3-33　表格转换为文本

3.3.2　任务实现

1. 文本转换成表格

第一步：新建一个空白的 Word 文档，按照图 3-31 所示录入所有文字，文本中间可以用逗号、制表符、空格和句号等英文标点分隔，本示例中使用逗号。输入法状态设置如图 3-34 所示。

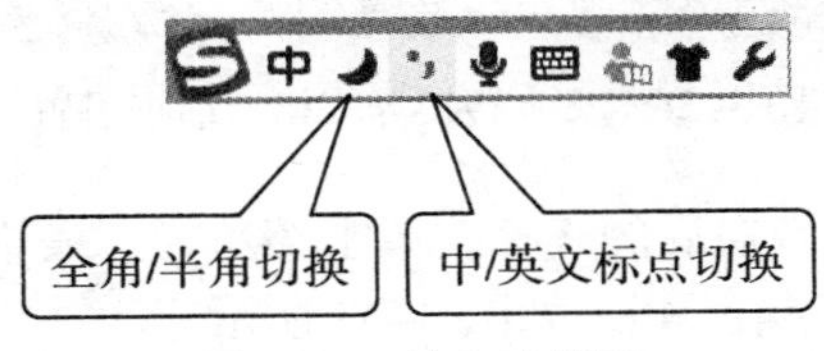

图 3-34　输入法设置

第二步：输入文字后，按住鼠标左键拖曳选中文字，然后单击菜单栏“插入”→“表格”命令，在“表格”功能下拉框中选择“文本转化成表格”命令，如图 3-35 所示。

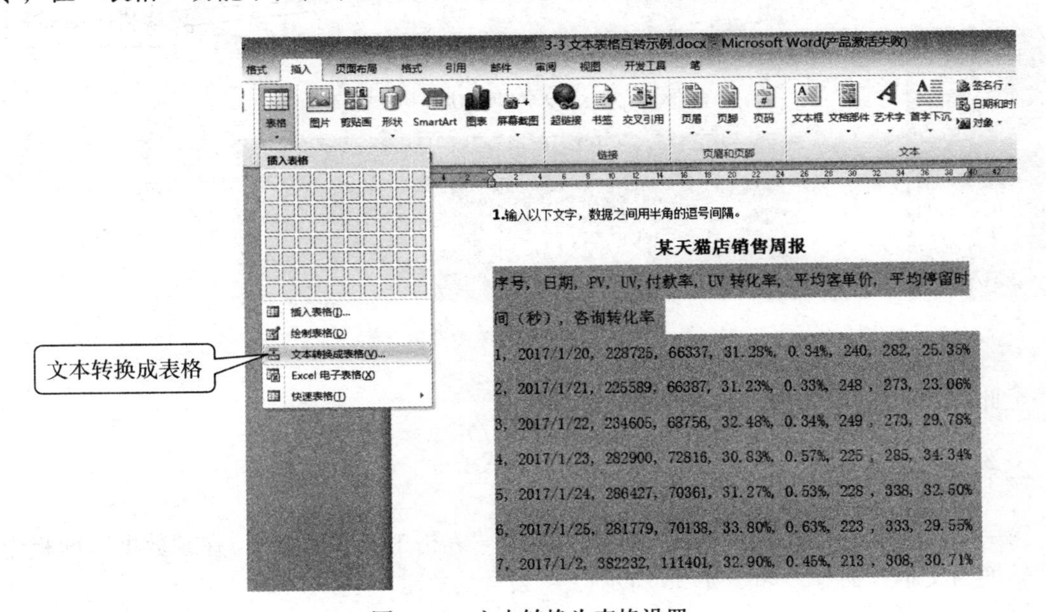

图 3-35　文本转换为表格设置

第三步：单击“文本转换成表格”命令后，会出现“将文本转换成表格”对话框，列数、行数通常采用默认值，“自动调整”操作可根据实际需求进行相应选择，文字分隔位置选择“逗号”，设置完后，单击“确定”按钮即可，如图 3-36 所示。

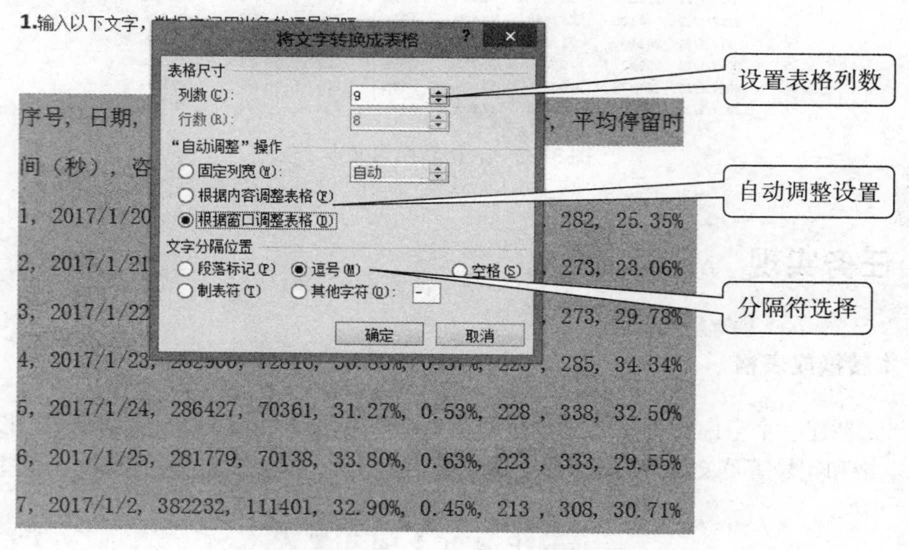

图 3-36　文本转换为表格对话框设置

第四步：表格美化。选中转换后的表格，单击菜单栏“表格工具 – 设计”命令，选择表格样式“浅色底纹 – 强调文字颜色 4”，如图 3-37 所示。

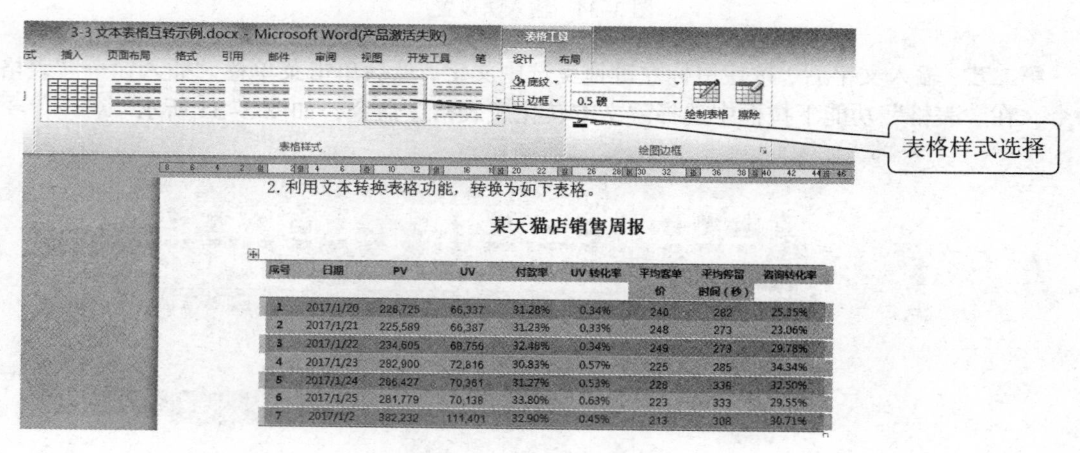

某天猫店销售周报

序号	日期	PV	UV	付款率	UV 转化率	平均客单价	平均停留时间（秒）	咨询转化率
1	2017/1/20	228,725	66,337	31.28%	0.34%	240	282	25.35%
2	2017/1/21	225,589	66,387	31.23%	0.33%	248	273	23.06%
3	2017/1/22	234,605	68,756	32.48%	0.34%	249	273	29.78%
4	2017/1/23	282,900	72,816	30.83%	0.57%	225	285	34.34%
5	2017/1/24	286,427	70,361	31.27%	0.53%	228	336	32.50%
6	2017/1/25	281,779	70,138	33.80%	0.63%	223	333	29.55%
7	2017/1/2	382,232	111,401	32.90%	0.45%	213	308	30.71%

图 3-37　表格样式设置

至此，文本转换为表格操作全部结束。

2. 表格转换为文本

第一步：选中上面生成的表格，单击菜单栏“表格工具 – 布局”，在“数据”面板中选择“转换为文本”命令，如图 3-38 所示。

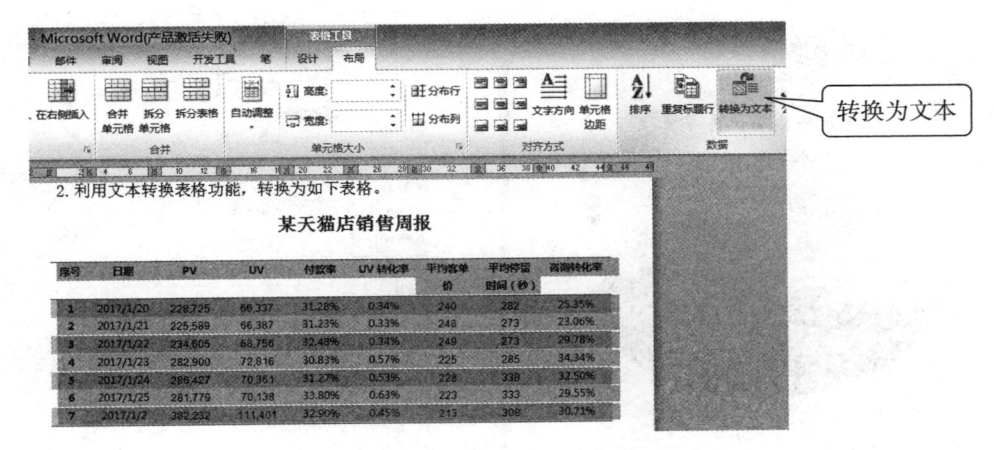

图 3–38 转换为文本指令

第二步：单击“文本转换成表格”命令以后会出现将“表格转换成文本”对话框，文字分隔位置选择“制表符”，设置完后，单击“确定”按钮即可，如图 3–39 所示。

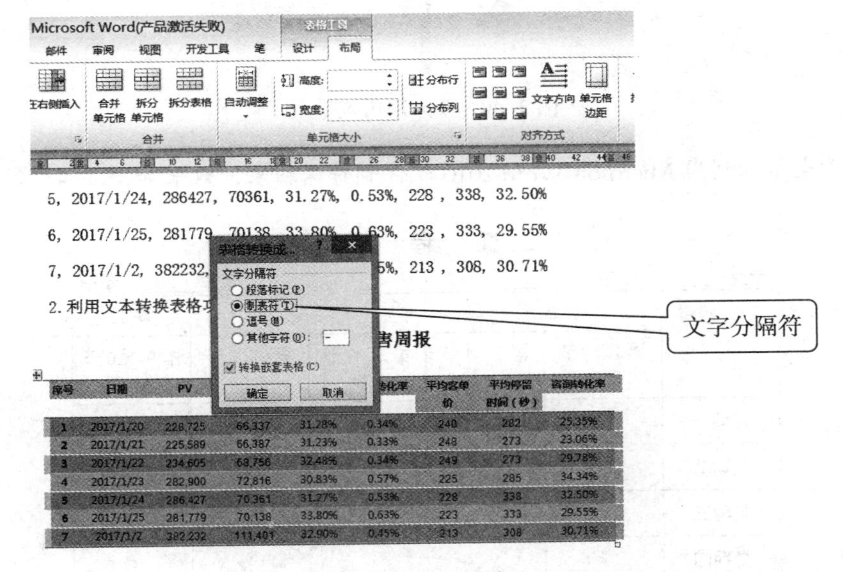

图 3–39 表格转换为文本对话框

至此，表格转换为文本操作全部结束。

3.4 课后练习

1. 要求学生单独利用 Microsoft Word 2010 软件制作个人简历封面及表格两个页面，效果如图 3–40 所示。简历制作所需要的图片可在网上自行下载。

图 3-40　个人简历效果图

2. 要求学生单独利用 Microsoft Word 2010 软件制作课程表，效果如图 3-41 所示。

课　程　表

专业：______班级：______　　　　______学年______学期

时间 / 星期	上午		下午		晚上
	第 1、2 节 8:00	第 3、4 节 10:00	第 5、6 节 1:00	第 7、8 节 3:00	第 9、10 节 6:00
星期一					
星期二					
星期三					
星期四					
星期五					

图 3-41　课程表效果图

3. 要求学生单独利用 Microsoft Word 2010 软件制作如图 3-42 所示工资表，具体要求如下：

（1）页面方向横向；

（2）编号要求以“自定义编号”快速生成；

（3）将性别 M 改成男，F 改成女；

（4）利用公式计算实发工资（实发工资 = 基本工资 + 奖金 + 补贴 − 房租）和平均工资；

（5）将表格的行高值设为 1 厘米，列宽 12.7%；

（6）表格样式设置为“浅色网格－强调文字颜色 3”。

新世界软件开发公司 2017 年 2 月份工资表

编号	姓名	性别	基本工资	奖金	补贴	房租	实发工资
201702001.	刘惠民	M	3315.32	1235.00	100.00	220.15	
201702002.	李宁宁	F	3285.12	1230.00	100.00	218.00	
201702003.	张　鑫	M	3490.34	1300.00	200.00	215.00	
201702004.	路　程	M	3200.76	1100.00	100.00	222.00	
201702005.	陈　丽	F	3580.00	1320.00	300.00	210.00	
201702006.	高　兴	M	3390.78	1240.00	150.00	220.00	
201702007.	王　陈	M	3500.60	1258.00	200.00	215.00	
201702008.	陈　岚	F	3300.80	1230.00	100.00	210.34	
201702009.	周　媛	F	3450.36	1280.00	200.00	215.47	
2017020010.	王国强	M	3200.45	1100.00	0.00	218.38	
平均工资							

图 3-42　工资表

4. 将以下文字内容按要求完成设置：

近年来中国电子元器件产量一览表（单位：亿只）

产品类型　2014 年　2015 年　2016 年

多层陶瓷电容器　403.1　513.3　800

钽电解电容器　10.1　16.5　19.5

铝电解电容器　1.1　2.1　5.5

有机薄膜电容器　3.2　8.1　9.5

半导体陶瓷电容器　4.3　10.6　12.5

电阻器　200.2　400.1　702.2

石英晶体器件　1.0　3.3　7.5

电感器、变压器　1.5　2.8　3.6

（1）将文中最后 9 行文字转换成一个 9 行 4 列的表格，设置表格居中，并按“2016 年”列升序排序表格内容。

（2）设置表格第一列列宽为 4 厘米、其余列列宽为 1.6 厘米、表格行高为 0.5 厘米；设置表格外框线为 1.5 磅蓝色（标准色）双窄线、内框线为 1 磅蓝色（标准色）单实线。

第 4 章

制作图形功能应用文档

在 Microsoft Office Word 2010 文档中插入图形是美化和修饰文档的一个重要的功能，巧妙地应用图形工具，可以简化文档，使文档具有一定的可阅读性。本章将要制作的各种元素混排，创建出更具艺术效果的文档页面。利用图形工具阐述工作执行的过程，省去大量文字的描述，使文档一目了然。通过本章的讲解，为用户了解 Word 2010 图形功能的应用：插入艺术字体、插入形状及插入 SmartArt 图片等。

本章知识技能要求：

- ✧ 掌握形状的绘制
- ✧ 掌握形状样式的设置
- ✧ 掌握艺术字、文本框的应用及设置
- ✧ 掌握 SmartArt 图片的插入及设置

4.1 任务：算法流程图的制作

4.1.1 任务描述

用算法流程图描述求一元二次方程 $ax^2+bx+c=0$ 的根的情况。用数学语言描述其算法：

①首先计算 $\Delta=b^2-4ac$；

②如果 $\Delta<0$，则原方程无实数解，否则 $\Delta>0$，计算；

③输出解或无实数解信息。

本任务实施要求如下：

①插入艺术字并修饰效果：算法流程图；

②绘制流程图；

③添加文字；

④插入徽标并设置水印：江西科技学院徽标。

任务效果如图 4–1 所示。

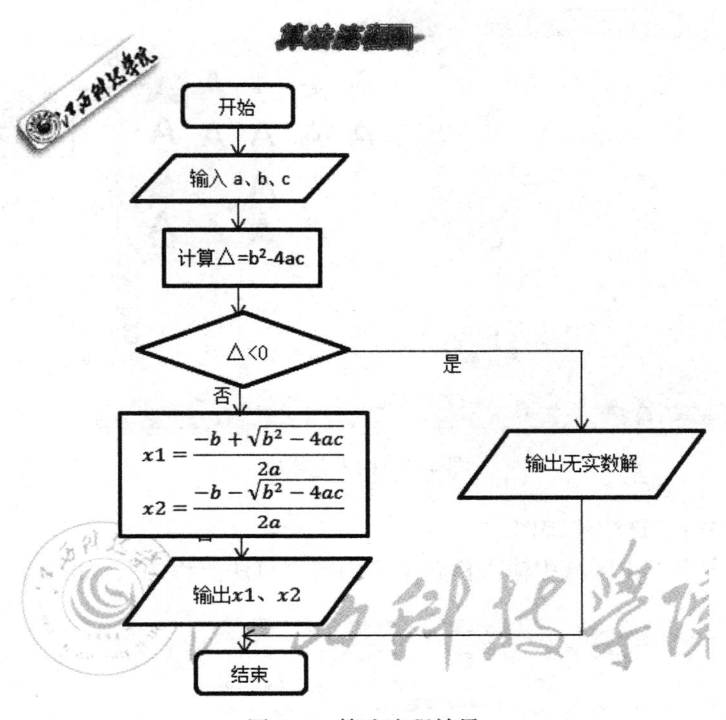

图 4–1　算法流程效果

4.1.2　任务实现

首先新建一个 Word 文档，命名为“算法流程图 .docx”，通过以下步骤实现算法流程图的制作。

1. 制作算法流程图的标题

标题是文档中能引起用户兴趣的元素之一，设置的标题文字要突出、醒目，引人注意。本任务的标题将使用艺术字，并对其进行一些修饰。

①在 Word 2010 菜单栏中单击“插入”选项卡；

②单击“艺术字”按钮；

③选择要应用的艺术字效果：填充 – 红色，强调文字颜色 2，双轮廓 – 强调文字颜色 2，如图 4–2 所示。

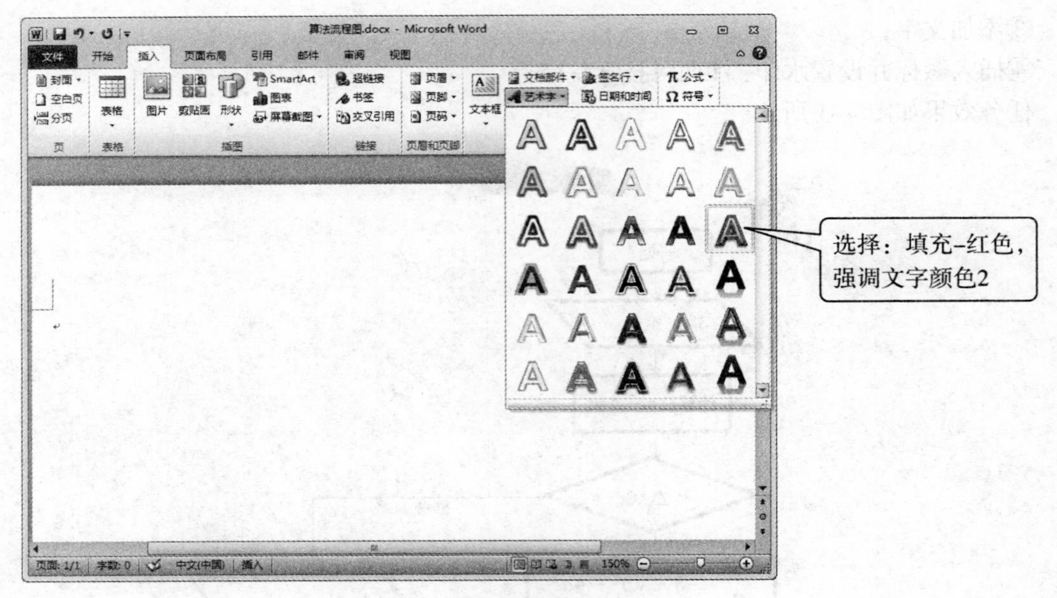

图 4–2　插入艺术字

④输入标题文字：算法流程图。

在出现的艺术字工作区域中输入标题文字内容“算法流程图”，如图 4–3 所示。

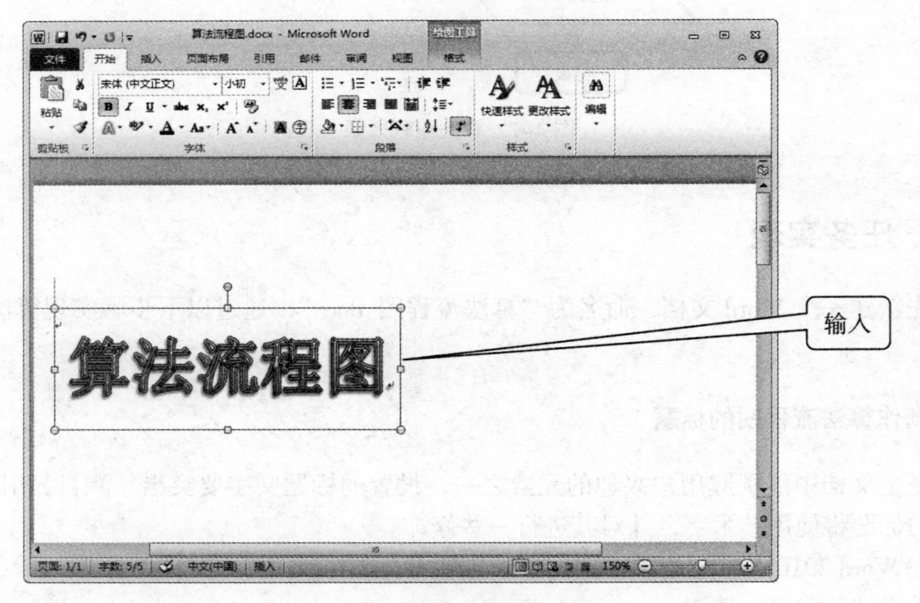

图 4–3　输入标题文字

⑤修饰艺术字。

具体设置如下：

第一步：选择艺术字，字体为黑体，字号为小三，如图 4–4 所示。

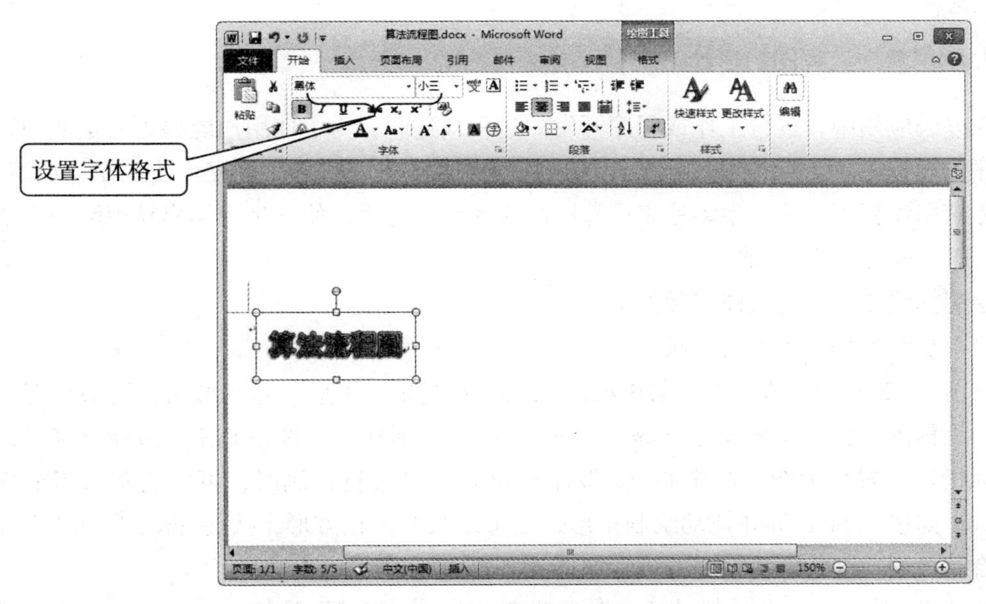

图 4–4 设置艺术字格式

第二步：将艺术字移动到文档水平中间位置。

第三步：单击菜单栏“绘图工具 – 格式”选项卡，单击“文字效果”按钮，选择“阴影”级联菜单，单击“右上对角透视”选项，设置效果如图 4–5 所示。

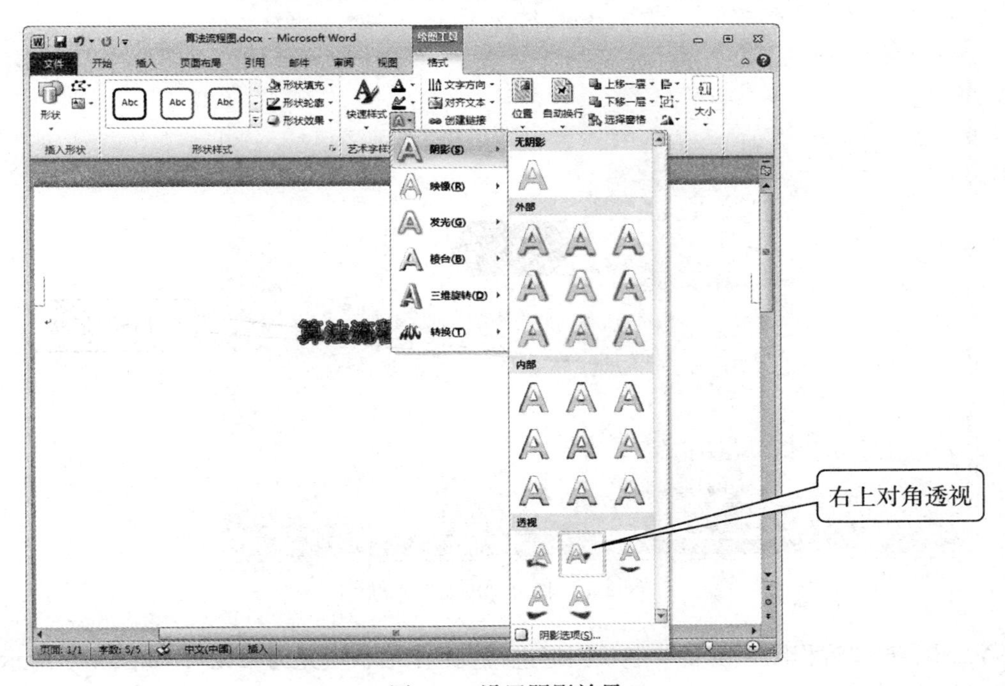

图 4–5 设置阴影效果

2. 绘制算法流程图的形状

在办公应用中，进行工作或程序开发的过程描述时，为了使用户能够更清楚地理解工作或程序开发的过程，一般可以通过图形或流程图的方式表达工作过程，使工作过程简单化。本任务应用流程图形象、生动地表现算法解决问题的过程，使学生更加容易理解一元二次方程 $ax^2+bx+c=0$ 的根的情况。

绘制算法流程图的具体步骤如下。

（1）绘制算法流程图的形状

在 Word 2010 中，“插入”菜单的形状主要有线条、矩形、基本形状、箭头总汇、公式形状、流程图、星与旗帜及标注等。在 Word 中绘制形状时，按住 Ctrl 键拖动绘制时，可以以鼠标指针位置作为图形的中心点；按住 Shift 键拖动进行绘制时，可以绘制出固定长宽比的形状，如按住 Shift 键并拖动绘制矩形，则可以绘制出正方形，按住 Shift 键绘制椭圆，则可以绘制圆形。这些形状绘制的步骤如下：

第一步：选择工具菜单栏“插入”选项卡，单击“形状”按钮，在弹出菜单中选择“流程图－准备”形状，如图 4–6 所示。

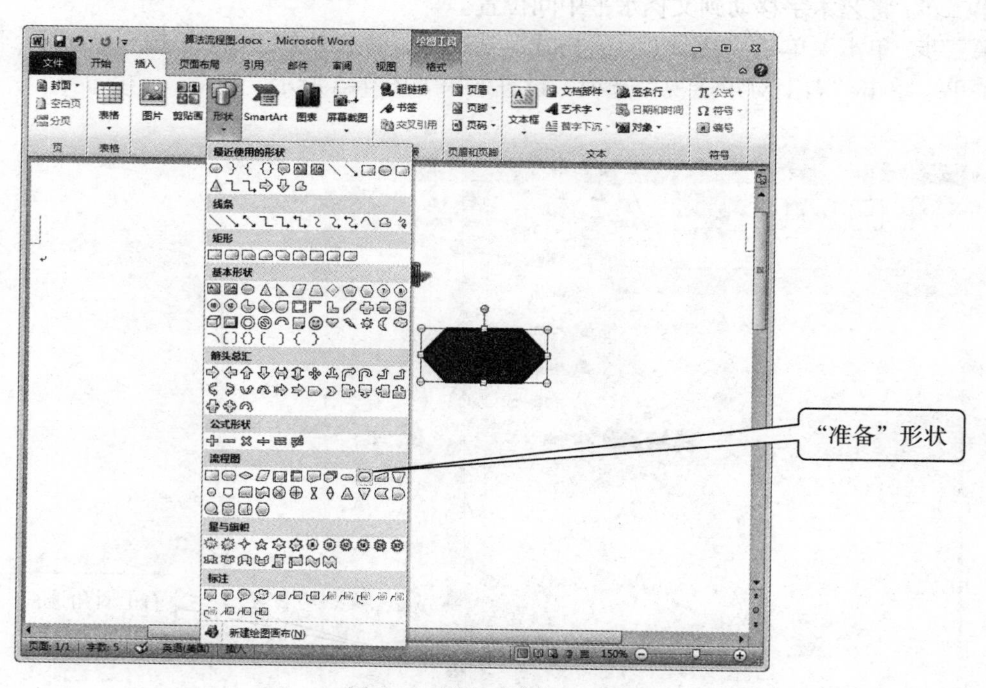

图 4–6　插入“准备”形状

第二步：对“流程图－准备”形状图形进行设置：形状填充为“无”，如图 4–7 所示。

第三步：对“流程图－准备”形状图形进行设置：形状轮廓－粗细为 1 磅，形状轮廓主题颜色为黑色，如图 4–8 所示。

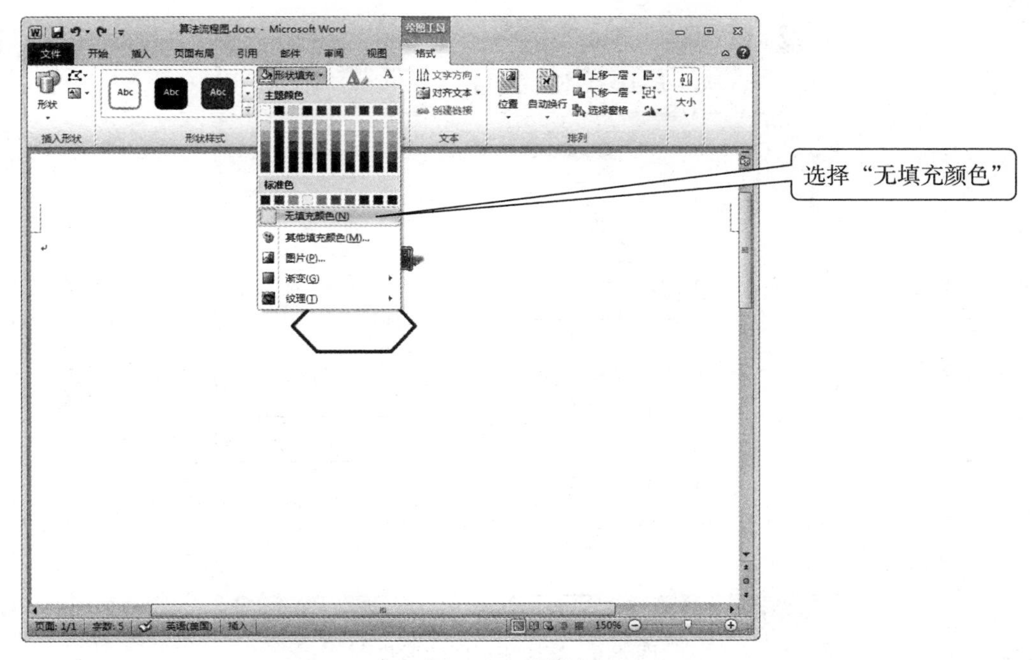

图 4–7 形状填充

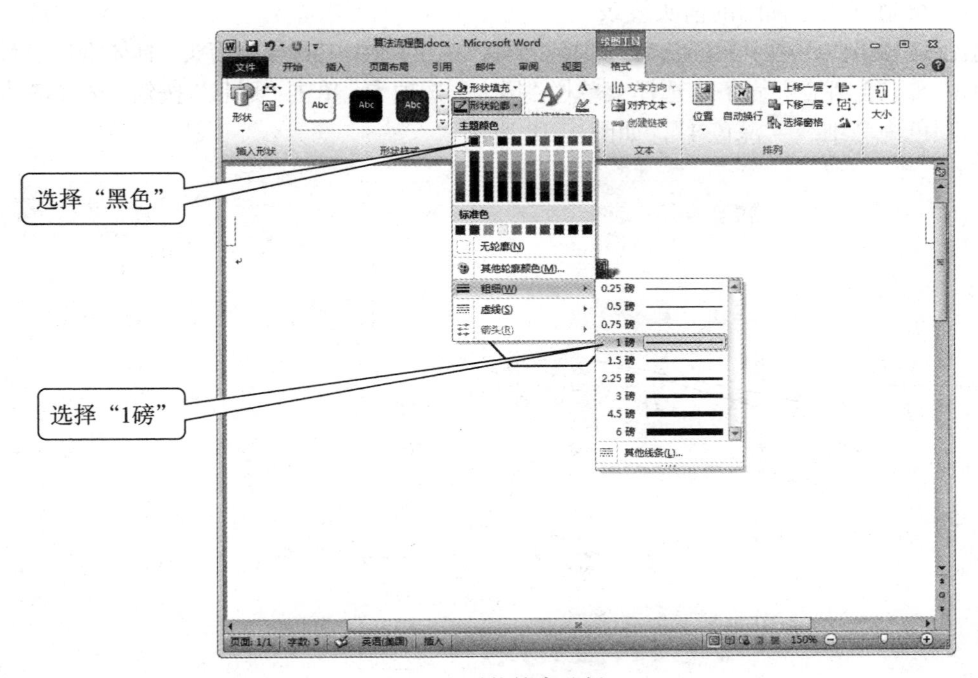

图 4–8 形状轮廓选择

第四步：继续完成其他形状的插入操作，在菜单栏“插入”选项卡“形状”按钮菜单中分别完成选择“流程图 – 数据”形状 1 个、“流程图 – 过程”形状 2 个、“流程图 – 决策”形状 1 个、“流程图 – 终止”形状 3 个。其中，2 个以上形状的插入，只需按住 Ctrl 键并拖动图形，复制出相同形状即可。绘制的整个流程图的形状如图 4–9 所示。

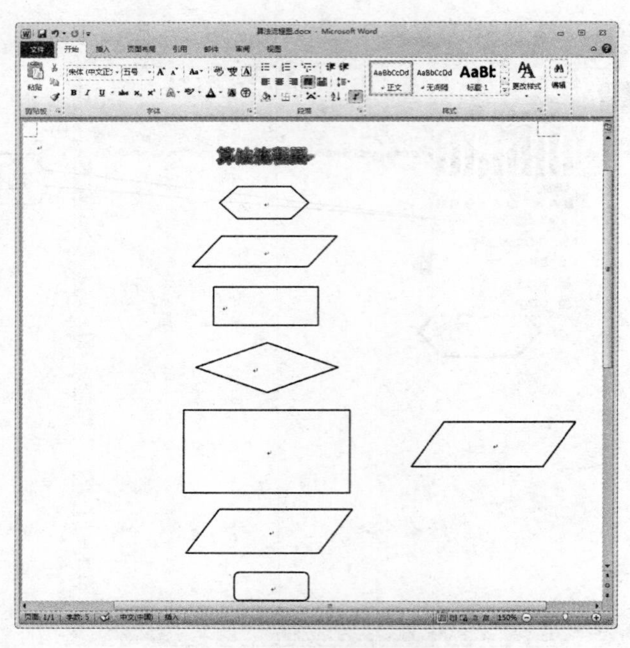

图 4-9　算法流程图的形状

（2）绘制算法流程图的箭头线条

绘制好算法流程图中的形状后，选择“形状”中的箭头工具绘制箭头，具体操作过程如下。

第一步：绘制箭头线条。选择菜单栏“插入”选项卡，单击“形状”按钮，选择箭头线条，箭头的颜色为“细线－深色 1”，如图 4-10 所示。

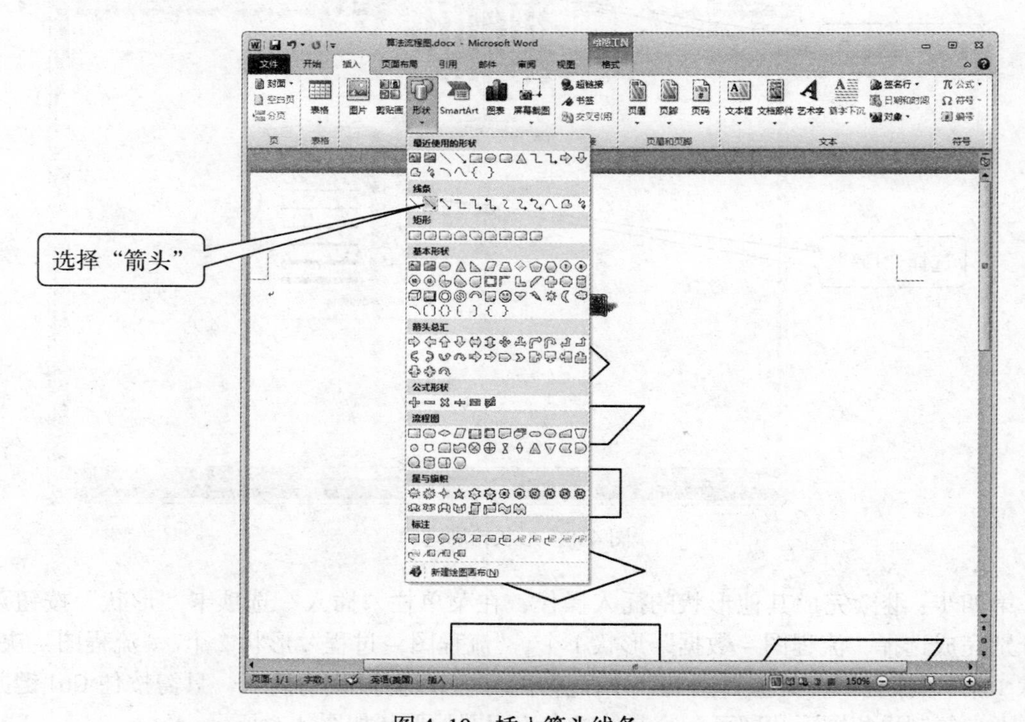

图 4-10　插入箭头线条

第二步：选择插入的箭头形状，按住 Ctrl 键并拖动箭头形状，复制出所有箭头线条，如图 4-11 所示。

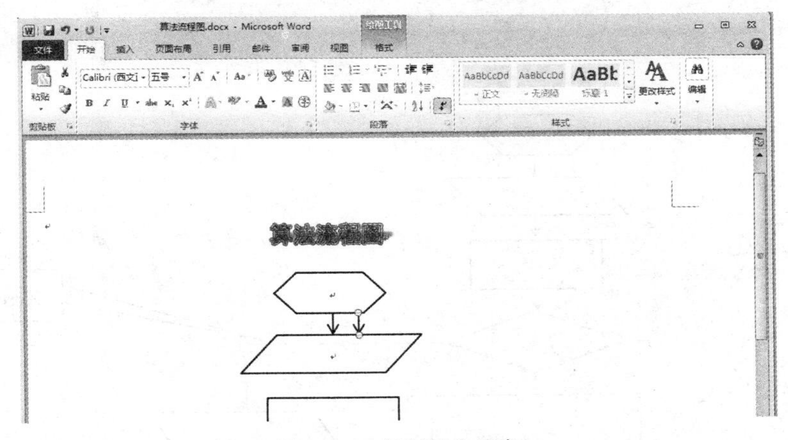

图 4-11　复制箭头线条

第三步：选择菜单栏的“插入”选项卡，单击“形状”按钮，在弹出菜单的线条中选择“任意多边形”，如图 4-12 所示。

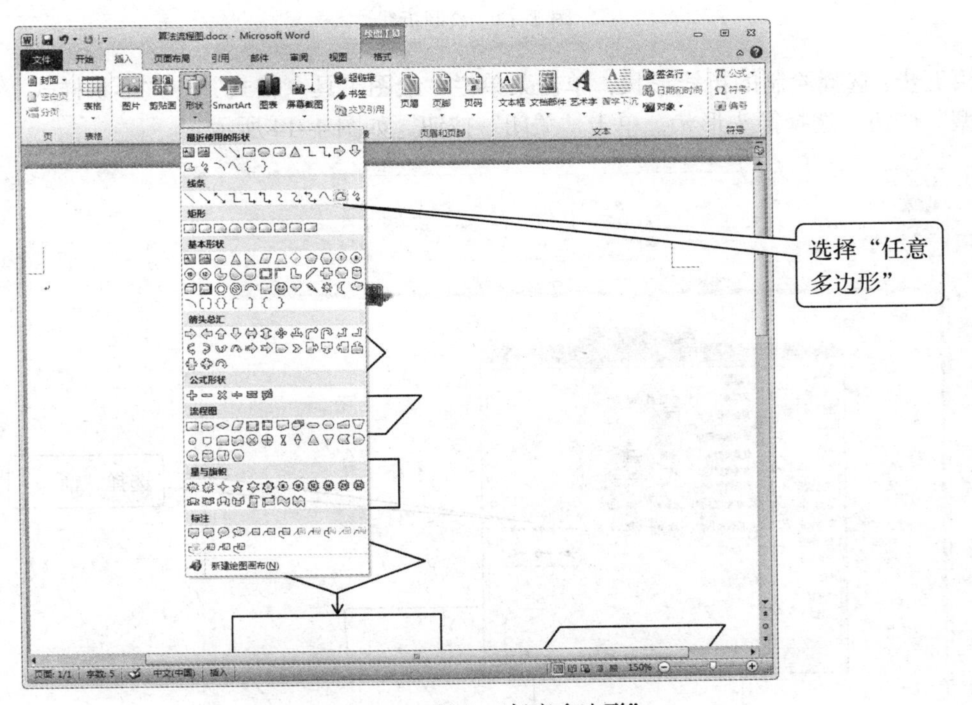

图 4-12　插入“任意多边形”

第四步：使用“任意多边形”绘制一条折线，绘制完成后，按 Esc 键结束绘制，效果如图 4-13 所示。

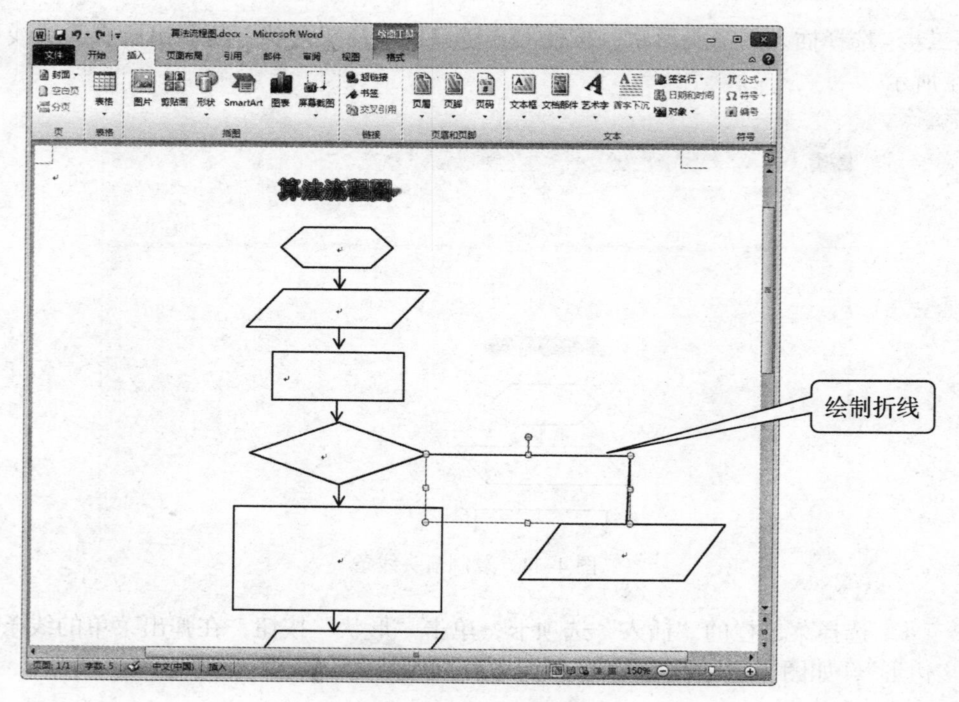

图 4–13　绘制折线

第五步：选择绘制的折线形状，单击菜单栏“绘图工具 – 格式”→“形状样式”→“后端类型”按钮，选择箭头形状，单击“关闭”按钮，如图 4–14 所示。

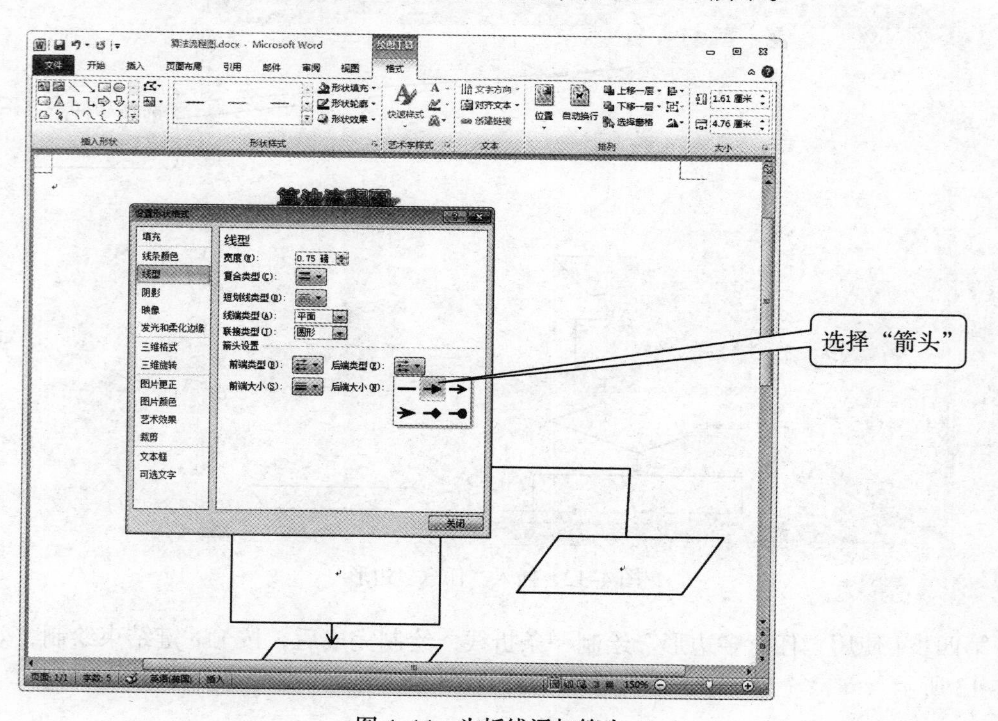

图 4–14　为折线添加箭头

第六步：绘制折线箭头左侧的步骤与第五步相同。至此，绘制箭头的工作全部完成，效果如图 4–15 所示。

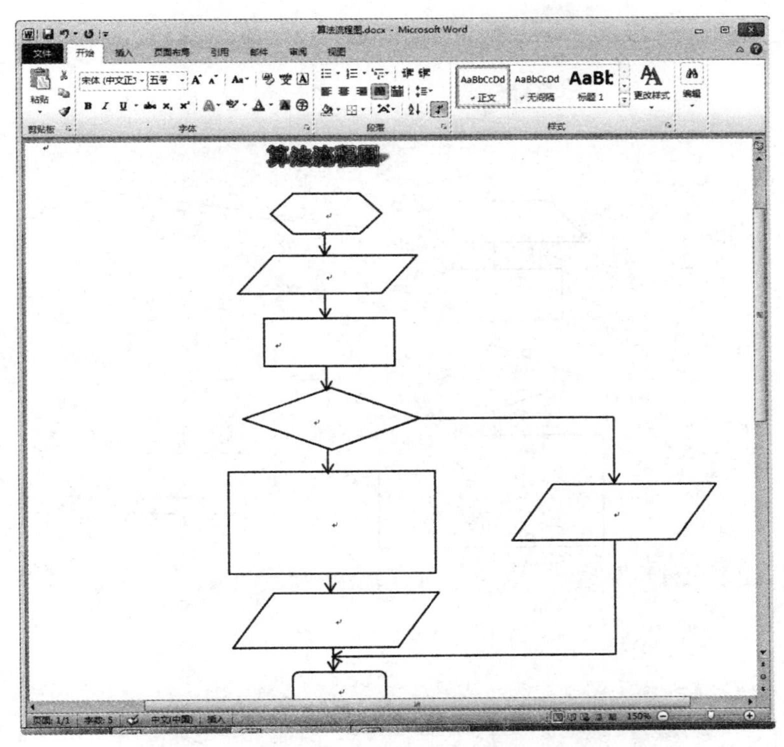

图 4–15　绘制完箭头

3. 添加文字

（1）在形状图形中添加文字

在制作的算法流程图的形状中添加相应文字说明，只需选择形状，单击鼠标右键，选择“添加文字”即可。具体操作如下。

第一步：选择“流程图 – 准备”形状图形，单击鼠标右键，在弹出的菜单中选择“添加文字”命令，如图 4–16 所示，在光标闪烁处输入“开始”文字即可。

第二步：添加其他文字。与第一步添加文字的方式操作步骤相同。如果在形状中添加的文字内容要进行格式修改，可以直接单击形状中的文字内容，将光标定位于文字中或选择需要编辑和修饰的文字内容，应用与编辑普通文字内容一样操作。效果如图 4–17 所示。

注意：

在安装 Microsoft Office 2010 组件时，将数学公式安装完整，即可添加数学符号公式。

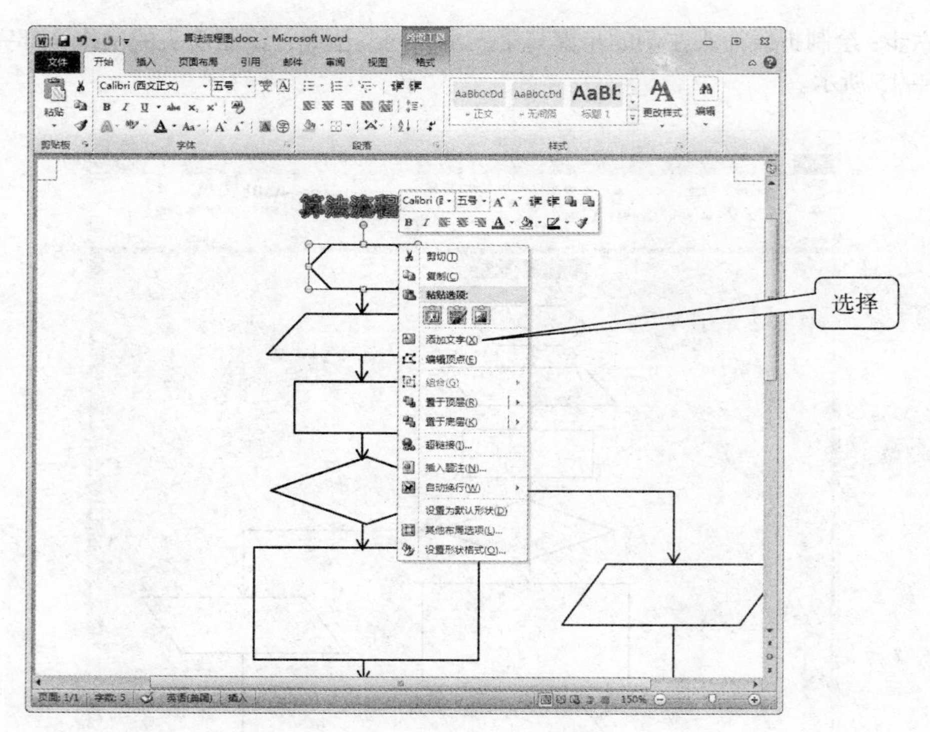

图 4–16　添加文字

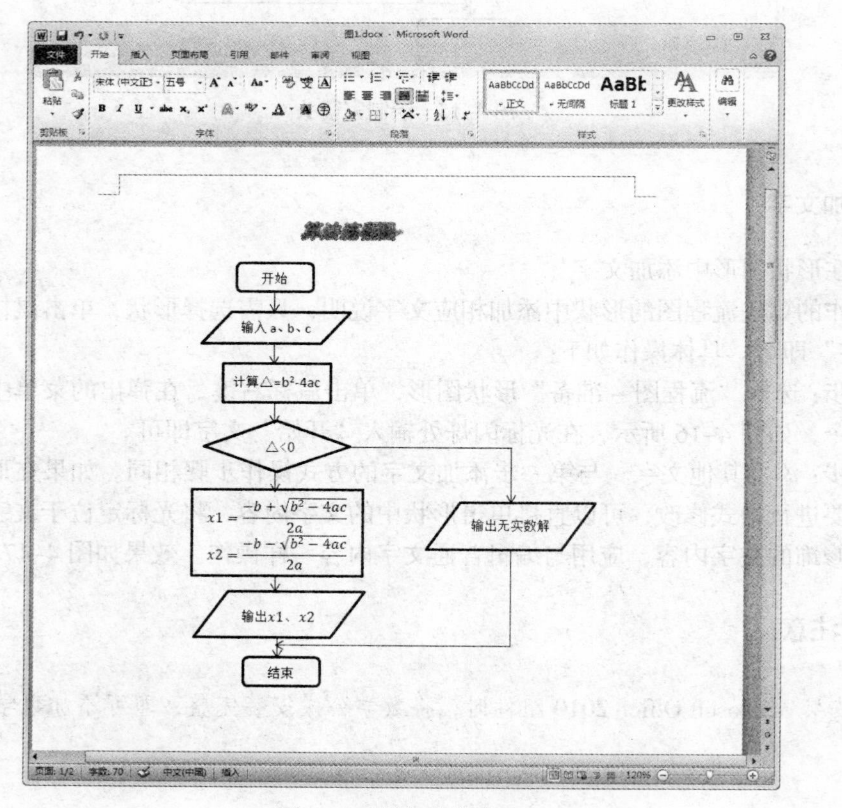

图 4–17　添加全部文字

（2）在文本框内添加文字

在制作算法流程图时，要判断 Δ 小于或大于零，需要单独添加一些文字信息，此时可以利用文本框完成。本任务利用文本框添加文字说明，操作步骤如下。

第一步：选择菜单栏“插入”选项卡中的“文本框”按钮，在弹出的菜单中选择“绘制文本框”按钮，如图 4–18 所示。

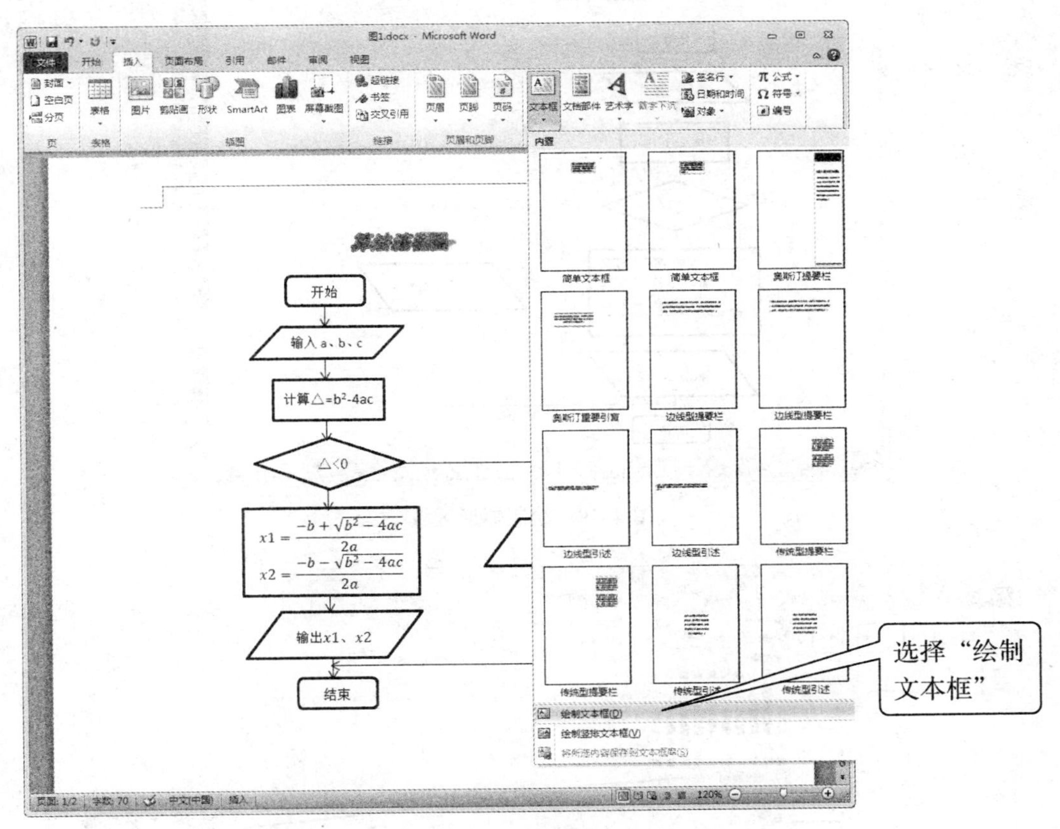

图 4–18　绘制文本框

第二步：在图 4–19 所示位置拖动鼠标左键绘制一定大小的矩形框区域。

第三步：在光标闪烁位置添加“是”文字内容，单击菜单栏“绘图工具 – 格式”命令，选择形状轮廓按钮，在弹出的菜单中选择“无轮廓”，此时文本框将出现无边框状态，效果如图 4–20 所示。

第四步：复制文本框。只需选择该插入的文本框，按住 Ctrl 键并拖动文本框，在鼠标箭头右上方位置出现“+”形状图标，此时松开鼠标即可得到另一个文本框。选择复制出的文本框，修改文字内容为“否”，拖动到所需的位置即可完成。如果文本框遮住其他形状，可以将其调整至底层。效果如图 4–21 所示。

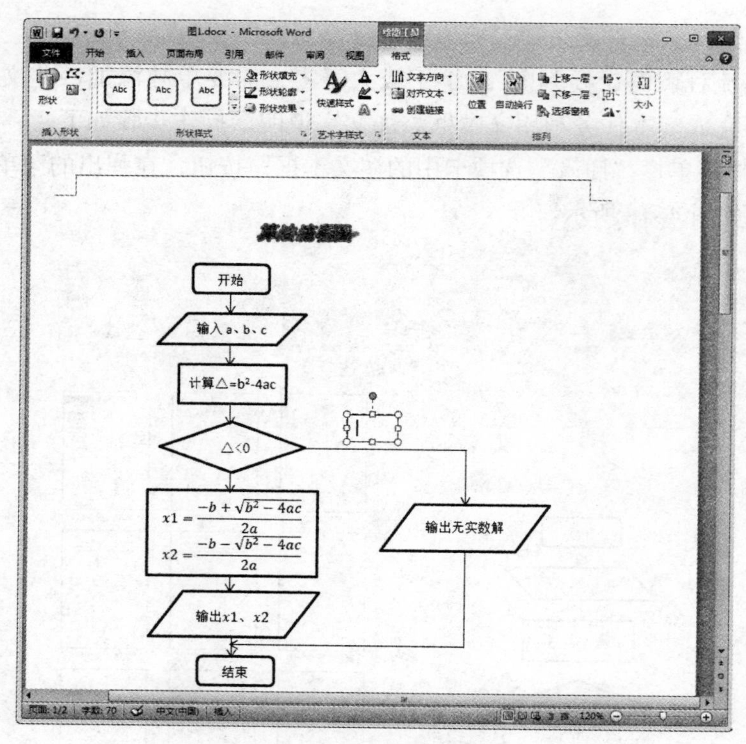

图 4-19　绘制矩形区域

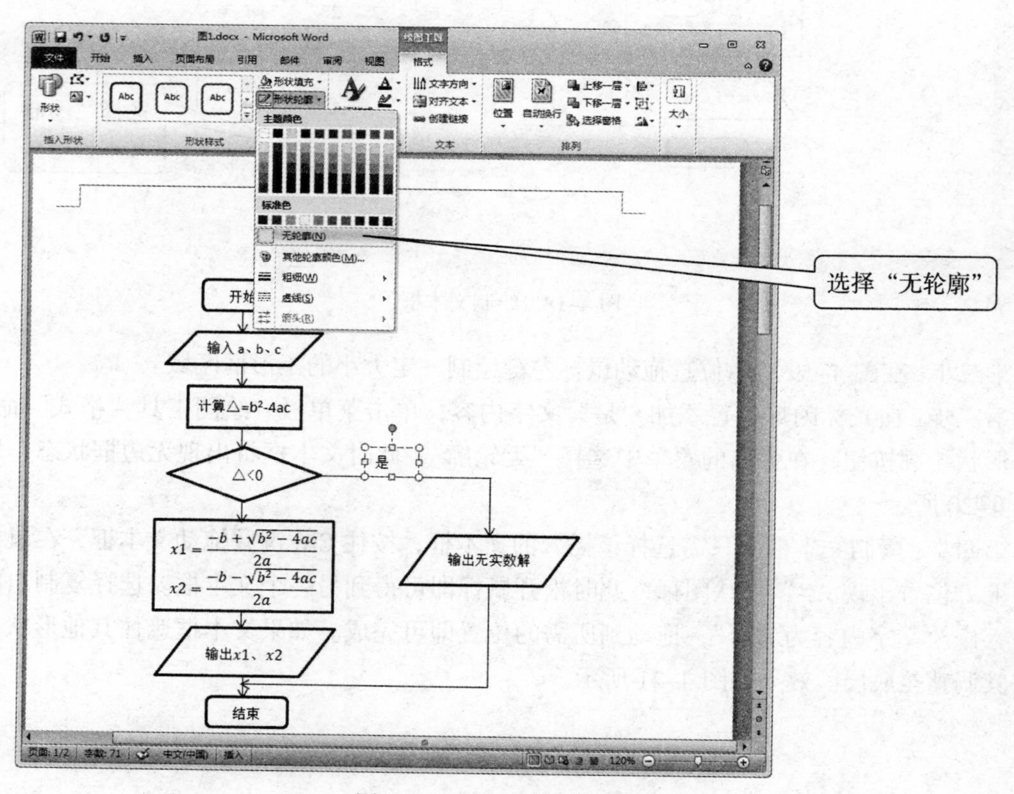

图 4-20　在文本框添加文字

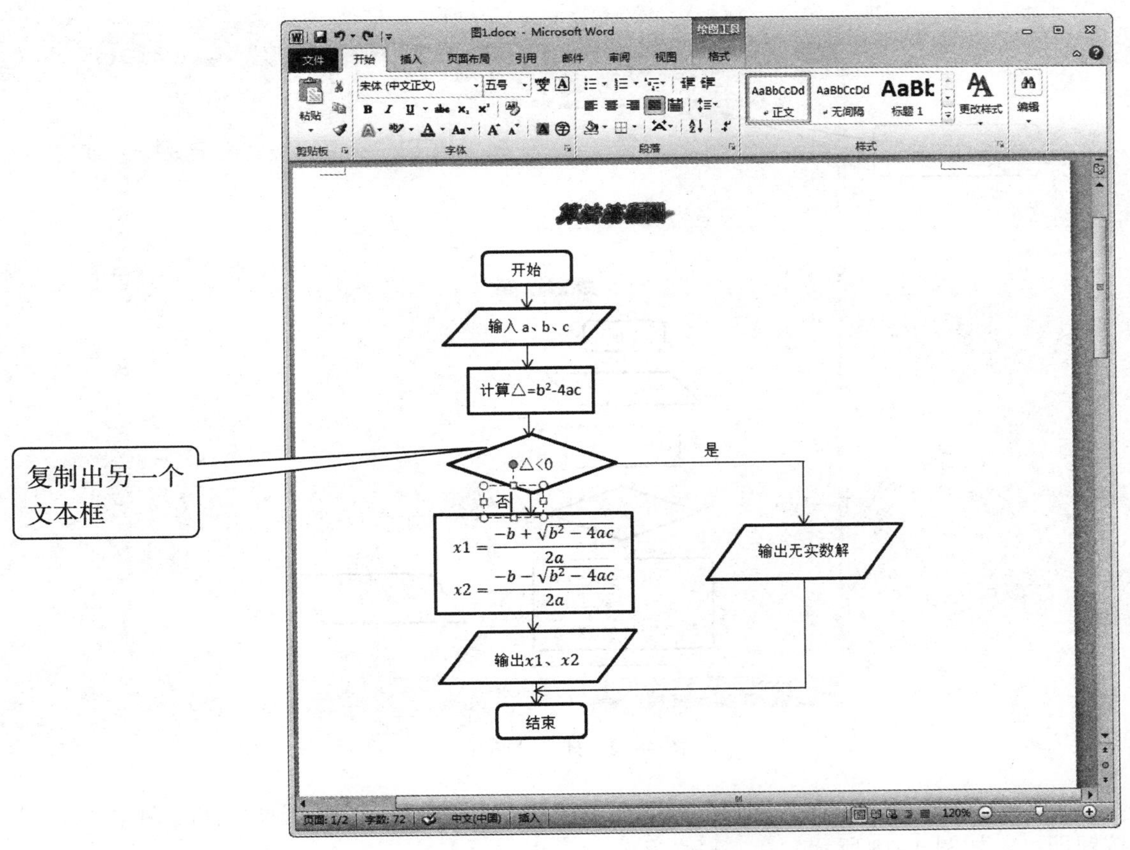

图 4–21 制作另一个文本框

注意：

如需制作“竖排文本框”，只需在弹出的文本框菜单中选择“竖排文本框”按钮即可。

4. 插入徽标 LOGO 和水印 LOGO

在 Word 文档中，常常需要应用外部图片来修饰流程图，一般情况下，都需要插入企业的 LOGO 作为流程图的版权。LOGO 代表企业的整体形象，具有一定的代表性。

（1）插入徽标 LOGO

第一步：选择菜单栏“插入”选项卡，单击“图片”按钮，如图 4–22 所示。

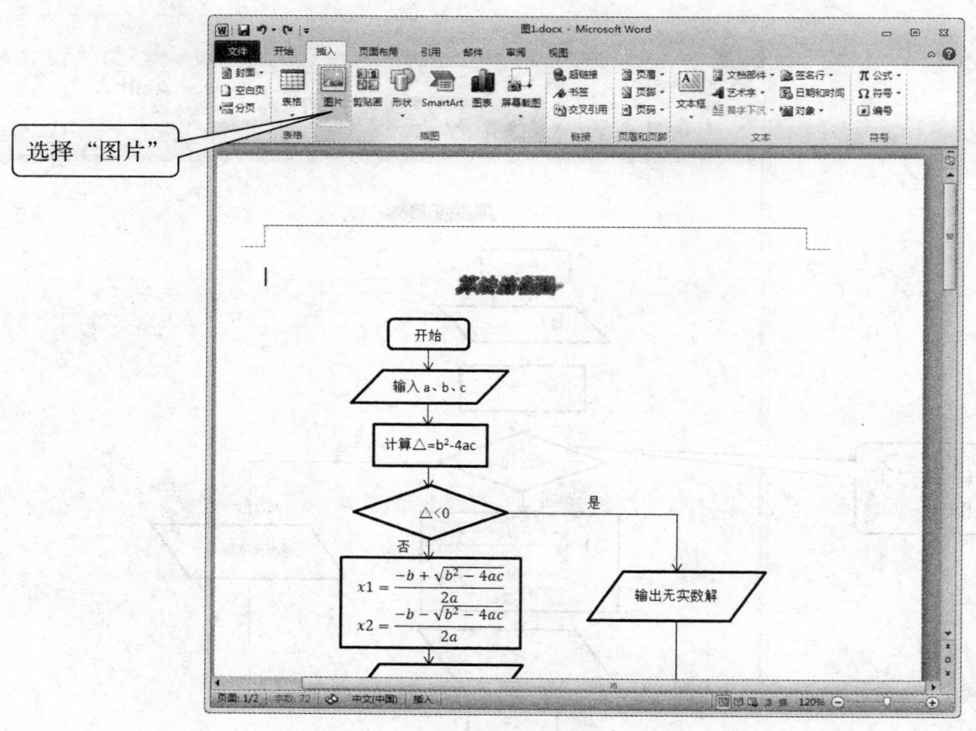

图 4–22　插入“图片”

第二步：在打开的“插入图片”对话框中选择“江科徽标 .tif”的图片文件，单击“插入”按钮即可，如图 4–23 所示。

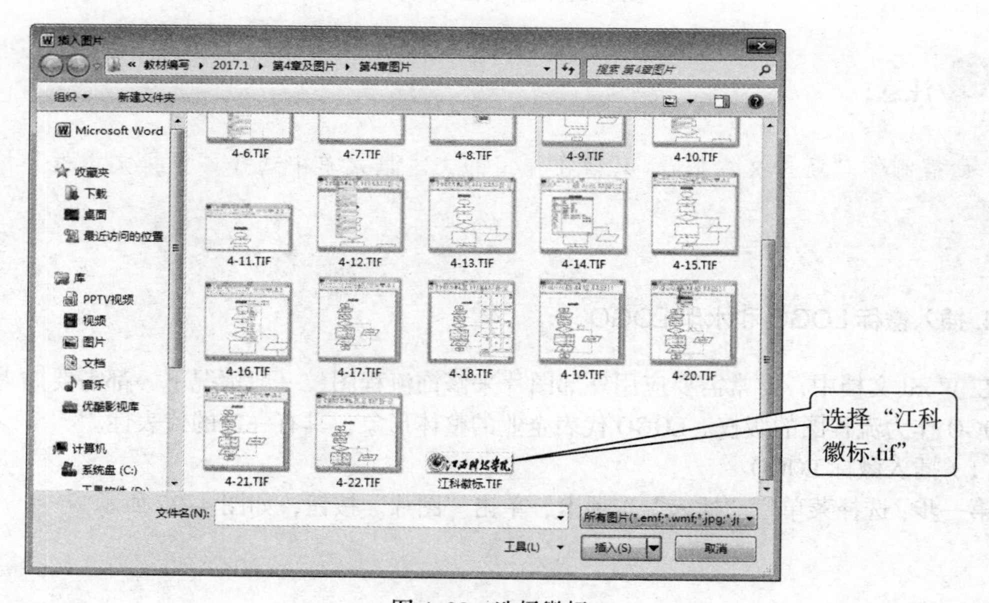

图 4–23　选择徽标

第三步：更改图片排列和大小方式。选中徽标，将鼠标移动到绿色的圆点上，呈现可旋转的光标“↻”后，顺时针旋转徽标 45°，拖动对象四个角上的控制点就可以快速等比例调整图像大小。若只要改变图像的高度或宽度，则可拖动左右侧的控制点或上下边的控制点，效果如图 4–24 所示。

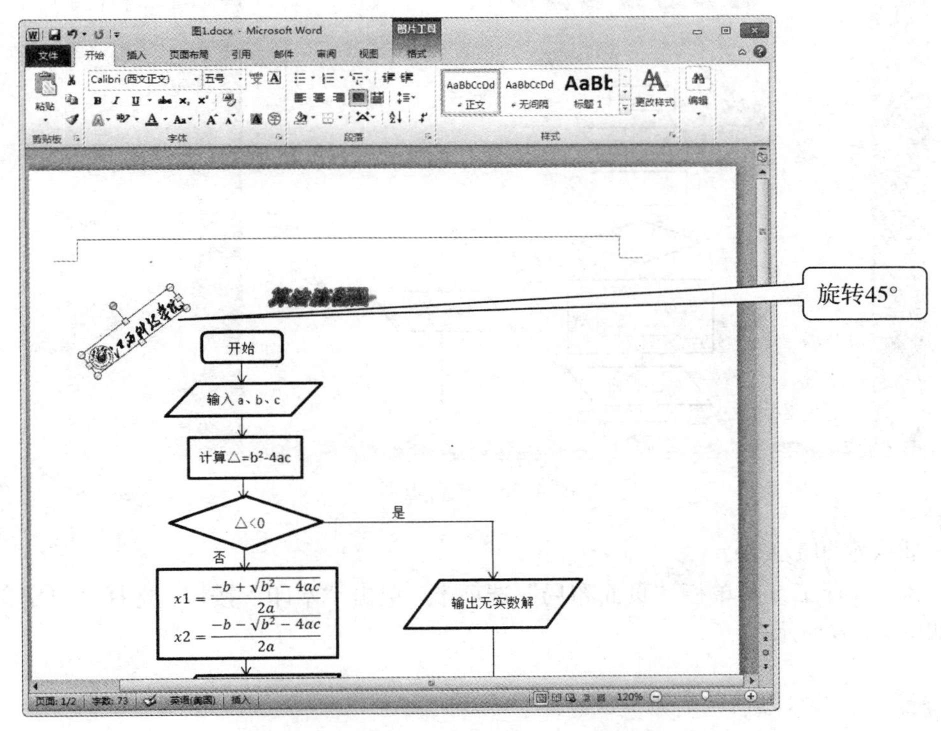

图 4–24　徽标旋转 45°

注意：

如果要插入外部图片文件，可以直接在 Windows 资源管理器中找到相应的文件，直接按住 Ctrl+C 组合键复制，在所需插入的 Word 文档位置处，按住 Ctrl+V 组合键或直接拖到所需插入的位置处，即可完成图片的粘贴，实现图片的快速插入。

第四步：设置图片样式。为了使徽标更具可观赏性，可在徽标上添加一些修饰样式，如边框、阴影等特效。单击菜单栏“绘图工具 – 格式”，选择“图片样式”按钮中的“棱台矩形”效果，如图 4–25 所示。

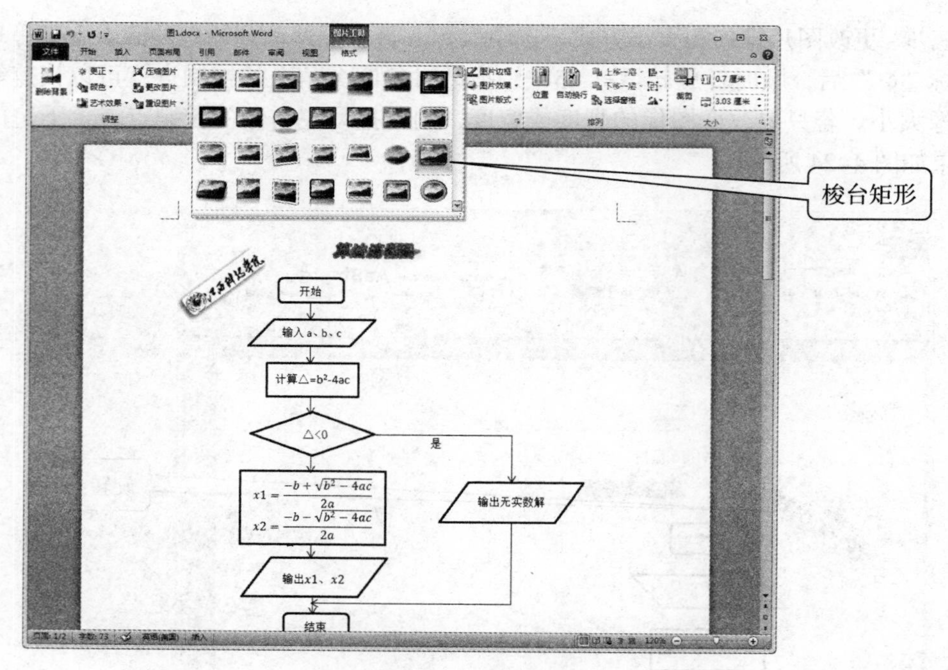

图 4–25　棱台矩形

（2）插入水印 LOGO

第一步：选择工具菜单栏“页面布局”选项卡，单击“水印”按钮，选择“自定义水印”命令，如图 4–26 所示。

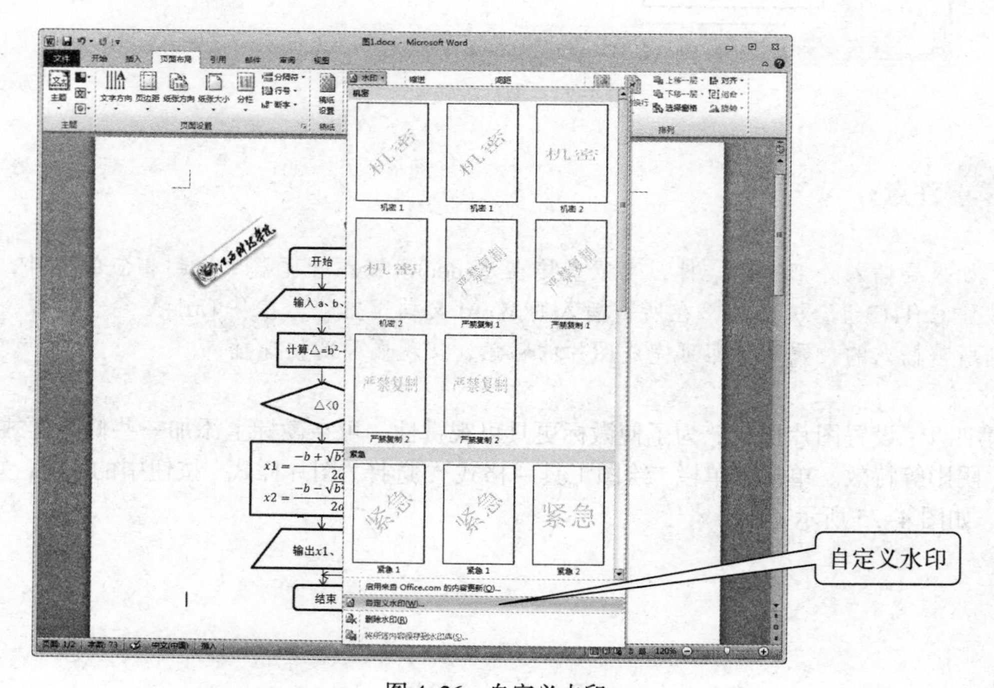

图 4–26　自定义水印

第二步：在“水印”对话框中选择“图片水印”单选项，单击“选择图片”按钮，如图4–27所示。

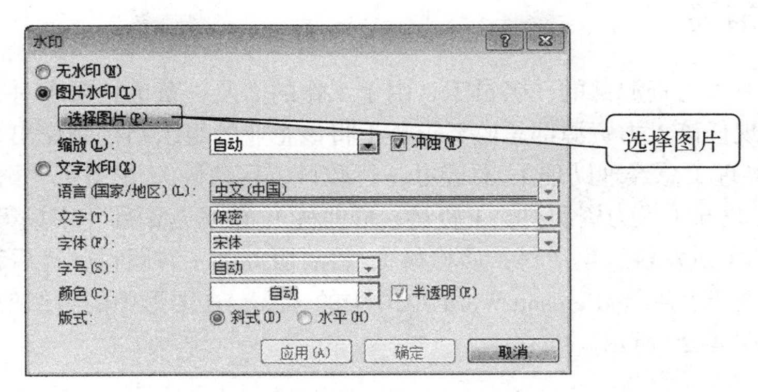

图4–27　选择图片

第三步：在打开的对话框中选择“江科徽标.tif”文件作为页面水印图片，单击“插入”按钮，如图4–28所示。

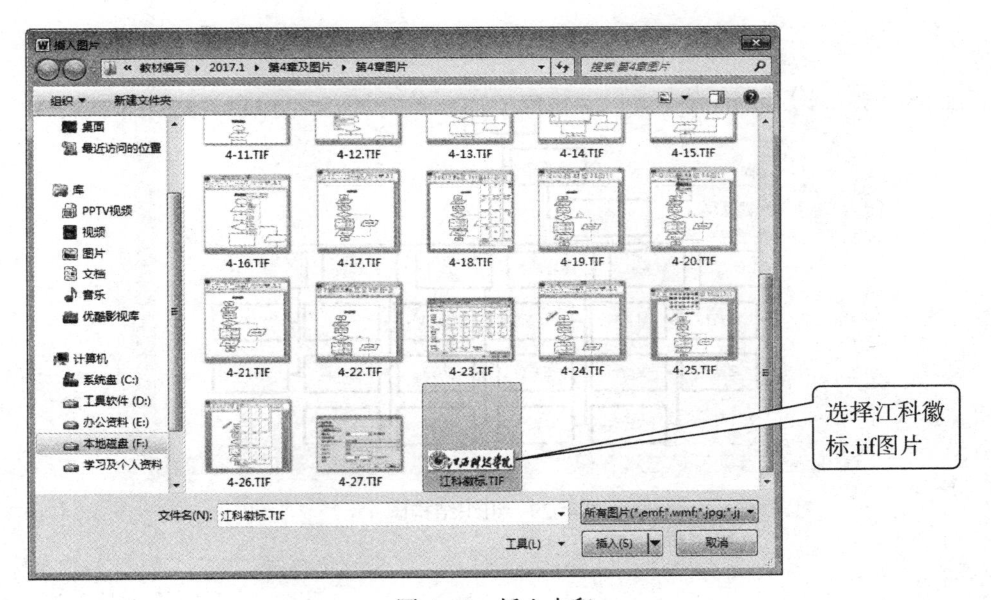

图4–28　插入水印

至此，算法流程图的制作过程全部完成。

4.2　任务扩展：应用SmartArt图形制作组织结构图

Microsoft Word 2010在制作组织结构时，首先考虑使用SmartArt。SmartArt是Microsoft Office 2010中新加入的特性，用户可在PowerPoint、Word、Excel中使用该特性创建各种图形图表。SmartArt图形是信息和观点的视觉表示形式。可以通过从多种不同布局中进行选择

来创建 SmartArt 图形，从而快速、轻松、有效地传达信息。

4.2.1　任务描述

小王是某企业人力资源部的一名员工，由于工作的需要，董事长要求对企业组织结构做一个重新梳理。现任该人力资源部总监要求小王将该企业的组织结构制作出来。具体部门如下：董事会、总经理（总经理助理）、总经办（行政科、后勤科）、财务部（财务科、出纳科、审计科）、人事行政部（人力资源科、工资科、培训科）、市场营销部（市场策划科、业务科、事业科）、技术部（研发科、生产科、质检科）、售后服务部（客服科、售后科）。

本任务实施要求：利用 Microsoft Word 2010 中的 SmartArt 图形中的组织架构模板来实现。

任务效果如图 4-29 所示。

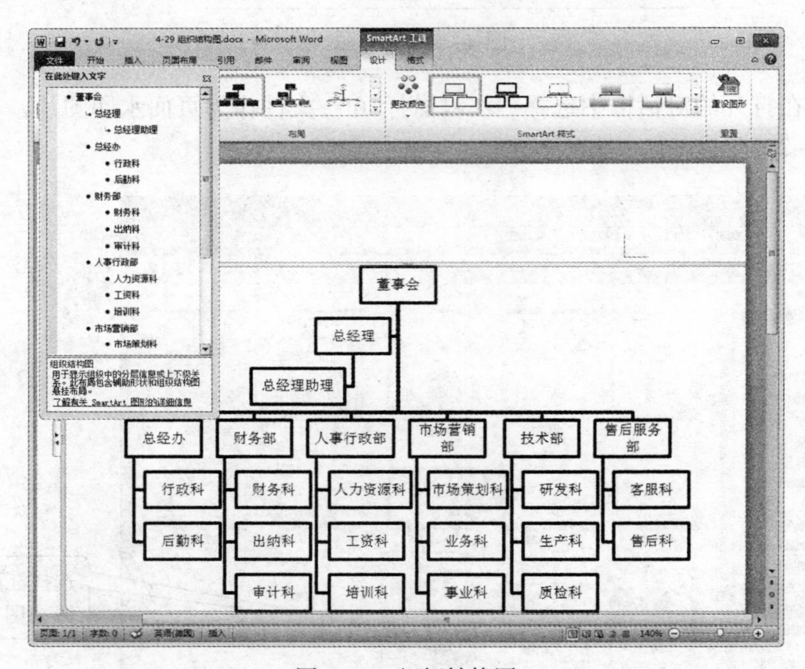

图 4-29　组织结构图

4.2.2　任务实现

首先新建一个 Word 文档，命名为“组织结构图 .docx”，通过以下步骤实现组织结构图的制作。

第一步：插入 SmartArt 图形。

选择工具菜单栏“插入”选项卡，选择 SmartArt 按钮，在打开的对话框中选择“层次结构”选项，选择“组织结构”应用的图形样式，单击“确定”按钮即可插入 SmartArt 图形，如图 4-30 所示。

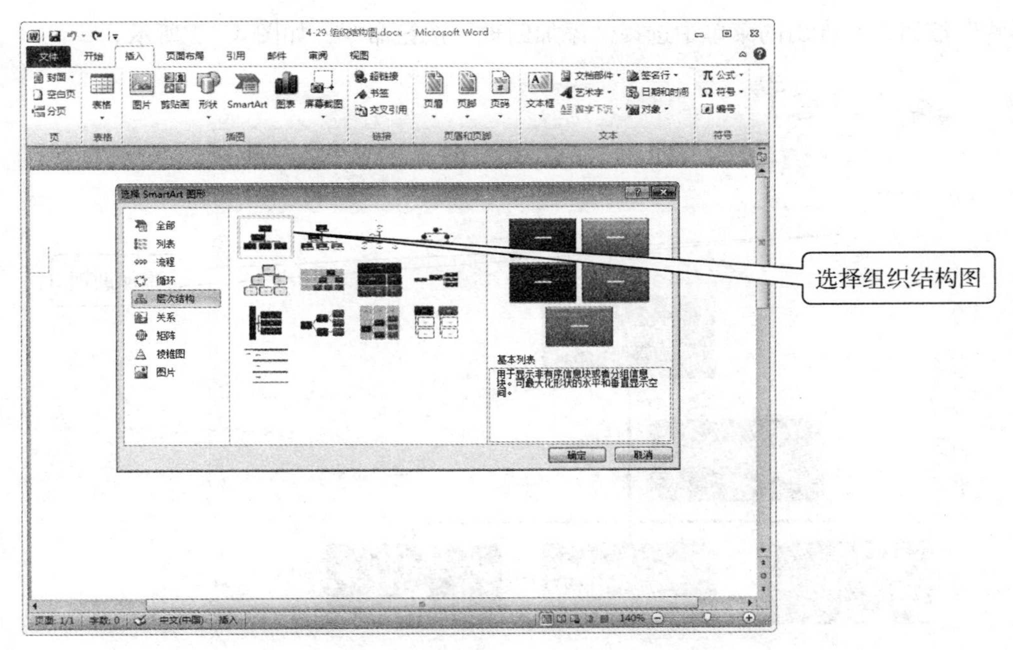

图 4–30　插入 SmartArt 图形

第二步：编辑 SmartArt 对象内容。

在出现的 SmartArt 图形中，单击输入文字，如图 4–31 所示。

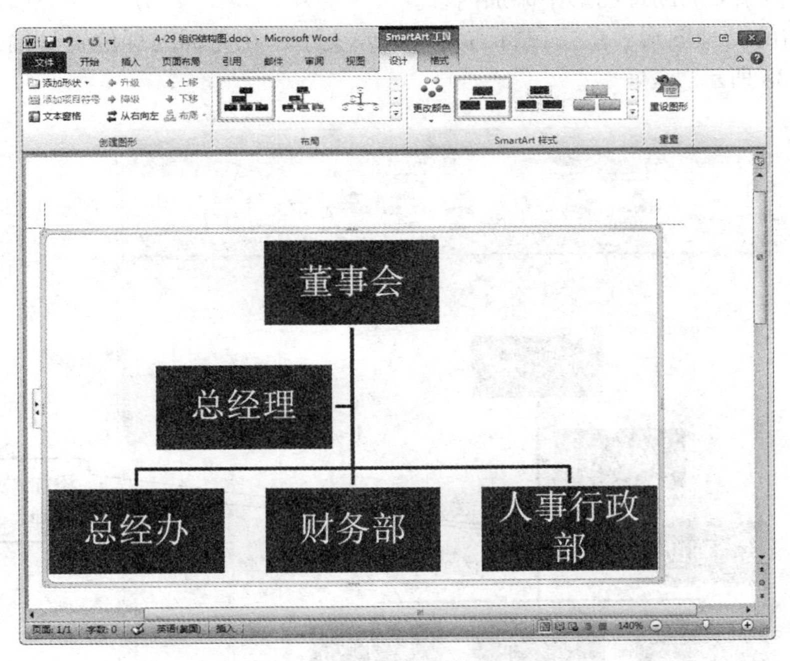

图 4–31　输入文字

第三步：添加助理。

选择“总经理”图形，然后单击菜单栏“SmartArt 工具 – 设计”选项卡中左上角的“添加形状”按钮，在弹出的菜单中选择“添加助理”按钮命令，如图 4–32 所示。

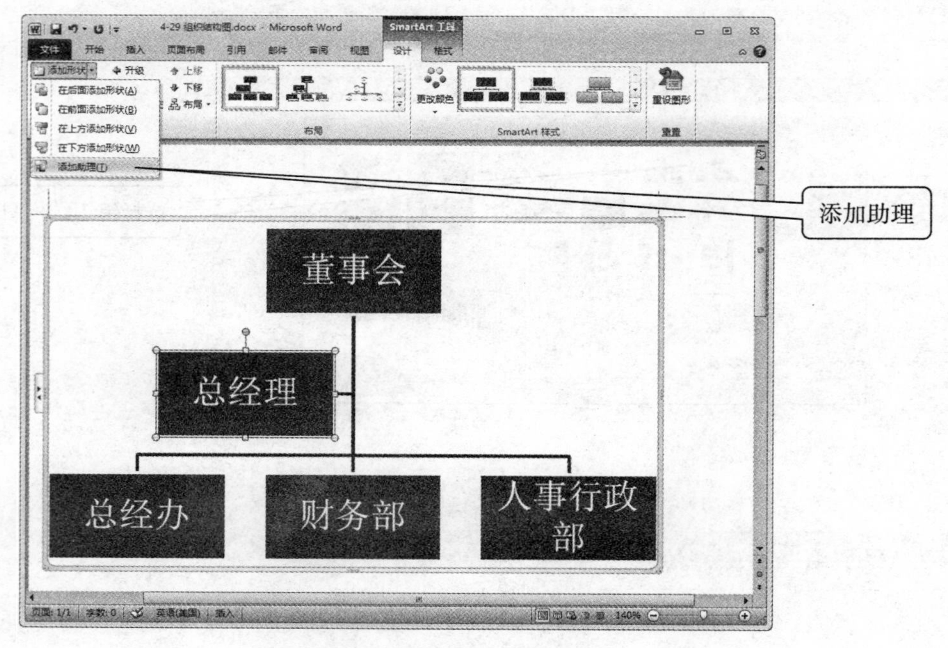

图 4–32　添加“添加助理”

第四步：在添加的助理图形中添加内容。

选择添加的助理图形，单击鼠标右键，编辑文字，在光标闪烁位置处输入“总经理助理”，如图 4–33 所示。

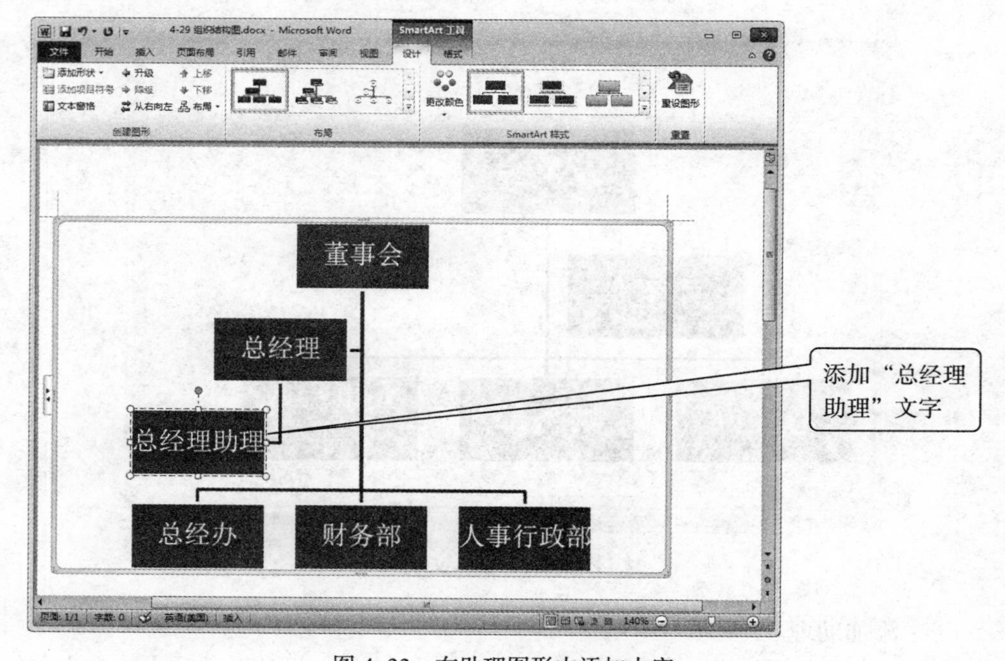

图 4–33　在助理图形中添加内容

第五步：添加同级形状。

选择“人事行政部”图形，单击菜单栏“SmartArt 工具–设计”选项卡中的“添加形状”按钮，在弹出的菜单中选择“在后面添加形状”命令，如图 4–34 所示。

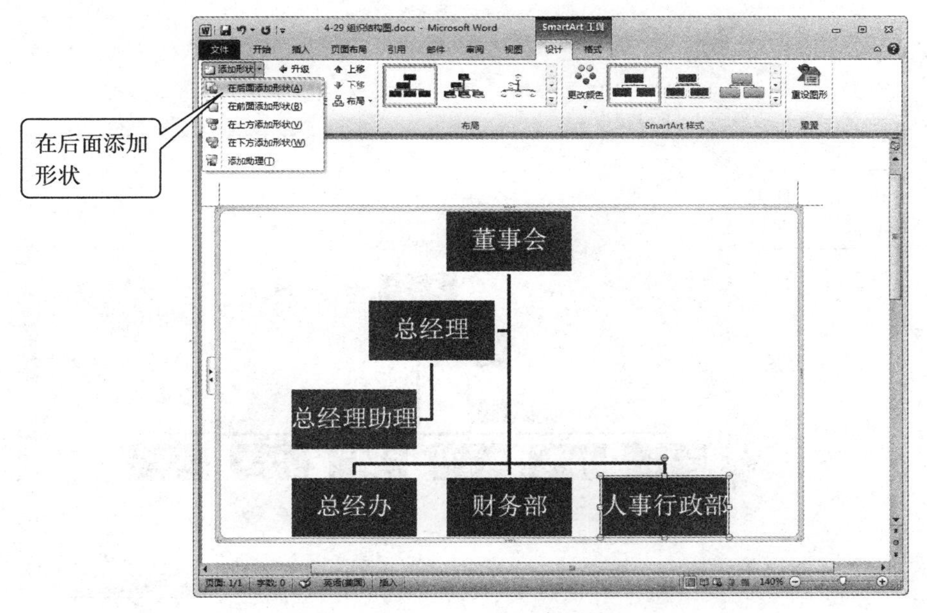

图 4–34 选择“在后面添加形状”

第六步：继续添加同级开关并输入文字内容

在出现的添加图形中输入“市场营销部”，同样，重复第五步，完成“技术部”“售后服务部”图形的添加和文字输入，如图 4–35 所示。

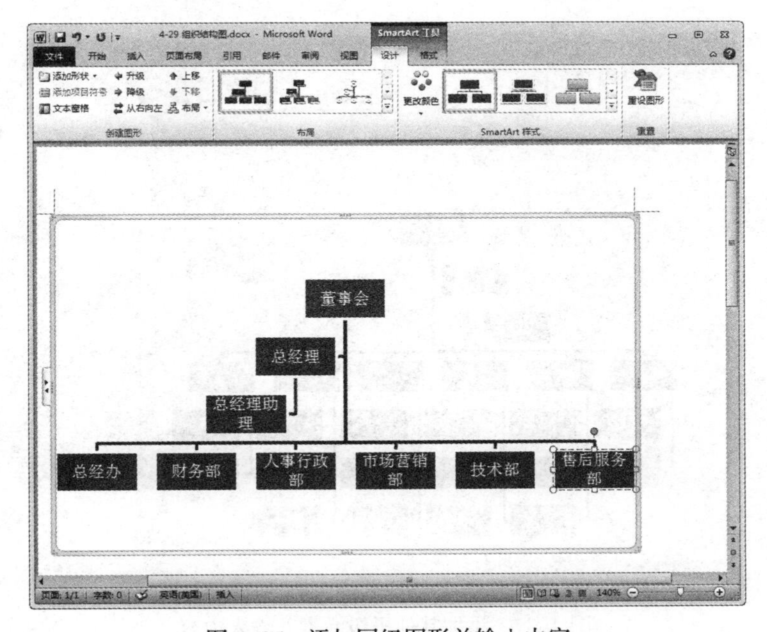

图 4–35 添加同级图形并输入内容

第七步：添加子级形状。

选择“总经办”图形，选择菜单栏中的“SmartArt 工具 – 设计”选项卡中的“添加形状”按钮，在弹出的菜单中选择“在下方添加形状”命令，如图 4–36 所示。

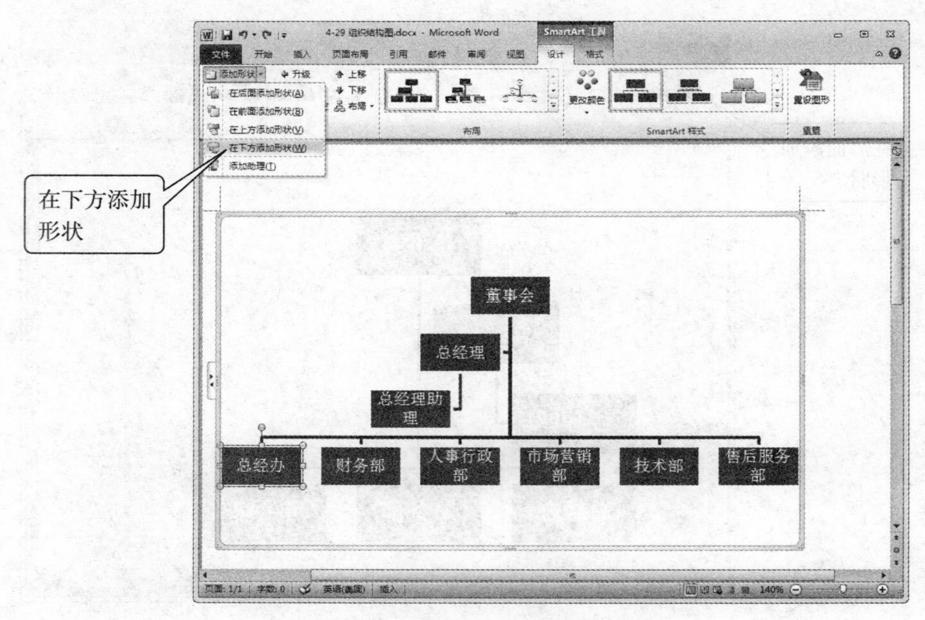

图 4–36 添加“在下方添加形状”

第八步：继续添加其他子级元素并输入内容。

在出现的添加图形中输入“行政科”文字内容，采用同样方式添加其他图形并输入文字内容，如图 4–37 所示。

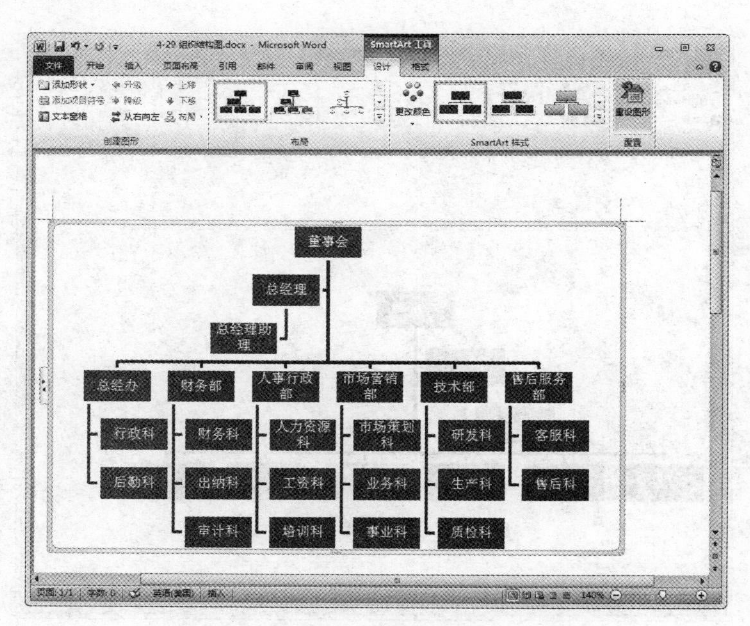

图 4–37 添加其他子级元素并输入内容

知识加油站

在使用 SmartArt 图形时，如果不小心添加了多余的图形，可以按 Del 键完成删除。若要调整所选图形的级别，可以单击菜单栏“SmartArt 工具 – 设计”选项卡中的“长级”或“降级”按钮。单击菜单栏“SmartArt 工具 – 设计”选项卡中的“文本窗格”按钮，则可以以窗格的形式隐藏或显示整个 SmartArt 图形所对应的文本内容，该内容以多级列表的形式表现文本内容的层次关系，用户可直接在该窗格中修改图形的层次结构和文本内容。

第九步：调整图形文字行高。

通过拖动所需调整的图形高度，使图形的文字显示为一行，如图 4–38 所示。

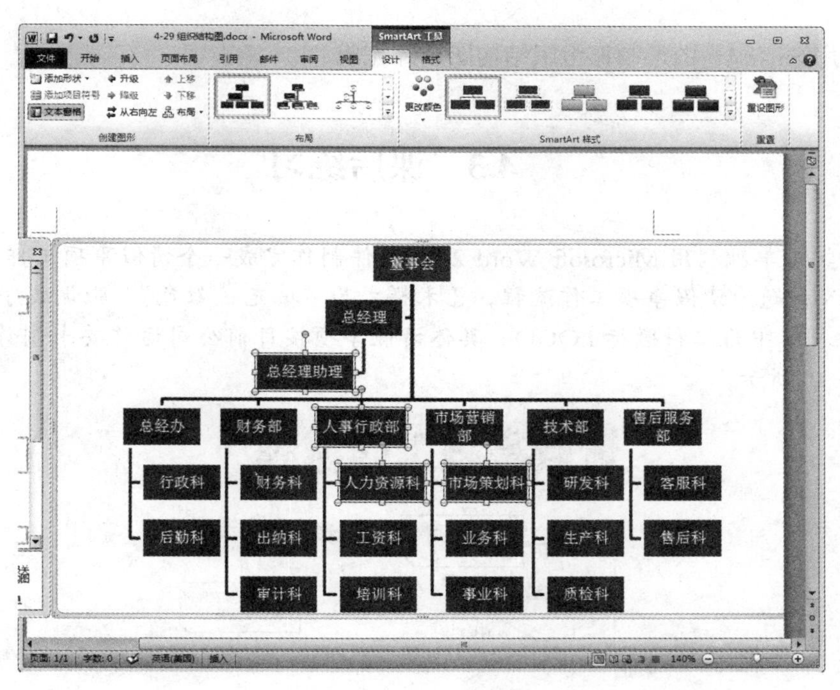

图 4–38　调整行高

第十步：修饰 SmartArt 图形样式。

为了制作整齐美观的 SmartArt 图形，可以更改图形样式。在菜单栏中选择“SmartArt 工具 – 格式”选项卡中的“更改主题”，将主题颜色选择为：深色 1– 轮廓，如图 4–39 所示。

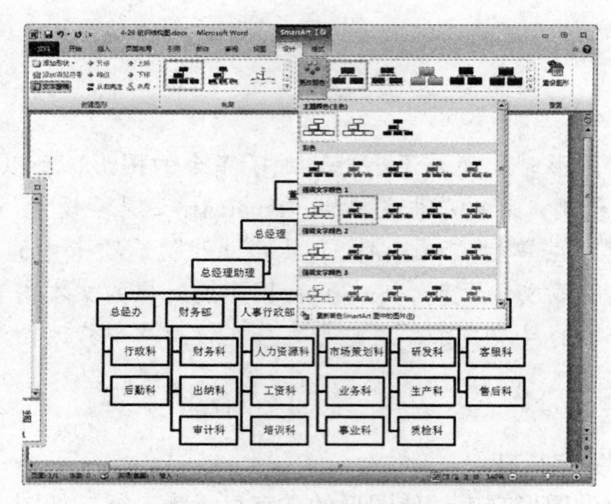

图 4–39　主题色：深色 1– 轮廓

至此，用 SmartArt 图形制作组织结构图全部完成。

4.3　课后练习

1. 要求学生单独利用 Microsoft Word 2010 软件制作完成一个请假事项工作流程图，设置要求：插入标题为请假事项工作流程，艺术样式为“填充 – 红色”，强调文字颜色 2，粗糙棱台，插入水印为江科徽标 LOGO。具体请假事项按目前公司运作要求制作如下流程，效果如图 4–40 所示。

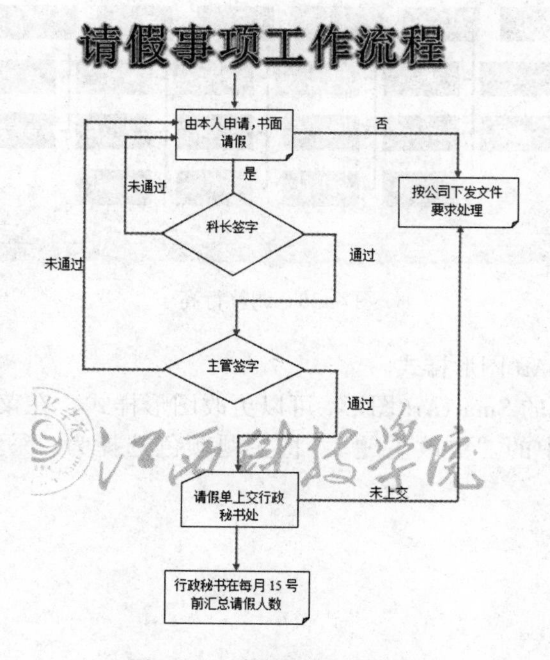

图 4–40　请假事项工作流程

2. 要求学生单独利用 Microsoft Word 2010 软件中的 SmartArt 工具制作完成一个建筑工程管理组织结构图，设置要求：插入层次结构样式“优雅”，主题颜色为彩色轮廓，强调文字颜色 3，如图 4-41 所示。

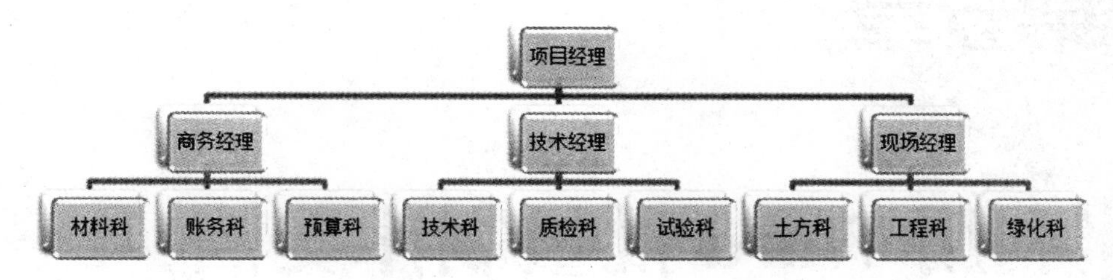

图 4-41 建筑工程管理组织结构

第5章 利用Word批量制作文档

在日常办公中，经常有很多信息数据表要处理，同时又需要根据这些信息数据制作出大量邀请函、信封及员工工资条等。面对如此繁杂的数据信息，难道只能一个个地复制粘贴吗？这样能保证在制作的过程中不出错吗？

其实，Word 2010 提供了一项功能强大的数据管理工具——“邮件合并”，它可以将多种数据源的数据整合到 Word 文档中，为制作批量文档提供了完美的解决方案，大大提高了工作效率。本章将详细讲解“邮件合并”及具体用法，同时，以任务实例剖析的方式帮助快速理解，使用户能够将其轻松、快速、准确地运用到自己的实际工作中。

本章知识技能要求：

- 掌握 Word 2010 中邮件合并的功能
- 掌握 Word 2010 表格数据的录入、编辑及美化等基本操作
- 掌握邮件合并的操作

5.1 任务：制作给家长的一封信

5.1.1 任务描述

学期结束后，班主任杨老师遇到一件棘手的事情：学院要求给每位学生发放一份“给家长的一封信”，信函中要包含学生今年的“成绩单”，最后还要全部邮寄给每位学生。这时杨老师犯愁了，180 份“给家长的一封信”不仅要把每位学生的姓名和各科分数填进去，还要制作信封，这可不是一件轻松的事情，花时间不说，还容易出错。

当杨老师一筹莫展时，教计算机课程的徐老师恰巧经过，经过徐老师一番指点，杨老师很快就准确无误地完成了这项工作。

具体解决方案：先制作好空白的“给家长的一封信”，运用邮件合并将学生姓名、各科成绩及班主任评语等数据合并到“信函”中，生成每人一张“给家长的一封信”，然后打印出来。

为说明问题，本任务仅选取班级中 20 位学生作为案例操作，其他学生按照相同的步骤完成即可。

本任务实施要求如下：

①在学校教务系统中导出“班级成绩数据 .docx”，将其转化为 Excel 文件，作为导入成绩的数据源。

②在 Word 中制作好“给家长的一封信”，作为主文档。

③利用邮件合并功能，在主文档中插入相关的数据。

④保存为 Word 文档，打印出来。

任务效果如图 5-1 所示。

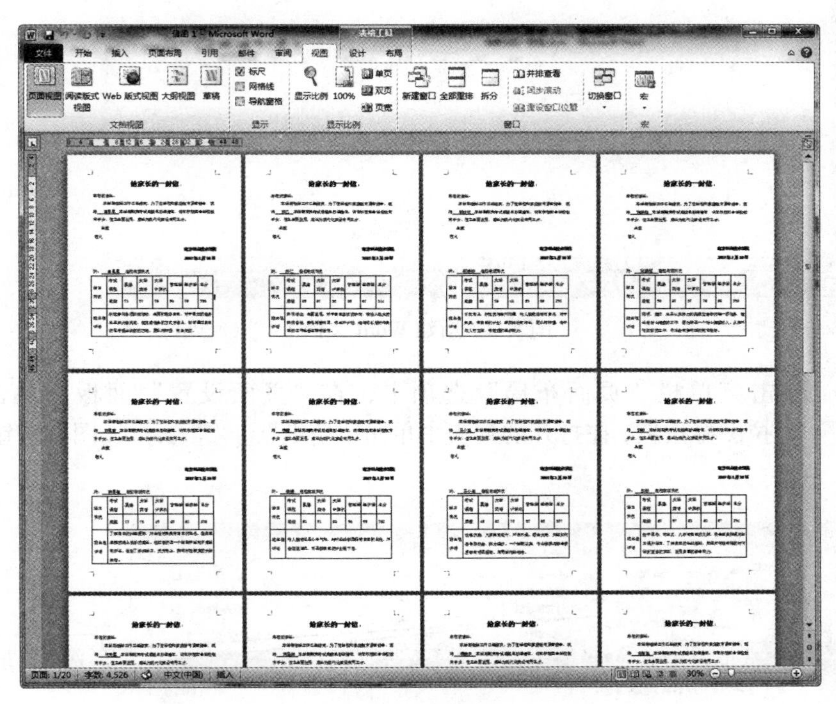

图 5-1 信函效果

5.1.2 任务实现

使用 Word 2010 的邮件合并功能完成两项任务：制作批量信函和信封。

任务一：制作信函

1. 编辑“给家长的一封信”主文档

要批量生成“给家长的一封信”，首先需要创建出信函的模板文件，即设计好信函，具

体操作如下。

第一步：打开程序菜单 Microsoft Office 2010，启动 Word 2010 软件，系统会自动创建一个名为“文档 1”的文档，如图 5–2 所示。

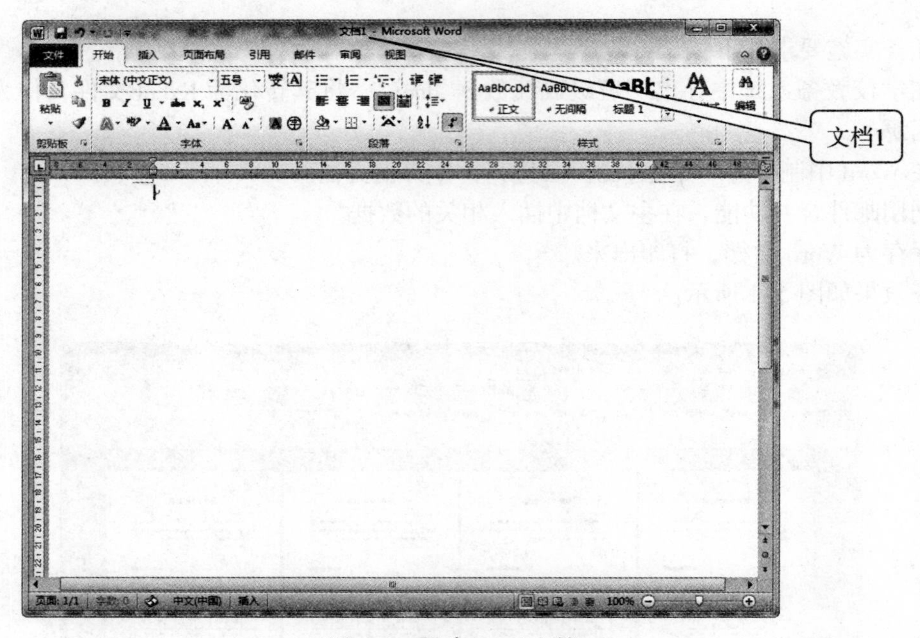

图 5–2　新建 Word 文档 1

第二步：单击菜单栏“页面布局”选项卡，在“页面设置”面板中单击“纸张大小”纸张大小下拉图标按钮，在打开的列表中单击“信纸”信纸 21.59 厘米 x 27.94 厘米图标按钮，如图 5–3 所示。

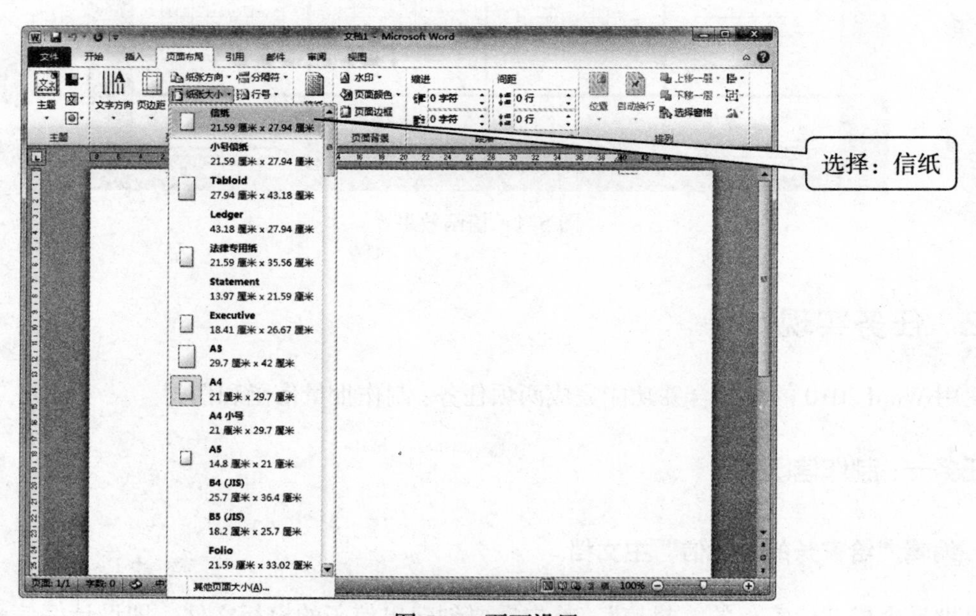

图 5–3　页面设置

第三步：输入信函的内容，如图 5–4 所示。

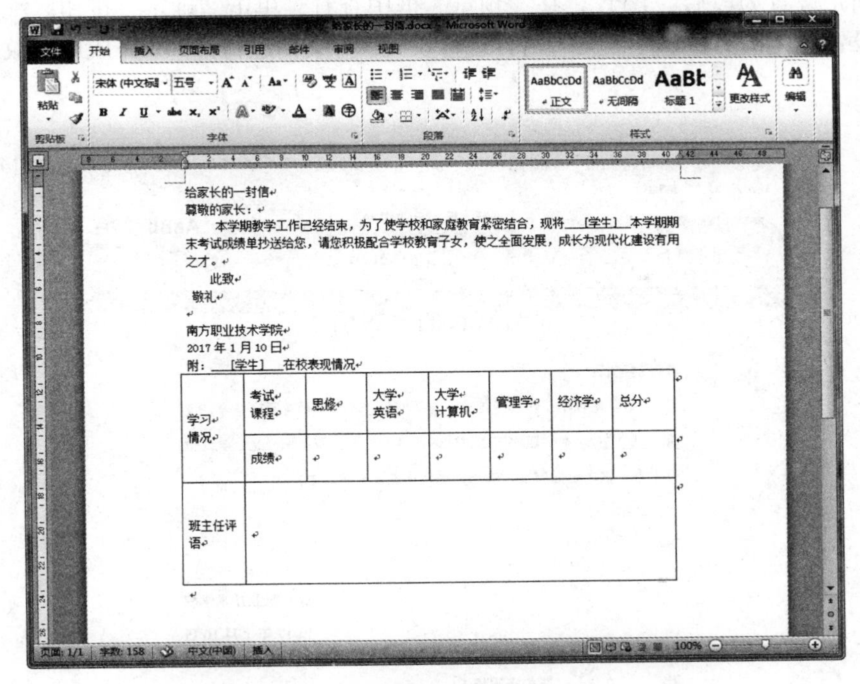

给家长的一封信

尊敬的家长：

本学期教学工作已经结束，为了使学校和家庭教育紧密结合，现将＿«学生»＿本学期期末考试成绩单抄送给您，请您积极配合学校教育子女，使之全面发展，成长为现代化建设有用之才。

此致

敬礼

南方职业技术学院

2017 年 1 月 10 日

附：＿«学生»＿在校表现情况

学习情况	考试课程	思修	大学英语	大学计算机	管理学	经济学	总分
	成绩						
班主任评语							

图 5–4　文档内容

第四步：选中标题，单击菜单栏“开始”选项卡中“字体”右下角的图标按钮，在弹出的“字体”对话框中，选择“宋体、小一号、加粗”，在“预览”框中查看排版效果，满意后单击“确定”按钮；若排版效果不理想，则可单击“取消”按钮取消本次设置，如图 5–5 所示。

图 5–5　字体设置

再打开的“段落”右下角的图标按钮，弹出“段落”设置对话框，选择“对齐”设置居中，间距设置为段后“1 行”，在“预览”框中查看，单击“确定”按钮。

依据设置标题的方法，将正文的内容进行设置，对文档进行修饰，完成后的效果如图 5-6 所示。

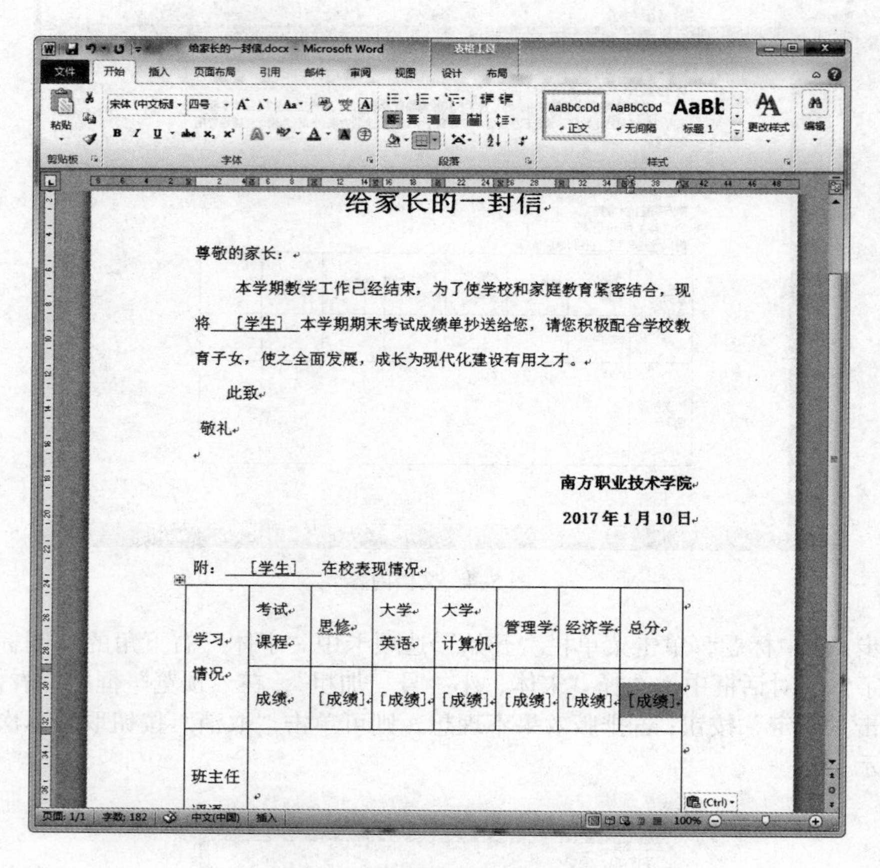

图 5-6 给家长的一封信

2. 编辑学生成绩数据表

为了快速地将学生姓名、成绩及评语添加到主文档中，从而批量完成信函，需要先准备好学生成绩信息数据表，该数据表可以是多种类型的数据表，如 Word 中的表格、Excel 表格、Access 数据库等，本例将数据表存储为 Excel 表格，具体操作如下。

第一步：通过学校网站教务系统，导出班级学生成绩信息表，保存文件名为“2016-2017 学年班级成绩信息表 .docx”，如图 5-7 所示。

导出文件

2016-2017 学年第一学期学生成绩信息表

班级：2016 电子商务 1 班……………………………………班主任：杨玲

序号	学号	姓名	性别	班级	专业	思修	大学英语	大学计算机	管理学	经济学	总分	平均分	等级	排名
1	2016001	田思思	女	电商 1 班	电子商务	73.0	67.0	78.0	60.0	78.0	356.0	118.7	合格	12
2	2016002	郝仁	男	电商 1 班	电子商务	89.0	67.0	56.0	65.0	67.0	344.0	114.7	合格	15
3	2016003	胡添添	男	电商 1 班	电子商务	56.0	78.0	44.0	59.0	56.0	293.0	97.7	不合格	19
4	2016004	张鹏程	男	电商 1 班	电子商务	90.0	87.0	67.0	78.0	68.0	390.0	130.0	合格	7
5	2016005	李思敏	女	电商 1 班	电子商务	73.0	76.0	49.0	80.0	60.0	338.0	112.7	合格	16
6	2016006	李维	女	电商 1 班	电子商务	60.0	51.0	80.0	96.0	65.0	352.0	117.3	合格	14
7	2016007	马小玉	女	电商 1 班	电子商务	45.0	60.0	70.0	67.0	65.0	307.0	102.3	合格	17
8	2016008	邹缈	女	电商 1 班	电子商务	67.0	97.0	83.0	80.0	67.0	394.0	131.3	合格	5
9	2016009	何天露	男	电商 1 班	电子商务	80.0	67.0	75.0	78.0	78.0	378.0	126.0	合格	8
10	2016010	林雯娴	女	电商 1 班	电子商务	96.0	78.0	87.0	74.0	89.0	424.0	141.3	合格	1
11	2016011	季晓凤	女	电商 1 班	电子商务	67.0	87.0	91.0	67.0	80.0	392.0	130.7	合格	6
12	2016012	袁智超	男	电商 1 班	电子商务	78.0	72.0	56.0	84.0	78.0	368.0	122.7	合格	10
13	2016013	袁广源	男	电商 1 班	电子商务	76.0	64.0	53.0	85.0	76.0	354.0	118.0	合格	13
14	2016014	陈淑婉	女	电商 1 班	电子商务	57.0	76.0	82.0	89.0	67.0	371.0	123.7	合格	9
15	2016015	游扬李	女	电商 1 班	电子商务	89.0	71.0	93.0	70.0	80.0	403.0	134.3	合格	4
16	2016016	黄超	男	电商 1 班	电子商务	90.0	90.0	59.0	78.0	90.0	407.0	135.7	合格	2
17	2016017	周胡广	男	电商 1 班	电子商务	89.0	71.0	70.0	84.0	90.0	404.0	134.7	合格	3
18	2016018	甘清清	女	电商 1 班	电子商务	70.0	67.0	71.0	88.0	67.0	363.0	121.0	合格	11
19	2016019	杨丽娟	女	电商 1 班	电子商务	46.0	56.0	80.0	80.0	45.0	307.0	102.3	合格	17
20	2016020	范玉婷	女	电商 1 班	电子商务	66.0	45.0	50.0	50.0	78.0	289.0	96.3	不合格	20

图 5–7　导出学生成绩信息表

第二步：在导出的信息中，有些是在邮件合并时不需要的，因此需要将其删除，以免在邮件合并时出现导入错误的信息。

本任务中，将导出的标题文字及学生成绩信息表中字段“序号”“学号”和“性别”所在列的内容删除，再在“排名”列字段后面添加“班主任评语”列，并将每个学生的评语备注在其中，修饰后如图 5–8 所示。

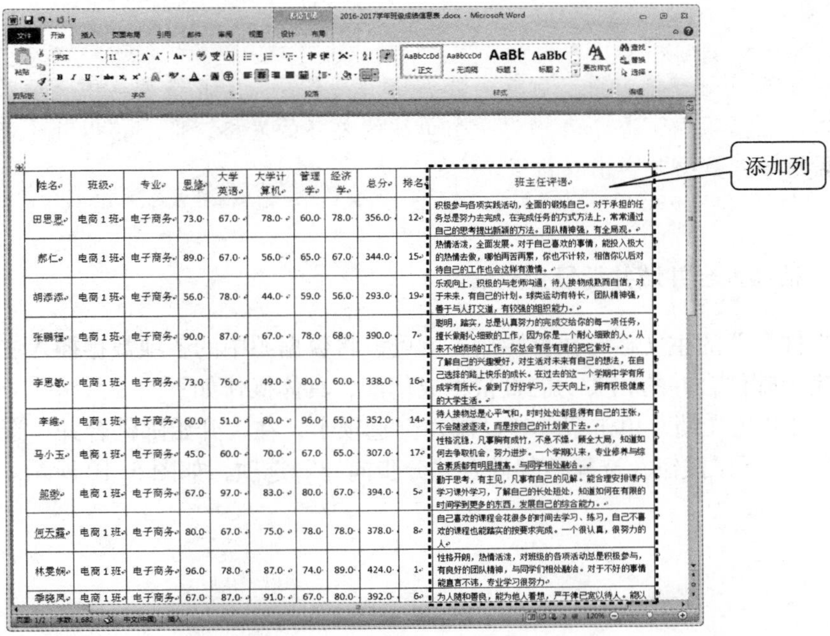

添加列

姓名	班级	专业	思修	大学英语	大学计算机	管理学	经济学	总分	排名	班主任评语
田思思	电商 1 班	电子商务	73.0	67.0	78.0	60.0	78.0	356.0	12	积极参与各项实践活动，全面的锻炼自己。对于承担的任务总是努力去完成，在完成任务的方式方法上，常常通过自己的思考提出新颖的方法。团队精神强，有全局观。
郝仁	电商 1 班	电子商务	89.0	67.0	56.0	65.0	67.0	344.0	15	热情活泼，全面发展。对于自己喜欢的事情，能投入极大的热情去做，哪怕再苦再累，你也不计较，相信你以后对待自己的工作也会这样有激情。
胡添添	电商 1 班	电子商务	56.0	78.0	44.0	59.0	56.0	293.0	19	乐观向上，积极的与老师沟通，待人接物成熟而自信，对于未来，有自己的计划。球类运动有特长，团队精神强，善于与人打交道，有较强的组织能力。
张鹏程	电商 1 班	电子商务	90.0	87.0	67.0	78.0	68.0	390.0	7	聪明，踏实，总是认真努力的完成交给你的每一项任务，擅长做耐心细致的工作，因为你是一个耐心细致的人。从来不怕烦琐的工作，你总会有条有理的把它做好。
李思敏	电商 1 班	电子商务	73.0	76.0	49.0	80.0	60.0	338.0	16	了解自己的兴趣爱好，对生活对未来有自己的想法，在自己选择的路上快乐的成长。在过去的这一个学期中学有所成学有所长。做到了好好学习，天天向上，拥有积极健康的大学生活。
李维	电商 1 班	电子商务	60.0	51.0	80.0	96.0	65.0	352.0	14	待人接物总是心平气和，时时处处都显得有自己的主张，不会随波逐流，而是按自己的计划做下去。
马小玉	电商 1 班	电子商务	45.0	60.0	70.0	67.0	65.0	307.0	17	性格沉稳，凡事胸有成竹，不急不燥。顾全大局，知道如何去争取机会，努力进步。一个学期以来，专业修养与综合素质都有明显提高。与同学相处融洽。
邹缈	电商 1 班	电子商务	67.0	97.0	83.0	80.0	67.0	394.0	5	勤于思考，有主见，凡事有自己的见解。能合理安排课内学习课外学习，了解自己的长处短处，知道如何在有限的时间学到更多的东西，发展自己的综合能力。
何天露	电商 1 班	电子商务	80.0	67.0	75.0	78.0	78.0	378.0	8	自己喜欢的课程会花很多的时间去学习、练习，自己不喜欢的课程也能踏实的按要求完成。一个很认真，很努力的人
林雯娴	电商 1 班	电子商务	96.0	78.0	87.0	74.0	89.0	424.0	1	性格开朗，热情活泼，对班级的各项活动总是积极参与，有良好的团队精神，与同学们相处融洽。对于不好的事情能直言不讳，专业学习很努力
季晓凤	电商 1 班	电子商务	67.0	87.0	91.0	67.0	80.0	392.0	6	为人随和善良，能为他人着想，严于律己宽以待人。能以

图 5–8　有效的学生成绩信息表

第三步：将文档内容粘贴到 Excel 表格。

新建 Excel 表格，复制文件“2016-2017 学年班级成绩信息表 .docx”中的信息到 Excel 表格中，保存文件名为“2016-2017 学生成绩信息表 .xlsx”，如图 5-9 所示。

姓名	班级	专业	思修	大学英语	大学计算机	管理学	经济学	总分	排名	班主任评语
田思思	电商1班	电子商务	73	67	78	60	78	356	12	积极参与各项实践活动，全面的锻炼自己。对于承担的务的方式方法上，常常通过自己的思考提出新颖的方法
郝仁	电商1班	电子商务	89	67	56	65	67	344	15	热情活泼，全面发展。对于自己喜欢的事情，能投入极你也不计较，相信你以后对待自己的工作也会这样有激
胡添添	电商1班	电子商务	56	78	44	59	56	293	19	乐观向上，积极的与老师沟通，待人接物成熟而自信，运动有特长，团队精神强，善于与人打交道，有较强的
张鹏程	电商1班	电子商务	90	87	67	78	68	390	7	聪明，踏实，总是认真努力的完成交给你的每一项任务你是一个耐心细致的人。从来不怕烦琐的工作，你总会
李思敏	电商1班	电子商务	73	76	49	80	60	338	16	过去的这一个学期中学有所成学有所长。做到了好好学
李维	电商1班	电子商务	60	51	80	96	65	352	14	待人接物总是心平气和，时时处处都显得有自己的主张计划做下去。
马小玉	电商1班	电子商务	45	60	70	67	65	307	17	性格沉稳，凡事胸有成竹，不急不燥。顾全大局，知道个学期以来，专业修养与综合素质都有明显提高。与同
邹缈	电商1班	电子商务	67	97	83	80	67	394	5	勤于思考，有主见，凡事有自己的见解。能合理安排课处短处，知道如何在有限的时间学到更多的东西，发展
何天露	电商1班	电子商务	80	67	75	78	78	378	8	自己喜欢的课程会花很多的时间去学习、练习，自己不成。一个很认真，很努力的人
林雯娴	电商1班	电子商务	96	78	87	74	89	424	1	性格开朗，热情活泼，对班级的各项活动总是积极参与相处融洽。对于不好的事情能直言不讳，专业学习很努
季晓凤	电商1班	电子商务	67	87	91	67	80	392	6	为人随和善良，能为他人着想，严于律己宽以待人。能定。与同学们相处融洽，有良好的团队精神。
袁智超	电商1班	电子商务	78	72	56	84	78	368	10	踏实认真，耐心努力，认真地对待每门课程的学习，认毕，日清日高。
袁广源	电商1班	电子商务	76	64	53	85	76	354	13	善良、平和、认真、积极。能为他人着想，凡事自己努活，面对学习中的各种困难。通过自己的不懈努力，不
陈淑娴	电商1班	电子商务	57	76	82	89	67	371	9	文静，认真，善良，努力。虽然是第一次住校，但很好的锻炼，与同学们相处融洽。学习上很踏实，专业素质
游杨李	电商1班	电子商务	89	71	93	70	80	403	4	己的进度向前冲，已经超前学习了不少专业课程，勤于
黄超	电商1班	电子商务	90	90	59	78	90	407	2	乖巧灵活，善良真诚，很适应大学的学习生活，学习成提出创新的想法。能合理支配课余时间，自我管理能力
周胡广	电商1班	电子商务	89	71	70	84	90	404	3	主动承担班级工作，细致认真，一丝不苟，原则性强。生活中的各种困难，人也成熟了许多。与同学们相处融

图 5-9　2016-2017 学生成绩信息表 .xlsx

注意：

由于创建的数据表将应用于后期的数据导入及合并，因此该表格中无须添加多余的信息及修饰，且必须保证整个表格为一个单纯的整齐的表格，即表格以外不能有其他文字内容，否则导入数据时会出现错误。

3. 向主文档插入合并域并批量生成信函

制作好邮件合并的主文档与数据源后，就可以将数据源中的各项数据插入主文档的相关位置中，再应用邮件合并的相关功能批量生成信函，具体操作如下。

第一步：打开主文档，单击菜单栏“邮件”选项卡，在“开始邮件合并”选项卡中单击“开始邮件合并”下拉按钮，选择“邮件合并分步向导”选项，如图 5-10 所示。

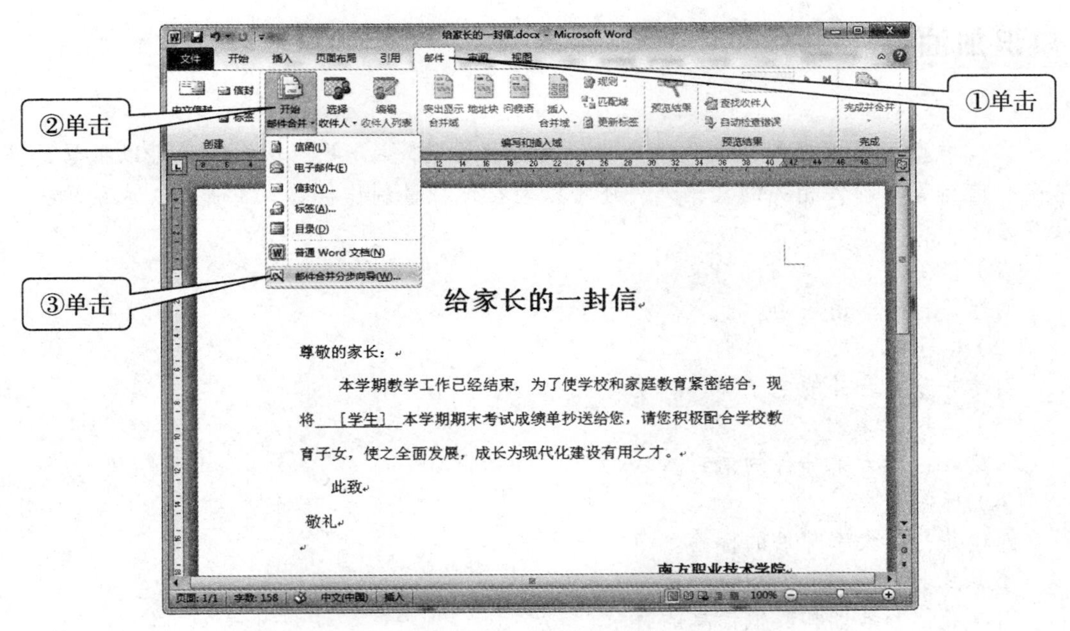

图 5-10　信函主文档

第二步：在邮件合并任务窗格中，可以看到“邮件合并”有 6 个步骤，首先进行第 1 步：选择文档类型，这里采用默认的“信函”，如图 5-11 所示。

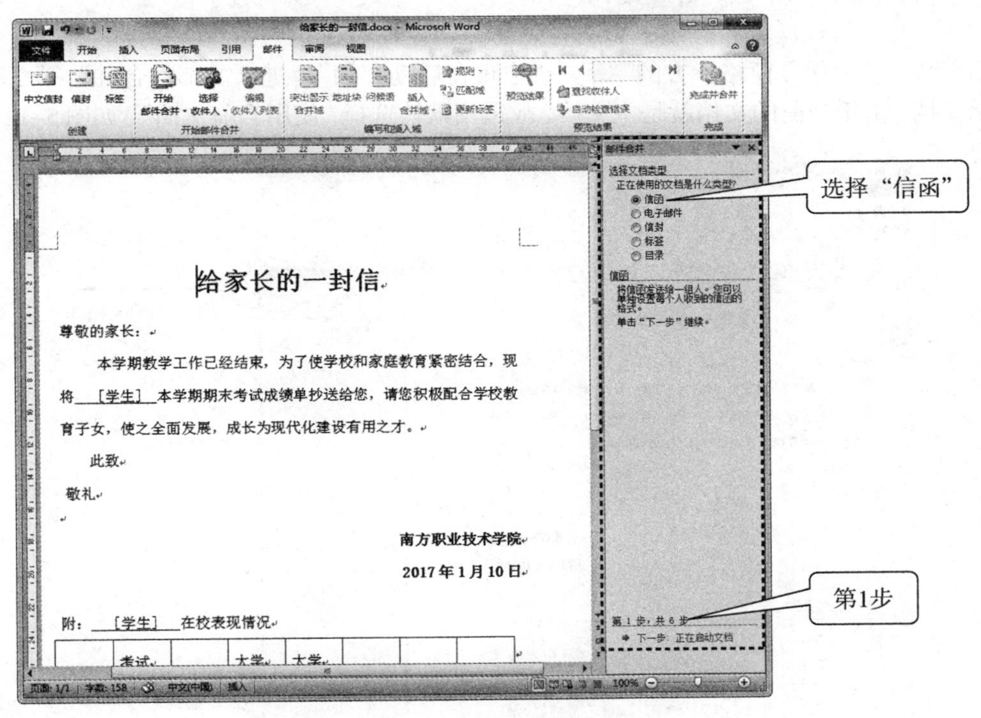

图 5-11　选择文档类型

知识加油站

文档类型可以根据所要制作的文件进行选择，“邮件合并”功能除了可以批量处理信函、信封等与邮件相关的文档外，还可以轻松地批量制作标签、工资条、成绩单、目录等。

（1）信函

创建并打印套用信函。

（2）电子邮件

创建并分发合并的电子邮件。

（3）信封

创建或打印大宗邮件的信封。

（4）标签

创建并打印大宗邮件的标签。

（5）目录

创建名称、地址和其他信息的目录。

根据具体的要求选择文档类型：

- 想省纸，可以选择“标签或目录”。
- 想保持原貌，可以选择“信函”。
- 想模拟信封的样式，可以选择“信封”。

第三步：单击任务窗格下方的“下一步：正在启动文档”，进入“邮件合并”第2步：选择开始文档。由于当前的文档就是主文档，故采用默认选择“使用当前文档”，如图5-12所示。

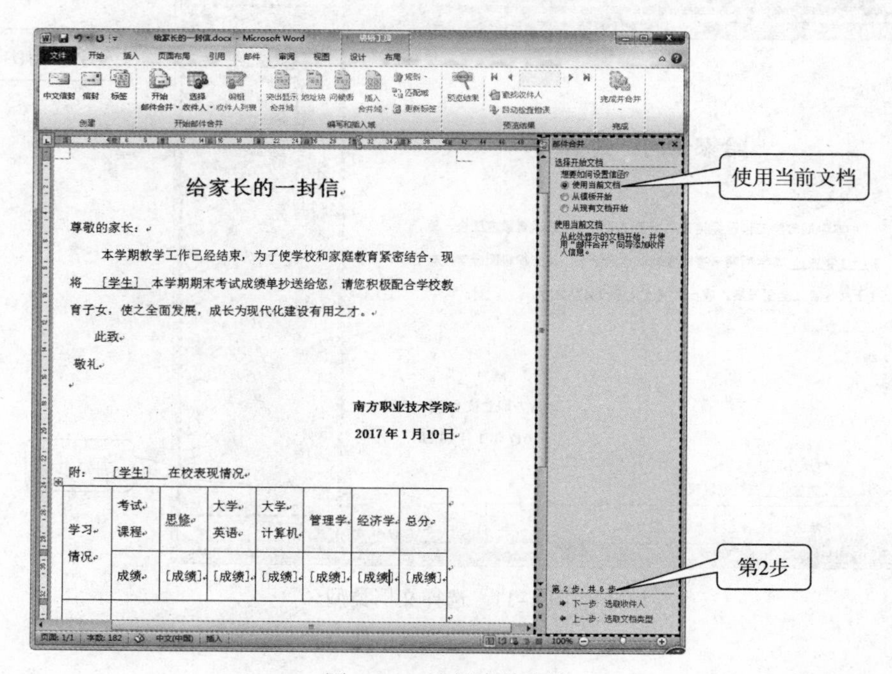

图5-12　选择当前文档

第四步：单击任务窗格下方的“下一步：选取收件人”，进入“邮件合并”第 3 步：选择收件人。由于已经准备好了 Excel 格式的数据源、“信函（数据源）”案例文件，于是单击“使用现有列表”区的“浏览”链接，如图 5-13 所示，打开“选取数据源”对话框。

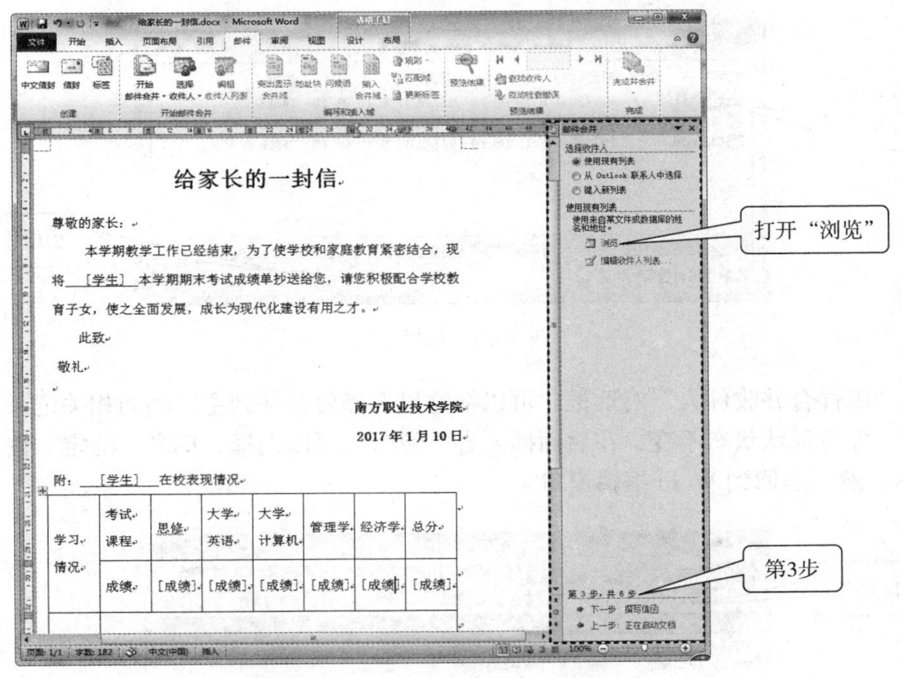

图 5-13 选取收件人：使用现有列表

注意：

在导入数据表时，如果还没有创建数据源，而是需要手动添加数据，则可以选择“选取收件人”→“键入新列表”单选框，然后单击“键入新列表”下方的“创建”链接，如图 5-14 所示。在弹出的“新建地址列表”对话框中添加和创建所需的数据内容，如图 5-15 所示。若是在 Outlook 软件中已有相关的联系人及其信息，可以直接导入联系人，即选择“选取收件人”→“从 Outlook 联系人中选择”单选框即可。

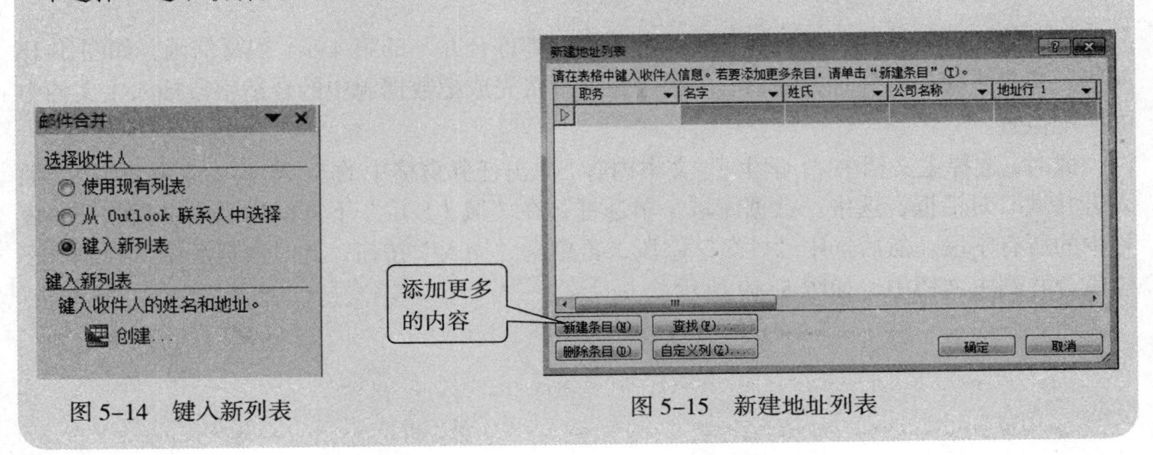

图 5-14 键入新列表

图 5-15 新建地址列表

通过该对话框定位到“信函（数据源）”存放位置，选中它后单击“打开”。由于该数据源是一个 Excel 格式的文件，接着弹出“选择表格”对话框，数据存放在 Sheet1 工作表中。在 Sheet1 被选中的情况下单击“确定”按钮，如图 5-16 所示。

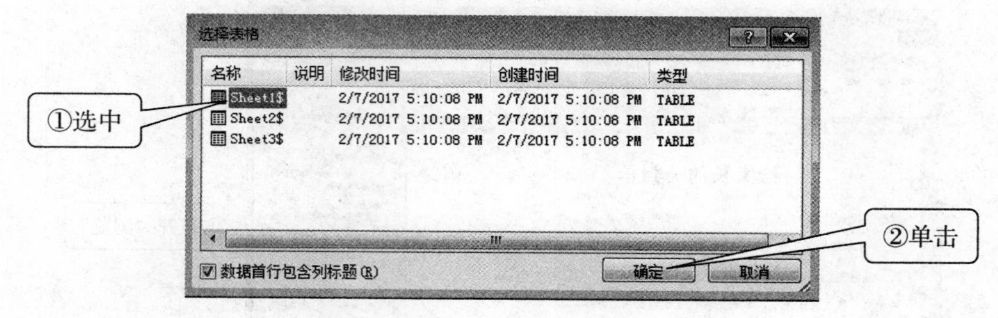

图 5-16　选择表格

弹出“邮件合并收件人”对话框，可以在这里选择要合并到主文档的相关记录，默认状态是全选。保持默认状态不变，在后面插入合并域时也可以选择，单击“确定”按钮，如图 5-17 所示，然后返回到 Word 编辑窗口。

图 5-17　邮件合并收件人

第五步：单击“下一步：撰写信函”，进入“邮件合并”的第 4 步：撰写信函，如图 5-18 所示。这个步骤是邮件合并的核心，因为在这里将完成把数据源中的合适字段插入主文档中的匹配位置。

此时，选择主文档中“[学生]”文本内容，单击任务窗格中的 其他项目... 链接，弹出“插入合并域”对话框，选中“数据库域”单选框，在“域（F）：”下方的列表中出现数据源表格中的所有字段。然后选中“姓名”字段，再单击“插入”按钮，此时数据源中“姓名”字段就合并到主文档中，如图 5-19 所示。

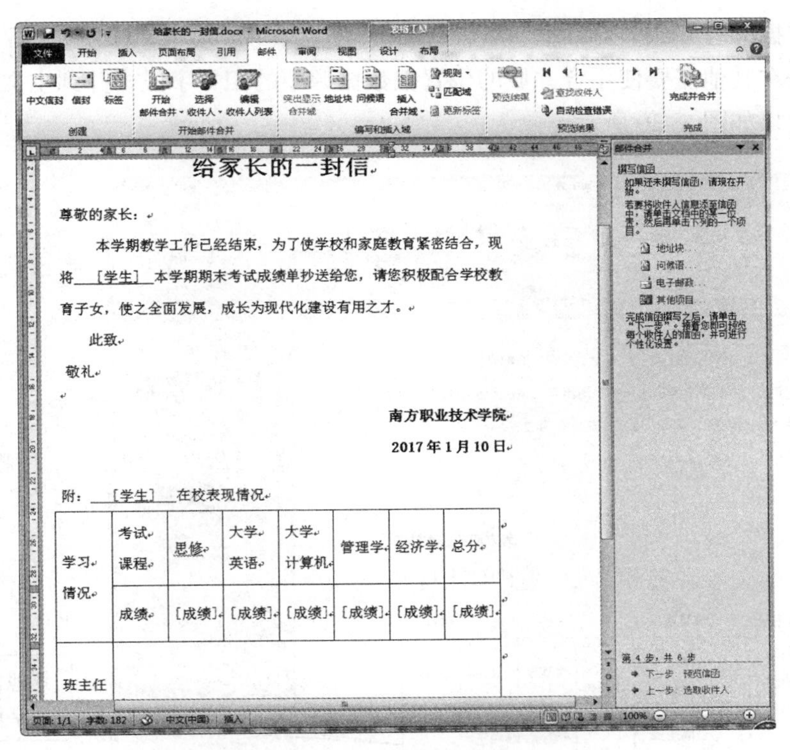

图 5-18　撰写信函

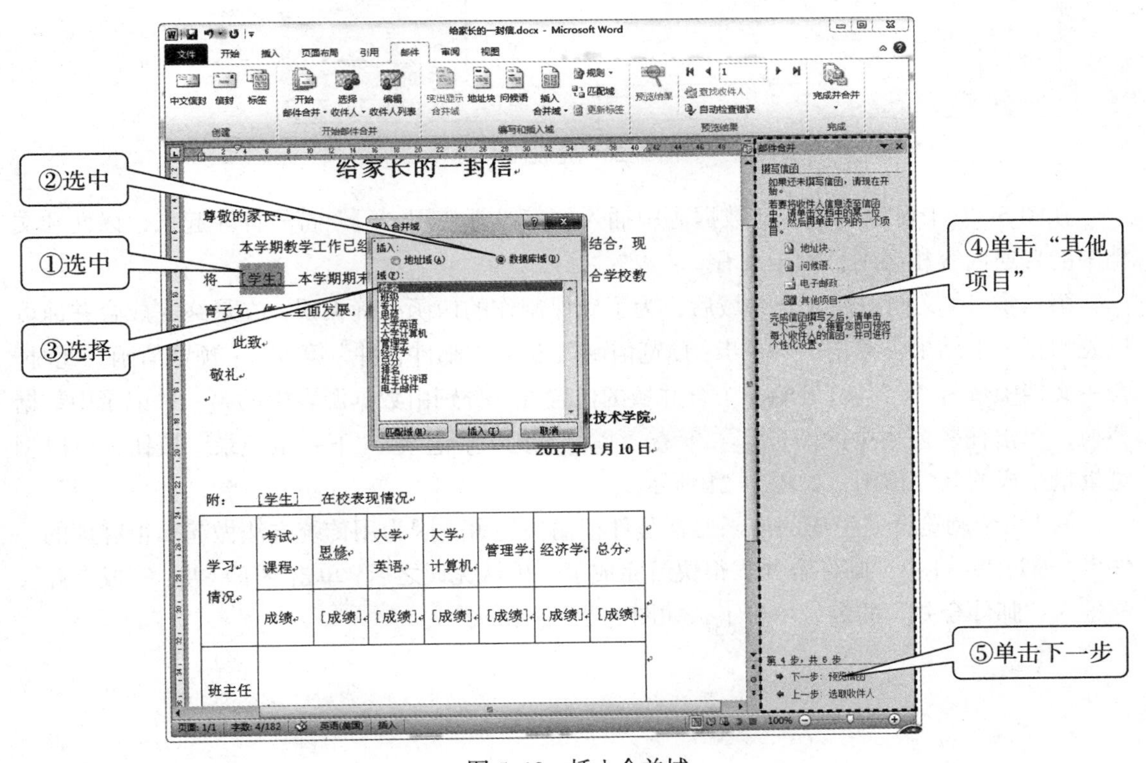

图 5-19　插入合并域

先关闭“插入合并域”对话框，然后选中“[学生]、[成绩]、[总分]、[评语]”等项目，用同样的方法在其他需要使用合并域的位置把数据源中的相关字段合并到主文档中，合并完成后的最终效果如图 5–20 所示。

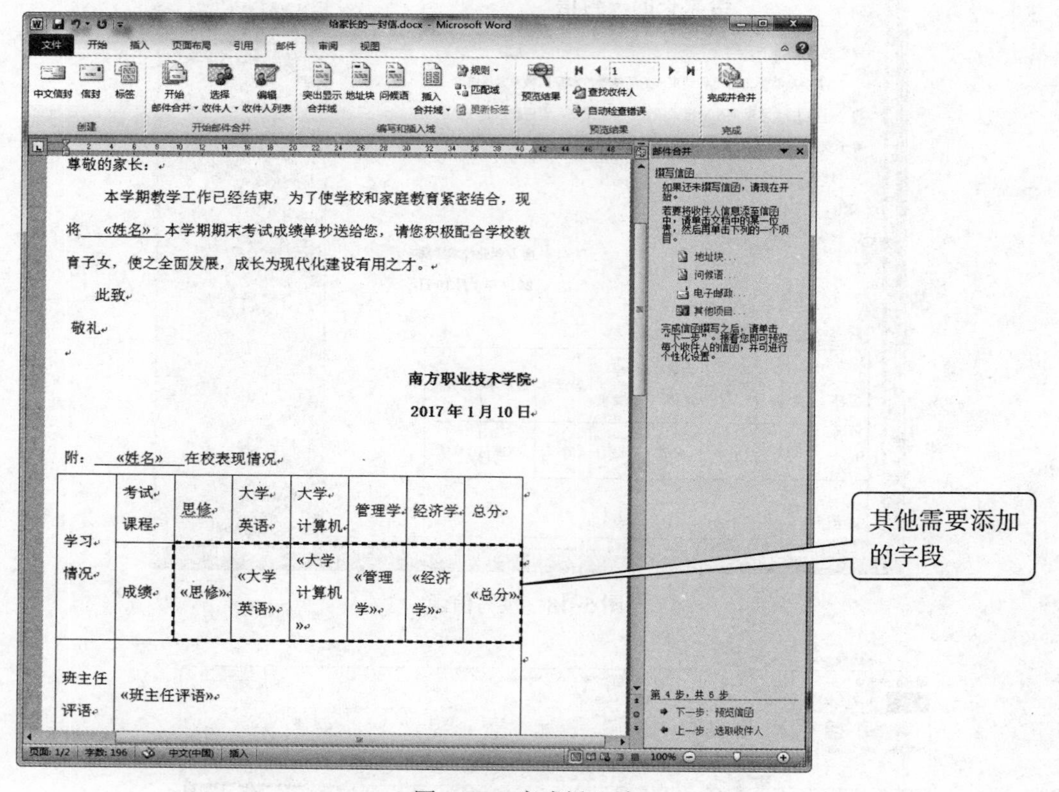

图 5–20 完成插入域

在图 5–20 中可以看到，从数据源中插入的字段都使用“《 》”符号标注起来，以便和文档中的普通内容相区别，便于查看。

第六步：在文档中插入合并域后，为了确保制作的信函准确无误，在最终完成合并前可以先预览一下结果。单击“下一步：预览信函”，进入“邮件合并”第 5 步：预览信函。此时，在主文档中带有“《 》”符号的 9 个合并域的位置处，分别由数据源表中的第一条记录中数据替换，单击任务窗格中的图标 《 收件人：1 》 “上一条记录”“下一条记录”按钮，可以浏览批量生成的其他信函，如图 5–21 所示。

第七步：浏览合并生成的信函通常是件很愉快的事，因为用传统方法做起来很麻烦的一件事，通过 Word 中“邮件合并”很快就完成了。确认无误之后，单击“下一步：完成合并”，就进入“邮件合并”的最后一步了，如图 5–22 所示。

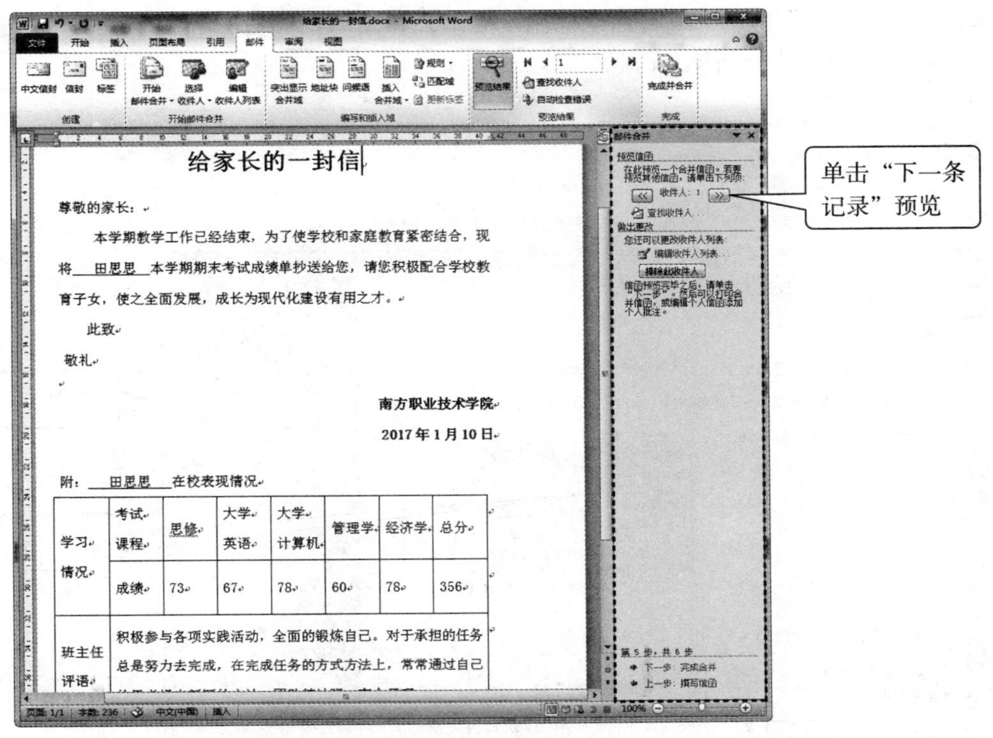

图 5-21 预览信函

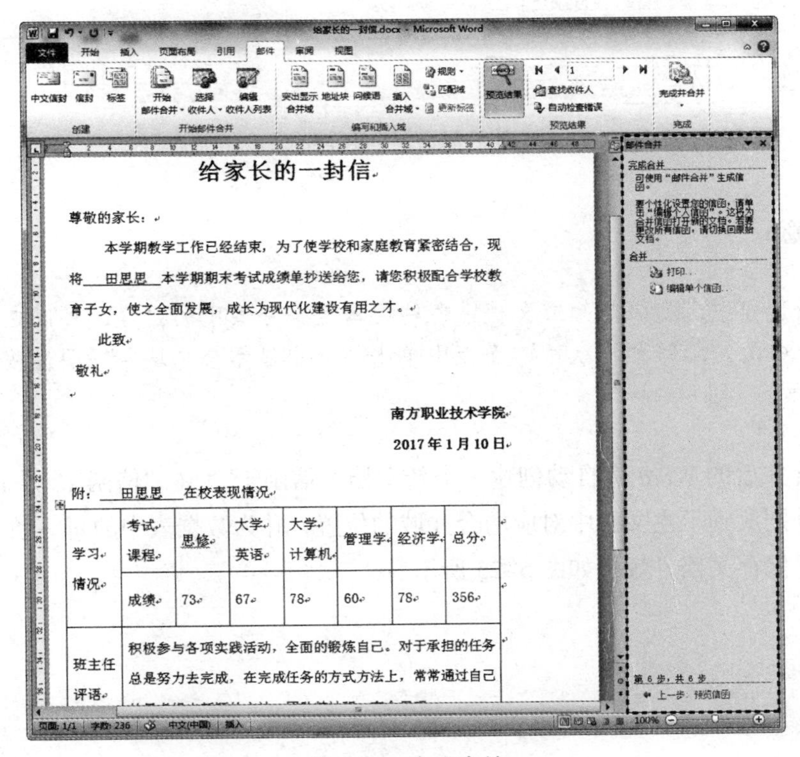

图 5-22 完成合并

单击“邮件合并”区的“编辑单个信函”按钮，弹出“合并到新文档”对话框，单击“全部”→“确定”按钮，如图 5-23 所示。

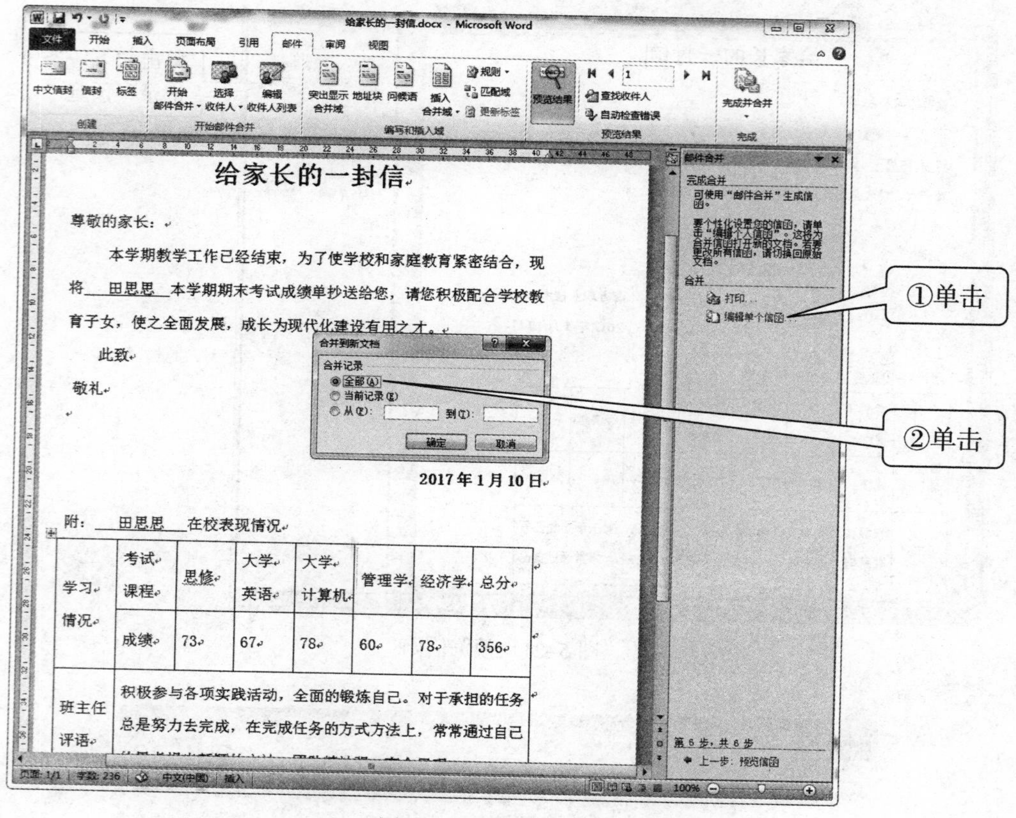

图 5-23 编辑单个信函

**注意：**

在操作过程中，如果想知道文档中哪些内容是合并域中的内容，可以在菜单栏“邮件”选项卡中的“编写和插入域”面板中单击“突出显示合并域”图标按钮，效果如图 5-24 所示。

此时，合并后的 Word 将自动创建一个新文档“信函 1”，在“信函 1”中已将数据表中的所有数据分别放到了主文档中对应的合并域的位置，并为数据表中的每一条记录都生成了一页。查看并保存文档，效果如图 5-25 所示。

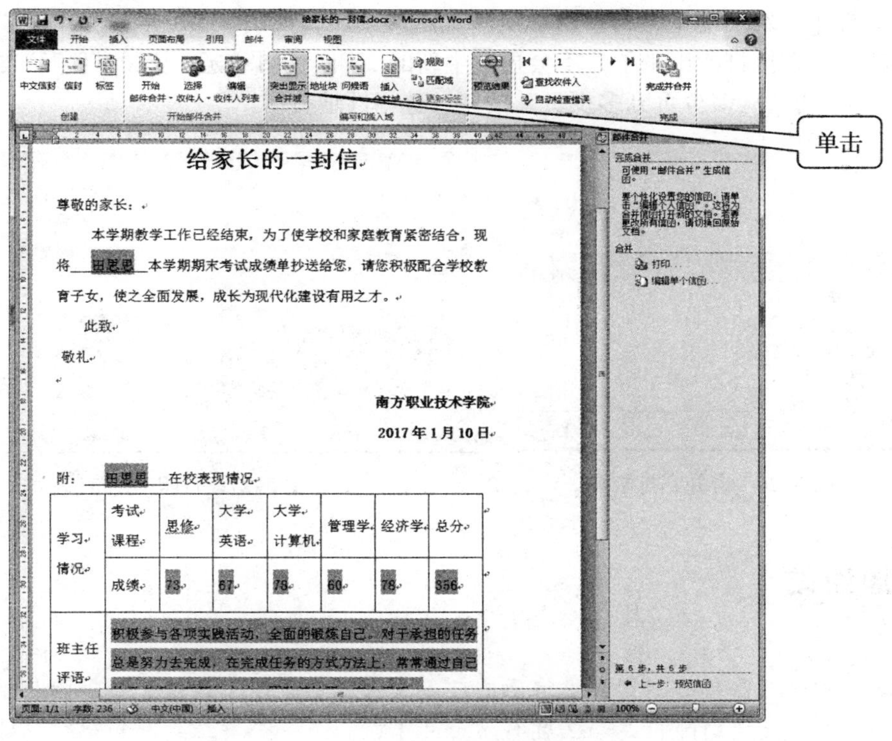

给家长的一封信

尊敬的家长：

本学期教学工作已经结束，为了使学校和家庭教育紧密结合，现将 田思思 本学期期末考试成绩单抄送给您，请您积极配合学校教育子女，使之全面发展，成长为现代化建设有用之才。

此致

敬礼

南方职业技术学院

2017年1月10日

附： 田思思 在校表现情况

学习情况	考试课程	思修	大学英语	大学计算机	管理学	经济学	总分
	成绩	73	67	78	60	78	356
班主任评语	积极参与各项实践活动，全面的锻炼自己。对于承担的任务总是努力去完成，在完成任务的方式方法上，常常通过自己						

图 5-24　突出显示合并域

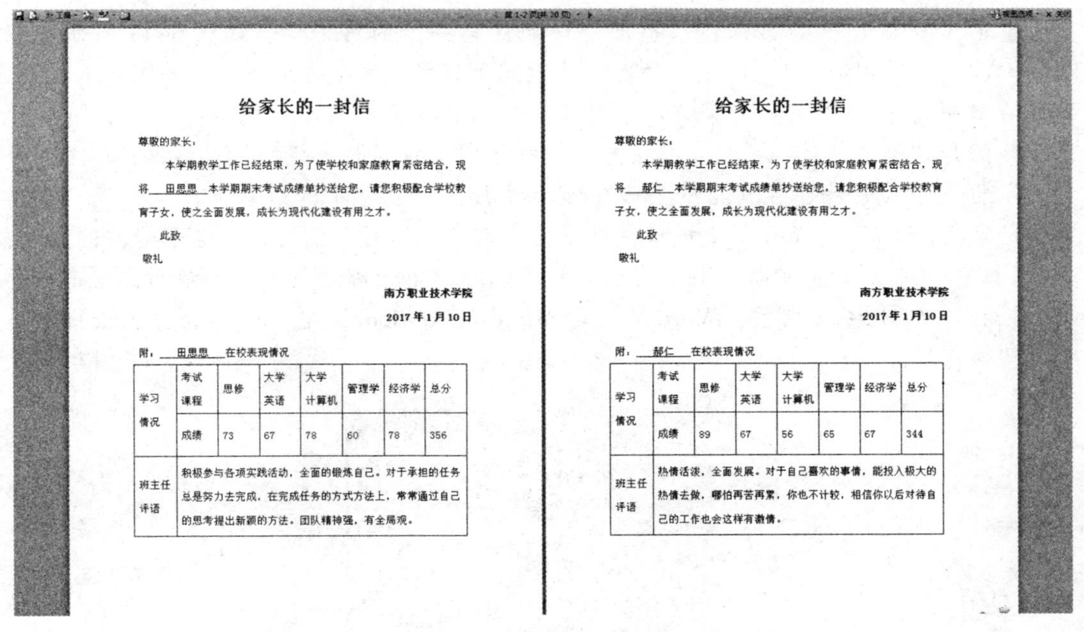

给家长的一封信

尊敬的家长：

本学期教学工作已经结束，为了使学校和家庭教育紧密结合，现将 田思思 本学期期末考试成绩单抄送给您，请您积极配合学校教育子女，使之全面发展，成长为现代化建设有用之才。

此致

敬礼

南方职业技术学院

2017年1月10日

附： 田思思 在校表现情况

学习情况	考试课程	思修	大学英语	大学计算机	管理学	经济学	总分
	成绩	73	67	78	60	78	356
班主任评语	积极参与各项实践活动，全面的锻炼自己。对于承担的任务总是努力去完成，在完成任务的方式方法上，常常通过自己的思考提出新颖的方法。团队精神强，有全局观。						

给家长的一封信

尊敬的家长：

本学期教学工作已经结束，为了使学校和家庭教育紧密结合，现将 郝仁 本学期期末考试成绩单抄送给您，请您积极配合学校教育子女，使之全面发展，成长为现代化建设有用之才。

此致

敬礼

南方职业技术学院

2017年1月10日

附： 郝仁 在校表现情况

学习情况	考试课程	思修	大学英语	大学计算机	管理学	经济学	总分
	成绩	89	67	56	65	67	344
班主任评语	热情活泼，全面发展。对于自己喜欢的事情，能投入极大的热情去做，哪怕再苦再累，你也不计较，相信你以后对待自己的工作也会这样有激情。						

图 5-25　合并后的新文档

如果电脑上装了打印机，可以在“邮件合并”区选择“打印”按钮，弹出“合并到打印机”对话框，单击选中“打印记录”中的“全部”按钮，单击“确定”按钮，如图 5-26 所示。

在弹出的“打印”对话框中，再单击一次“确定”按钮，如图 5-27 所示。20 份“给家长的一封信”就可以直接打印出来了，不会再产生新的文档。如果是选择性的打印，也可以选择“打印记录”中的“从多少页到多少页”按钮，选择性地打印。

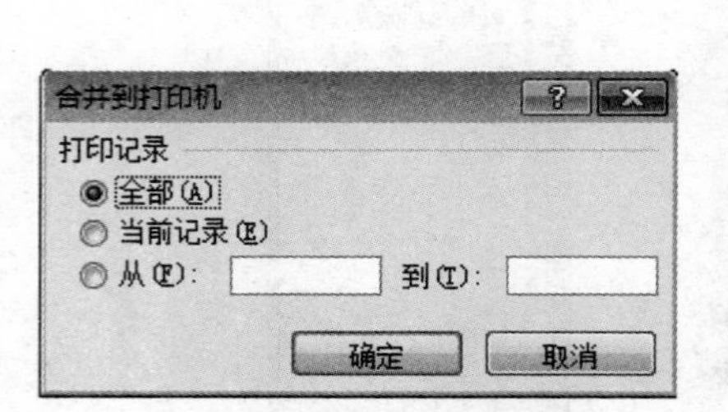

图 5-26　合并到打印机

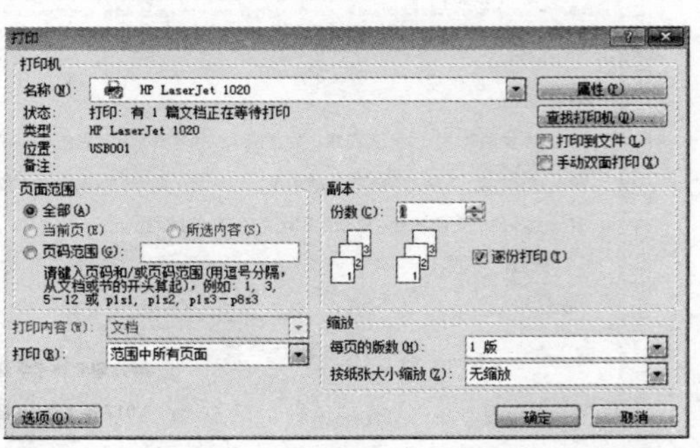

图 5-27　打印

知识加油站

至此，使用邮件合并制作大量信函的任务就初步完成了，但是有些信函是不用邮寄出去的，只需要发送到邮箱，那么就有人会问了，一个一个发送到邮箱也很麻烦的，那么该如何简化操作呢？随着互联网的普及，E-mail 早已被大多数企业及个人所接受，所以这个想法其实实现起来也很简单。

返回本操作过程的第二步，也就是“邮件合并”的第 1 步，如图 5-11 所示。在“选择文档类型”区选中“电子邮件”单选框就可以了，后面的几个步骤操作基本一致，但是在数据源表中一定要包含“电子信箱”字段；在第七步“完成合并”中，“合并”区出现的是“电子邮件”链接，单击它后，打开“合并到电子邮件”对话框，单击“收件人”框的下拉箭头，在弹出的列表中显示了数据源表格中的所有字段，选择“电子邮件”字段，这就让 Word 知道把信往那里发。在“主题行”框内输入电子邮件的主题：“给家长的一封信”，同前面一样，在这里也可以指定电子邮件的范围。最后，单击“确定”按钮，如图 5-28 所示，Word 就启动 Microsoft Outlook（电子邮件软件）进行发送邮件的操作了。

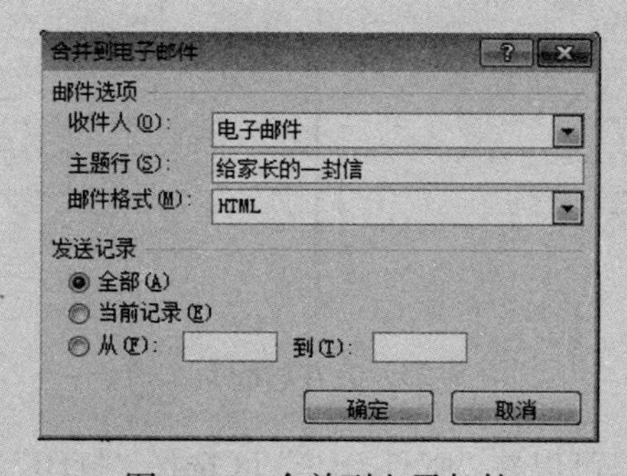

图 5-28　合并到电子邮件

5.2 任务扩展：批量制作信封

5.2.1 任务描述

杨老师需要把这些制作好的“给家长的一封信”通过邮寄的方式发送到各位同学的家中，因此完成信函的制作之后，还要制作信封。信封的制作，不是简单地制作便签条直接贴在信封上，而是要精心制作漂亮的信封，这样能给学生家长留下更专业、更深刻的印象。信封的制作方法和信函的制作方法类似，可以效仿操作。

信封的制作也要经历“邮件合并”的几个步骤，在前面详细讲解的基础上，下面的讲解操作将更加简单、轻松。信封的制作只需要提供学生通信地址（数据源），不需要提供主文档，这里就把重点放在主文档的制作和修饰上。制作好信封的模板，运用邮件合并将“学生通讯录”的数据合并到信封中，每人生成一个信封，最后将 5.1 节制作的“给家长的一封信”和本任务制作的“信封”一起打印，就解决了杨老师的难题了。

本任务选取班级中 20 位学生作为案例操作，其他学生按照相同的步骤完成即可。

本任务实施要求如下：

①在 Excel 中制作“学生通讯录 .xlsx”，作为导入信封的数据源。

②在 Word 中通过邮件合并的功能，完成信封的制作、修饰、美化，最后完成合并。

③保存为 Word 文档，打印出来。

任务效果如图 5-29 所示。

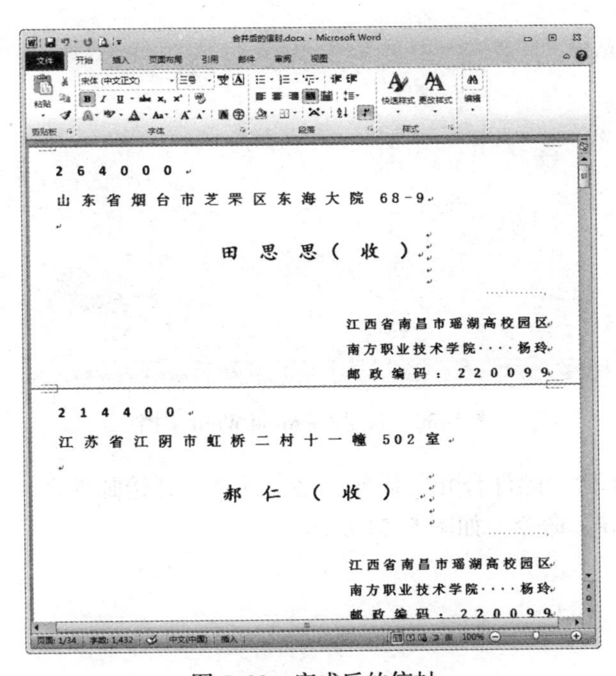

图 5-29 完成后的信封

5.2.2 任务实现

1. 制作信封（主文档）

第一步：打开程序菜单 Microsoft Office 2010，启动 Word 2010 软件，进入主界面后，单击鼠标右键新建一个空白 Microsoft Word 文档，如图 5-30 所示。

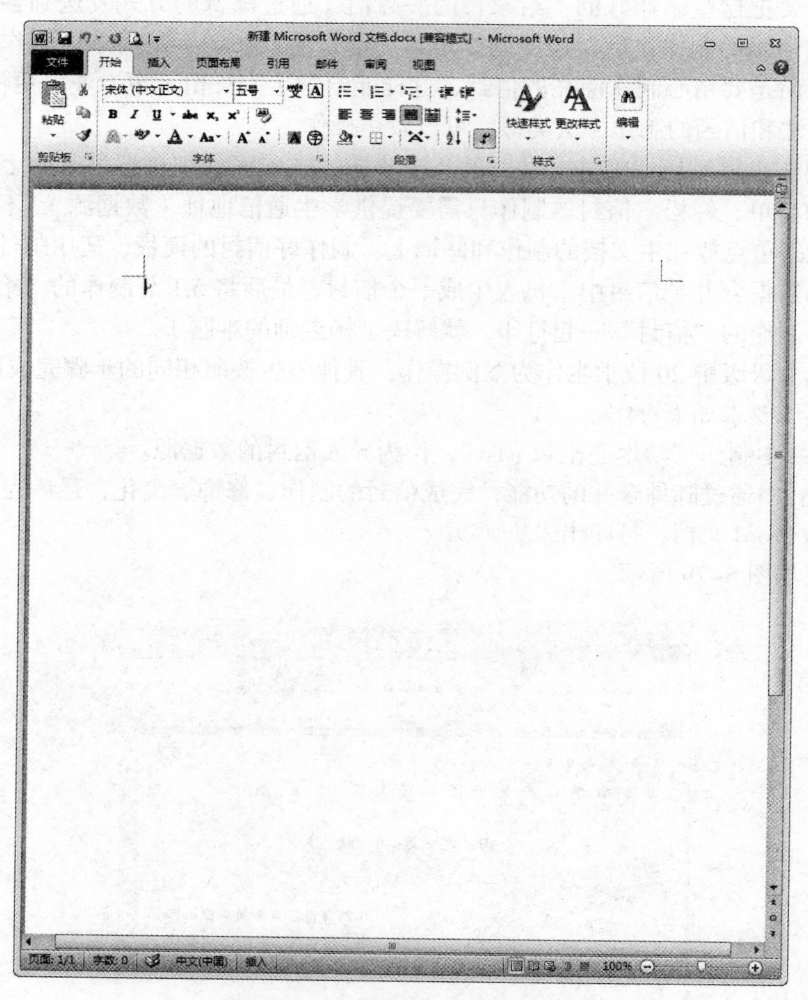

图 5-30　新建 Microsoft Word 文档

第二步：打开菜单栏“邮件合并”任务窗格，选择“开始邮件合并”下拉菜单按钮，选择“邮件合并分步向导”命令，如图 5-31 所示。

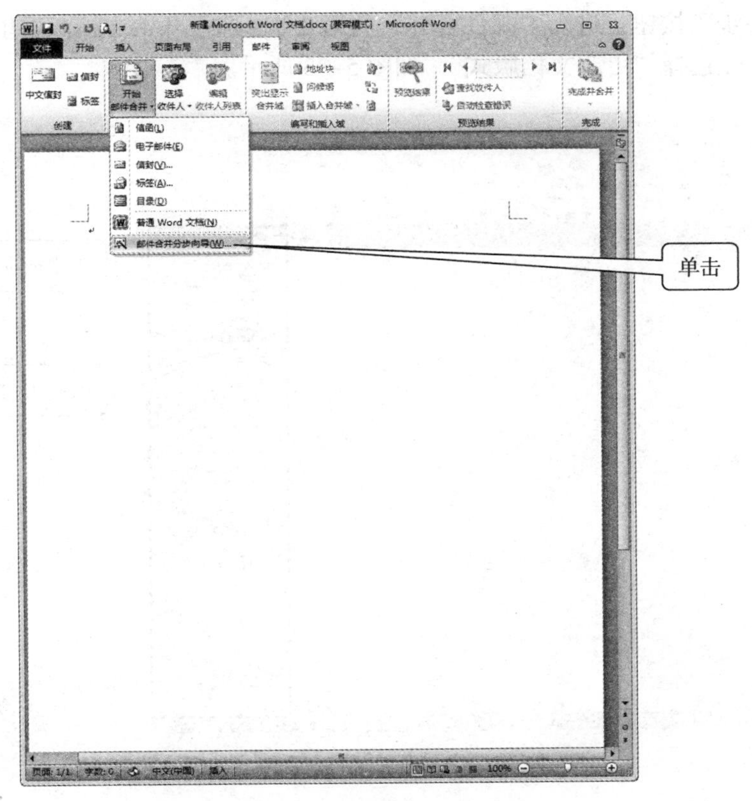

图 5-31　邮件合并分步向导

第三步：在“邮件合并向导”的第1步：选择文档类型中，选中“信封”单选框，如图5-32所示。

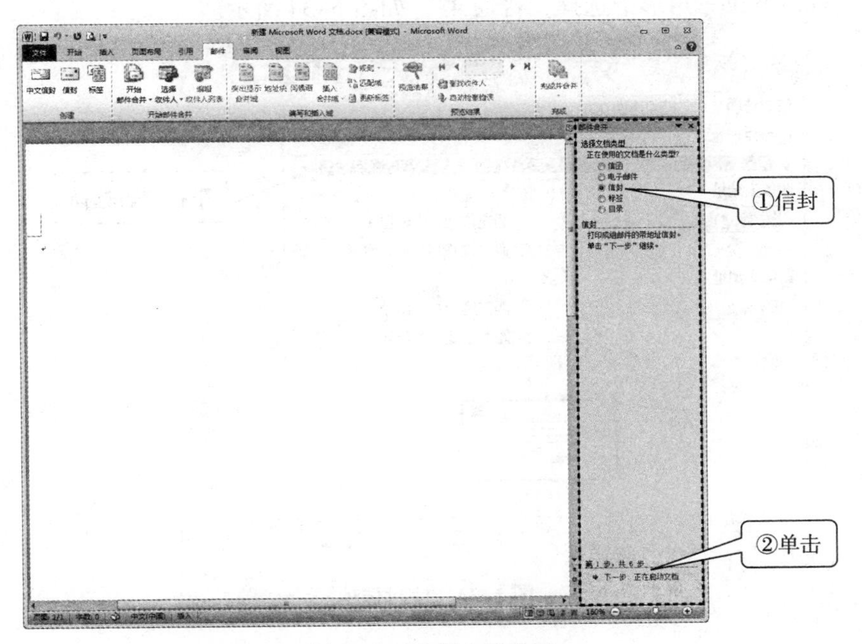

图 5-32　选择文档类型

单击“下一步”按钮，进入“邮件合并”的第 2 步：选择开始文档。这里要设定信封的类型和尺寸。首先选择“更改文档版式”，如图 5-33 所示。

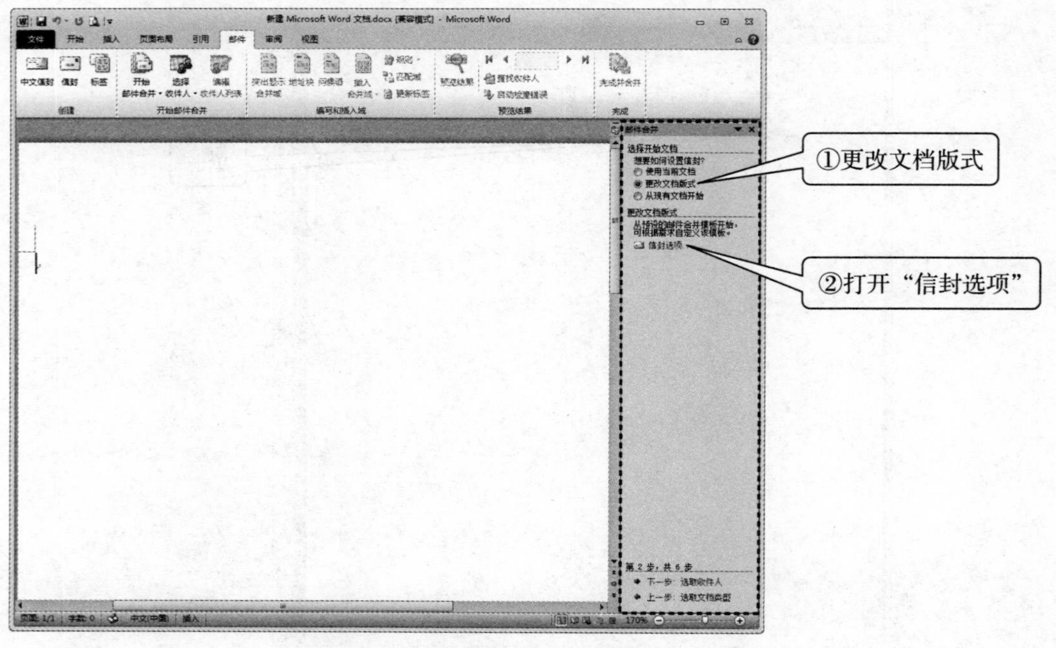

图 5-33　选择开始文档

然后打开“信封选项”对话框，单击“信封尺寸”框的下拉箭头，在弹出的列表中选择一种符合要求的信封类型，这里使用的是标准（规格为 110 mm × 208 mm）小信封，所以在“信封尺寸”右边下拉三角形下选择“普通 4”，如图 5-34 所示。

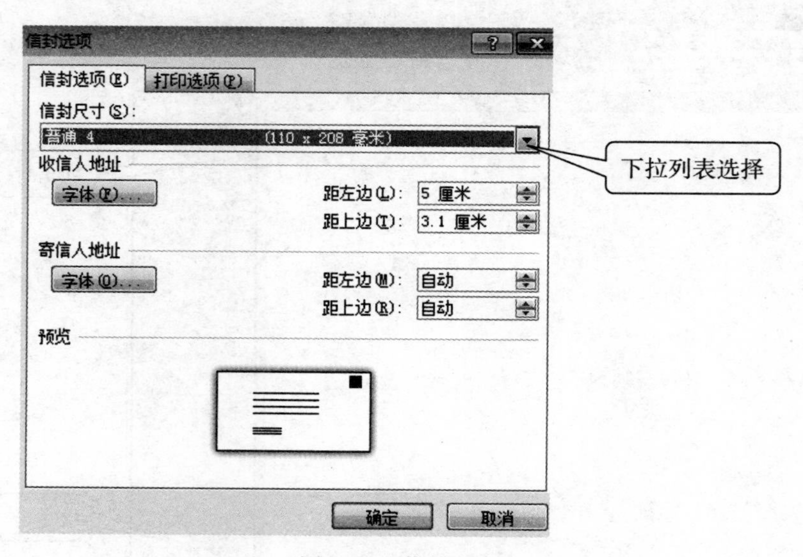

图 5-34　信封选项

注意：

如果“信封尺寸”框的下拉列表中没有符合要求的信封规格，则选择最后一项“自定义信封的尺寸”，可以自己设定符合要求的尺寸。

单击“确定”按钮后，返回 Word 编辑窗口，可以看到页面已经根据选定信封的规格发生了改变，如图 5–35 所示。

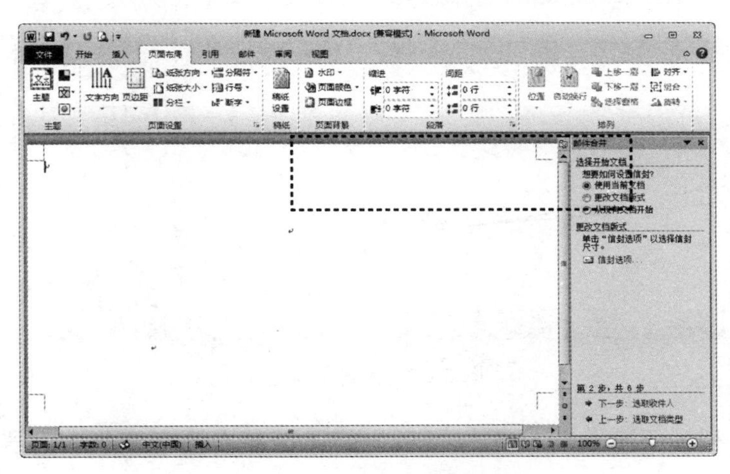

图 5–35　更改版式后的文档

如果想知道信封的大小是否和设定的规格一样，可以在菜单栏“页面布局”的“页面设置”面板中选择“页边距”下拉按钮下的“自定义页边距”，弹出“页面设置”对话框面板，在面板中看到纸张大小和设置的信封规格一样，如图 5–36 所示。

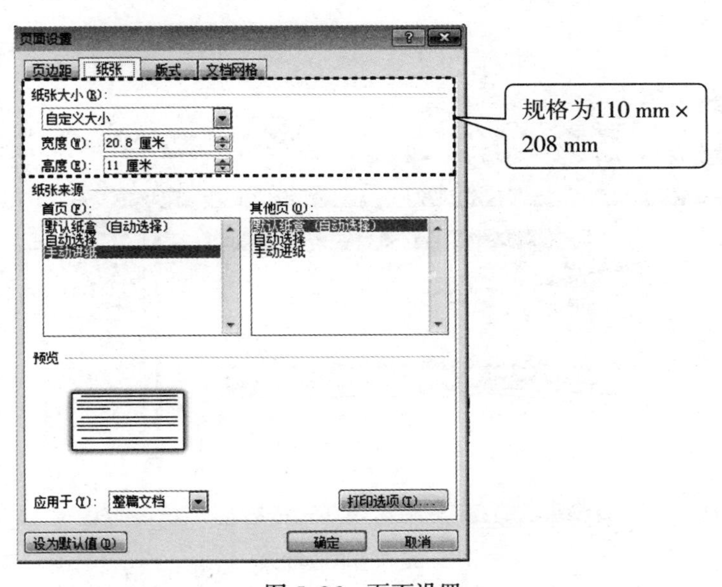

图 5–36　页面设置

接下来在信封中输入固定不变的内容，即发件人的相关信息。为了使信封符合填写要求，拖动文档下方的文本框到信封右下角的适当位置，将光标定位于信封下方的文本框中，输入发件人的信息，并进行适当的修饰，选中输入的地址、邮编和发件人，设置字体、段落格式。这样就完成了信封主文档的不变内容的制作，效果如图 5-37 所示。

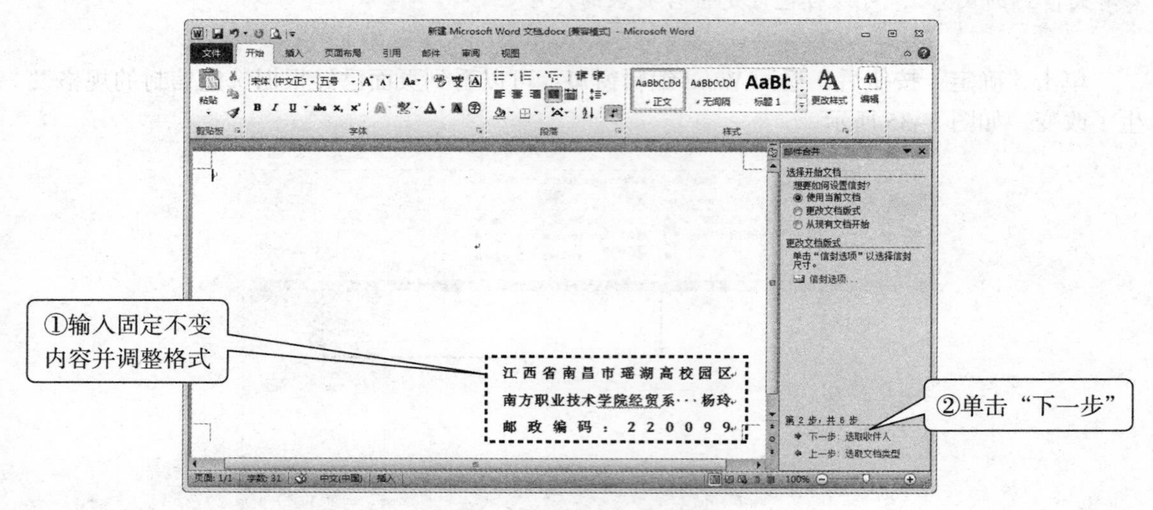

图 5-37　发件人信息

信封的主文档的不变内容制作好了后，就要把数据源中变化的字段合并到主文档中去。

进入“邮件合并”的第 3 步：选取收件人。单击“使用现有列表”区的“浏览”链接，单击图标 浏览... 链接，找到学生联系方式（数据源）存放位置，选中它后单击“打开”。由于该数据源同样是一个 Excel 格式的文件，接着弹出“选择表格”对话框，数据存放在 Sheet1 工作表中，于是在 Sheet1 被选中的情况下单击“确定”按钮，如图 5-38 所示。

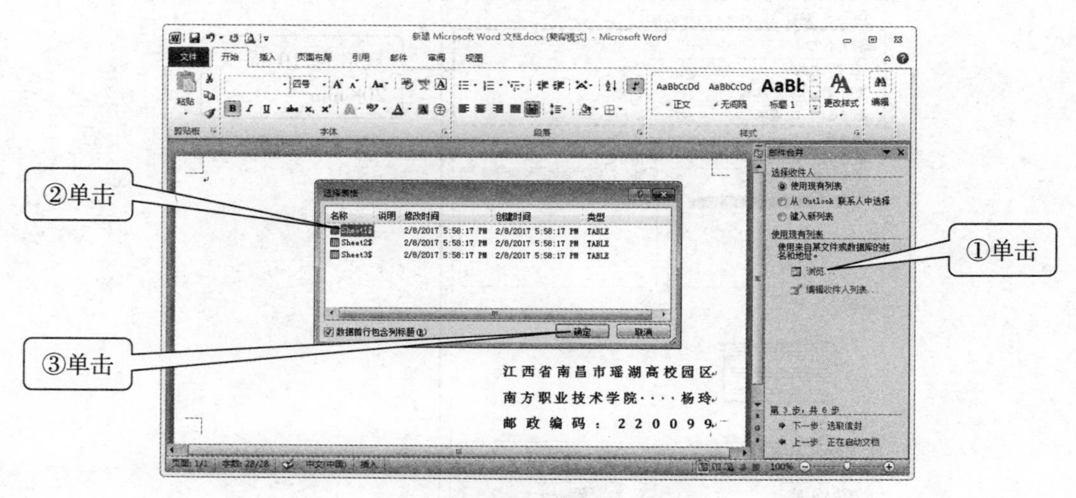

图 5-38　选取收件人

接着弹出“邮件合并收件人”对话框，可以在这里选择要合并到主文档的相关记录，默认状态是全选。这里保持默认状态不变，单击“确定”按钮，如图 5-39 所示，然后返回到 Word 编辑窗口，单击“下一步：选取信封”。

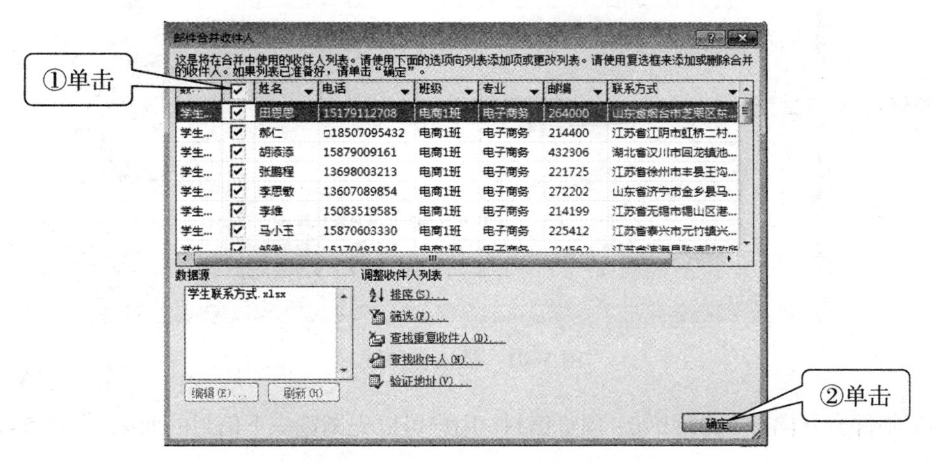

图 5-39　邮件合并收件人

进入“邮件合并”的第 4 步：选取信封。在这里将把数据源中的收信人的地址、邮编和姓名等字段合并到主文档中。把光标定位于信封左上角插入邮编的位置，单击“其他项目”链接，弹出“插入合并域”对话框，在“域（F）”下方的框中选择“邮编”，再单击“插入”按钮，于是“邮编”字段被合并到主文档中。用同样的方法把“联系方式”字段插入“邮编”的下方，“姓名”字段插入“联系方式”下方，如图 5-40 所示。

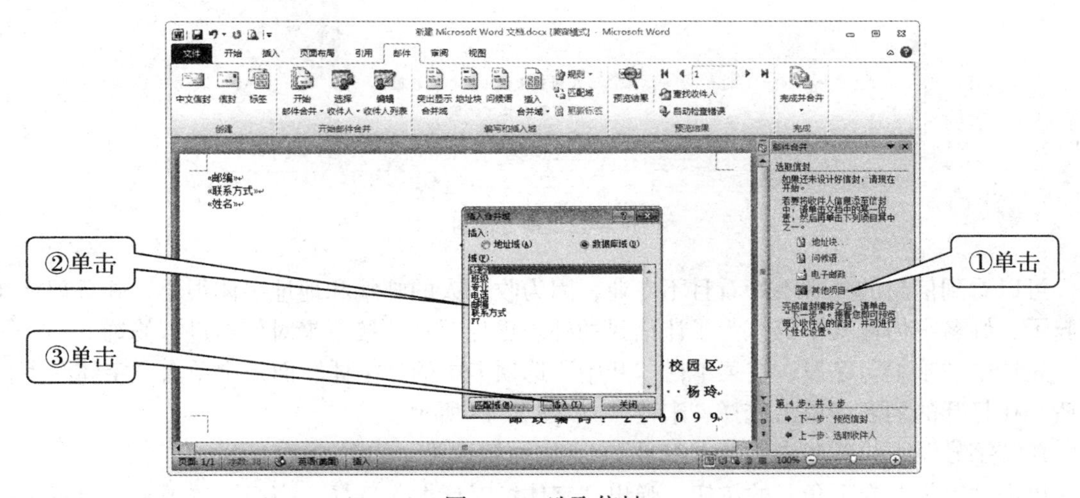

图 5-40　选取信封

完成插入域操作之后，关闭“插入合并域”对话框，返回 Word 编辑窗口，这时可以看到页面的格式不太美观，于是需要调整格式。将“姓名”字段按信封要求设置为“居中对齐”，调整格式后，单击“下一步：预览信封”，如图 5-41 所示。

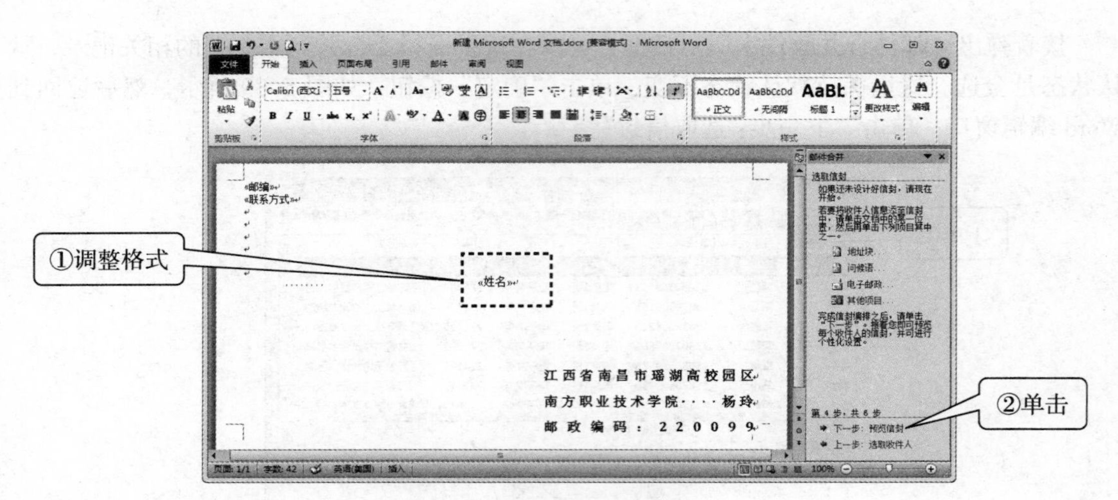

图 5–41　插入合并域

进入“邮件合并向导”的第5步：预览信封。用户可以先浏览一下信封的效果，如图5–42所示。

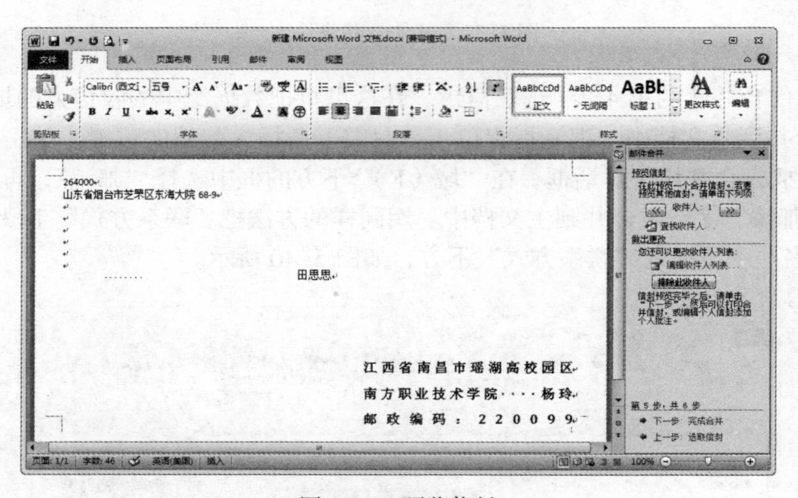

图 5–42　预览信封

可以看到信封的外观不好看且不专业，因为收信人的邮编和地址字体很小，并且都挤在一起了，姓名字体也太小等。为了让信封的外观更加美观，接下来对信封进行修饰。

先选中“邮编”字段，在菜单栏“开始”选项卡中的“字体”面板中单击“字体”下拉按钮，在打开的列表中单击选择“宋体”，如图 5–43 所示。

在“字号”下拉按钮中选择“三号”，字体加粗设置，如图 5–44 所示。

单击“字体”右下角 的按钮，弹出“字体”对话框，选择“高级”选项卡，设置字符间距：加宽、15 磅，设置完成后单击“确定”按钮，如图 5–45 所示。

然后按照“邮编”文字格式的设置，把“联系方式”文字的字体设置为“宋体、三号、加粗”，字符间距“加宽、5 磅”；段前段后的间距设置为“1 行”。把“姓名”字段的字体设置为“楷体、二号、加粗”；字符间距“加宽、10 磅”，在“姓名”字段后加上一个“(收)”字，修饰后的信封比以前更美观了，效果如图 5–46 所示。

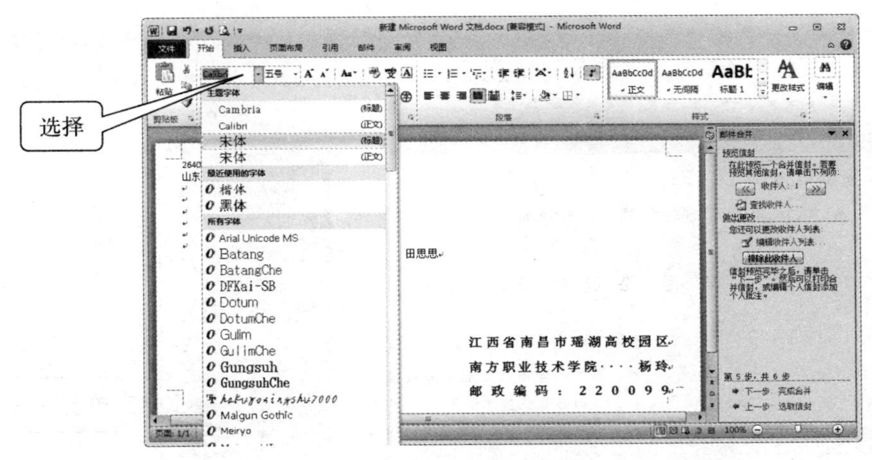

图 5–43　字体设置

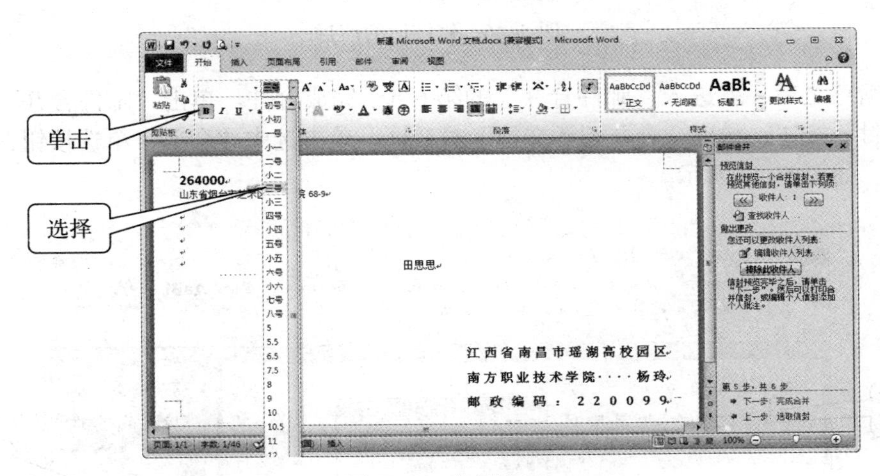

图 5–44　字号设置

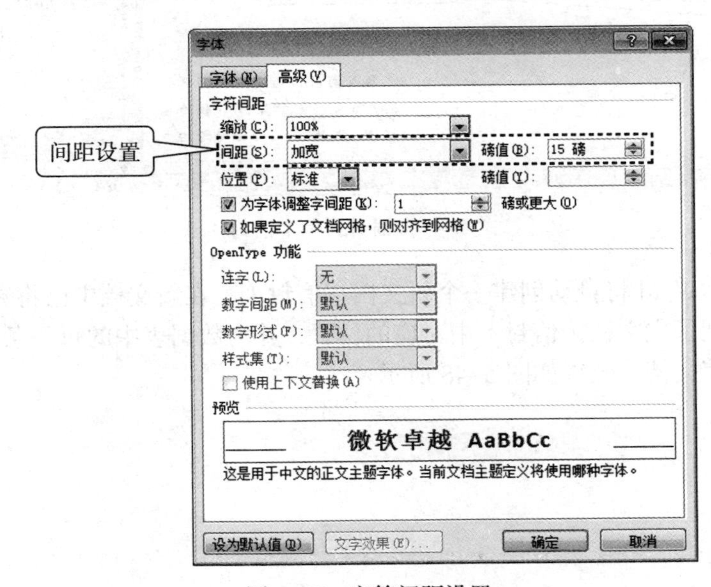

图 5–45　字符间距设置

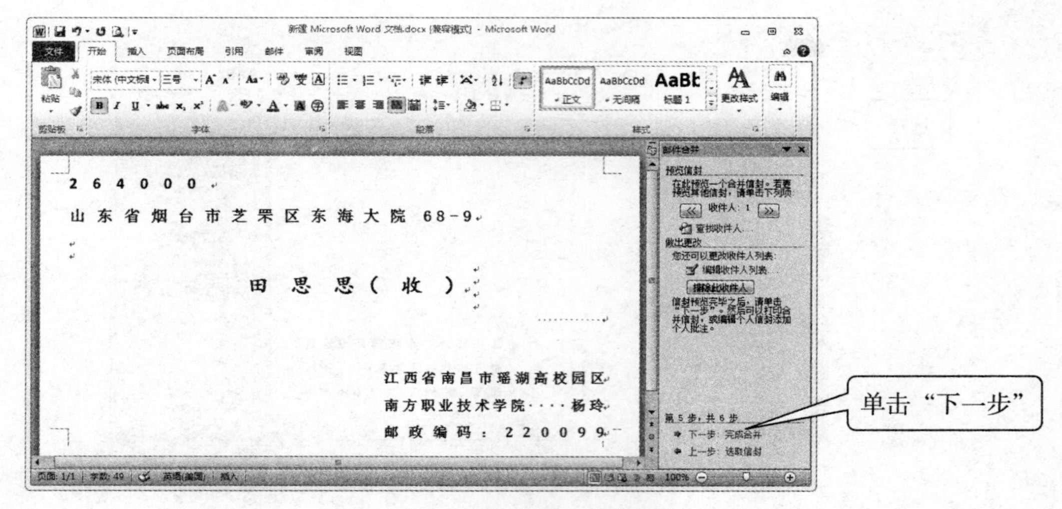

图 5–46　修饰后的信封

预览满意之后，就进入“邮件合并”的第 6 步：完成合并。单击“邮件合并”区的“编辑单个信封”按钮，弹出“合并到新文档”对话框，单击选中“全部”单选按钮，单击“确定”按钮，如图 5–47 所示。

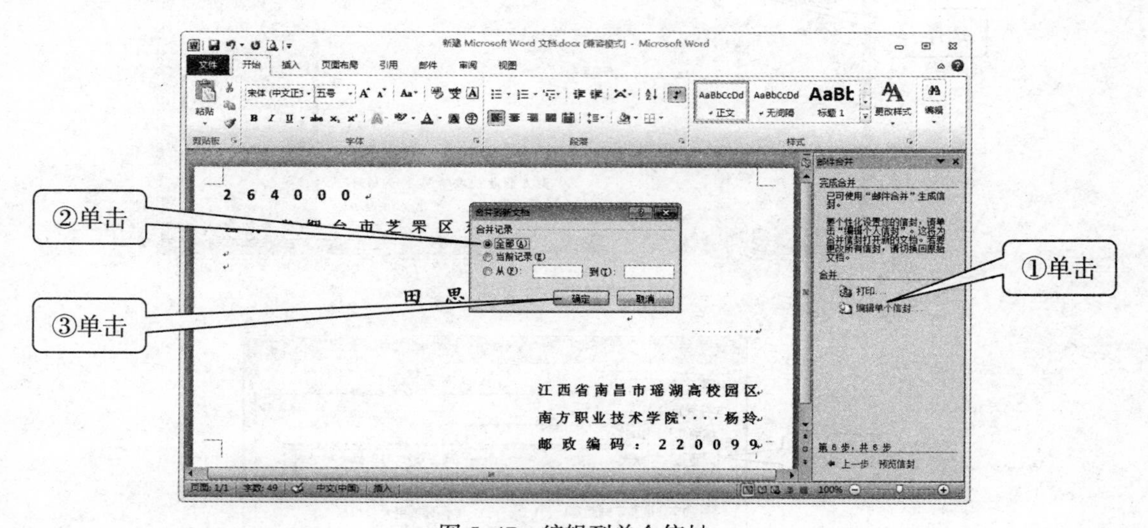

图 5–47　编辑到单个信封

此时，合并后 Word 将自动创建一个新文档“信封 1”，在新文档中已将数据表中的邮编、地址和收信人放到了主文档（信封）中对应的位置，并为数据表中的每一条记录都生成一个信封。查看并保存文档，效果如图 5–48 所示。

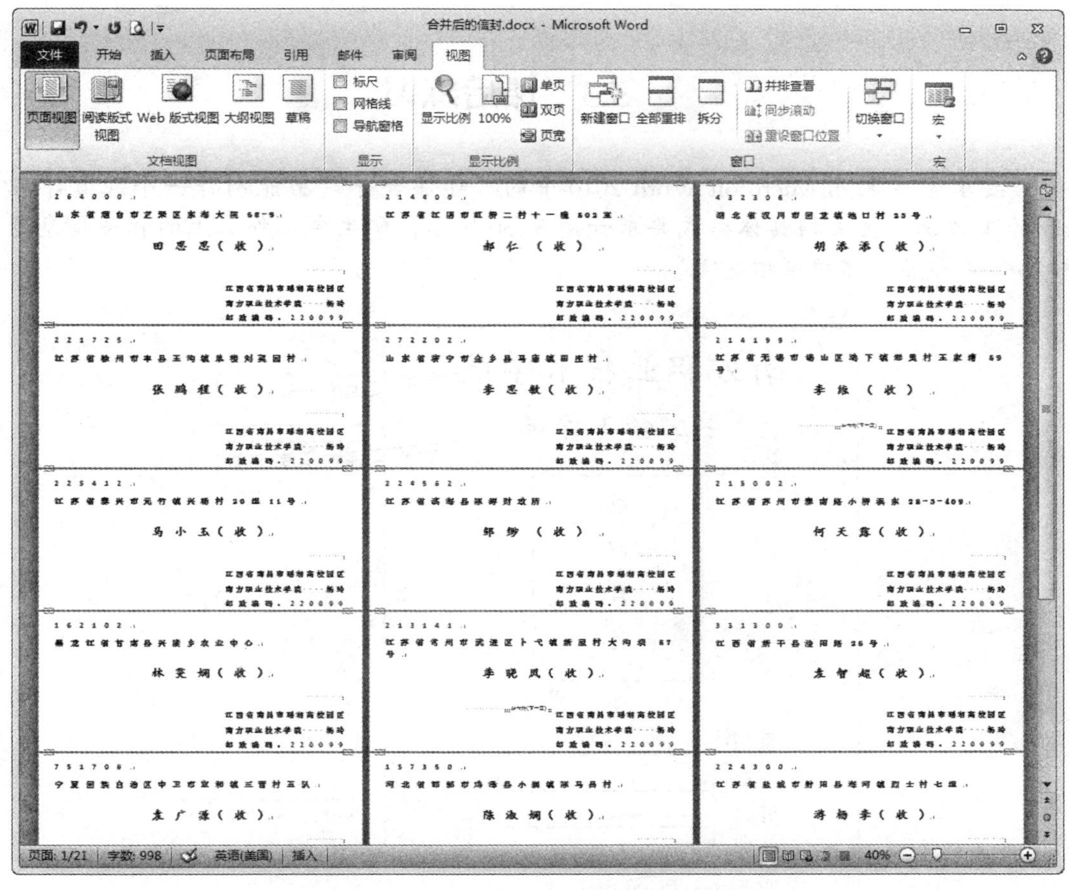

图 5-48　合并后所有的信封

注意：

数据源链接状态时：

- 数据源文件不能改名；
- 不能删除；
- 能打开，但会有提示，处于只读状态。如图 5-49 所示。

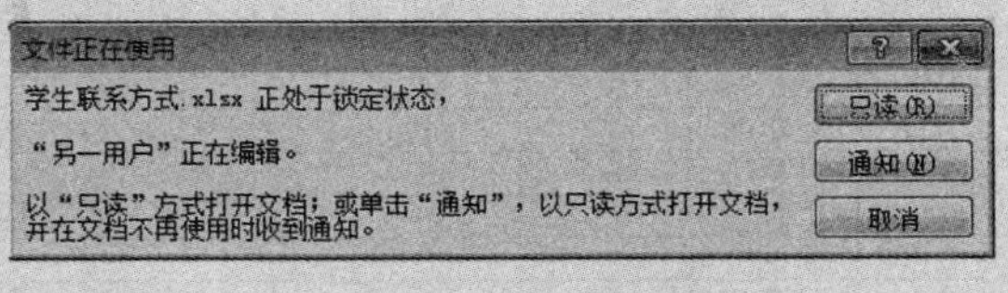

图 5-49　文件正在使用

本章节对“邮件合并”的功能进行了详细讲解，并批量制作好“给家长的一封信”及信封，这样可以快速、高效地完成此任务。

5.3　课后练习

1. 要求学生利用 Microsoft Word 2010 中的“邮件合并”功能制作一个经贸学院学生会的工作证，主文档具体格式要求如图 5–50 所示，学生会工作证上的相关信息通过 ◉ 键入新列表 完成，不提供相关信息。

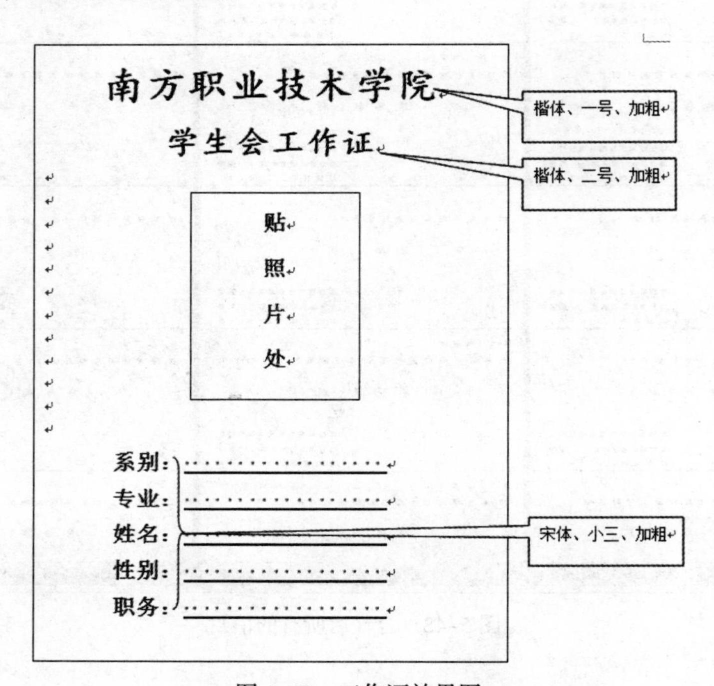

图 5–50　工作证效果图

2. 要求学生利用 Microsoft Word 2010 的“邮件合并”功能制作完成学生录取通知书。Excel 表格数据清单如图 5–51 所示，通过 Excel 数据清单批量打印录取通知书。

	A	B	C	D	E	F	G
1	某大学硕士生入学考试成绩表						
2	考生编号	姓名	政治	英语	专1	专2	
3	2017101201	杜鑫	79	64	85	79	
4	2017101202	季晓凤	65	50	94	77	
5	2017101203	袁智超	83	60	81	80	
6	2017101204	袁广源	87	58	77	81	
7	2017101205	陈淑娴	79	47	83	79	
8	2017101206	游杨李	68	43	84	76	
9	2017101207	黄超洋	82	55	86	75	
10	2017101208	周胡广	83	65	80	88	
11	2017101209	甘清清	87	58	81	83	
12	2017101210	杨丽娟	74	53	74	65	
13	2017101211	范玉婷	73	66	68	69	
14	2017101212	李欣欣	60	69	78	68	
15							

图 5–51　学生成绩表

要求给每一位考生制作一张通知单，通知单的样式如图 5-52 所示。

XXXXX 大学 2017 年硕士生入学考试成绩通知单

考生编号：2017101201 姓名：杜鑫

专业方向：项目管理 报考院系：经管系

考试科目	分数	复试分数线
政治	79	60
英语	64	51
数学一	85	60
管理学	79	60
总分	307	294

图 5-52 入学通知单

第6章 制作毕业论文文档

利用 Microsoft Office Word 2010 软件制作毕业论文文档是一项非常实用的办公技能，通过 Word 2010 软件设计实现精美的封面制作、正文排版、页码设置、目录自动生成等，可以使毕业论文文档更加美观、大方，可审阅性更强。通过本章的讲解，用户可以掌握 Word 2010 软件处理文档排版高级应用功能：正文排版、插入页码及自动生成目录等。

本章知识技能要求：

- ✧ 掌握毕业论文封面的设计
- ✧ 掌握毕业论文正文的排版
- ✧ 掌握页码和目录的制作
- ✧ 掌握毕业论文页眉和页脚的设置

6.1 任务：毕业论文封面的制作

6.1.1 任务描述

毕业论文文档封面是整个毕业论文排版的“脸面”，封面是否得体直接影响到毕业成绩的评定，本任务将学习封面标题、个人信息的设计及校徽的插入和布局等内容，使毕业论文更加美观、大方，使评阅者获得好印象。

本任务实施要求如下：

①封面页面设置；

②插入学校校徽和校名；

③封面标题和字体的设计。

任务效果如图 6-1 所示。

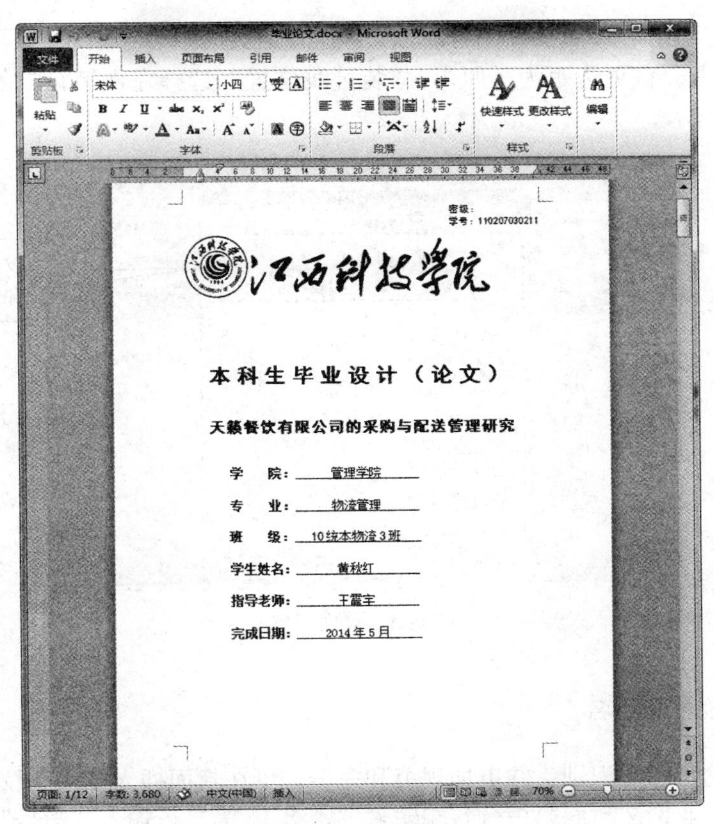

图 6-1　封面效果图

6.1.2　任务实现

首先要新建一份 Word 文档，文件名称设为“毕业论文 .docx”，接着按照以下流程实现封面的制作。

1. 封面页面设置

封面是整个毕业论文排版的“门面”，封面设置是否得当直接影响到整个毕业论文给人的印象分值，排版整齐、设计得体的封面往往会让读者耳目一新，并有继续阅读下去的欲望。

第一步：在 Word 2010 菜单栏中，单击“页面布局”选项卡，单击“页面设置”右边的箭头，弹出下拉菜单，如图 6-2 所示。

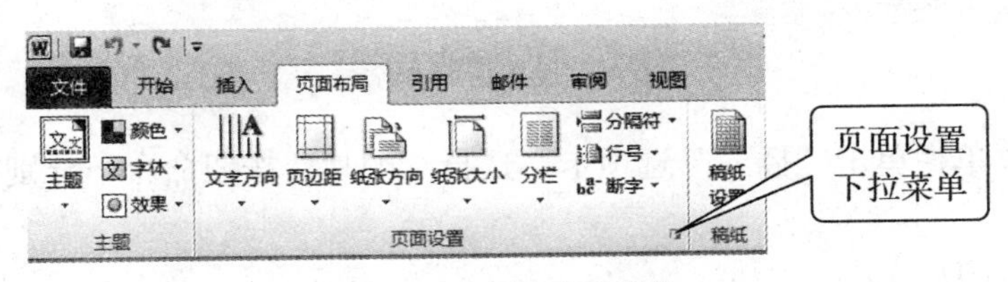

图 6-2　选择页面设置

第二步：在弹出的“页面设置”对话框中，设置上页边距为 3 厘米、下页边距为 3 厘米、左页边距为 3 厘米、右页边距为 3 厘米，“装订线位置”选择左侧装订，然后单击“确定”按钮，如图 6–3 所示。

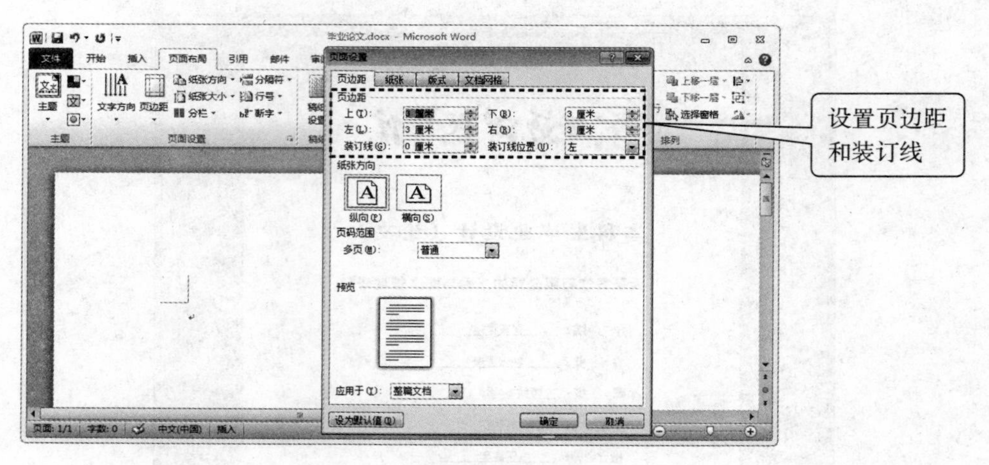

图 6–3　页面设置

2. 插入学校校徽和校名

为了使毕业论文便于识别，并更加规范和完美，可在封面插入校徽和校名。

首先分别在毕业论文封面第一行右端输入“密级”，第二行输入“学号”，然后选中输入的文字，单击菜单栏“开始”选项卡，选择“字体”右边箭头，在弹出的对话框中设置字体为“黑体”，字形为“常规”，字号为“小四”，如图 6–4 所示。

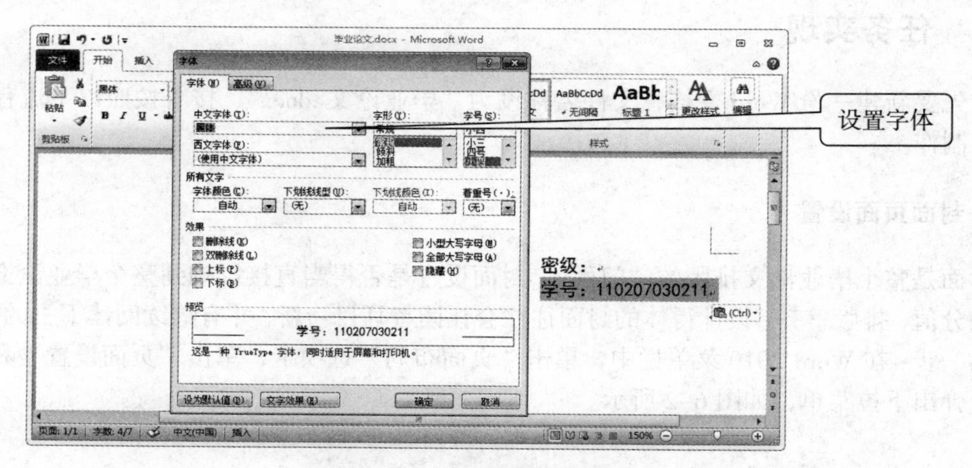

图 6–4　设置密级和学号

第一步：在菜单栏单击“插入”选项卡，选择“图片”按钮命令，分别插入校徽和校名 logo。

第二步：设定图片大小。

选中“校徽”图片并单击鼠标右键，在弹出的窗口中选择“大小和位置”，将校徽高度设定为 2.75 cm，宽度设定为 2.78 cm；同样，将“校名”图片高度设定为 2.64 cm，宽度设定为 10.19 cm，并单击“确定”按钮，如图 6–5 所示。

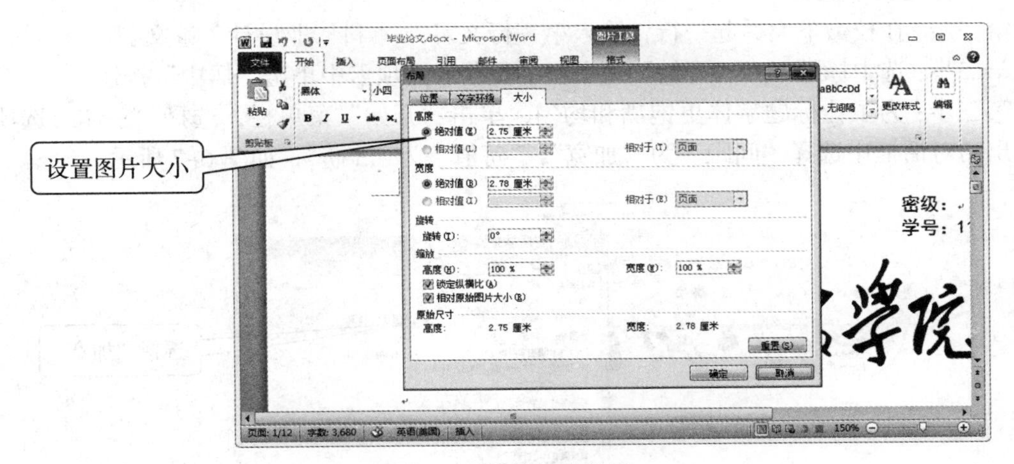

图 6–5　校徽格式设置

第三步：选中“校徽”图片，在段落选项卡中选择“居中”按钮，这样就将图片移动到封面居中位置了，如图 6–6 所示。

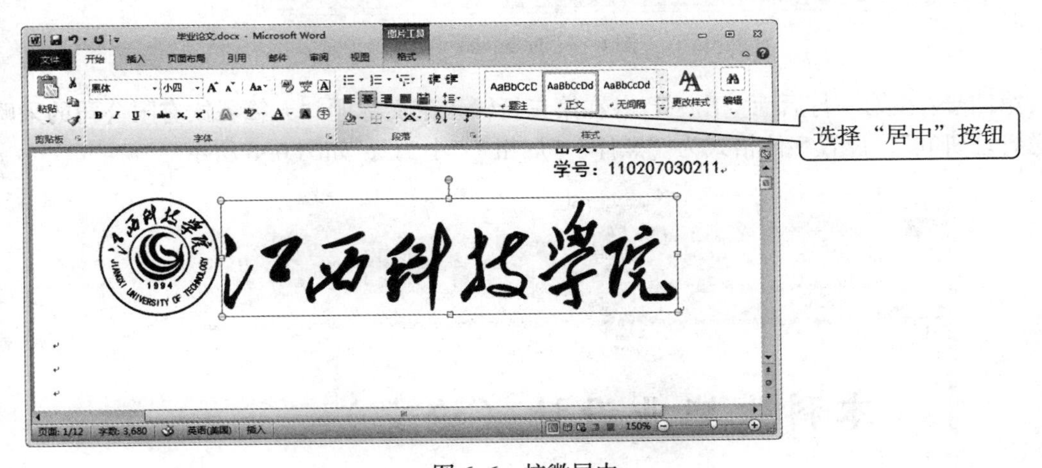

图 6–6　校徽居中

注意：

选中图片时，上方出现图片格式编辑器，单击选择位置，会出现几种方式供选择，把鼠标放在上面可预览效果。这时可以选择其他布局选项，弹出对话框，选择“文字环绕”，选择“浮于文字上方”，然后拖动图片到想要的位置。

3. 封面文字设置

（1）标题文字设置

第一步：在校徽下面另起一行，输入第一行文字："本科毕业设计（论文）"。

第二步：选中标题，在"开始"菜单栏"段落"选项卡中单击"居中"按钮。

第三步：为了让标题字体更饱满和均匀，单击"开始"菜单栏，选择"字体"选项卡，在弹出的对话框中选择"间距"为"加宽"，"磅值"为"3 磅"，如图 6-7 所示。

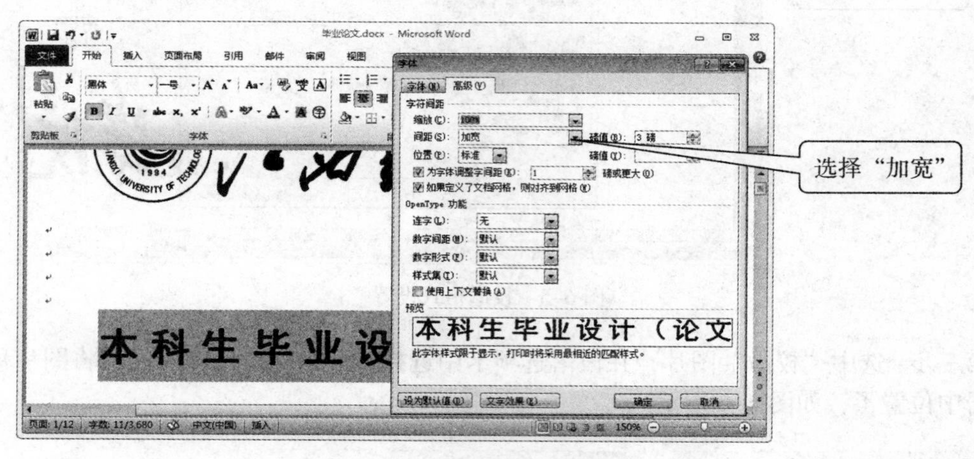

图 6-7　标题间距设置

第四步：在第一行后面空出一行，在第三行输入论文标题"天籁餐饮有限公司的采购与配送管理研究"，设置字体格式为"黑体""加粗""小二"，如图 6-8 所示。

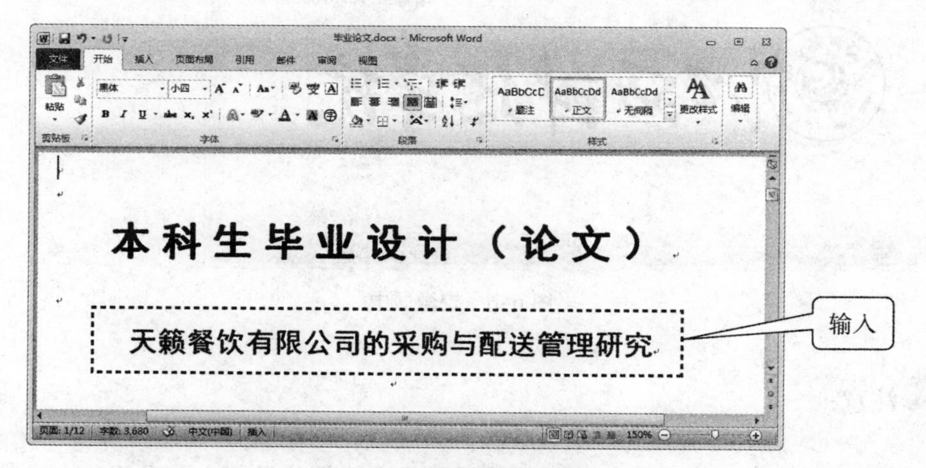

图 6-8　标题格式设置

（2）封面个人信息栏设置

第一步：在封面标题下面空一行，输入"学院"两字，设置字体为"加粗"，字号为"小三"，两字之间空四个空格，在菜单栏选择"开始"选项，在"字体"面板单击"U"旁边的下三角形按钮，选择“下划线”按钮，单击六次空格键，然后输入“管理学院”，再单击六次空格键，这样第一行个人信息栏就设置好了，如图 6–9 所示。

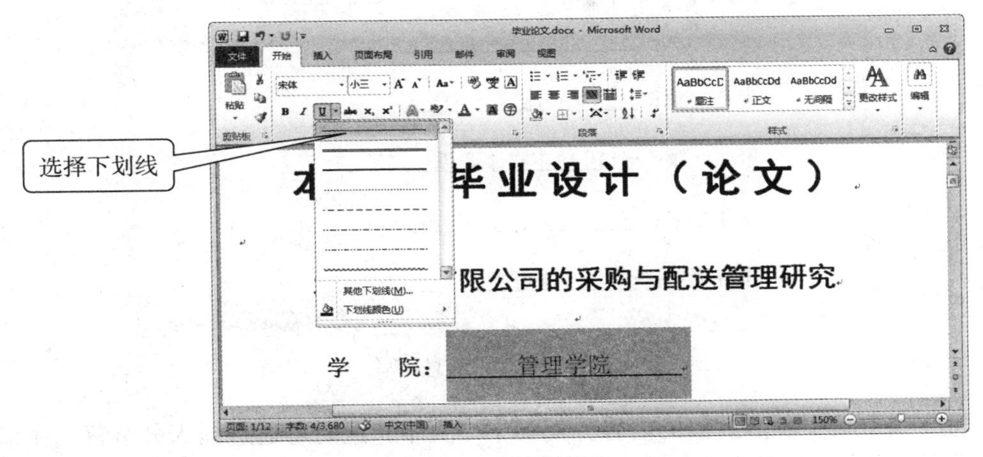

图 6–9　下划线设置

注意：

在 Word 文档中，有许多非打印字符。非打印字符是指在 Word 文档屏幕上可以显示，但打印时却不能打印出来的字符，如空格符、回车符、制表位等。在屏幕上查看或编辑 Word 文档时，利用这些非打印字符可很容易地看出是否在文字之间添加了多余的空格，或段落是否真正结束等。可以通过选择“显示 / 隐藏段落标记”按钮来查看这些非打印字符，如图 6–10 所示。

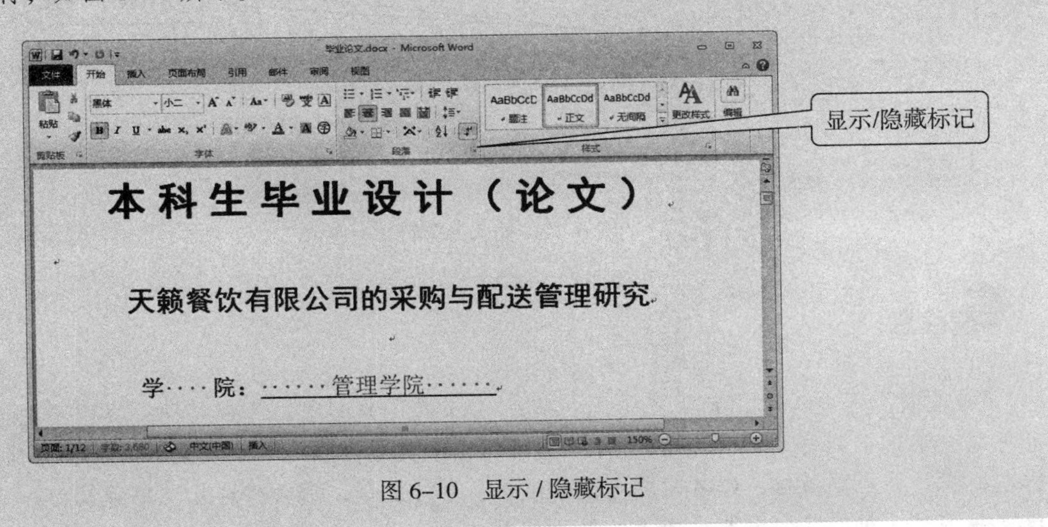

图 6–10　显示 / 隐藏标记

第二步：按照第一步的操作，依次填写专业、班级、学生姓名、指导老师和完成日期，如图 6–11 所示。

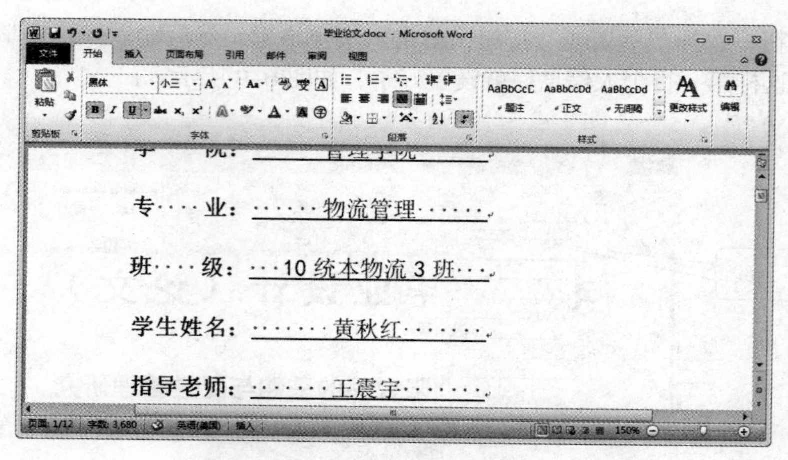

图 6-11　个人信息填写

要将文档中某个段落后面的内容分配到下一页中，此时可通过插入分节符，在指定位置强制分页。分节可以使文档的编辑排版更灵活，版面更美观。将光标定在“江西科技学院”右侧，选择“页面布局”，选中“分隔符”下拉菜单中的“分节符（下一页）”，插入分节符，如图 6-12 所示。

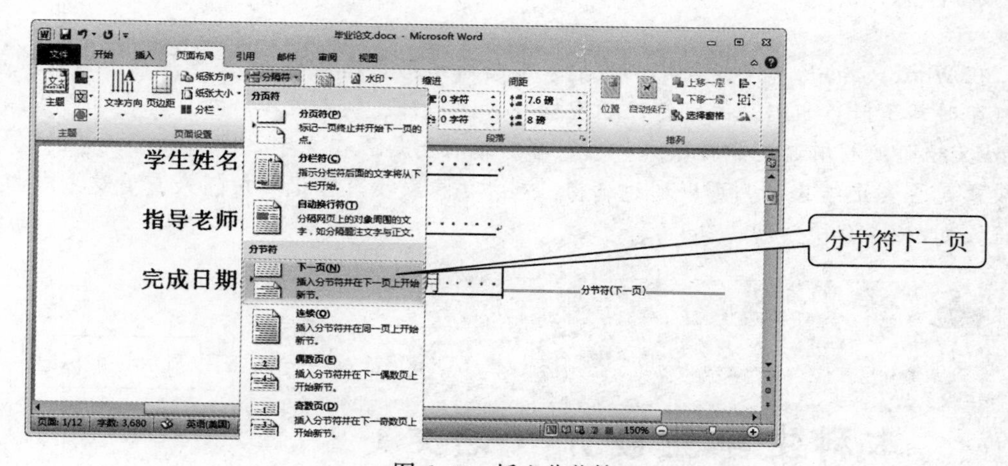

图 6-12　插入分节符

注意：

“分页符”只是分页，前后还是同一节；“分节符”是分节，可以是同一页中不同节，也可以分节的同时分页。两者用法的最大区别在于页眉页脚与页面设置，比如：文档编排中，某几页需要横排，或者需要不同的纸张、页边距等，那么将这几页单独设为一节，与前后内容不同节；如果前后内容的页面编排方式与页眉页脚都一样，只是需要从新的一页开始新的一章，那么一般用分页符即可，当然，用分节符（下一页）也行。

6.2 任务扩展：毕业论文排版

一份完整的毕业论文，除了封面外，还要求正文内容有层次、目录有条理、页码清晰、引用内容有标注等，Microsoft Word 2010 能够很好地对页面进行排版，让正文内容更加规范、页面逻辑性更强。

6.2.1 任务描述

利用 Microsoft Word 2010 对正文文本进行排版，要求标题层次分明，段落有明显分隔，从正文第一页插入页码，并自动生成目录。

本任务具体要求如下。

（1）摘要部分（单独连续编排页码）

中文标题：黑体，三号，居中，单倍行距，段前、段后各 1 行；

中文摘要正文：宋体，小四号，行距 20 磅，段前、段后 0 行；

关键词：宋体，小四号，行距 20 磅，段前 1 行，段后 0 行，各关键词之间用“；”隔开，“关键词”三字加粗；

英文摘要标题（Abstract）：Times New Roman，三号，加粗，居中，单倍行距，段前、段后各 1 行；

英文摘要正文：Times New Roman，小四号，行距 20 磅，首行缩进 2 字符，段前段后 0 行；

英文关键词（Key words）：Times New Roman，小四号，段前 1 行，段后 0 行，单词 Key words 加粗。

（2）目录部分（单独连续编排页码）

标题：黑体，三号，加粗，居中，单倍行距，段前、段后各 1 行；

章标题：宋体，四号，加粗，单倍行距，段前、段后 0 行，两端对齐，页码右对齐；

一级节标题：宋体，小四号，单倍行距，段前、段后各 0.3 行，两端对齐，页码右对齐，左缩进 2 字符；

二级节标题：宋体，小四号，单倍行距，段前、段后各 0.3 行，两端对齐，页码右对齐，左缩进 4 字符。

（3）正文部分（连续编排页码）

章标题：黑体，三号，加粗，居中，单倍行距，段前、段后各 1 行，章序号与章名间空一个汉字字符。

一级节标题：黑体，小四号，加粗，单倍行距，段前 1 行，段后 0.5 行，缩进 2 字符，序号与题名间空一个汉字字符。

二级节标题：宋体，小四号，单倍行距，段前 1 行，段后 0.5 行，首行缩进 2 字符，序号与题名间空一个汉字字符。

段落文字：宋体，小四号（英文用 Times New Roman，小四号），两端对齐书写，段落首行左缩进 2 个汉字字符。行距 20 磅（段落中有数学表达式时，可根据表达需要设置该段的行距），段前 0 行，段后 0 行。

（4）注释部分

宋体，小五号字，可使用“脚注”，置于当页正文下方；也可使用“尾注”，置于正文文末。

（5）参考文献部分

单独设页。标题：黑体，四号，加粗，左对齐，单倍行距，段前、段后各 1 行；内容：宋体，小四号（英文用 Times New Roman，小四号），行距 16 磅，段前、段后 0 行，与正文连续编排页码。

（6）附录部分

单独设页，标题要求同各章标题，正文部分：宋体，小四号（英文用 Times New Roman，小四号），两端对齐书写，段落首行左缩进 2 个汉字符。行距 20 磅（段落中有数学表达式时，可根据表达需要设置该段的行距），段前 0 行，段后 0 行，与正文连续编排页码。

（7）页码：五号，居中。

（8）页面格式（不含封面）

毕业论文（设计）须用 A4 标准白纸，使用简化汉字，计算机双面打印。边距为：上为 2.54 cm，下为 2.54 cm，左、右各为 3.0 cm，装订线 0 cm（居左），页眉、页脚各为 2.8 cm。页眉内容：“江西科技学院本科生毕业论文（设计）”，居中，五号，宋体。

6.2.2 任务实现

1. 摘要设置

第一步：将摘要文字复制到新建的毕业论文文档中，选中摘要标题，单击菜单栏“开始”选项卡中的“字体”面板右边三角形按钮，在弹出的下拉菜单中设置字体为“黑体”，字号为“三号”，如图 6–13 所示。

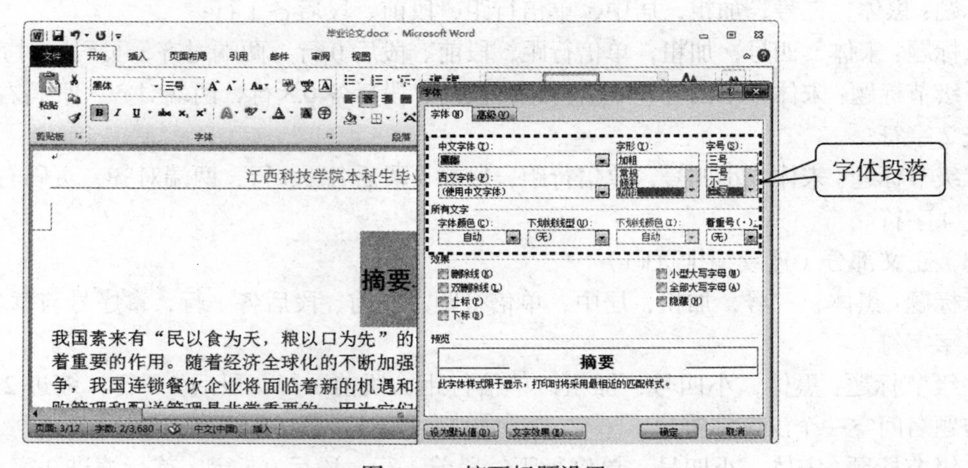

图 6–13 摘要标题设置

第二步：在菜单栏“开始”选项卡中，选择“段落”面板右边的三角形按钮，在弹出的下拉菜单中设置对齐方式为“居中”，段前、段后各为“1 行”，行距为“单倍行距”，如图 6–14 所示。

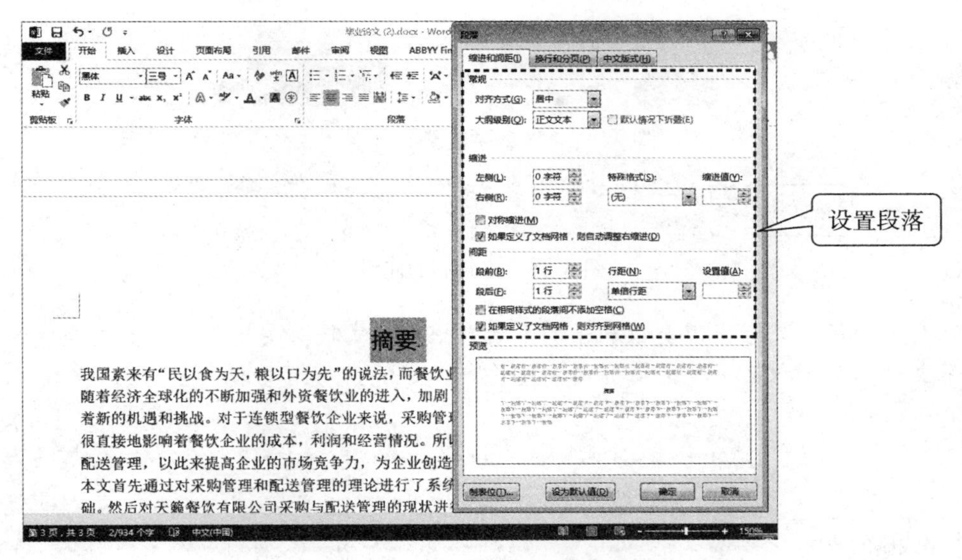

图 6-14 摘要段落格式设置

第三步：选中摘要第一段文字，在菜单栏“开始”选项卡上选择“字体”面板，设置为“宋体”“小四”。接着选择“段落”面板右边的三角形按钮，在弹出的下拉菜单中设置特殊格式“首行缩进”，缩进量“2 字符”，行距为“固定值”，“20 磅”，如图 6-15 所示。

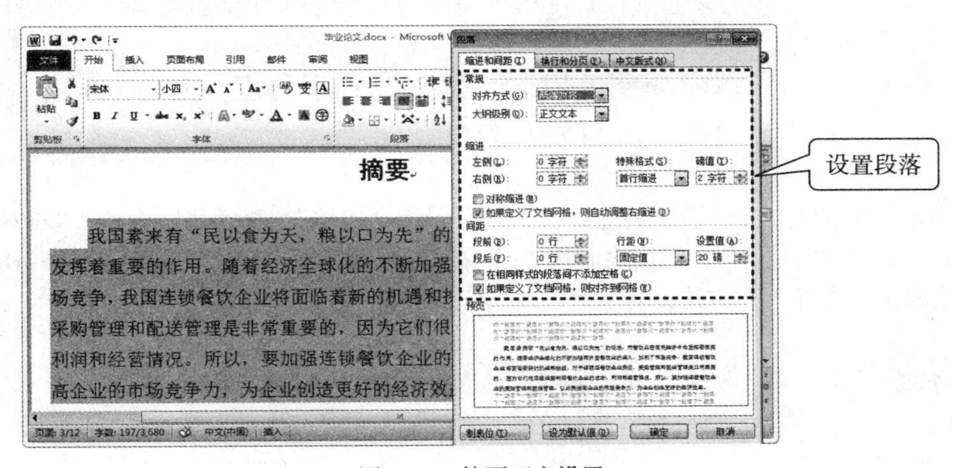

图 6-15 摘要正文设置

知识加油站

在 Microsoft Word 2010 中使用“格式刷”，能够方便、快捷地实现格式的复制。其过程简单，省去了很多重复性工作。单击鼠标左键，选中设置好的摘要的第一段文字，在开始功能区找到“格式刷”按钮并单击，如图 6-16 所示。

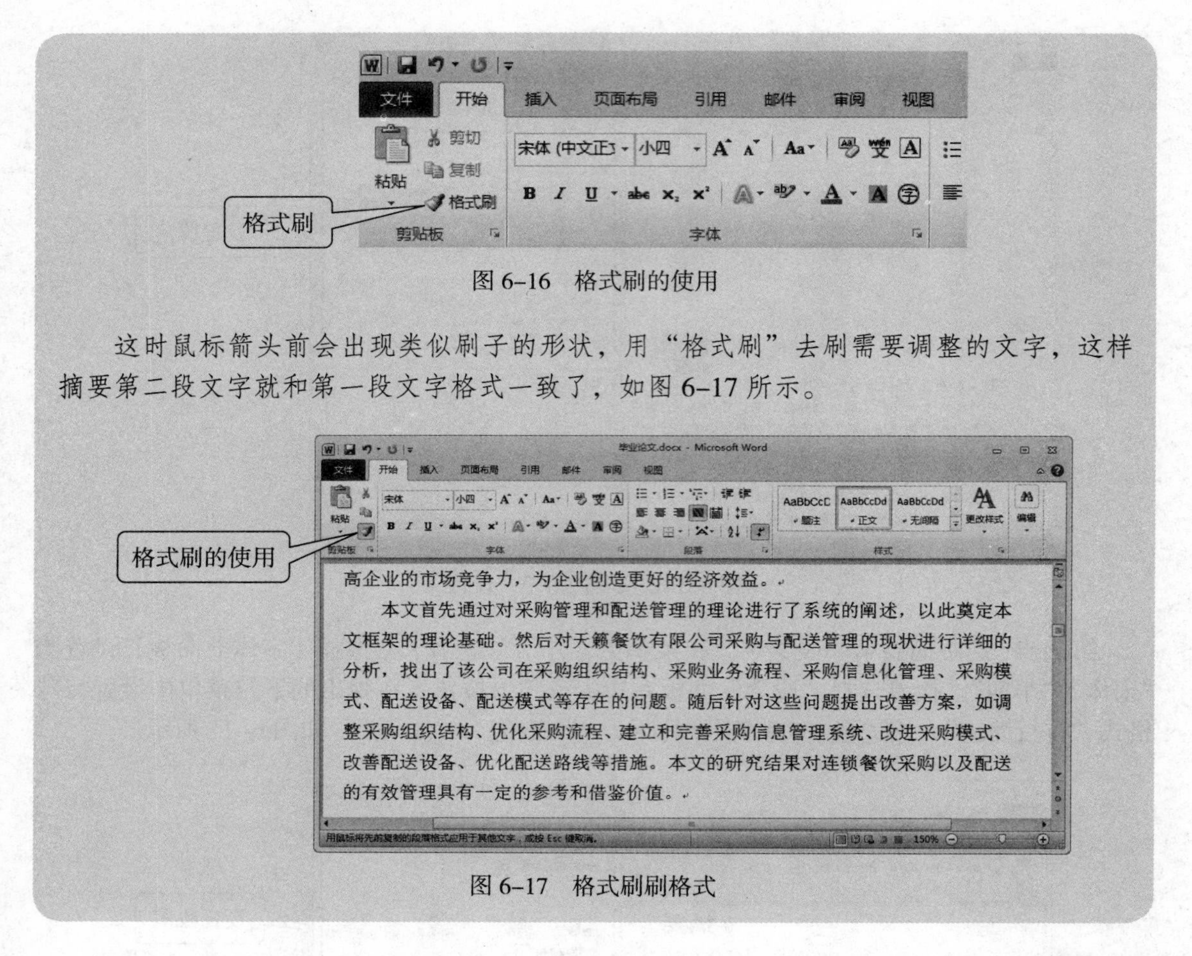

图 6–16 格式刷的使用

这时鼠标箭头前会出现类似刷子的形状，用“格式刷”去刷需要调整的文字，这样摘要第二段文字就和第一段文字格式一致了，如图 6–17 所示。

图 6–17 格式刷刷格式

第四步：按照以上方法设置关键词，字体设置为“宋体”“小四号”，行距“20 磅”，段前“1 行”、段后“0 行”，各关键词之间用“；”隔开，“关键词”三个字加粗，如图 6–18 所示。英文摘要格式也参照上述方法设置。

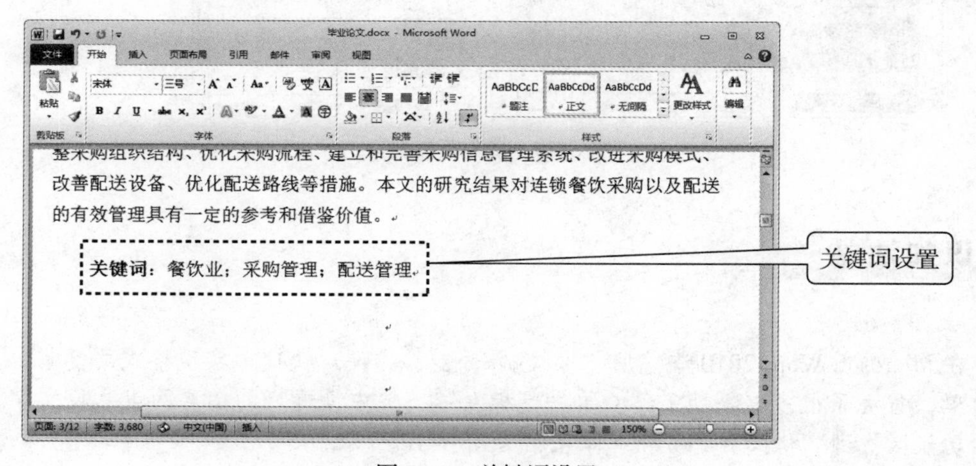

图 6–18 关键词设置

2. 正文格式设置

第一步：选中正文标题“第 1 章　绪论”，在菜单栏“开始”选项卡中，单击“字体”面板上的工具按钮，设置正文一级标题为“黑体”“三号”“加粗”；然后单击“段落”面板右边的三角形按钮，弹出“段落”对话框，设置对齐方式为“居中”，大纲级别为“1 级”，间距为段前“0 行”、段后“1 行”，行距为“单倍行距”，序号与题名间空一个汉字字符，如图 6-19 所示。

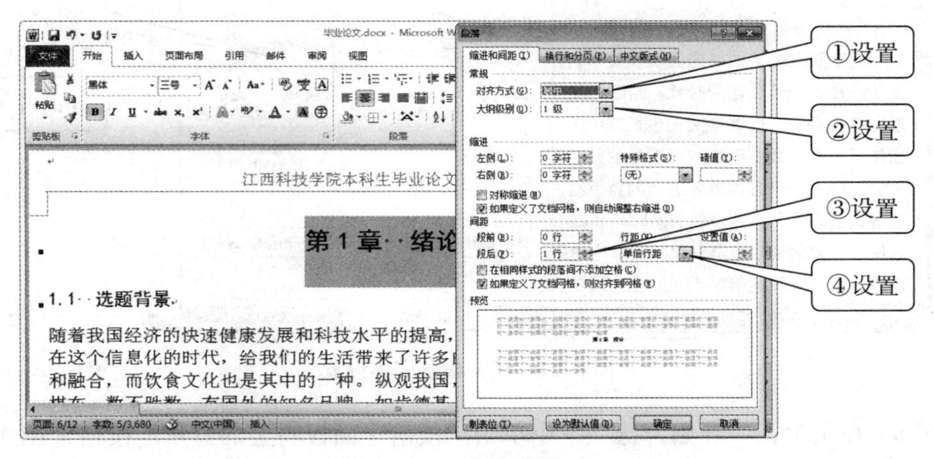

图 6-19　一级标题格式

第二步：选中二级标题“1.1 选题背景”，在菜单栏“开始”选项卡中，单击“字体”面板右边的三角形按钮，在弹出的对话框中设置字体为“宋体”，字号为“小四号”。字体设置完成后，单击“段落”面板右边的三角形按钮，在弹出的对话框设置对齐方式为“左对齐”，大纲级别为“2 级”，首行缩进“2 字符”，序号与题名间空一个汉字字符，间距为段前“1 行”、段后“0.5 行”，行距为“单倍行距”，如图 6-20 所示。

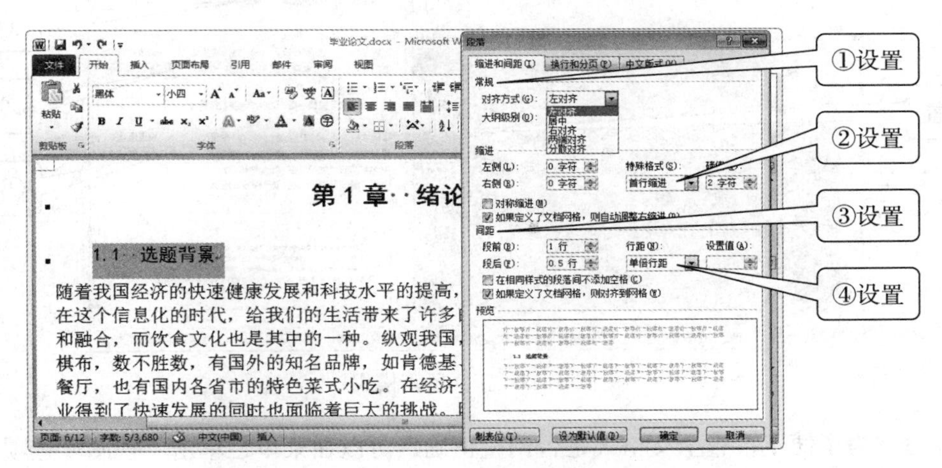

图 6-20　一级标题格式

设置“1.2.1 研究思路”三级标题的操作步骤同上，在此不再叙述。

第三步：选中正文第一段文字，在菜单栏“开始”选项卡，单击“字体”面板右边的三角形按钮，弹出“字体”对话框，设置字体为“宋体”，字形为“加粗”，字号为“小四号”，如图 6–21 所示。

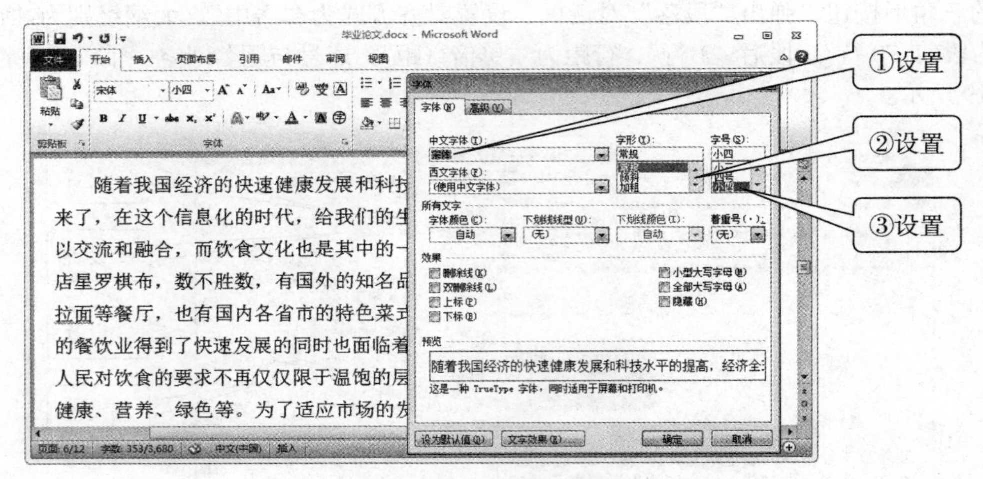

图 6–21　正文段落字体设置

第四步：在菜单栏“开始”选项卡中单击“段落”面板右边的三角形按钮，在弹出的对话框中，设置大纲级别为“正文文本”，特殊格式为“首行缩进”“2 字符”，间距为段前“0 行”、段后“0 行”，行距“固定值”“20 磅”，如图 6–22 所示。然后参照格式要求设置正文其他段落格式，也可以直接使用格式刷刷出同级别正文格式。

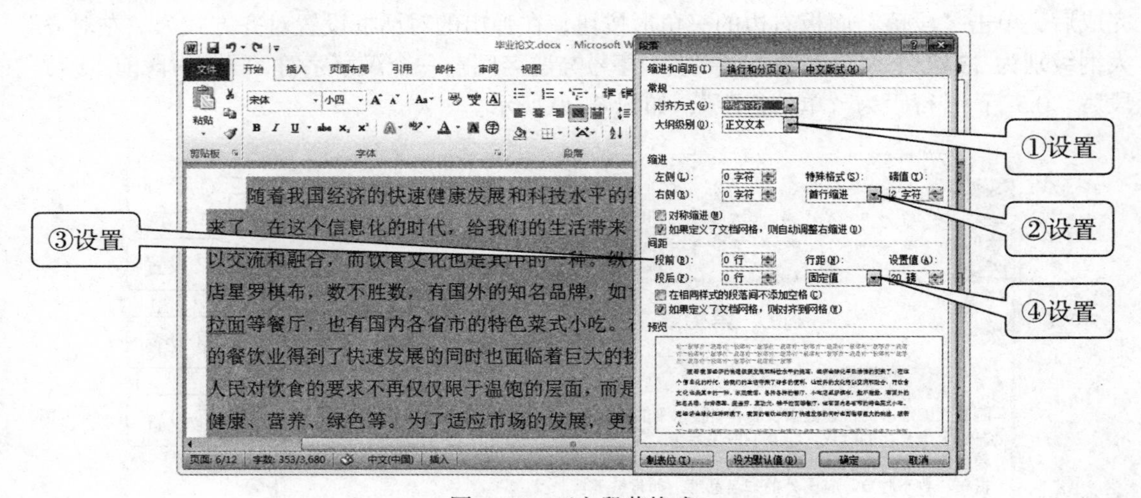

图 6–22　正文段落格式

第五步：为了便于检查全文格式是否调整正确，可以在菜单栏单击“视图”选项卡，在“显示比例”面板中单击“显示比例”按钮命令，选择“多页”并往左右方向拖动文档右下角的“显示比例”对话框“缩放”按钮，来快速概览全文格式是否正确。

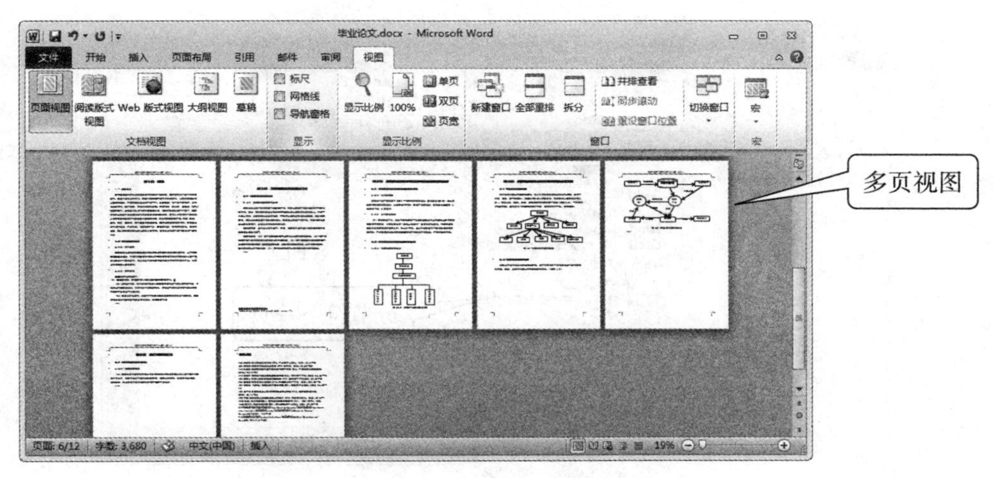

图 6–23 多页视图设置

其他章节的各级标题及正文段落格式设置的操作步骤同上。

知识加油站

Microsoft Word 2010 中的批注是阅读文章时经常用到的一项功能。在批注中可以对重点事项进行标注，也可以阐述自己的理解等。在菜单栏中选择“审阅”一项，选中要添加批注的文字，选择“审阅”标题栏下的“新建批注”选项。若要取消添加的批注，则选中要删除的批注，然后选择“审阅”下的“删除”选项。该选项下有“删除”和“删除文档中的所有批注”两种选项，前者是删除选中的批注，后者是删除文档中所有的批注，根据需要选择。

3. 页眉和脚注设置

（1）页眉设置

页眉是文档中每个页面的顶部区域。常用于显示文档的附加信息，可以插入时间、图形、公司徽标、文档标题、文件名或作者姓名等，这里详细介绍如何在论文指定页开始插入页眉：

第一步：将光标定位在要插入页眉的前一页页尾。

第二步：选择菜单栏“页面布局”选项卡，单击“分隔符”下拉菜单，在弹出的对话框中选择“分节符 – 下一页”，如图 6–24 所示。

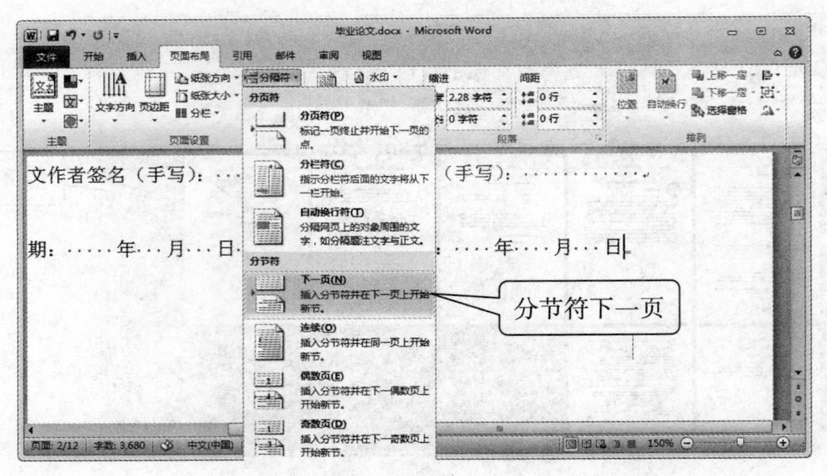

图 6–24　分节符

第三步：将光标定位在要插入页眉那一页的首行，选择菜单栏“插入”选项卡，单击“页眉”下拉菜单，在弹出的对话框中选择“编辑页眉”命令，如图 6–25 所示。

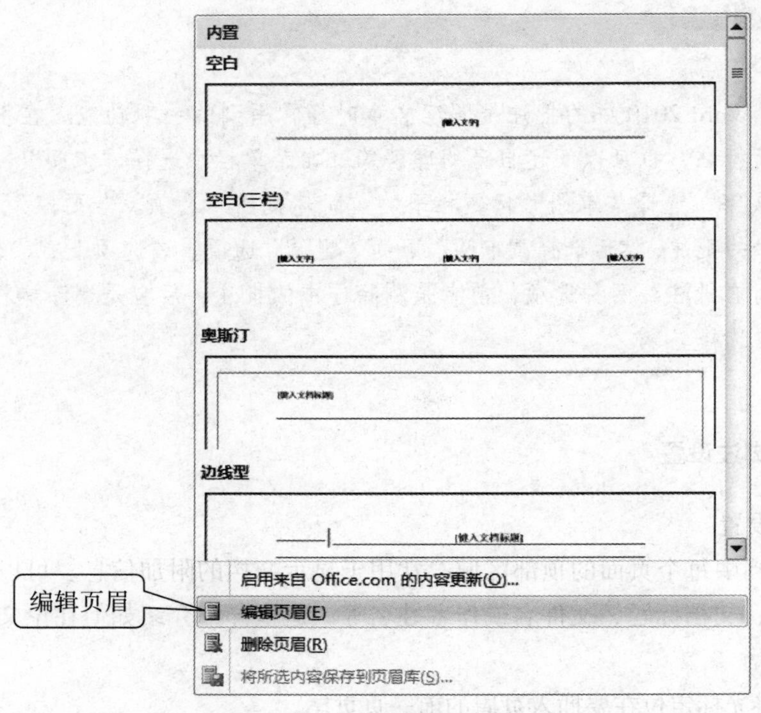

图 6–25　编辑页眉

第四步：为了只在本页开始显示页眉，先不输入文字，在弹出的对话框中单击“链接到前一条页眉”，如图 6–26 所示，取消链接到前一条页眉，再输入页眉文字“江西科技学院本科生毕业论文（设计）”，并设置格式为“宋体”“五号”“居中”，然后单击“关闭页眉和页脚”命令。

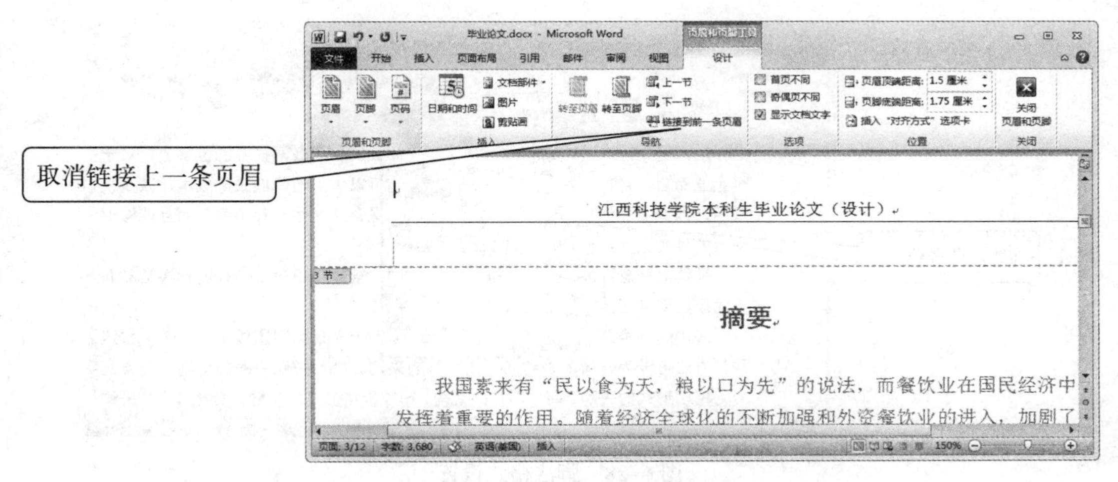

图 6–26　取消链接到上一条页眉

（2）脚注设置

脚注是一种对文本的补充说明，一般位于文档的页尾，用于列出引文的出处等。脚注由两个关联的部分组成，包括注释引用标记和其对应的注释文本。毕业论文可参照下面方法设置脚注。

第一步：将光标定位在要插入脚注的位置，单击菜单栏“引用”选项卡，单击“脚注”下拉菜单，如图 6–27 所示。

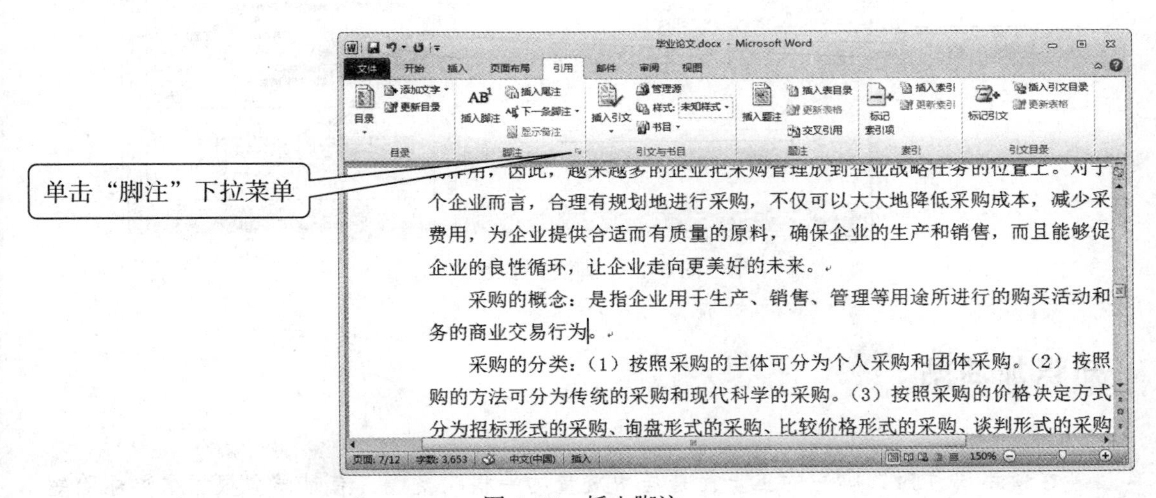

图 6–27　插入脚注

第二步：在弹出的“脚注”下拉菜单中，设置脚注位置为“页面底端”，并选择合适的编号格式，如图 6–28 所示。

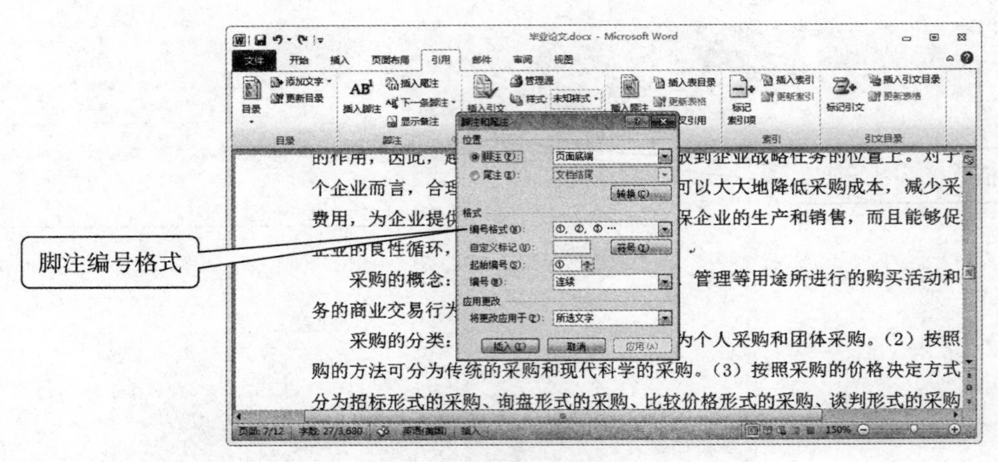

图 6–28　脚注格式设置

第三步：输入脚注引用字段，设置其格式为“宋体”“小五号”，段前、段后“0 行”。同时产生一根细线（版面宽度的 1/4 长），将其与正文同一页最下部隔开，如图 6–29 所示。

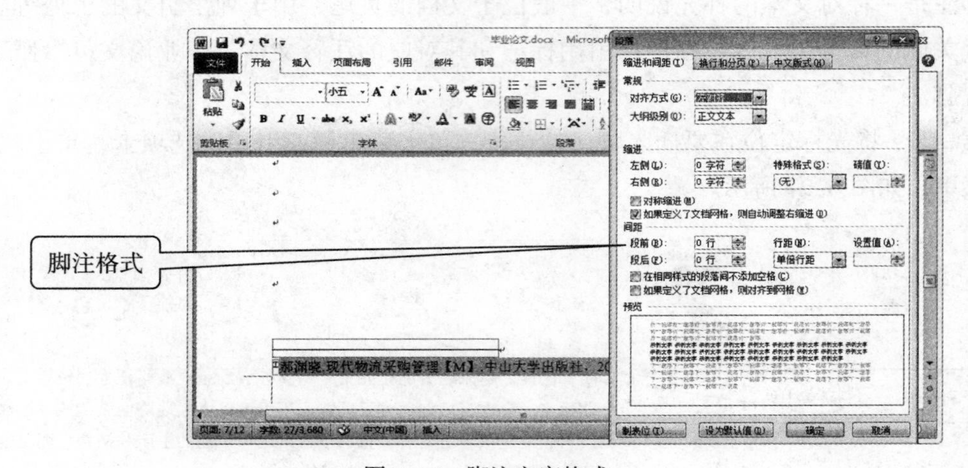

图 6–29　脚注文字格式

知识加油站

在使用脚注时，脚注的正上面是居中放置的一根短横线，有时候会根据需要删除短横线或者是将横线放置在左边，那么如何修改脚注短横线的格式呢？

①进入“视图”菜单，切换成“草稿模式”；

②进入“引用”菜单，单击“脚注”的“显示备注”按钮；

③此时在下方位置会出现“脚注栏”，在下拉菜单中选择“脚注分隔符”，此时会出现一条居中的长横线，可以删除该横线或者是去掉横线前面的空格；

④完成后，将视图恢复成“页面视图”，即可发现横线发生了改变。

4. 插入页码

（1）正文页码设置

为了便于对毕业论文正文的查阅，这里需要在正文中间插入页码。

第一步：为使正文第一页页码从“1”开始，这里先将光标定位在正文前一页页尾。选择菜单栏“页面布局”选项卡，单击“分隔符”下拉菜单，选择“分节符 - 下一页”，如图 6–30 所示。

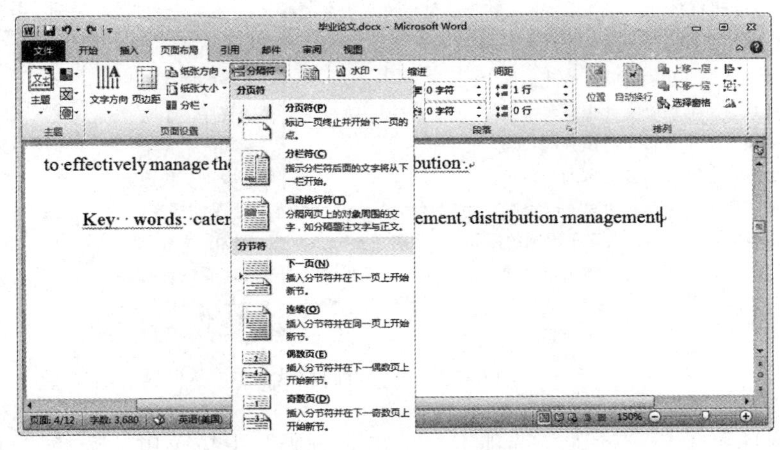

图 6–30　插入分节符

根据本任务的排版需要，在“封面”“版权页”及“摘要”所在页面的地方插入“分节符 - 下一页”，操作步骤同上。

第二步：将光标定在正文第一页，选择菜单栏“插入”选项卡，单击“页码”下拉菜单，在弹出对话框中选择“设置页码格式”按钮，如图 6–31 所示。

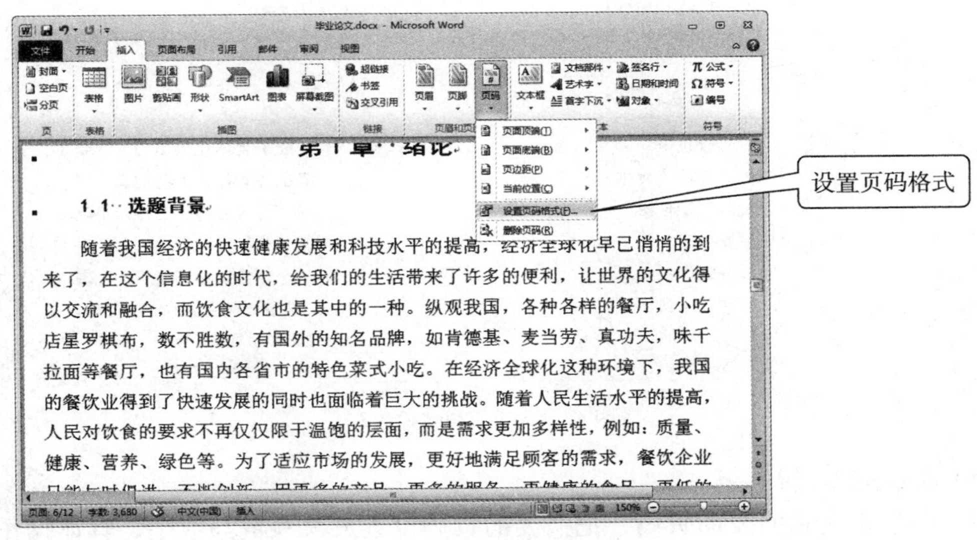

图 6–31　选择页码格式

第三步：在弹出的下拉菜单里选择合适的编号格式。选中起始页码，在“页码编号”里让起始页码从 1 开始，并单击“确定”按钮，如图 6–32 所示。

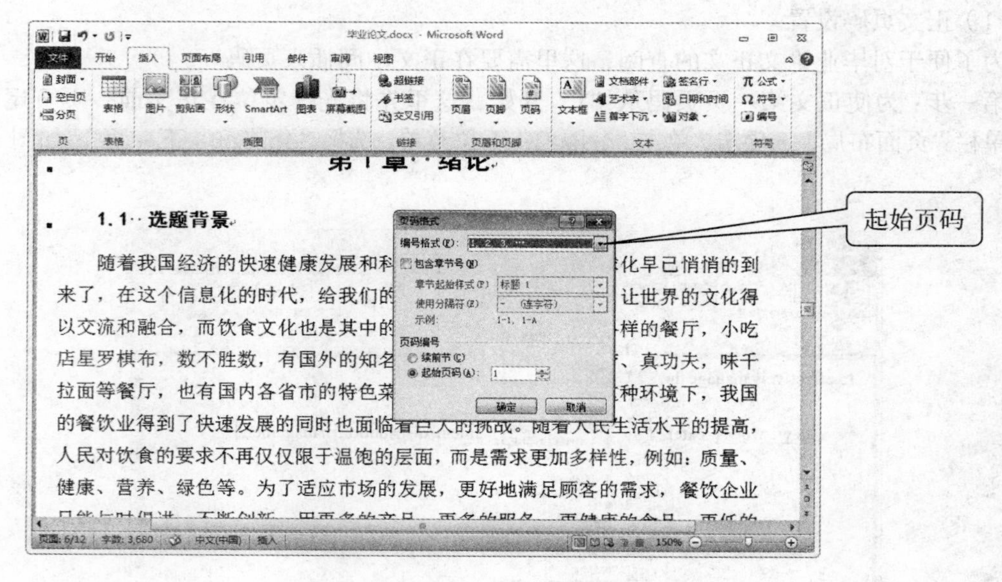

图 6–32　设置页码格式

第四步：选择菜单栏“插入”选项卡，单击“页码”下拉菜单，选择“页面底端”，选中“普通数字 2”，让页码显示在页面底端居中的位置，如图 6–33 所示。

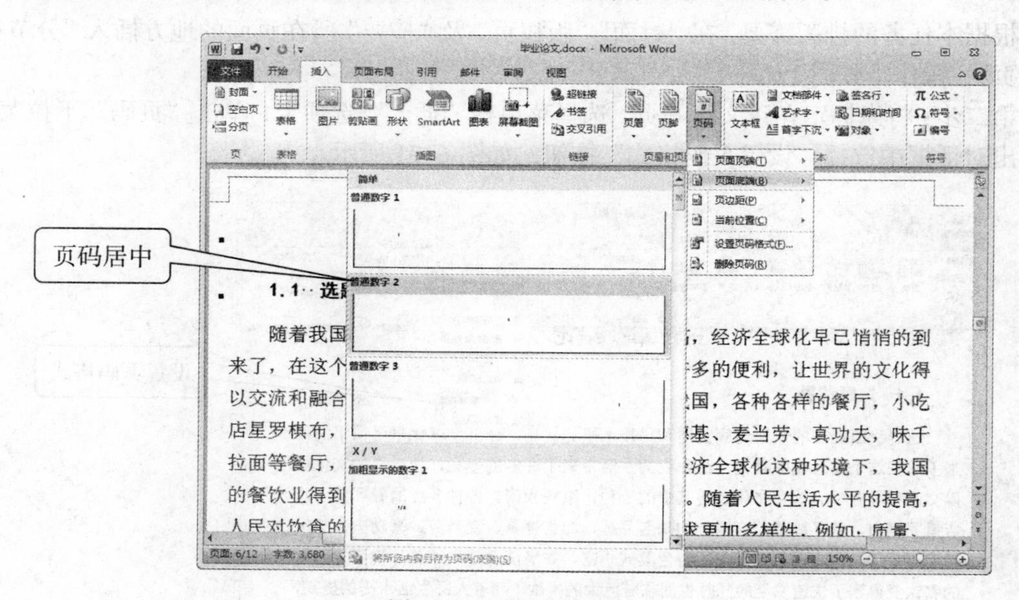

图 6–33　页码位置设置

（2）摘要页码设置

为了区分正文和摘要的页码，把摘要的页码设置成大写罗马数字，具体操作步骤如下。

第一步：鉴于摘要前一页已经插入分节符，这里直接把光标定位在摘要第一页，选择菜单栏“插入”选项卡，单击“页码”下拉菜单，单击“设置页码格式”按钮命令，如图 6-34 所示。

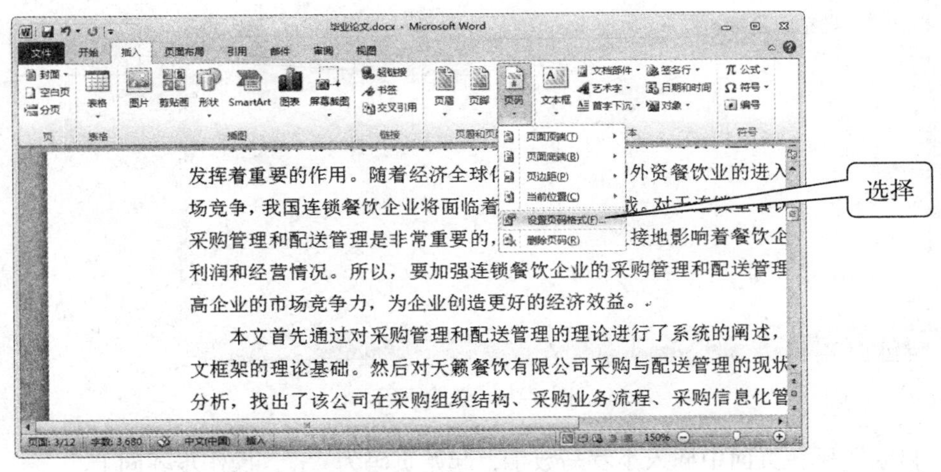

图 6-34　插入页码

第二步：在弹出的对话框中，设置编号格式为大罗马数字，起始页码为“Ⅰ”，然后单击“确定”按钮，如图 6-35 所示。

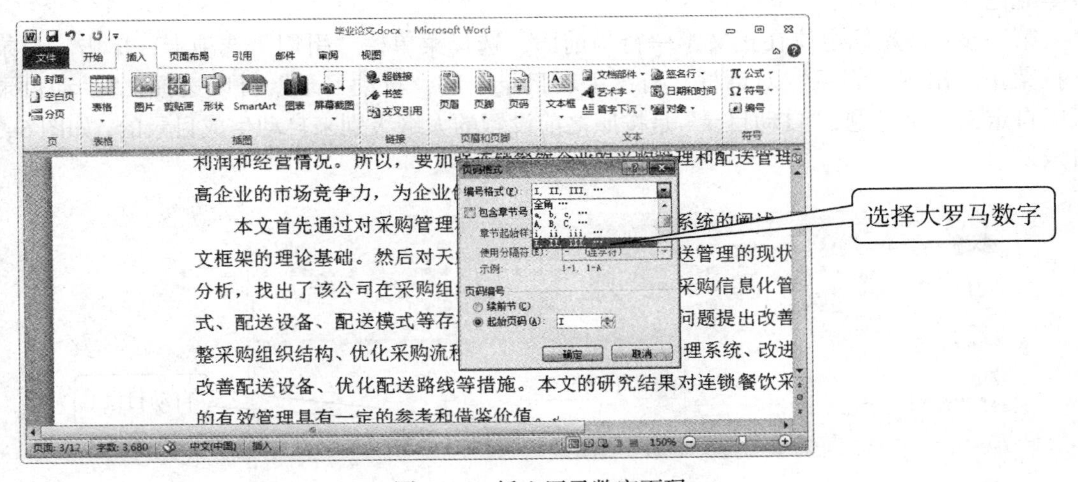

图 6-35　插入罗马数字页码

第三步：这时封面和独创性声明也出现了页码，可以将光标定位在这些多余的页码上，选择菜单栏“插入”选项卡，单击“页码”下拉菜单按钮，在出现的对话框中选择“删除页码”，这样多余的页码就删除了，如图 6-36 所示。

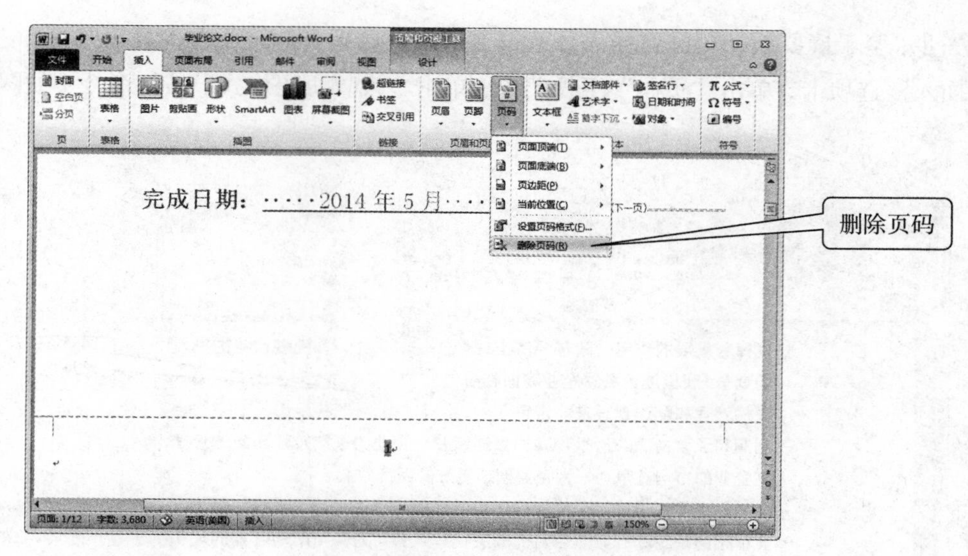

图 6–36　删除页码

在“目录”所在页面中插入小罗马数字，起始页码为“i”，操作步骤同上。

5. 自动生成目录

在设置好正文大纲级别的基础上，可以方便、快捷地自动生成目录，让阅读者更好地检索毕业论文正文内容。

第一步：将光标定位在正文第一行最前面，选择菜单栏“引用”选项卡，单击“目录”下拉菜单，出现“目录”对话框，有“手动目录”和“自动目录”可以选择，“手动目录”可以自定义目录标题，“自动目录”是按照之前设置的大纲级别来自动生成目录的，如图 6–37 所示。

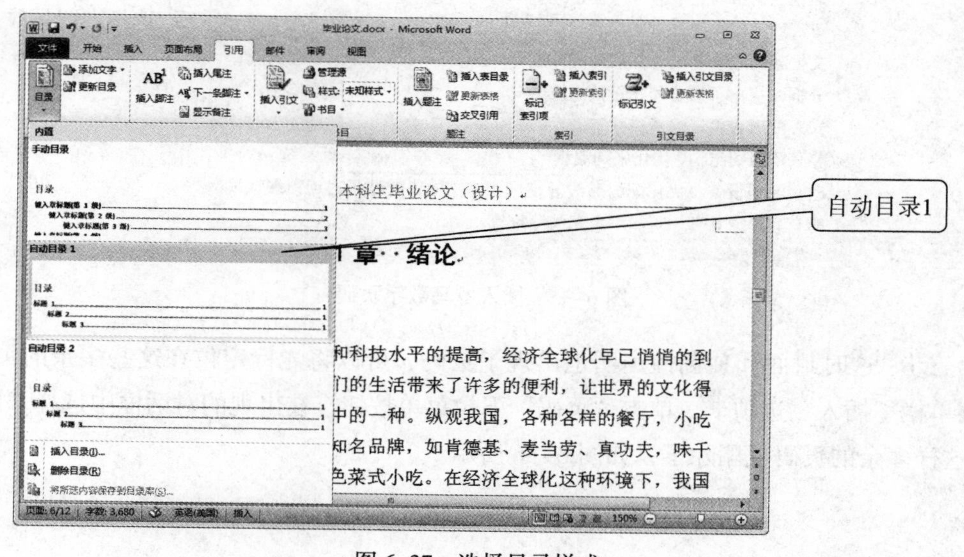

图 6–37　选择目录样式

第二步：选择“自动目录 1”，单击鼠标左键，目录自动插入完毕，如图 6–38 所示。

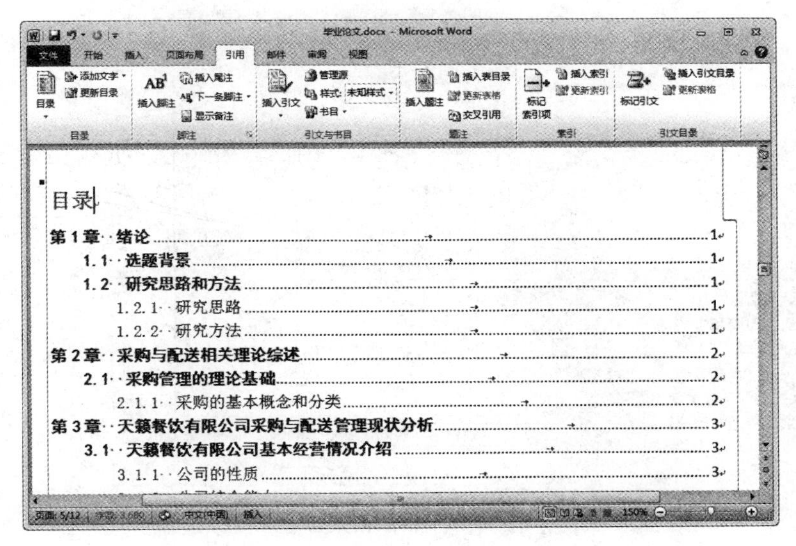

图 6–38 插入目录

第三步：为使毕业论文正文和目录分开，需要在目录后面插入分节符。将光标定位在正文标题前面，选择菜单栏“页面布局”选项卡，选择“分节符 – 下一页”命令，这样正文内容从下一页开始了，如图 6–39 所示。

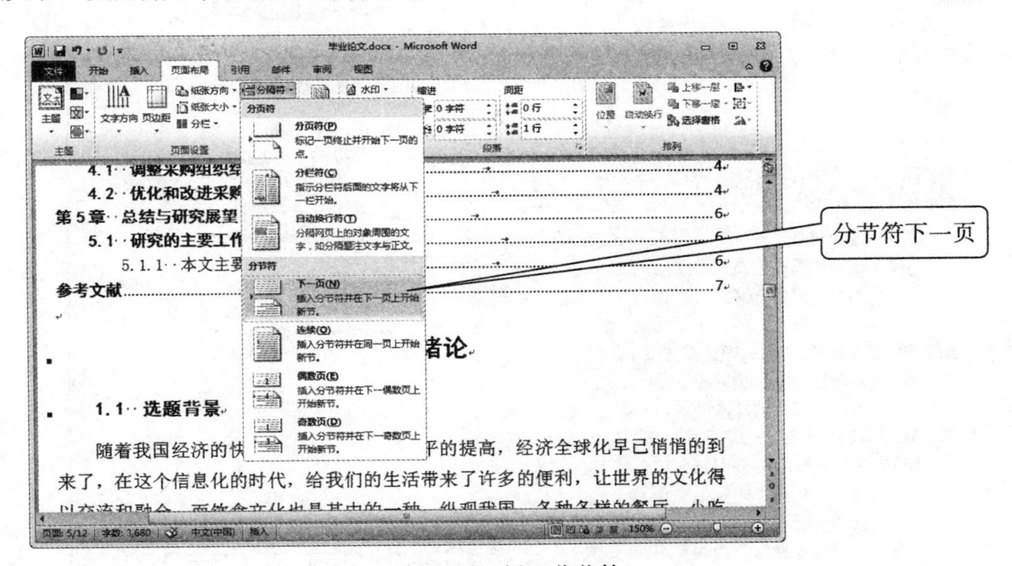

图 6–39 插入分节符

第四步：选中“目录”，设置字体格式为黑体、三号、加粗居中，单倍行距，段落为段前、段后各 1 行，中间空两个汉字字符，如图 6–40 所示。

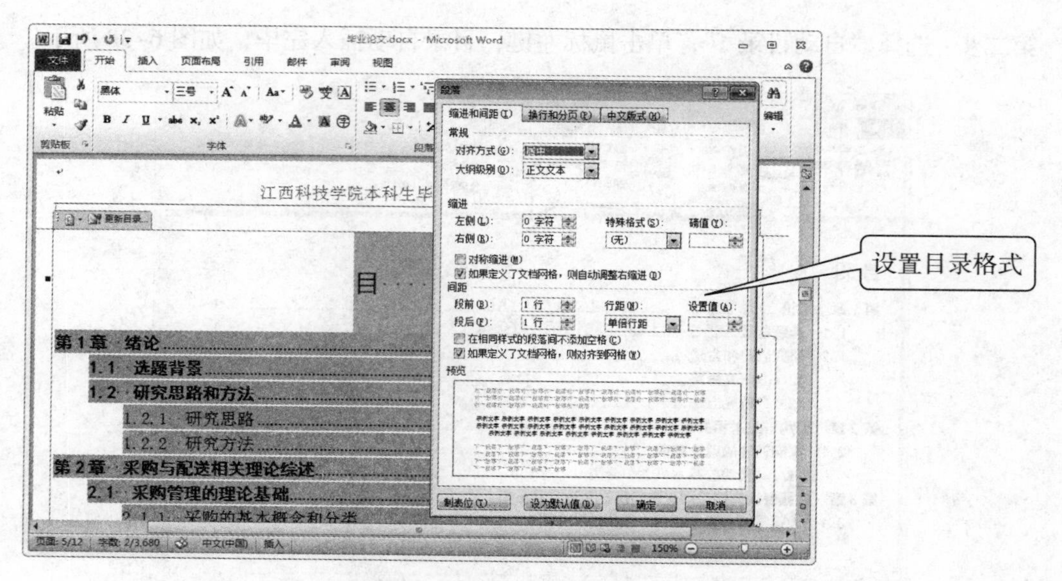

图 6-40　目录格式设置

第五步：选中章标题“第 1 章绪论”，如图 6-41 所示，设置字体为宋体、四号、加粗，段落为单倍行距，段前、段后 0 行，两端对齐，页码右对齐。

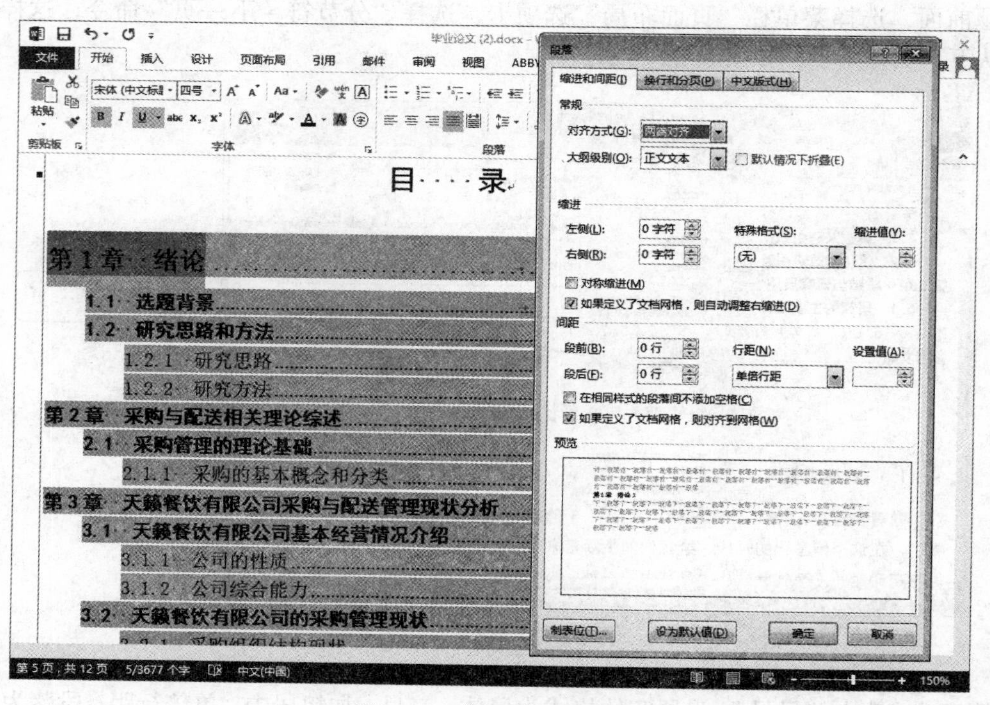

图 6-41　章标题格式设置

第六步：选中一级节标题“1.1 选题背景”，如图 6-42 所示设置字体为宋体、小四号，段落格式为单倍行距，段前、段后各 0.3 行，两端对齐，左缩进 2 字符。段间距可以直接输入数字“0.3”进行设置。

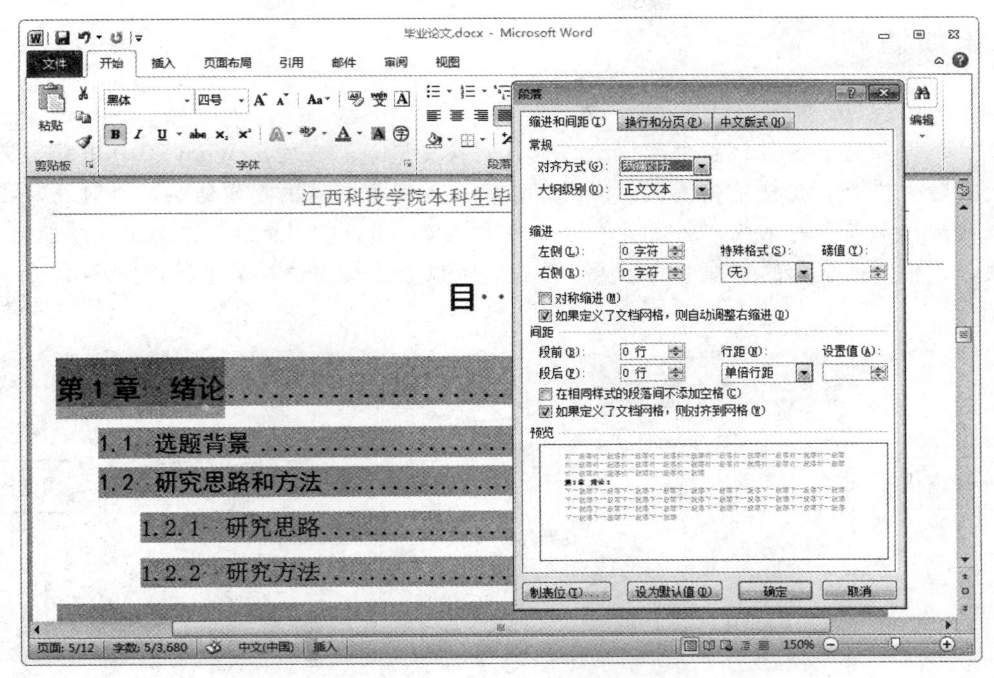

图 6-42　一级节标题设置

第七步：用格式刷在其他各级标题上刷出已经设置好的同级标题格式，至此，毕业论文目录设置完成，如图 6-43 所示。

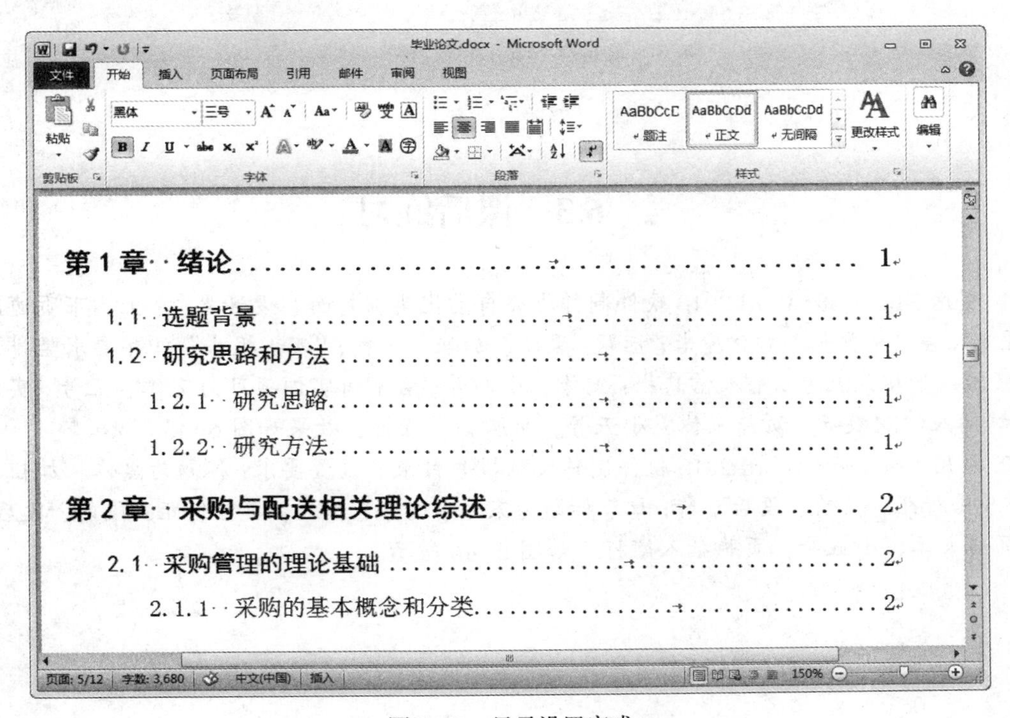

图 6-43　目录设置完成

知识加油站

目录设置完成以后，整个毕业论文也就制作完成了。在使用 Word 2010 中编辑文档时，有时需要查看文档结构图，以便更清晰地了解整个文档的标题结构，有时还需要知道当前文档中包含的字数。选择菜单栏“视图”选项卡，在“显示”中选中“导航窗格”选项。单击“浏览您的文档中的标题”按钮就可以查看文档结构图了，如图 6–44 所示。

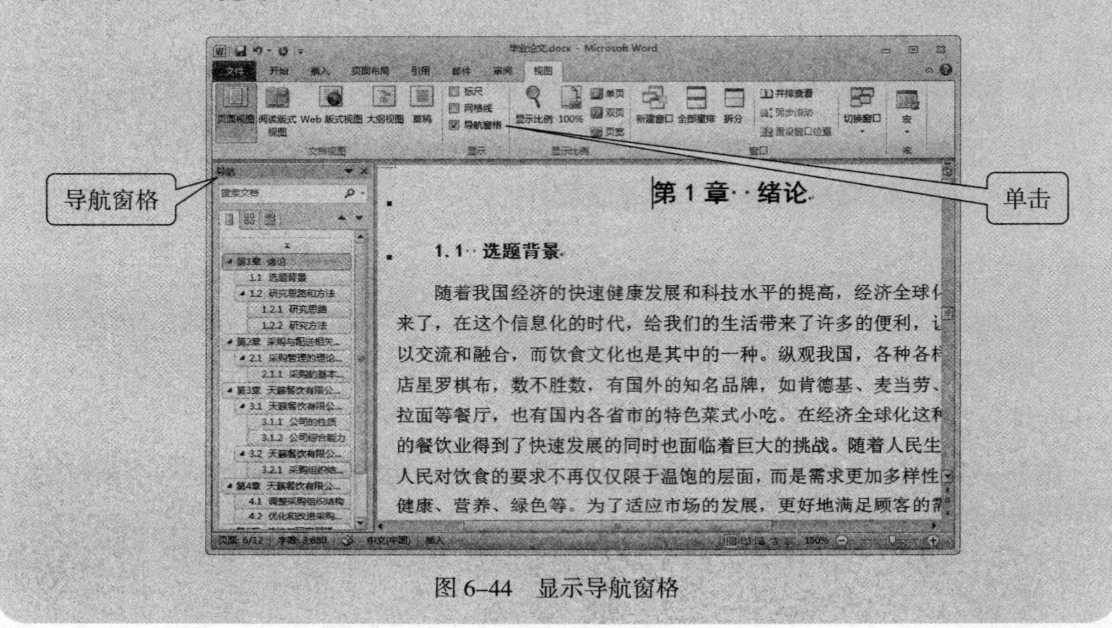

图 6–44 显示导航窗格

6.3 课后练习

1. 利用 Microsoft Word 2010 软件制作办公自动化实训封面。设置要求：上、下页边距为 2.2 厘米，左 2.5 厘米，右 2 厘米；标题：黑体、加粗、小初；“实训报告”四字要求竖排，字体：黑体、加粗、初号；个人信息栏：宋体、小四号；右下角实训项目为宋体、五号；实训报告顶端插入学院徽标，页眉宋体、小五号，页脚插入徽标，效果如图 6–45 所示。

2. 利用 Microsoft Word 2010 软件制作实训报告目录。设置要求：标题为黑体、加粗、一号，1.5 倍行距，段前、段后 0 行；章节标题为宋体、四号、加粗，单倍行距，段前、段后 0.5 行；页眉宋体、小五号，页脚插入徽标，如图 6–46 所示。

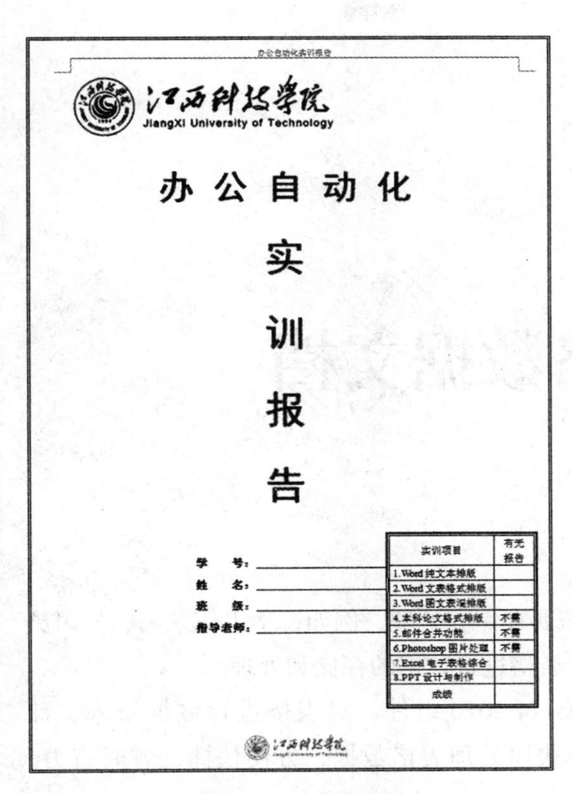

办公自动化实训报告

江西科技学院
JiangXi University of Technology

办公自动化

实

训

报

告

学　　号：
姓　　名：
班　　级：
指导老师：

实训项目	有无报告
1.Word 纯文本排版	
2.Word 文表格式排版	
3.Word 图文表混排版	
4.本科论文格式排版	不需
5.邮件合并功能	不需
6.Photoshop 图片处理	不需
7.Excel 电子表格综合	
8.PPT 设计与制作	
成绩	

江西科技学院 JiangXi University of Technology

图 6-45　实训封面

办公自动化实训报告

目 录

办公自动化实训计划 1

作业一：商务贺卡 5

作业二：纯文本排版 6

作业三：红头文件排版 7

作业四：课程表排版 8

作业五：报名表排版 9

作业六：图文混排 10

作业七：手抄报混排（一） 11

作业八：手抄报混排（二） 12

作业九：Excel 学生成绩表 13

作业十：Excel 工资表 14

作业十一：Excel 九九乘法表 15

作业十二：Excel 数据统计表 16

作业十三：Excel 数据透视表制作 17

作业十四：PowerPoint 制作 18

江西科技学院 JiangXi University of Technology

图 6-46　实训报告目录

第7章

制作 Excel 表格数据文档

在日常办公中，经常会有大量的数据信息需要存储和处理，例如，学生信息表、公司员工登记表及职工工资表等。通常可以应用 Excel 表格进行数据的存储和处理。

Microsoft Office 2010 提供了功能强大的 Excel 2010 组件，对表格进行数据录入、计算及统计等操作。通过本章讲解，可以使用户快速处理表格数据，方便快捷，省时省力。Excel 2010 是办公自动化统计数据的好助手。

本章知识技能要求：

- ✧ 掌握 Excel 工作簿、工作表及单元格的含义
- ✧ 掌握 Excel 表格数据的输入、编辑等操作
- ✧ 掌握 Excel 中工作表、表格、单元格的编辑操作
- ✧ 掌握 Excel 中公式、函数的使用及应用

7.1 任务：制作学生成绩信息表

7.1.1 任务描述

每学期结束后，学校常常要求教师使用 Excel 输出学生成绩信息。由于每学期的班级、专业、课程及班级人数经常发生变化，因此，每学期结束后，都要求教师对所任班级的成绩统计与分析重新操作。通过 Excel 可以实现数据的采集及统计，实现高效的办公自动化。

本任务以 16 本电商 1 班为例，以本班 20 名学生为样本进行数据采集。为了统一管理和

分析成绩情况，要求汇总该班每科目的成绩，具体信息统计要求如下：序号、学号、姓名、性别、班级、专业、科目（思修、大学英语、大学计算机、管理学、经济学）、总分、平均分、等级（总分大于 300 分为合格，小于 300 分则为不合格）及排名情况（要求排名按升序）。

本任务实施要求如下：

①新建一个 Excel 文档并命名；

②录入数据信息；

③计算分析数据；

④修饰表格：突出不及格分数。

任务效果如图 7-1 所示。

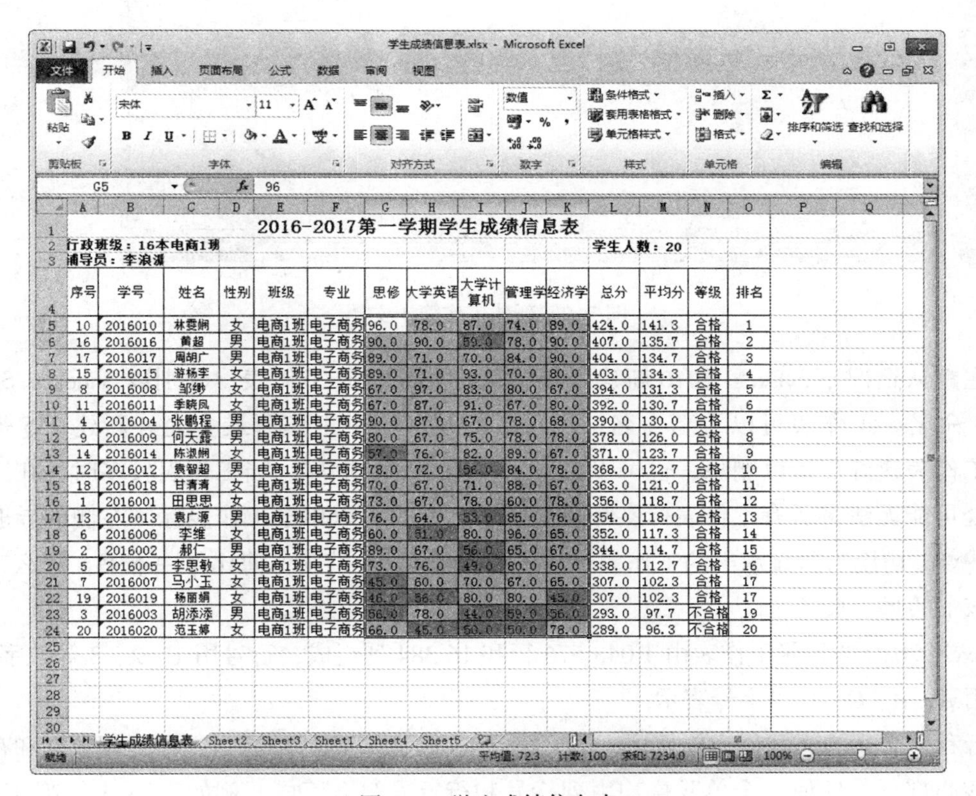

2016-2017第一学期学生成绩信息表

行政班级：16本电商1班　　学生人数：20

辅导员：李浪灏

序号	学号	姓名	性别	班级	专业	思修	大学英语	大学计算机	管理学	经济学	总分	平均分	等级	排名
10	2016010	林雯娴	女	电商1班	电子商务	96.0	78.0	87.0	74.0	89.0	424.0	141.3	合格	1
16	2016016	黄超	男	电商1班	电子商务	90.0	90.0	59.0	78.0	90.0	407.0	135.7	合格	2
17	2016017	周胡广	男	电商1班	电子商务	89.0	71.0	70.0	84.0	90.0	404.0	134.7	合格	3
15	2016015	游杨李	女	电商1班	电子商务	89.0	71.0	93.0	70.0	80.0	403.0	134.3	合格	4
8	2016008	邹缈	女	电商1班	电子商务	67.0	97.0	83.0	80.0	67.0	394.0	131.3	合格	5
11	2016011	季晓凤	女	电商1班	电子商务	67.0	87.0	91.0	67.0	80.0	392.0	130.7	合格	6
4	2016004	张鹏程	男	电商1班	电子商务	90.0	87.0	67.0	78.0	68.0	390.0	130.0	合格	7
9	2016009	何天露	男	电商1班	电子商务	80.0	67.0	75.0	78.0	78.0	378.0	126.0	合格	8
14	2016014	陈淑娴	女	电商1班	电子商务	57.0	76.0	82.0	89.0	67.0	371.0	123.7	合格	9
12	2016012	袁智超	男	电商1班	电子商务	78.0	72.0	56.0	84.0	78.0	368.0	122.7	合格	10
18	2016018	甘清清	女	电商1班	电子商务	70.0	67.0	71.0	88.0	67.0	363.0	121.0	合格	11
1	2016001	田思思	女	电商1班	电子商务	73.0	67.0	78.0	60.0	78.0	356.0	118.7	合格	12
13	2016013	袁广源	男	电商1班	电子商务	76.0	64.0	53.0	85.0	76.0	354.0	118.0	合格	13
6	2016006	李维	女	电商1班	电子商务	60.0	51.0	80.0	96.0	65.0	352.0	117.3	合格	14
2	2016002	郝仁	男	电商1班	电子商务	89.0	67.0	56.0	65.0	67.0	344.0	114.7	合格	15
5	2016005	李思敏	女	电商1班	电子商务	73.0	76.0	49.0	80.0	60.0	338.0	112.7	合格	16
7	2016007	马小玉	女	电商1班	电子商务	45.0	60.0	70.0	67.0	65.0	307.0	102.3	合格	17
19	2016019	杨丽娟	女	电商1班	电子商务	46.0	56.0	80.0	80.0	45.0	307.0	102.3	合格	17
3	2016003	胡添添	男	电商1班	电子商务	56.0	78.0	44.0	59.0	56.0	293.0	97.7	不合格	19
20	2016020	范玉婷	女	电商1班	电子商务	66.0	45.0	50.0	50.0	78.0	289.0	96.3	不合格	20

图 7-1　学生成绩信息表

7.1.2　任务实现

1. 新建 Excel 文件

启动 Excel 2010 软件，系统会自动创建一个名为“工作簿 1”的文档，如图 7-2 所示。

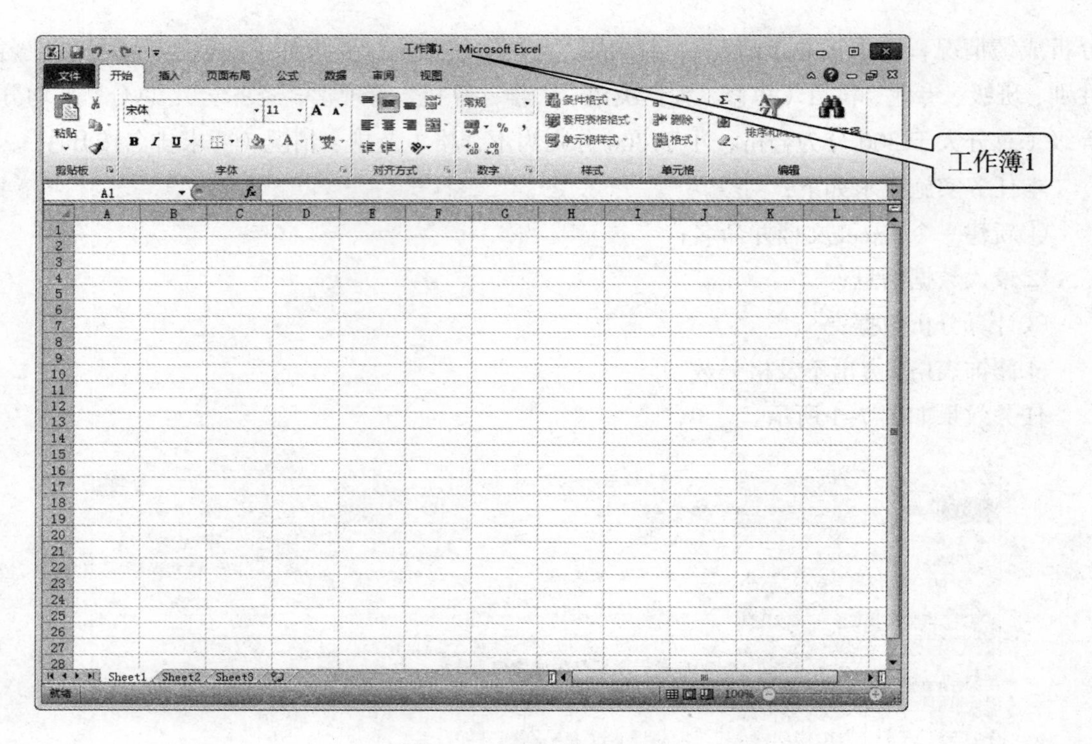

图 7-2　新建工作簿 1 文档

在默认情况下，Excel 2010 新建的工作簿中包含 3 张工作表，分别以 Sheet1、Sheet2、Sheet3 命名。工作表可以重新命名，也可以新建。一个工作簿最多允许新建 255 张工作表。工作表建好后可以删除，也可以更改工作表之间的顺序。当工作表较多时，在工作表标签处可能无法将所有工作表标签都显示出来，此时可以单击工作表标签左侧的导航按钮 ◀◀ ◀ ▶ ▶▶ 切换当前显示出的工作表标签。如果把 Excel 的工作簿比作一本书，那么工作表就是该书的每一页。

Excel 2010 的每张工作表由 1 048 576 行和 16 384 列组成，行号用 1、2、3 等数字表示，列号用 A、B、C、D 等字母表示。

行和列交叉的区域称为单元格，单元格是 Excel 最基本的单元，它是处理数据和存储数据的核心部分。任何一个单元格均由列标号和行标号组合而成，例如，C3 表示第 3 列第 3 行的单元格，如图 7-3 所示。

若要表示多个不同单元格，可以用逗号“,”表示。例如，要表示 A1、B2 和 C3 单元格，可以表示为：A1，B2，C3。若要表示一个连续的单元格区域，可以用冒号“：”表示。例如，B4：D6 表示从单元格 B4 到单元格 D6 合围的区域。单格元还可用空格表示。例如，B2：D2　C1：C3 表示 B2：D2 与 C1：C3 交叉区域 C2 单元格。

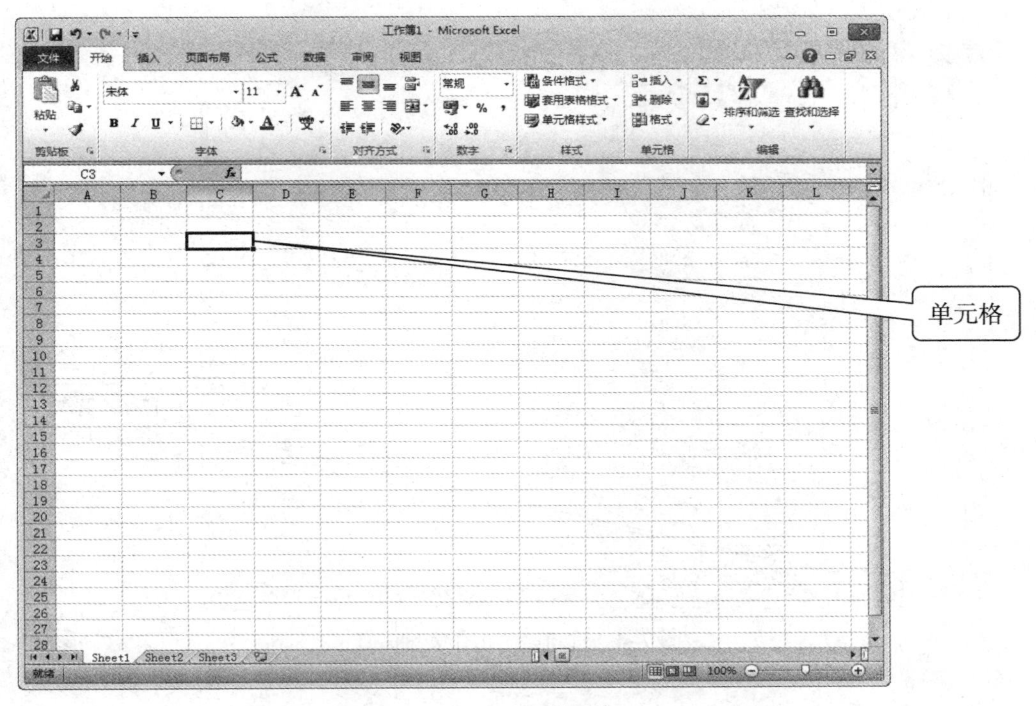

图 7-3 C3 单元格

知识加油站

将光标定位在任一单元格，按住 Ctrl+ →组合键，就会出现最后一列，即第 XFD 列。按住 Ctrl+ ↓组合键，就会出现最后一行。

单击菜单栏“保存”按钮，保存文件名为“学生成绩信息表 .xlsx”。选择 Sheet1 工作表进行操作，用鼠标双击 Sheet1 进行重命名操作，修改 Sheet1 工作的名称为“学生成绩信息表”，如图 7-4 所示。

在工作簿中，为了区别不同的工作表，除更改工作表名称外，还可以更改工作表标签的颜色，以突出显示该工作表。右击“学生成绩信息表”工作表标签，在弹出的菜单中选择“工作表标签颜色”选项，选择“红色”，如图 7-5 所示。

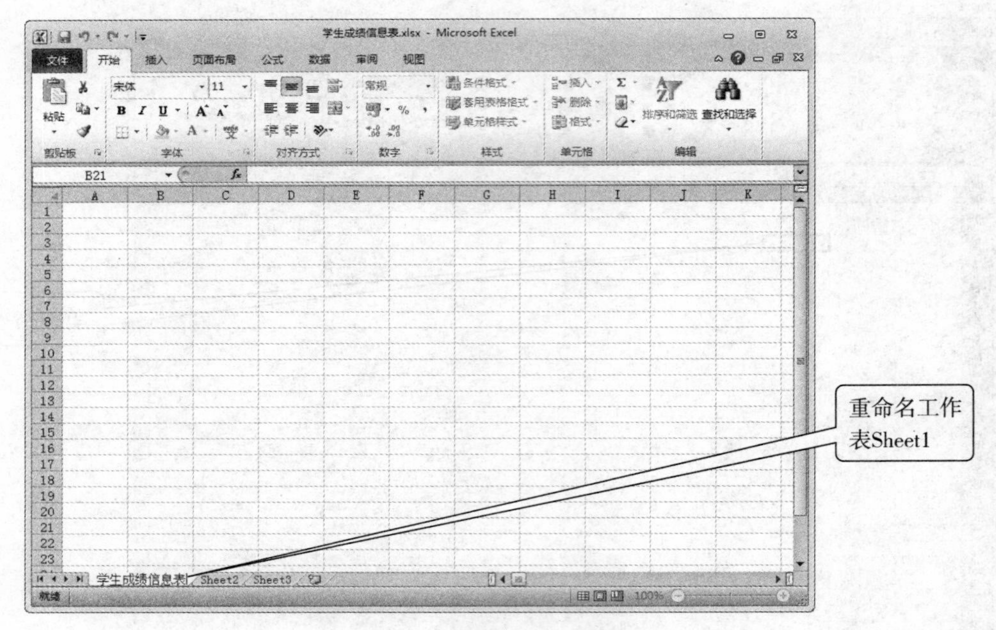

图 7–4　重新命名工作表 Sheet1

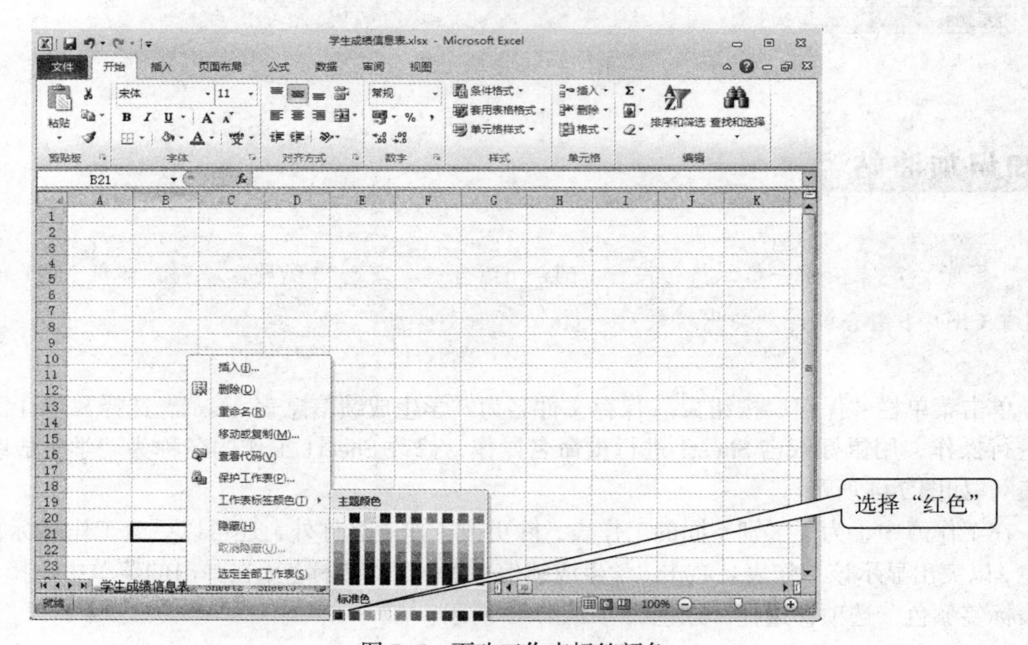

图 7–5　更改工作表标签颜色

2. 录入学生数据信息并排版

创建好 Excel 文件后，需要在相应工作表中录入的数据。不同的数据内容在录入时有一定的区别。录入普通文本和数值时，在选择的单元格中直接输入内容。

第一步：录入表格标题文字并排版。

单击工作表第 1 个单元格 A1，将该单元格选中，直接在该单元格中输入“2016–2017

第一学期学生成绩信息表”文本内容，如图 7–6 所示。

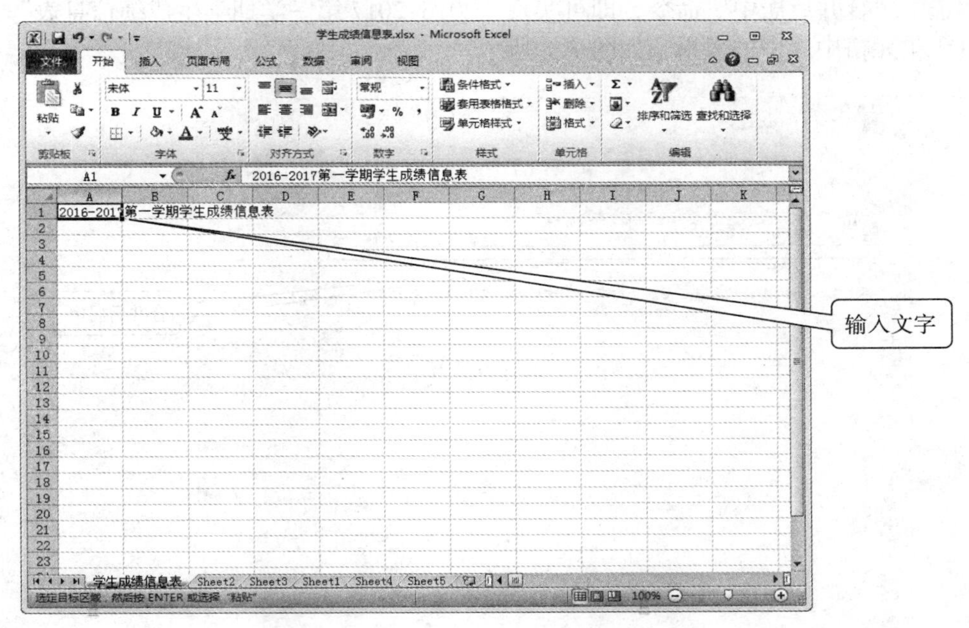

图 7–6 输入文本内容

同样，分别在 A2、L2 和 A3 单元格输入“行政班级：16 本电商 1 班”“学生人数：20”及“辅导员：李浪潇”标题文本内容。接着选择第 4 行，输入学生成绩信息表字段，如图 7–7 所示。

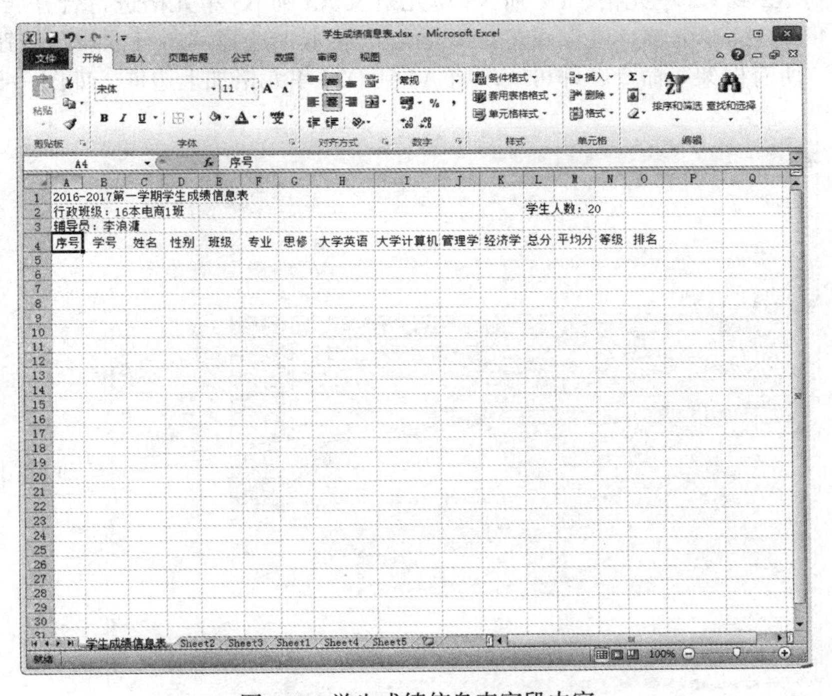

图 7–7 学生成绩信息表字段内容

选中 A1 到 O1 单元格，在菜单栏“开始”选项卡中选择“合并后居中”按钮，弹出菜单后选中“合并后居中”命令，即可实现“2016–2017 第一学期学生成绩信息表”文字在 A1 到 O1 单元格中居中的效果，如图 7–8 所示。

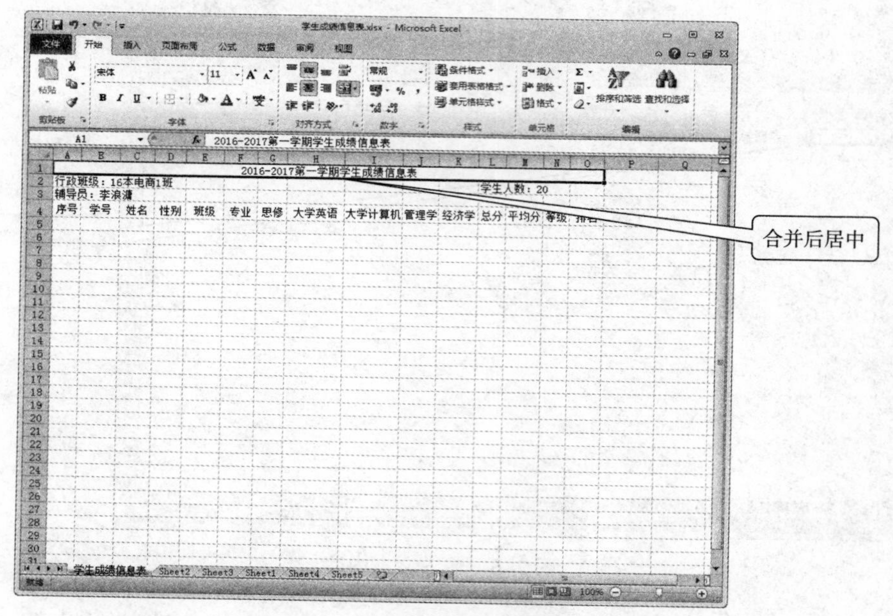

图 7–8 “2016–2017 第一学期学生成绩信息表”文字居中

同样，对 A2 到 C2 单元格、L2 到 N2 单元格及 A3 到 B3 单元格进行合并居中操作。

选中 A4 到 O24 单元格，在菜单栏“开始”选项卡中选择“所有框线”按钮图标，弹出菜单后选中“所有框架”命令，即可实现将 A4 到 O24 单元格加上边框，如图 7–9 所示。

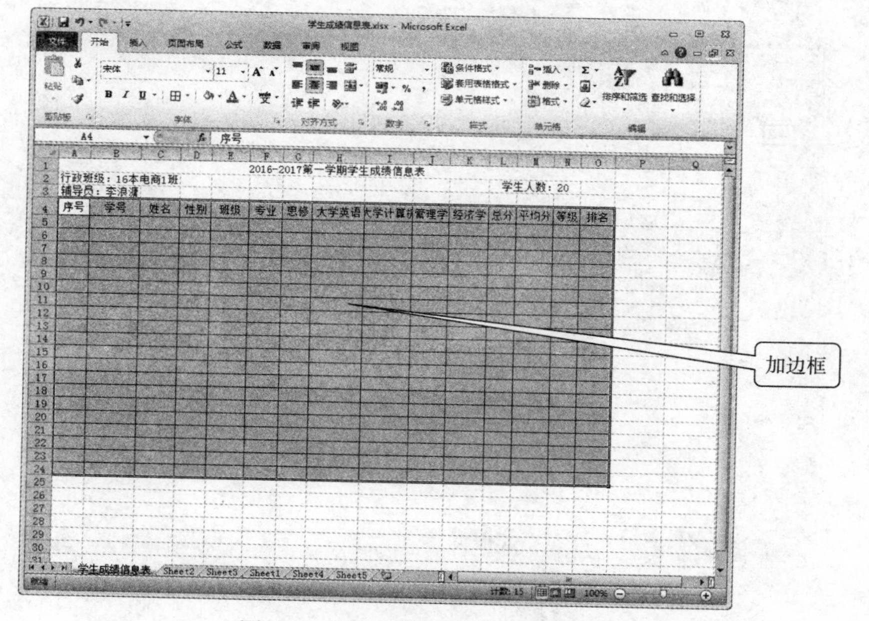

图 7–9 将 A4 到 O24 单元格加边框

为了使文字和表格输出更具效果，将所有标题文字加粗，并设置“2016–2017 第一学期学生成绩信息表”为 16 号字体。选中菜单栏“页面布局”选项卡，选择“页边距”命令图标，设置左、右边距都为 1，如图 7–10 所示。

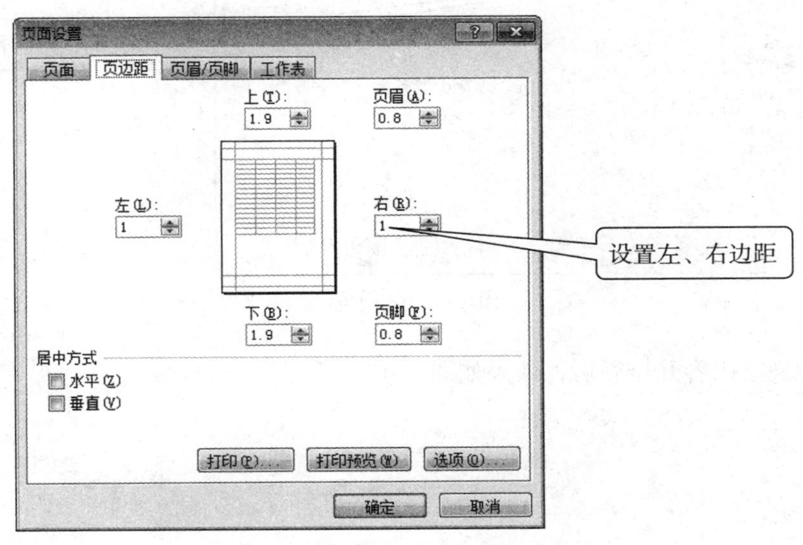

图 7–10　页边距设置

设置好页边距后，发现表格标题栏有部分字体被边框遮住了，选中被遮住的“大学计算机”单元格，右击，在弹出的菜单中选择“设置单元格格式”按钮，出现对话框，选择“对齐”选项卡，在“文本控制”中将“自动换行”打上“√”，如图 7–11 所示，即可实现文字“大学计算机”自动换行。

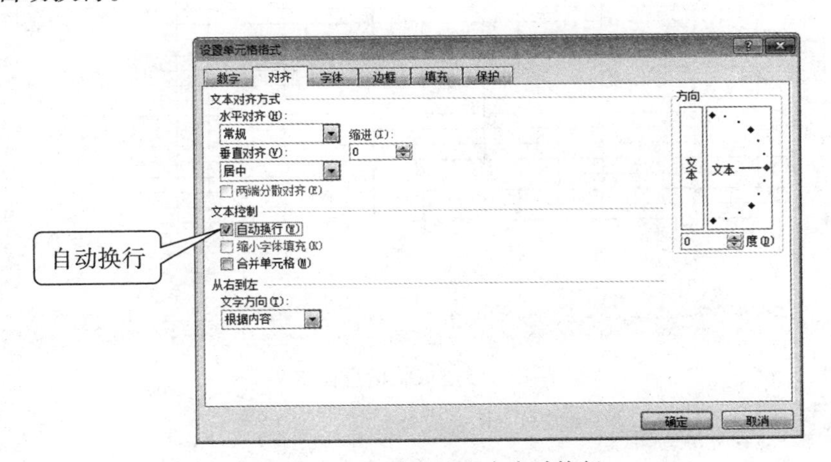

图 7–11　设置单元格文本自动换行

选中 A4 到 O2 单元格，右击，在弹出的菜单中选择“设置单元格格式”按钮，出现对话框，选择“对齐”选项卡，分别单击“文本对齐方式”中的“水平对齐”和“垂直对齐”的下拉三角形按钮，都选择“居中”，如图 7–12 所示。

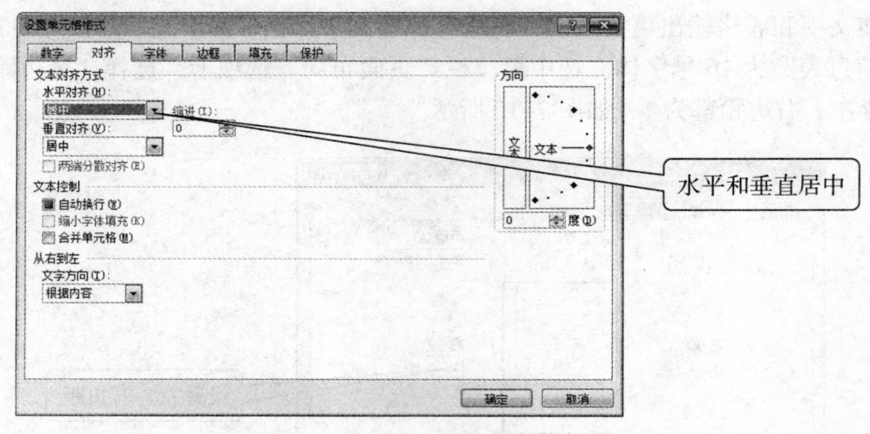

图 7-12　文本对齐

输入标题文字内容并排版后，效果如图 7-13 所示。

2016-2017第一学期学生成绩信息表														
行政班级：16本电商1班									学生人数：20					
辅导员：李浪濒														
序号	学号	姓名	性别	班级	专业	思修	大学英语	大学计算机	管理学	经济学	总分	平均分	等级	排名

图 7-13　学生成绩信息标题文字

第二步：录入学生成绩信息。

学生成绩信息表序号的输入。在 Excel 中要输入连续数值内容时，可以利用 Excel 自动填充功能。具体操作如下：选择 A5 单元格，输入数值“1”后，按住 Ctrl 键不放，将鼠标指向所选单元格右下角，当鼠标指针右上角出现实心十字形“+”填充柄时，向下拖动至单元格 A24，如图 7-14 所示。

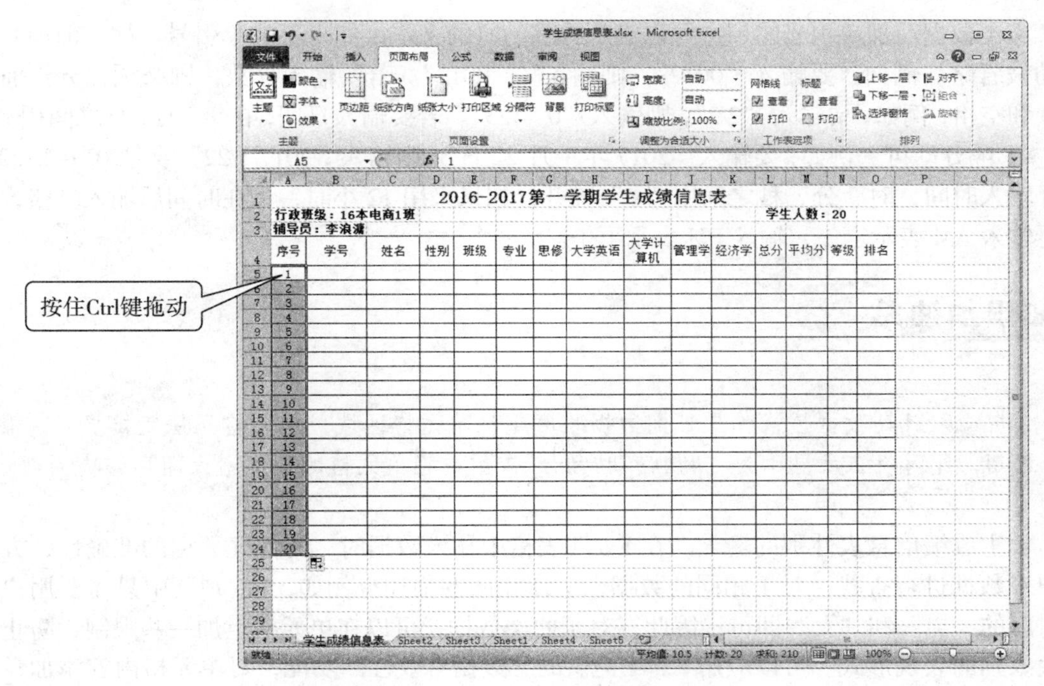

图 7-14　填充序号数据

学生成绩信息表学号的输入。由于学号是文本数据，输入数据时，需在输入的数据前加上单引号“'”。此时也可以采用自动填充功能，操作同数值的自动填充方法一样，不同的是，不能按住 Ctrl 键。如图 7-15 所示。

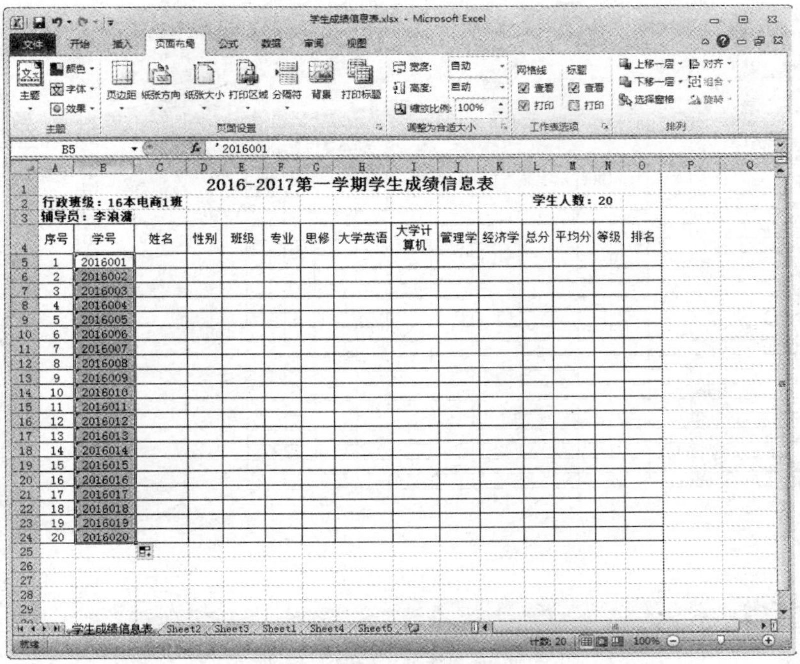

学生成绩信息表.xlsx - Microsoft Excel

文件 开始 插入 页面布局 公式 数据 审阅 视图

主题 颜色 字体 效果 页边距 纸张方向 纸张大小 打印区域 分隔符 背景 打印标题 页面设置 宽度: 自动 高度: 自动 缩放比例: 100% 调整为合适大小 网格线 标题 查看 打印 工作表选项 上移一层 下移一层 选择窗格 对齐 组合 旋转 排列

B5　'2016001

2016-2017第一学期学生成绩信息表

行政班级：16本电商1班　　学生人数：20

辅导员：李浪潇

序号	学号	姓名	性别	班级	专业	思修	大学英语	大学计算机	管理学	经济学	总分	平均分	等级	排名
1	2016001													
2	2016002													
3	2016003													
4	2016004													
5	2016005													
6	2016006													
7	2016007													
8	2016008													
9	2016009													
10	2016010													
11	2016011													
12	2016012													
13	2016013													
14	2016014													
15	2016015													
16	2016016													
17	2016017													
18	2016018													
19	2016019													
20	2016020													

学生成绩信息表 Sheet2 Sheet3 Sheet1 Sheet4 Sheet5

就绪　计数: 20　100%

图 7-15　填充学号数据

文本数据前加单引号“'”，可以输入首字为0的文本，如果不加单引号“'”，前面0会自动被省略。例如，要输入“0012”，则输入“ '0012”。若要输入分数，则必须在分数前面加0和空格，例如，要输入“2/3”，则输入“0　2/3”。若要输入日期，在年、月、日之间用“/”或“–”隔开即可。例如，要输入“2017年1月22日”，则输入“2017/1/22”或“2017–1–22”。若要输入时间，时、分、秒之间用“：”隔开，如果采用12小时，可在时间后输入空格，然后再输入AM表示上午，输入PM表示下午。

知识加油站

在输入日期数据后，如果日期数据长度超过单元格区域，单元格无法直接显示完整的日期，此时将自动显示为“############”，用户将单元格的宽度增大即可解决问题。

学生成绩信息表性别的输入。在Excel表格中输入数据时，为保证数据的准确性，方便用户对数据进行查找，对于相同的数据，应使相同的描述。例如，“性别”中只需要用户选择对应的“男”和“女”即可。因此，对于此类数据，可以在单元格上加一些限制，防止用户输入别的表现形式。可以应用Excel提供的“数据有效性”功能，对单元格内容添加只允许输入提供的数据序列，并在下拉菜单中进行选择。具体操作如下：

①选择D5到D24之间单元格区域，单击菜单栏“数据”选项中“数据有效性”按钮，在弹出的菜单中选择“数据有效性”命令，如图7–16所示。

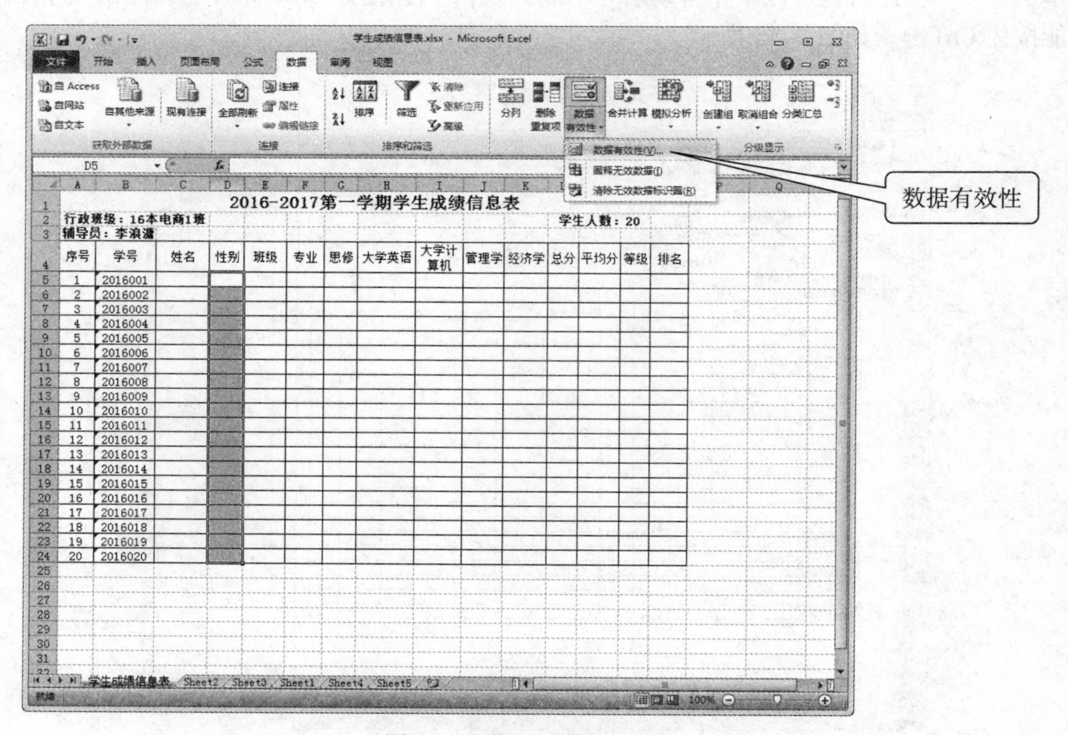

图7–16　选择：数据有效性

②在弹出对话框中，在“设置”选项卡中的“允许”下拉列表框中选择“序列”，在“来源”文本框中输入“男，女”，其中各数据之间必须使用英文逗号“,”进行分隔，如图 7–17 所示。

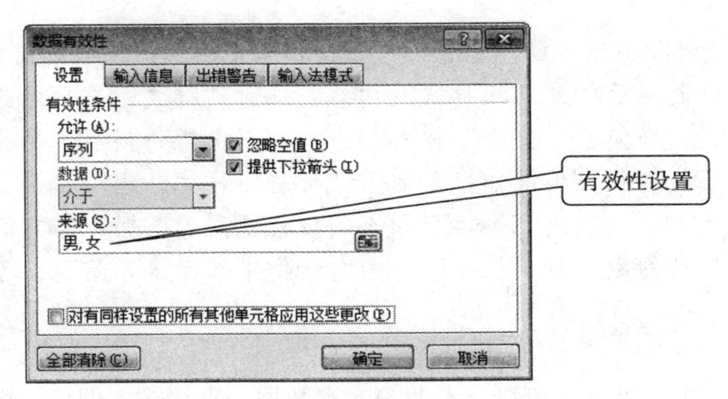

图 7–17　数据有效性：设置

③单击“输入信息”选项卡中，在“标题”文本框中输入提示信息标题：性别，在“输入信息”文本框内输入提示文字：请按要求输入或选择，如图 7–18 所示。

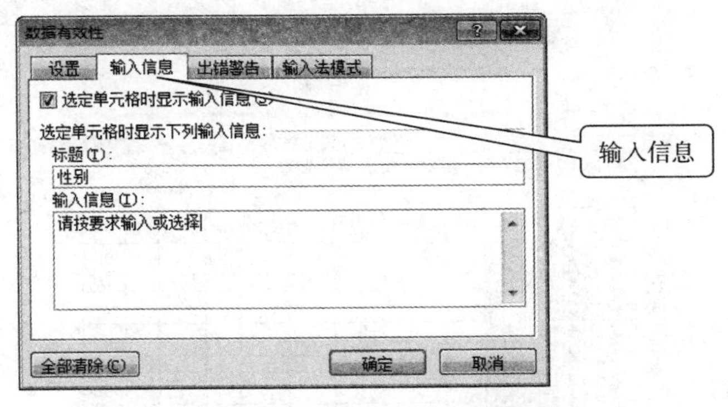

图 7–18　数据有效性：输入信息

④单击“出错警告”选项卡中，在“样式”下拉列表框中选择“停止”，即禁止有任何错误的信息输入。输入出错警告的标题：“输入有误”错误信息：“您输入的信息有误，请重新选择下拉列表中提供的内容或重新输入，谢谢！”，如图 7–19 所示。

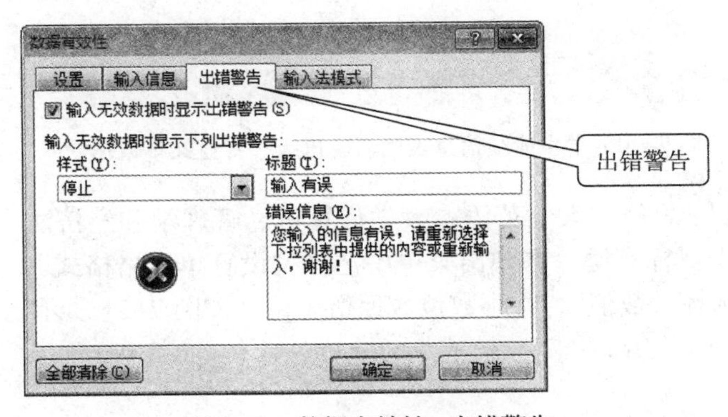

图 7–19　数据有效性：出错警告

知识加油站

在“数据有效性”对话框的“出错警告”选项卡中，用户可以设置当单元格内输入的数据不符合要求时显示的对话框样式及内容，通过“样式”选项的选择，可以更改对话框的提示方式。当使用“停止”样式时，当数据出错错误后，必须将数据更改为正确的，否则将不能进行其他操作。若使用“警告”样式，出现错误后，在弹出的警告对话框中单击“忽略”按钮，可保留不符合有效性规则的数据。若使用“信息”样式，则在输入不符合规则的数据后，仅在弹出的对话框中显示提示信息，不要求对数据进行修改。

学生成绩信息表中，姓名、班级、专业等文本数据，直接输入即可，操作方法与前述文本型数据的相同。性别字段设置好数据有效性后，只需通过下拉菜单选择男、女即可，无须再输入其他文字，如图 7–20 所示。

2016-2017第一学期学生成绩信息表

行政班级：16本电商1班　　学生人数：20

辅导员：李浪潇

序号	学号	姓名	性别	班级	专业	思修	大学英语	大学计算机	管理学	经济学	总分	平均分	等级	排名
1	2016001	田思思	女	电商1班	电子商务									
2	2016002	郝仁	男	电商1班	电子商务									
3	2016003	胡添添	男	电商1班	电子商务									
4	2016004	张鹏程	男	电商1班	电子商务									
5	2016005	李思敏	女	电商1班	电子商务									
6	2016006	李维	女	电商1班	电子商务									
7	2016007	马小玉	女	电商1班	电子商务									
8	2016008	邹缈	女	电商1班	电子商务									
9	2016009	何天露	男	电商1班	电子商务									
10	2016010	林雯娴	女	电商1班	电子商务									
11	2016011	季晓凤	女	电商1班	电子商务									
12	2016012	袁智超	男	电商1班	电子商务									
13	2016013	袁广源	男	电商1班	电子商务									
14	2016014	陈淑娴	女	电商1班	电子商务									
15	2016015	游杨李	女	电商1班	电子商务									
16	2016016	黄超	男	电商1班	电子商务									
17	2016017	周胡广	男	电商1班	电子商务									
18	2016018	甘清清	女	电商1班	电子商务									
19	2016019	杨丽娟	女	电商1班	电子商务									
20	2016020	范玉婷	女	电商1班	电子商务									

图 7–20　学生成绩信息表姓名、班级、专业文本数据录入

在学生考试科目：思修、大学英语、大学计算机、管理学和经济法字段中输入数据后，选中数据区域，单击鼠标右键，在弹出菜单中选择“设置单元格格式”，然后在“数字”选项卡的“分类”中选择“数值”，将小数位数保留 1 位，如图 7–21 所示。

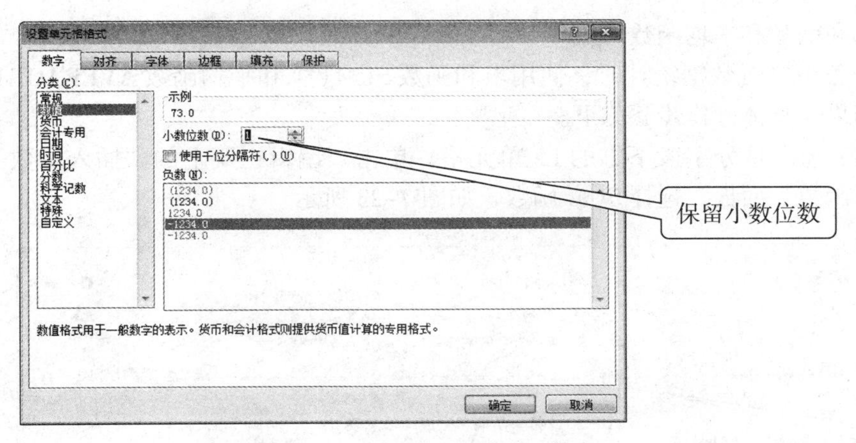

图 7-21 设置单元格格式：数字

单击“确定”按钮，学生考试科目字段栏内就出现保留 1 位小数的数据，如图 7-22 所示。

2016-2017第一学期学生成绩信息表

行政班级：16本电商1班　　学生人数：20

辅导员：李浪潇

序号	学号	姓名	性别	班级	专业	思修	大学英语	大学计算机	管理学	经济学	总分	平均分	等级	排名
1	2016001	田思思	女	电商1班	电子商务	73.0	67.0	78.0	60.0	78.0				
2	2016002	郝仁	男	电商1班	电子商务	89.0	67.0	56.0	65.0	67.0				
3	2016003	胡添添	男	电商1班	电子商务	56.0	78.0	44.0	59.0	56.0				
4	2016004	张鹏程	男	电商1班	电子商务	90.0	87.0	67.0	78.0	68.0				
5	2016005	李思敏	女	电商1班	电子商务	73.0	76.0	49.0	80.0	60.0				
6	2016006	李维	女	电商1班	电子商务	60.0	51.0	80.0	96.0	65.0				
7	2016007	马小玉	女	电商1班	电子商务	45.0	60.0	70.0	67.0	65.0				
8	2016008	邹缈	女	电商1班	电子商务	67.0	97.0	83.0	80.0	67.0				
9	2016009	何天露	男	电商1班	电子商务	80.0	67.0	75.0	78.0	78.0				
10	2016010	林雯娴	女	电商1班	电子商务	96.0	78.0	87.0	74.0	89.0				
11	2016011	季晓凤	女	电商1班	电子商务	67.0	87.0	91.0	67.0	80.0				
12	2016012	袁智超	男	电商1班	电子商务	78.0	72.0	56.0	84.0	78.0				
13	2016013	袁广源	男	电商1班	电子商务	76.0	64.0	53.0	85.0	76.0				
14	2016014	陈淑娴	女	电商1班	电子商务	57.0	76.0	82.0	89.0	67.0				
15	2016015	游杨李	女	电商1班	电子商务	89.0	71.0	93.0	70.0	80.0				
16	2016016	黄超	男	电商1班	电子商务	90.0	90.0	59.0	78.0	90.0				
17	2016017	周胡广	男	电商1班	电子商务	89.0	71.0	70.0	84.0	90.0				
18	2016018	甘清清	女	电商1班	电子商务	70.0	67.0	71.0	88.0	67.0				
19	2016019	杨丽娟	女	电商1班	电子商务	46.0	56.0	80.0	80.0	45.0				
20	2016020	范玉婷	女	电商1班	电子商务	66.0	45.0	50.0	50.0	78.0				

图 7-22 保留 1 位小数的数据

3. 计算分析数据

在办公过程中，经常需要对大量数据进行分析，借助 Excel 提供丰富的函数，可以发挥其强大的数据统计分析功能，从而满足日常办公的各种需要，以提高办公效率。

（1）求和函数和平均函数

在本任务中进行数据统计时，使用求和函数 SUM( ) 和平均函数 AVERAGE( ) 可以直接计算出结果。具体操作步骤如下。

第一步：选中总分字段下方的 L5 单元格，单击“编辑栏”上的“插入函数”按钮 *fx*，弹出“插入函数”面板，选择 SUM 函数，如图 7-23 所示。

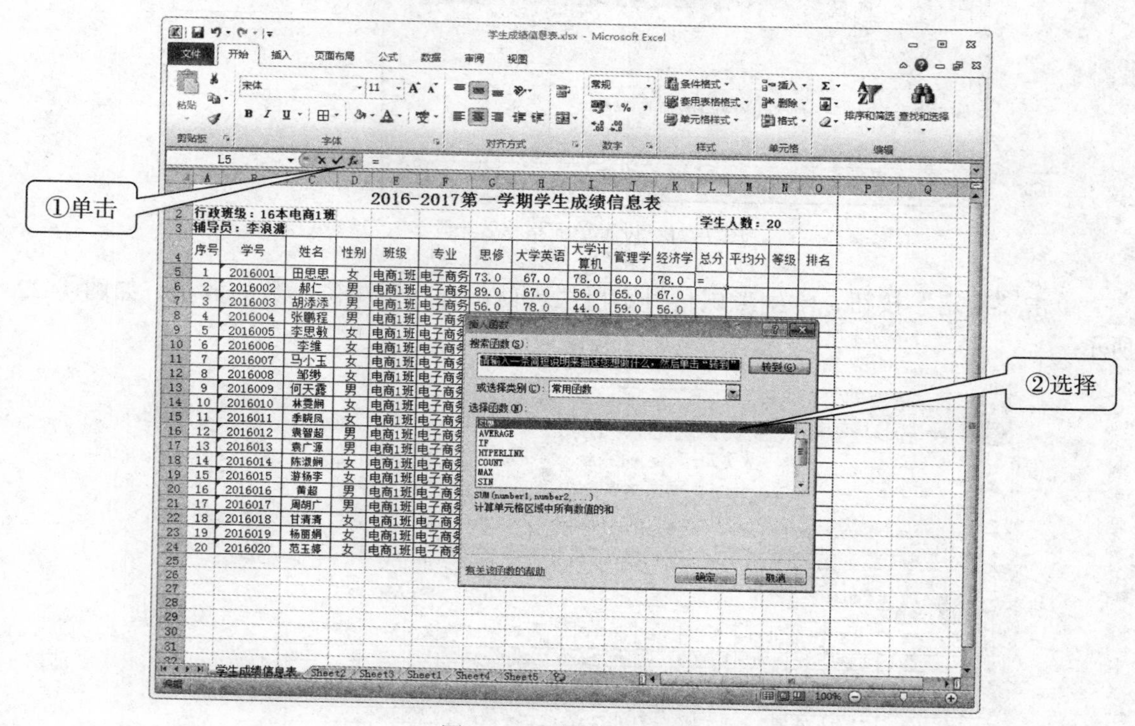

图 7-23　插入求和函数

第二步：单击“确定”按钮，弹出“函数参数”面板，选择“Number1”文本框右边的按钮，如图 7-24 所示。

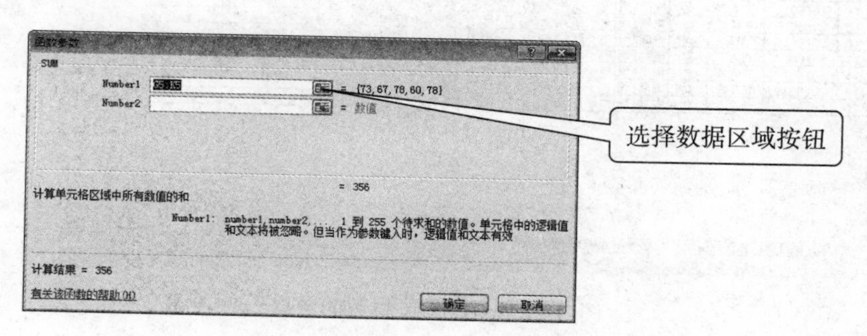

图 7-24　函数参数

第三步：选择数据区域 G5：K5，如图 7-25 所示。

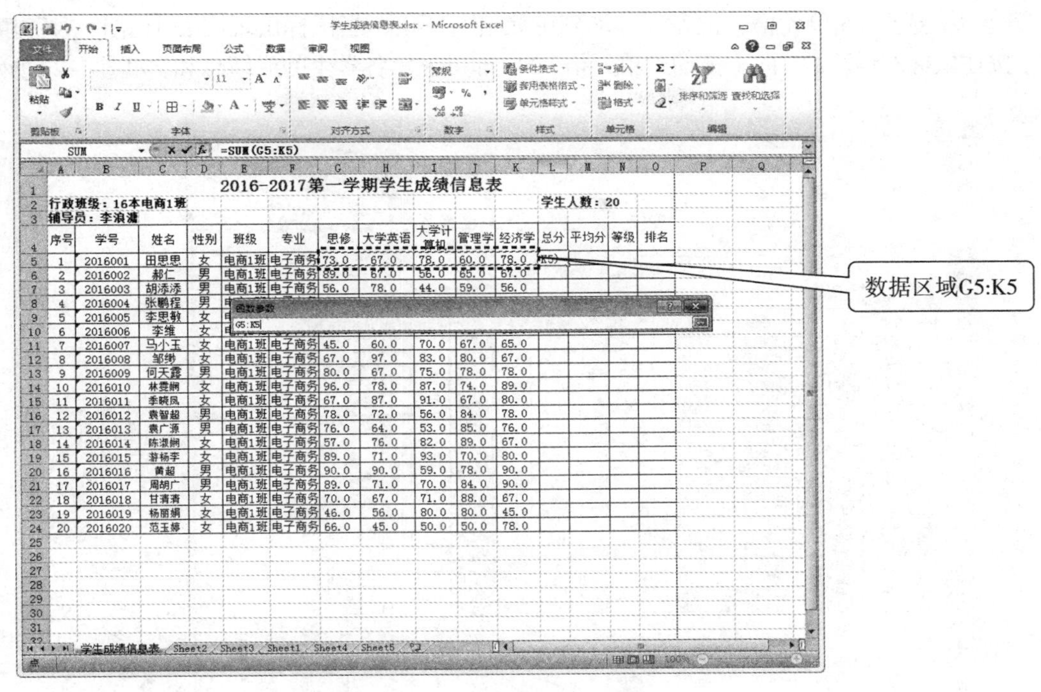

图 7-25 选择数据区域 G5：K5

第四步：选择好数据后，单击“函数参数”面板上右边的按钮，单击“确定”按钮即可完成求和，如图 7-26 所示。

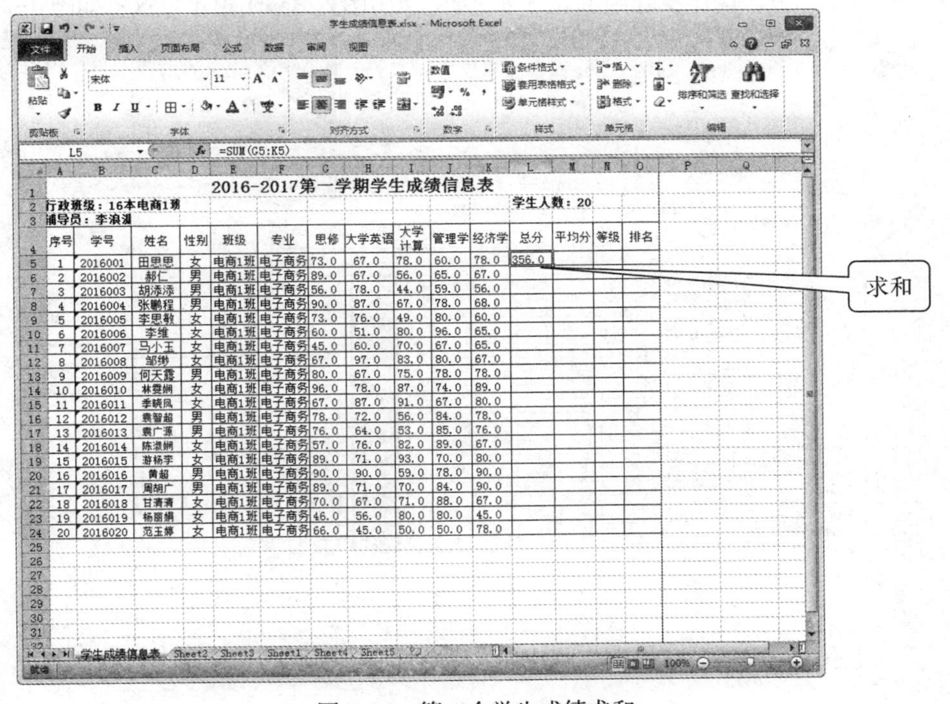

图 7-26 第 1 个学生成绩求和

第五步：选择 L5 单元格，把光标移动到单元格右下角，当鼠标出现实心十字形 “+” 填充柄时，按住鼠标左键不放，向下拖动到单元格 L24，即可显示各学生的成绩总和，如图 7–27 所示。

L5 =SUM(G5:K5)

2016-2017第一学期学生成绩信息表

行政班级：16本电商1班　学生人数：20

辅导员：李浪漫

序号	学号	姓名	性别	班级	专业	思修	大学英语	大学计算	管理学	经济学	总分	平均分	等级	排名
1	2016001	田思思	女	电商1班	电子商务	73.0	67.0	78.0	60.0	78.0	356.0			
2	2016002	郝仁	男	电商1班	电子商务	89.0	67.0	56.0	65.0	67.0	344.0			
3	2016003	胡添添	男	电商1班	电子商务	56.0	78.0	44.0	59.0	56.0	293.0			
4	2016004	张鹏程	男	电商1班	电子商务	90.0	87.0	67.0	78.0	68.0	390.0			
5	2016005	李思敏	女	电商1班	电子商务	73.0	76.0	49.0	80.0	60.0	338.0			
6	2016006	李维	女	电商1班	电子商务	60.0	51.0	80.0	96.0	65.0	352.0			
7	2016007	马小玉	女	电商1班	电子商务	45.0	60.0	70.0	67.0	65.0	307.0			
8	2016008	邹缈	女	电商1班	电子商务	67.0	97.0	83.0	80.0	67.0	394.0			
9	2016009	何天露	男	电商1班	电子商务	80.0	67.0	75.0	78.0	78.0	378.0			
10	2016010	林雯娴	女	电商1班	电子商务	96.0	78.0	87.0	74.0	89.0	424.0			
11	2016011	季晓凤	女	电商1班	电子商务	67.0	87.0	91.0	67.0	80.0	392.0			
12	2016012	袁智超	男	电商1班	电子商务	78.0	72.0	56.0	84.0	78.0	368.0			
13	2016013	袁广源	男	电商1班	电子商务	76.0	64.0	53.0	85.0	76.0	354.0			
14	2016014	陈淑娴	女	电商1班	电子商务	57.0	76.0	82.0	89.0	67.0	371.0			
15	2016015	游杨李	女	电商1班	电子商务	89.0	71.0	93.0	70.0	80.0	403.0			
16	2016016	黄超	男	电商1班	电子商务	90.0	90.0	59.0	78.0	90.0	407.0			
17	2016017	周胡广	男	电商1班	电子商务	89.0	71.0	70.0	84.0	90.0	404.0			
18	2016018	甘清清	女	电商1班	电子商务	70.0	67.0	71.0	88.0	67.0	363.0			
19	2016019	杨丽娟	女	电商1班	电子商务	46.0	56.0	80.0	80.0	45.0	307.0			
20	2016020	范玉婷	女	电商1班	电子商务	66.0	45.0	50.0	50.0	78.0	289.0			

选择

图 7–27　各学生的成绩求和

第六步：求平均分。操作步骤同上，不同的是，使用函数 AVERAGE。效果如图 7–28 所示。

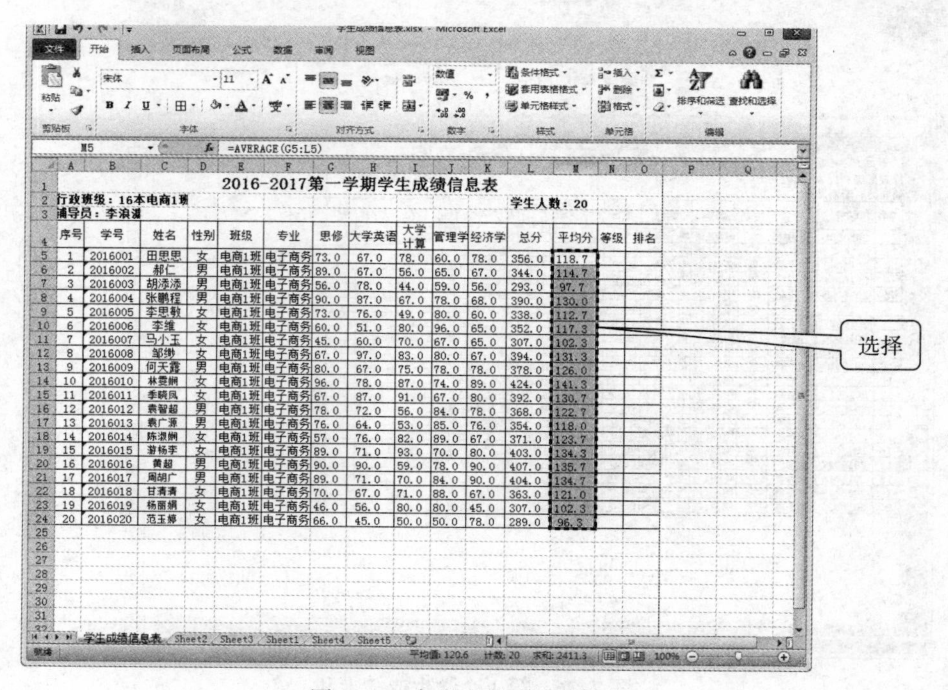

M5 =AVERAGE(G5:L5)

2016-2017第一学期学生成绩信息表

行政班级：16本电商1班　学生人数：20

辅导员：李浪漫

序号	学号	姓名	性别	班级	专业	思修	大学英语	大学计算	管理学	经济学	总分	平均分	等级	排名
1	2016001	田思思	女	电商1班	电子商务	73.0	67.0	78.0	60.0	78.0	356.0	118.7		
2	2016002	郝仁	男	电商1班	电子商务	89.0	67.0	56.0	65.0	67.0	344.0	114.7		
3	2016003	胡添添	男	电商1班	电子商务	56.0	78.0	44.0	59.0	56.0	293.0	97.7		
4	2016004	张鹏程	男	电商1班	电子商务	90.0	87.0	67.0	78.0	68.0	390.0	130.0		
5	2016005	李思敏	女	电商1班	电子商务	73.0	76.0	49.0	80.0	60.0	338.0	112.7		
6	2016006	李维	女	电商1班	电子商务	60.0	51.0	80.0	96.0	65.0	352.0	117.3		
7	2016007	马小玉	女	电商1班	电子商务	45.0	60.0	70.0	67.0	65.0	307.0	102.3		
8	2016008	邹缈	女	电商1班	电子商务	67.0	97.0	83.0	80.0	67.0	394.0	131.3		
9	2016009	何天露	男	电商1班	电子商务	80.0	67.0	75.0	78.0	78.0	378.0	126.0		
10	2016010	林雯娴	女	电商1班	电子商务	96.0	78.0	87.0	74.0	89.0	424.0	141.3		
11	2016011	季晓凤	女	电商1班	电子商务	67.0	87.0	91.0	67.0	80.0	392.0	130.7		
12	2016012	袁智超	男	电商1班	电子商务	78.0	72.0	56.0	84.0	78.0	368.0	122.7		
13	2016013	袁广源	男	电商1班	电子商务	76.0	64.0	53.0	85.0	76.0	354.0	118.0		
14	2016014	陈淑娴	女	电商1班	电子商务	57.0	76.0	82.0	89.0	67.0	371.0	123.7		
15	2016015	游杨李	女	电商1班	电子商务	89.0	71.0	93.0	70.0	80.0	403.0	134.3		
16	2016016	黄超	男	电商1班	电子商务	90.0	90.0	59.0	78.0	90.0	407.0	135.7		
17	2016017	周胡广	男	电商1班	电子商务	89.0	71.0	70.0	84.0	90.0	404.0	134.7		
18	2016018	甘清清	女	电商1班	电子商务	70.0	67.0	71.0	88.0	67.0	363.0	121.0		
19	2016019	杨丽娟	女	电商1班	电子商务	46.0	56.0	80.0	80.0	45.0	307.0	102.3		
20	2016020	范玉婷	女	电商1班	电子商务	66.0	45.0	50.0	50.0	78.0	289.0	96.3		

图 7–28　各学生的成绩平均分

（2）求等级

满足总分大于 300 分，则等级输出为“合格”；总分小于 300 分，则等级输出为“不合格”。采用 Excel 提供的函数 IF( )。具体操作步骤如下。

第一步：选中等级字段下方的 N5 单元格，单击“编辑栏”上的“插入函数”按钮 *fx*，弹出“插入函数”面板，选择 IF 函数，如图 7–29 所示。

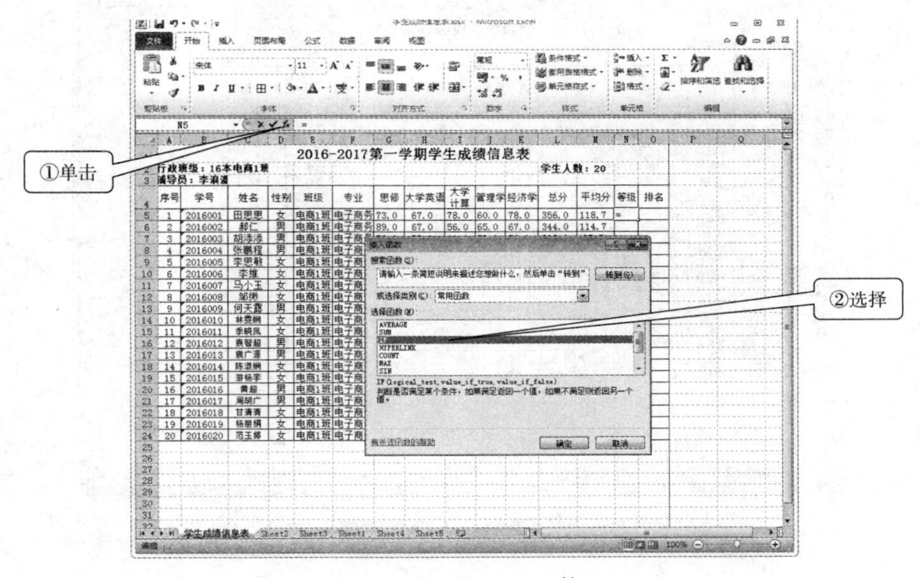

图 7–29 插入 IF 函数

第二步：在弹出的“函数参数”面板中，在第一个函数 Logical_test 中输入“L5>=300”，在第二个参数 Value_if_true 中输入“‘合格’”文字内容，在第三个参数 Value_if_false 中输入“‘不合格’”文字内容，如图 7–30 所示。

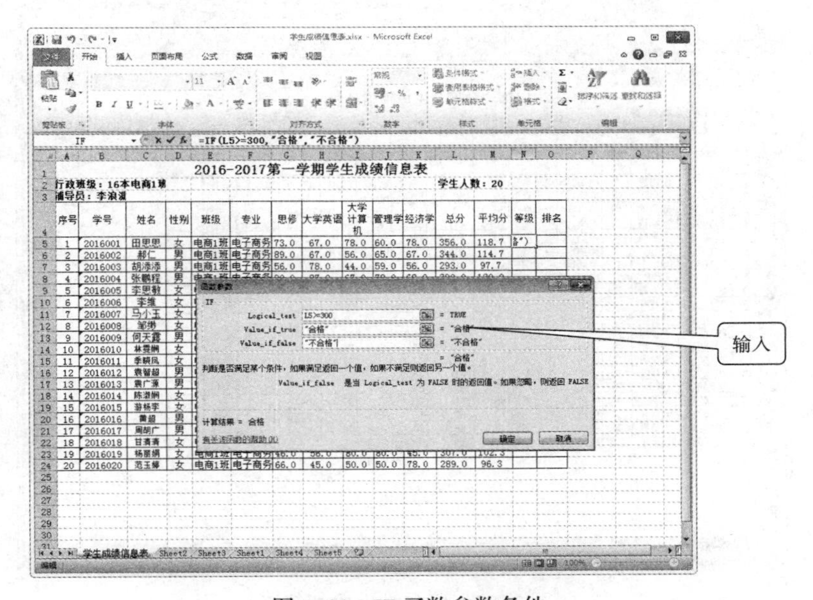

图 7–30 IF 函数参数条件

第三步：单击“确定”按钮，即会在 N5 单元格出现“合格”字样，如图 7–31 所示。

N5　=IF(L5>=300,"合格","不合格")

2016-2017第一学期学生成绩信息表

行政班级：16本电商1班　　学生人数：20

辅导员：李浪漫

序号	学号	姓名	性别	班级	专业	思修	大学英语	大学计算机	管理学	经济学	总分	平均分	等级	排名
1	2016001	田思思	女	电商1班	电子商务	73.0	67.0	78.0	60.0	78.0	356.0	118.7	合格	
2	2016002	郝仁	男	电商1班	电子商务	89.0	67.0	56.0	65.0	67.0	344.0	114.7		
3	2016003	胡添添	男	电商1班	电子商务	56.0	78.0	44.0	59.0	56.0	293.0	97.7		
4	2016004	张鹏程	男	电商1班	电子商务	90.0	87.0	67.0	78.0	68.0	390.0	130.0		
5	2016005	李思敏	女	电商1班	电子商务	73.0	76.0	49.0	80.0	60.0	338.0	112.7		
6	2016006	李维	女	电商1班	电子商务	60.0	51.0	80.0	96.0	65.0	352.0	117.3		
7	2016007	马小玉	女	电商1班	电子商务	45.0	60.0	70.0	67.0	65.0	307.0	102.3		
8	2016008	邹缈	女	电商1班	电子商务	67.0	97.0	83.0	80.0	67.0	394.0	131.3		
9	2016009	何天露	男	电商1班	电子商务	80.0	67.0	75.0	78.0	78.0	378.0	126.0		
10	2016010	林霙娴	女	电商1班	电子商务	96.0	78.0	87.0	74.0	89.0	424.0	141.3		
11	2016011	季晓凤	女	电商1班	电子商务	67.0	87.0	91.0	67.0	80.0	392.0	130.7		
12	2016012	袁智超	男	电商1班	电子商务	78.0	72.0	56.0	84.0	78.0	368.0	122.7		
13	2016013	袁广源	男	电商1班	电子商务	76.0	64.0	53.0	85.0	76.0	354.0	118.0		
14	2016014	陈淑娴	女	电商1班	电子商务	57.0	76.0	82.0	89.0	67.0	371.0	123.7		
15	2016015	游杨李	女	电商1班	电子商务	89.0	71.0	93.0	70.0	80.0	403.0	134.3		
16	2016016	黄超	男	电商1班	电子商务	90.0	90.0	59.0	78.0	90.0	407.0	135.7		
17	2016017	周胡广	男	电商1班	电子商务	89.0	71.0	70.0	84.0	90.0	404.0	134.7		
18	2016018	甘清清	女	电商1班	电子商务	70.0	67.0	71.0	88.0	67.0	363.0	121.0		
19	2016019	杨丽娟	女	电商1班	电子商务	46.0	56.0	80.0	80.0	45.0	307.0	102.3		
20	2016020	范玉婷	女	电商1班	电子商务	66.0	45.0	50.0	50.0	78.0	289.0	96.3		

学生成绩信息表　Sheet2　Sheet3　Sheet1　Sheet4　Sheet5

图 7–31　求第一个学生成绩等级

第四步：选择 N5 单元格，把光标移动到单元格右下角，当鼠标出现实心十字形“+”填充柄时，按住鼠标左键不放，向下拖动到单元格 N24，即可实现所有学生成绩等级情况，如图 7–32 所示。

N5　=IF(L5>=300,"合格","不合格")

2016-2017第一学期学生成绩信息表

行政班级：16本电商1班　　学生人数：20

辅导员：李浪漫

序号	学号	姓名	性别	班级	专业	思修	大学英语	大学计算机	管理学	经济学	总分	平均分	等级	排名
1	2016001	田思思	女	电商1班	电子商务	73.0	67.0	78.0	60.0	78.0	356.0	118.7	合格	
2	2016002	郝仁	男	电商1班	电子商务	89.0	67.0	56.0	65.0	67.0	344.0	114.7	合格	
3	2016003	胡添添	男	电商1班	电子商务	56.0	78.0	44.0	59.0	56.0	293.0	97.7	不合格	
4	2016004	张鹏程	男	电商1班	电子商务	90.0	87.0	67.0	78.0	68.0	390.0	130.0	合格	
5	2016005	李思敏	女	电商1班	电子商务	73.0	76.0	49.0	80.0	60.0	338.0	112.7	合格	
6	2016006	李维	女	电商1班	电子商务	60.0	51.0	80.0	96.0	65.0	352.0	117.3	合格	
7	2016007	马小玉	女	电商1班	电子商务	45.0	60.0	70.0	67.0	65.0	307.0	102.3	合格	
8	2016008	邹缈	女	电商1班	电子商务	67.0	97.0	83.0	80.0	67.0	394.0	131.3	合格	
9	2016009	何天露	男	电商1班	电子商务	80.0	67.0	75.0	78.0	78.0	378.0	126.0	合格	
10	2016010	林霙娴	女	电商1班	电子商务	96.0	78.0	87.0	74.0	89.0	424.0	141.3	合格	
11	2016011	季晓凤	女	电商1班	电子商务	67.0	87.0	91.0	67.0	80.0	392.0	130.7	合格	
12	2016012	袁智超	男	电商1班	电子商务	78.0	72.0	56.0	84.0	78.0	368.0	122.7	合格	
13	2016013	袁广源	男	电商1班	电子商务	76.0	64.0	53.0	85.0	76.0	354.0	118.0	合格	
14	2016014	陈淑娴	女	电商1班	电子商务	57.0	76.0	82.0	89.0	67.0	371.0	123.7	合格	
15	2016015	游杨李	女	电商1班	电子商务	89.0	71.0	93.0	70.0	80.0	403.0	134.3	合格	
16	2016016	黄超	男	电商1班	电子商务	90.0	90.0	59.0	78.0	90.0	407.0	135.7	合格	
17	2016017	周胡广	男	电商1班	电子商务	89.0	71.0	70.0	84.0	90.0	404.0	134.7	合格	
18	2016018	甘清清	女	电商1班	电子商务	70.0	67.0	71.0	88.0	67.0	363.0	121.0	合格	
19	2016019	杨丽娟	女	电商1班	电子商务	46.0	56.0	80.0	80.0	45.0	307.0	102.3	合格	
20	2016020	范玉婷	女	电商1班	电子商务	66.0	45.0	50.0	50.0	78.0	289.0	96.3	不合格	

学生成绩信息表　Sheet2　Sheet3　Sheet1　Sheet4　Sheet5

图 7–32　所有学生成绩等级

（3）求排名

在 Excel 中经常使用 RANK.EQ( ) 函数进行排位计算，本任务要求计算各位学生的总分排名，具体操作如下。

第一步：选中排名字段下方的 O5 单元格，单击“编辑栏”上的“插入函数”按钮 *fx*，弹出“插入函数”面板，在“搜索函数”栏内输入“RANK”，单击“转到”按钮。在“选择函数”栏内出现 RANK.EQ，选中 RANK.EQ 函数，如图 7-33 所示。

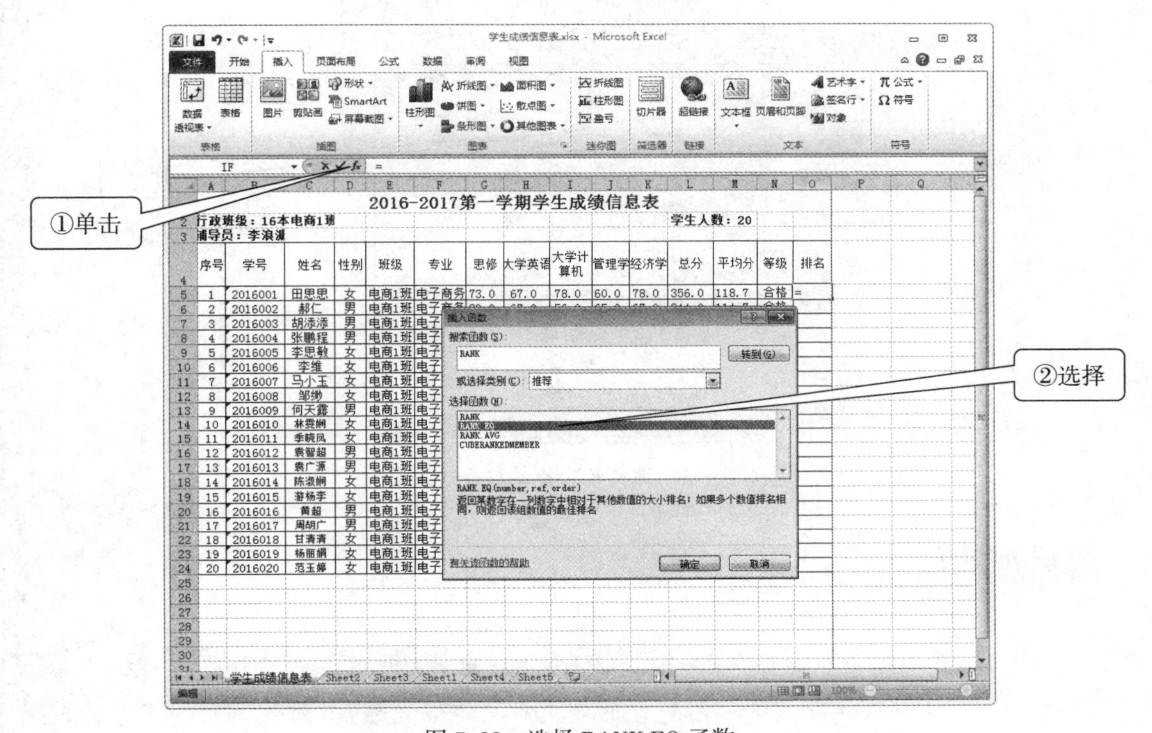

图 7-33　选择 RANK.EQ 函数

知识加油站

在 Excel 2010 中可以使用 RANK.EQ 或 RANK.AVG 函数计算一个数在一组数据中的排名，也可以使用早期 Excel 版本中用到的 RANK 函数进行排名计算。RANK.EQ 函数与早期版本中用到的 RANK 函数相同；与 RANK.AVG 函数的区别在于：有相同排位时，前者将得到最高排位，后者将得到平均排位。

第二步：选择好 RANK.EQ 函数后，单击“确定”按钮，出现“函数参数”对话框，第一个参数 Number 是一个数值，是指要排名的第一个数值，这里选择总分 L5 单元格数据。第二个参数 Ref 是一组数据，是指将 Number 参数中的数值与该参数中的一组数据进行比较，这里选择 $L$5: $L$24 单元格数据区域。第三个参数 Order 是排名方式，可以将该参数设置为 0 或省略，则将排名按降序，如果参数为其他数值，则按升序排名。参数设置如图 7-34 所示。

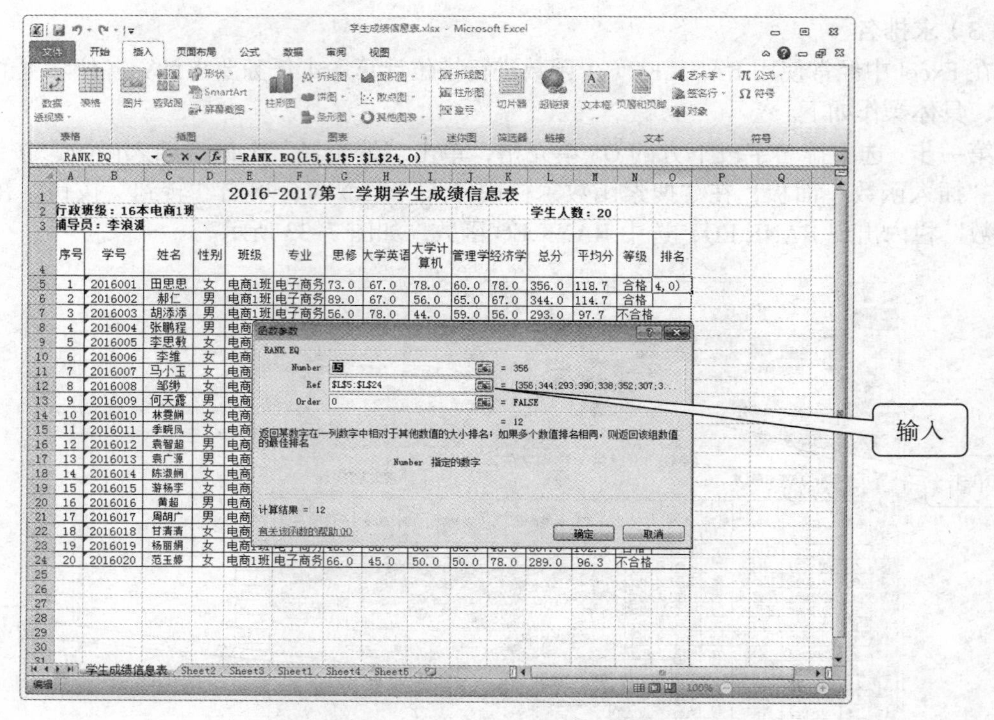

图 7-34 排名 RANK 函数参数设置

知识加油站

在 Excel 中引用单元格有三种方式：相对引用、绝对引用及混合引用。

相对引用是 Excel 默认的引用地址的方式，具体格式为：[列号][行号]，例如：A2。当函数或公式的单元格被复制或引用位置变化时，该引用地址与函数或公式中所有单元格的相对位置保持不变。例如，在 C2 单元格中插入函数 SUM（A2：B2）时，当函数向下填充到 C3 单元格时，函数中的单元格地址也发生相应的变化，函数变为 SUM（A3：B3）。

绝对引用格式为：$ [列号] $ [行号]，例如，$A$2。当把含有绝对地址的单元格的函数或公式复制到一个新的位置时，函数或公式中的单元格地址不会发生变化，绝对地址不会随函数或公式所在位置的改变而改变。例如，在 C2 单元格中插入函数 SUM（$A$2：$B$2）时，当函数向下填充到 C3 单元格时，函数中的单元格地址不会发生变化，函数还是 SUM（$A$2：$B$2）。

混合引用的格式为：$ [列号][行号] 或 [列号] $ [行号]，例如：$A2 或 A$2。当把含有单元格混合地址的函数或公式复制到一个新位置时，函数或公式中含有的混合地址的相对部分发生相应的变化，而绝对部分不会发生变化。例如，在 C2 单元格插入公式 =$A2+B$2 时，当公式向下填充到 C3 单元格时，公式变为 $A3+B$2，其中 A2 单元格列地址不变，B2 单元格行地址不变。

第三步：选择 O5 单元格，把光标移动到单元格右下角，当鼠标出现实心十字形“+”填充柄时，按住鼠标左键不放，向下拖动到单元格 O24，即可实现所有学生成绩总分的排名，如图 7-35 所示。

=RANK.EQ(L5,$L$5:$L$24,0)

2016-2017第一学期学生成绩信息表

行政班级：16本电商1班　　学生人数：20

辅导员：李浪漫

序号	学号	姓名	性别	班级	专业	思修	大学英语	大学计算机	管理学	经济学	总分	平均分	等级	排名
1	2016001	田思思	女	电商1班	电子商务	73.0	67.0	78.0	60.0	78.0	356.0	118.7	合格	12
2	2016002	郝仁	男	电商1班	电子商务	89.0	67.0	56.0	65.0	67.0	344.0	114.7	合格	15
3	2016003	胡添添	男	电商1班	电子商务	56.0	78.0	44.0	59.0	56.0	293.0	97.7	不合格	19
4	2016004	张鹏程	男	电商1班	电子商务	90.0	87.0	67.0	78.0	68.0	390.0	130.0	合格	7
5	2016005	李思敏	女	电商1班	电子商务	73.0	76.0	49.0	80.0	60.0	338.0	112.7	合格	16
6	2016006	李维	女	电商1班	电子商务	60.0	51.0	80.0	96.0	65.0	352.0	117.3	合格	14
7	2016007	马小玉	女	电商1班	电子商务	45.0	60.0	70.0	67.0	65.0	307.0	102.3	合格	17
8	2016008	邹缈	女	电商1班	电子商务	67.0	97.0	83.0	80.0	67.0	394.0	131.3	合格	5
9	2016009	何天露	男	电商1班	电子商务	80.0	67.0	75.0	78.0	78.0	378.0	126.0	合格	8
10	2016010	林霁娴	女	电商1班	电子商务	96.0	78.0	87.0	74.0	89.0	424.0	141.3	合格	1
11	2016011	季晓凤	女	电商1班	电子商务	67.0	87.0	91.0	67.0	80.0	392.0	130.7	合格	6
12	2016012	袁智超	男	电商1班	电子商务	78.0	72.0	56.0	84.0	78.0	368.0	122.7	合格	10
13	2016013	袁广源	男	电商1班	电子商务	76.0	64.0	53.0	85.0	76.0	354.0	118.0	合格	13
14	2016014	陈淑娴	女	电商1班	电子商务	57.0	76.0	82.0	89.0	67.0	371.0	123.7	合格	9
15	2016015	游杨李	女	电商1班	电子商务	89.0	71.0	93.0	70.0	80.0	403.0	134.3	合格	4
16	2016016	黄超	男	电商1班	电子商务	90.0	90.0	59.0	78.0	90.0	407.0	135.7	合格	2
17	2016017	周胡广	男	电商1班	电子商务	89.0	71.0	70.0	84.0	90.0	404.0	134.7	合格	3
18	2016018	甘青青	女	电商1班	电子商务	70.0	67.0	71.0	88.0	67.0	363.0	121.0	合格	11
19	2016019	杨丽娟	女	电商1班	电子商务	46.0	56.0	80.0	80.0	45.0	307.0	102.3	合格	17
20	2016020	范玉婷	女	电商1班	电子商务	66.0	45.0	50.0	50.0	78.0	289.0	96.3	不合格	20

图 7-35　所有学生排名

第四步：选择 A5：O24 单元格，单击菜单栏“数据”选项卡，选择“排序”按钮，弹出“排序”面板，单击“主要关键字”下拉按钮，选择“排名”字段，次序为“升序”，如图 7-36 所示。

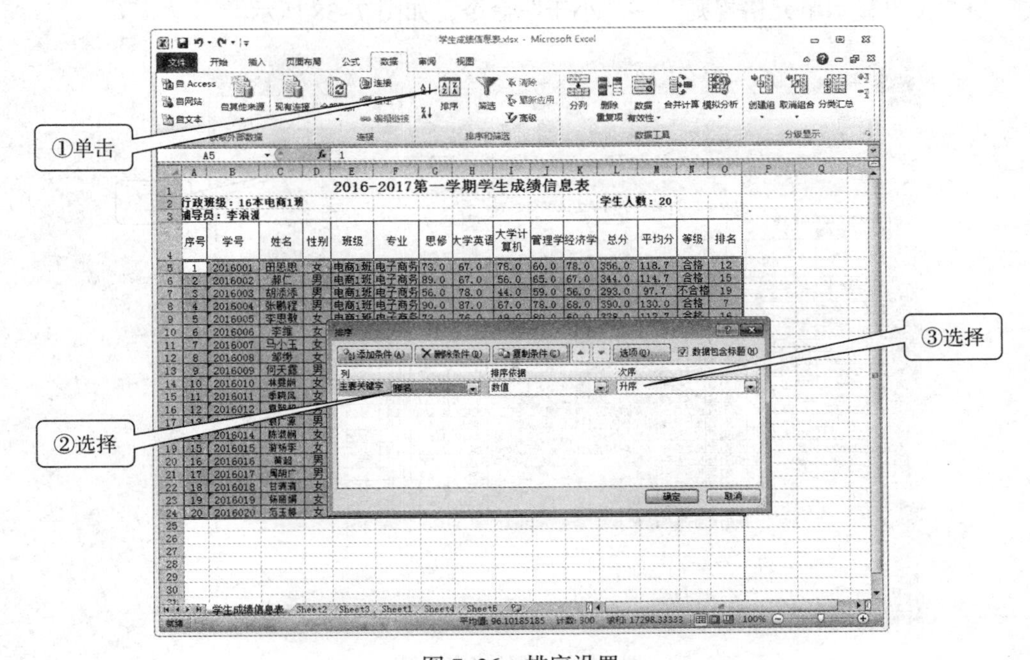

图 7-36　排序设置

第五步：排序参数设置好后，单击“确定”按钮，排序效果如图 7–37 所示。

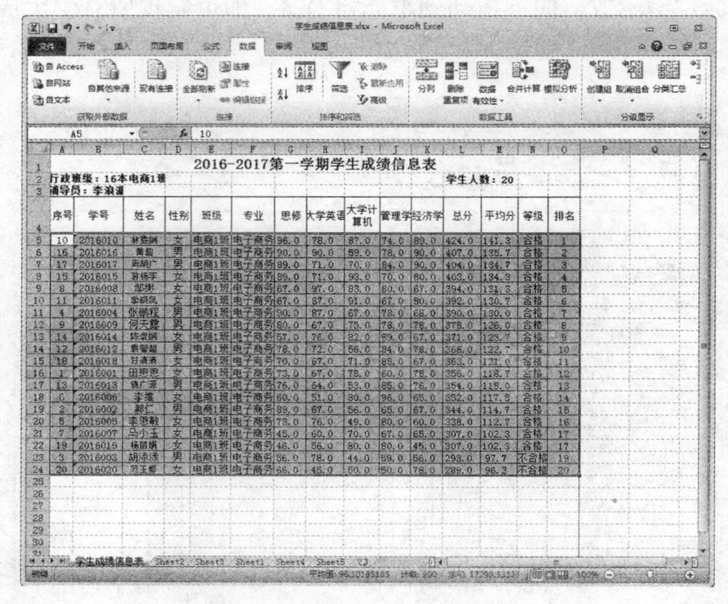

图 7–37　排序效果

4. 修饰表格：突出不及格分数

为使表格中数据显示更加清晰，班级要求统计不合格分数，这里设置单科成绩在 60 分以下为不合格成绩。选择各科成绩所在单元格区域 G5：K24，单击菜单栏“开始”→“条件格式”→“突出显示单元格规则”→“小于”命令，如图 7–38 所示。

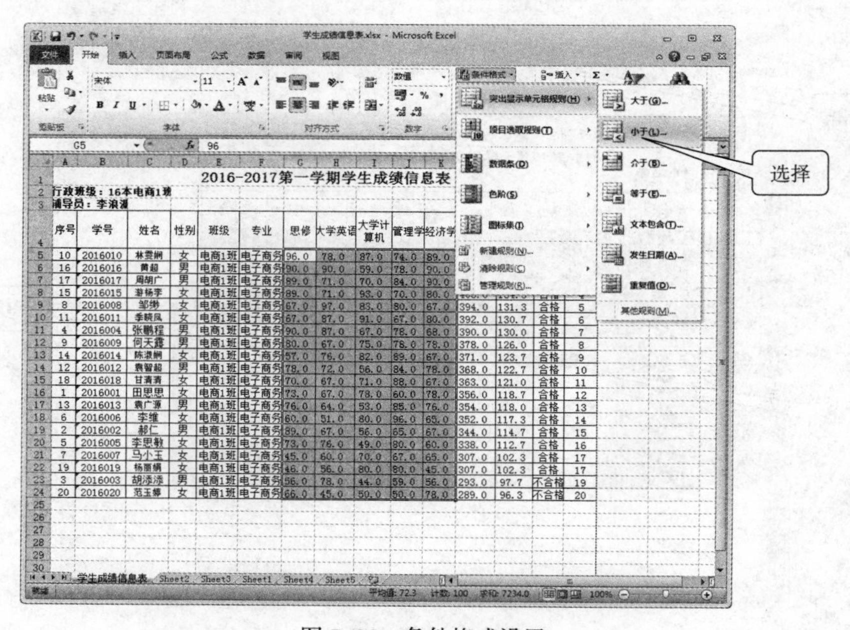

图 7–38　条件格式设置

在弹出的条件格式设置面板中设置“小于”值为60，颜色为“浅红填充红色文本”，单击“确定”按钮即可实现突出不合格分数，如图7–39所示。

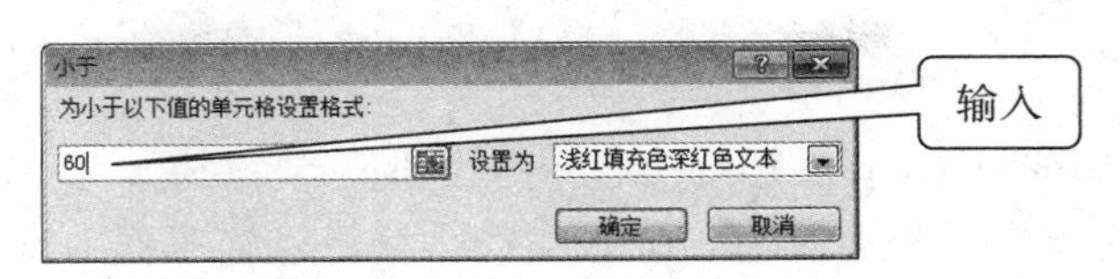

图7–39 突出不合格分数

至此，学生成绩信息表数据统计功能设置全部完成。

知识加油站

为了使用户更好地掌握Excel提供的函数，在这里简单介绍一下，仅供参考。

（1）统计函数

- AVERAGE函数

语法：AVERAGE(number1，number2，…)

功能：计算参数的算术平均值。其参数可以是数值，也可以是单元格引用。

- COUNT函数

语法：COUNT(value1，[value2]，…)

功能：计算区域中包含数字单元格的个数。

- COUNTIF函数

语法：COUNTIF(range，criteria)

功能：计算区域中满足某个条件的单元格个数。其中criteria为确定哪些单元格将被计算在内的条件，其形式可以为数字、表达式、单元格引用或文本。

- MAX函数

语法：MAX(number1，number2，…)

功能：返回一组数据中的最大值。

- MIN函数

语法：MIN(number1，number2，…)

功能：返回一组数值中的最小值。

（2）逻辑函数

- AND函数

语法：AND(logical1，logical2，…)

功能：表示逻辑与，仅当所有的条件全部为真时，才能返回逻辑值TRUE；只要有一个条件不满足，就会返回逻辑值FALSE。

- OR函数

语法：OR(logical1，logical2，…)

功能：表示逻辑或，只要有一个条件成立，则返回逻辑值 TRUE；当所有的条件均不成立时，才返回逻辑值 FALSE。

• IF 函数

语法：IF（logical_test，value_if_true，value_if_false）

功能：根据对指定条件进行逻辑真假值判断，从而返回不同的结果，其中，logical_test（必填项）计算结果可能为 TRUE 或 FALSE 的任意值或表达式，此参数可使用任意比较运算符；value_if_true（选填项）是 logical_test 参数的计算结果为 TRUE 时所要返回的值；value_if_false（选填项）是 logical_test 参数的计算结果为 FALSE 时所要返回的值。

（3）数学和三角函数

• SUM 函数

语法：SUM（number1，number2，…）

功能：返回某一单元格区域中所有数据之和，其中，number1、number2 等参数可以是数值，也可以是含有数据的单元格的引用。

• SIN 函数

语法：SIN（number）

功能：返回给定角度的正弦值。

• COS 函数

语法：COS（number）

功能：返回给定角度的余弦值。

• TAN 函数

语法：TAN（number）

功能：返回给定角度的正切值。

（4）日期和时间函数

• DAY 函数

语法：DAY（serial，number）

功能：返回一个月中的第几天，其中 number 参数取值范围为（1，31）。

• NOW 函数

语法：NOW（）

功能：返回当前的时间。

• TODAY 函数

语法：TODAY（）

功能：返回当天的日期。

Excel 2010 提供的函数远远不止上面介绍的这些，在函数库中提供了多个函数，用户可以根据需要选择使用。

7.2　任务扩展：制作学生成绩统计分析表

7.2.1　任务描述

学校为进一步加强各科目学生成绩管理，要求统计各科目各阶段分数分布情况，通过分析可以得出学生掌握各科目知识点的情况，以便能够更好地实施教学。具体要求：在任务 7.1 制作学生成绩信息表的基础上，统计各科目实考人数、最高分、最低分，各科目 90 分以上人数、80–89 分人数、70–79 分人数、60–69 分人数、60 分以下人数，优秀率（90 分以上）、及格率及不合格率。

本任务实施要求如下：

①在任务 7.1 新建的学生成绩信息表中录入数据信息；

②统计分析数据；

③添加表格边框：外边框为细线条，内边框为虚线；

④添加表头：行标题为科目，列标题为统计。

任务效果如图 7–40 所示。

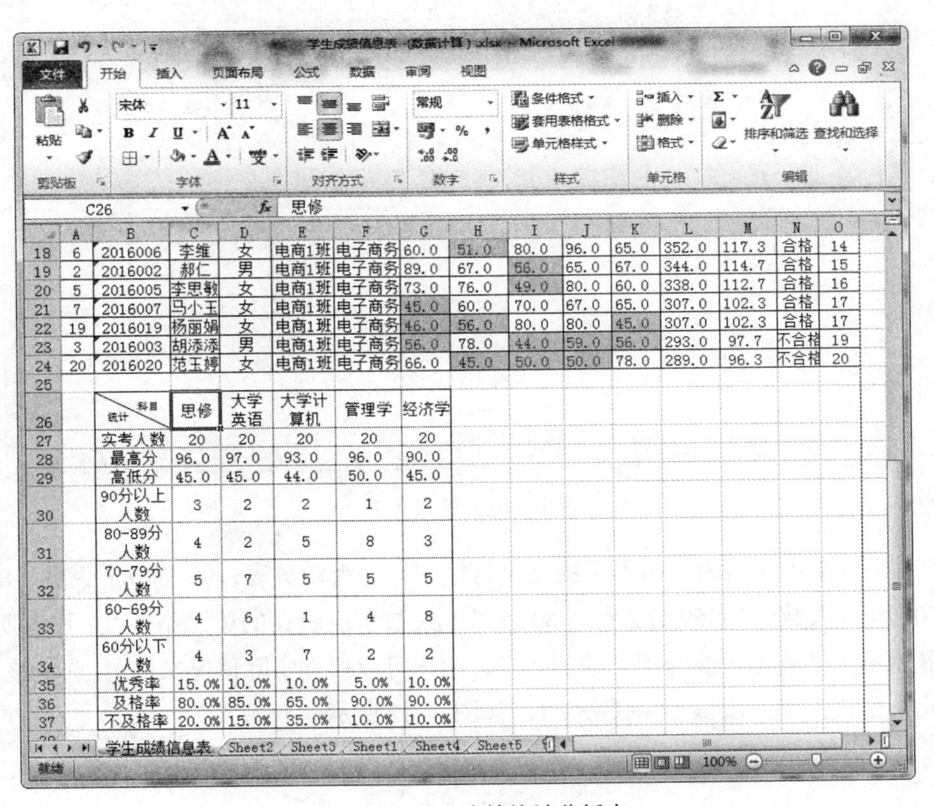

	A	B	C	D	E	F	G	H	I	J	K	L	M	N	O
18	6	2016006	李维	女	电商1班	电子商务	60.0	51.0	80.0	96.0	65.0	352.0	117.3	合格	14
19	2	2016002	郝仁	男	电商1班	电子商务	89.0	67.0	56.0	65.0	67.0	344.0	114.7	合格	15
20	5	2016005	李思敏	女	电商1班	电子商务	73.0	76.0	49.0	80.0	60.0	338.0	112.7	合格	16
21	7	2016007	马小玉	女	电商1班	电子商务	45.0	60.0	70.0	67.0	65.0	307.0	102.3	合格	17
22	19	2016019	杨丽娟	女	电商1班	电子商务	46.0	56.0	80.0	80.0	45.0	307.0	102.3	合格	17
23	3	2016003	胡添添	男	电商1班	电子商务	56.0	78.0	44.0	59.0	56.0	293.0	97.7	不合格	19
24	20	2016020	范玉婷	女	电商1班	电子商务	66.0	45.0	50.0	50.0	78.0	289.0	96.3	不合格	20

统计 \ 科目	思修	大学英语	大学计算机	管理学	经济学
实考人数	20	20	20	20	20
最高分	96.0	97.0	93.0	96.0	90.0
高低分	45.0	45.0	44.0	50.0	45.0
90分以上人数	3	2	2	1	2
80-89分人数	4	2	5	8	3
70-79分人数	5	7	5	5	5
60-69分人数	4	6	1	4	8
60分以下人数	4	3	7	2	2
优秀率	15.0%	10.0%	10.0%	5.0%	10.0%
及格率	80.0%	85.0%	65.0%	90.0%	90.0%
不及格率	20.0%	15.0%	35.0%	10.0%	10.0%

图 7–40　学生成绩统计分析表

7.2.2 任务实现

1. 在任务 7.1 新建的学生成绩信息表中录入数据信息

第一步：打开学生成绩信息表，选择学生成绩信息工作表。

第二步：录入数据信息。在 C26：G26 单元格区域输入各科目名称（思修、大学英语、大学计算机、管理学及经济学）；在 B27：B37 单元格区域输入实考人数、最高分、最低分、90 分以上人数、80–89 分人数、70–79 分人数、60–69 分人数、60 分以下人数、优秀率、及格率、不合格率。录入文字后，如图 7–41 所示。

图 7–41　录入文字

第三步：对于单元格内显示不了的文字行或列，如大学英语、90 分以上人数、80–89 分人数、70–79 分人数、60–69 分人数、60 分以下人数字段所在的单元格（注：作者所设计的单元格显示不了的内容可能与用户的不一样，用户可以根据实际情况操作），选定该单元格，设置单元格格式，操作步骤参见任务 7.1，如图 7–42 所示。

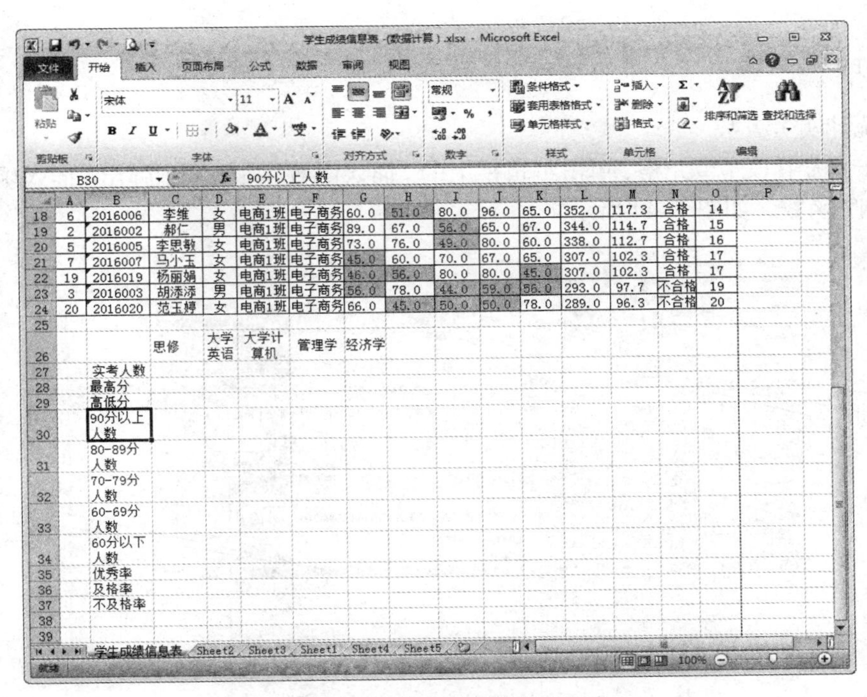

图 7–42　调节行和列单元格内容

第四步：选择 B26：G37 单元区域，右击鼠标，在弹出的菜单栏中选择“设置单元格格式”对齐选项卡中的“文本对齐方式”，设置水平对齐和垂直对齐都“居中”。效果如图 7–43 所示。

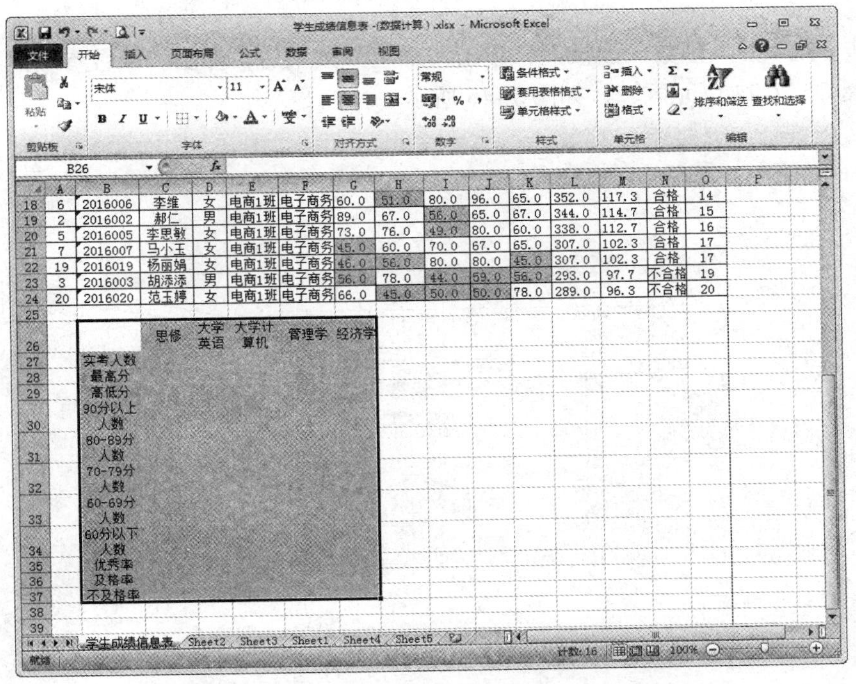

图 7–43　文字水平垂直居中

2. 统计分析数据

（1）统计实考人数

第一步：选中 C27 单元格，单击编辑栏上的“插入函数”按钮 f_x，弹出“插入函数”面板，选择 COUNT 函数，如图 7–44 所示。

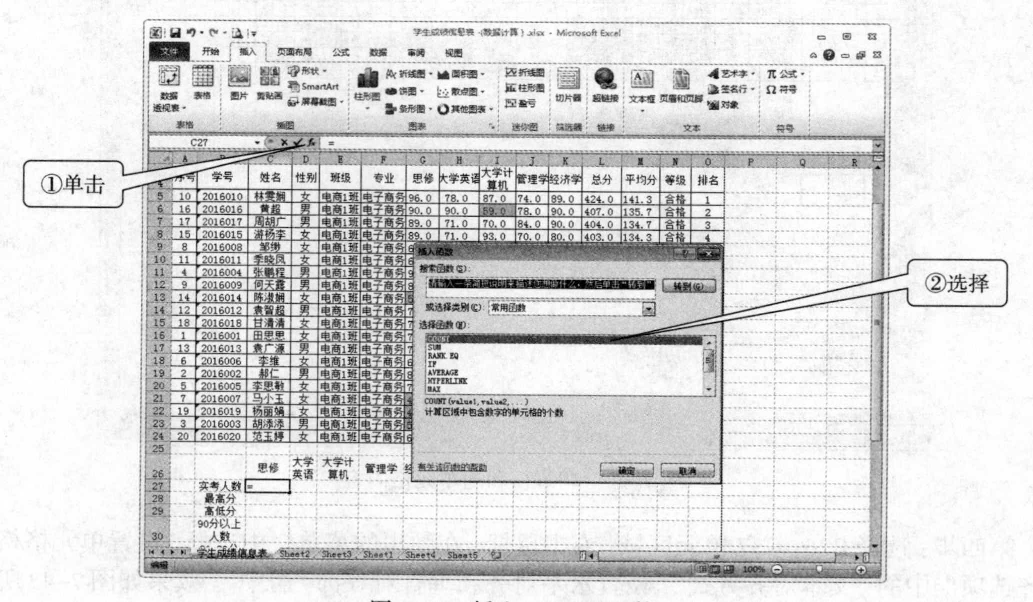

图 7–44　插入 COUNT 函数

第二步：在“插入函数”面板上，单击“确定”按钮后，弹出“函数参数”面板，参数 Value1 选择 G5：G24 单元区域，如图 7–45 所示。

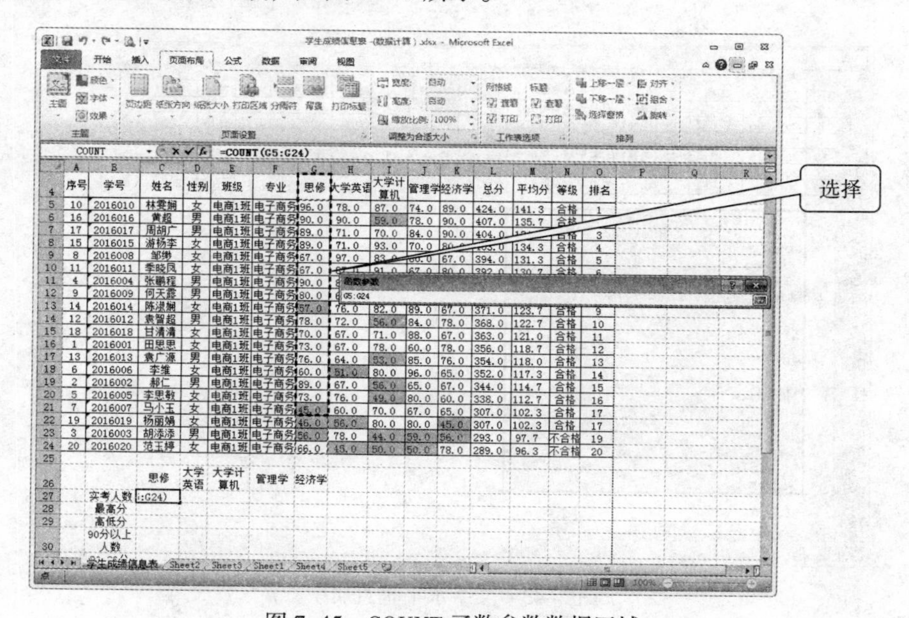

图 7–45　COUNT 函数参数数据区域

第三步：在“函数参数”面板单击返回按钮，单击“确定”按钮后，统计出思修科目实考人数，如图 7-46 所示。

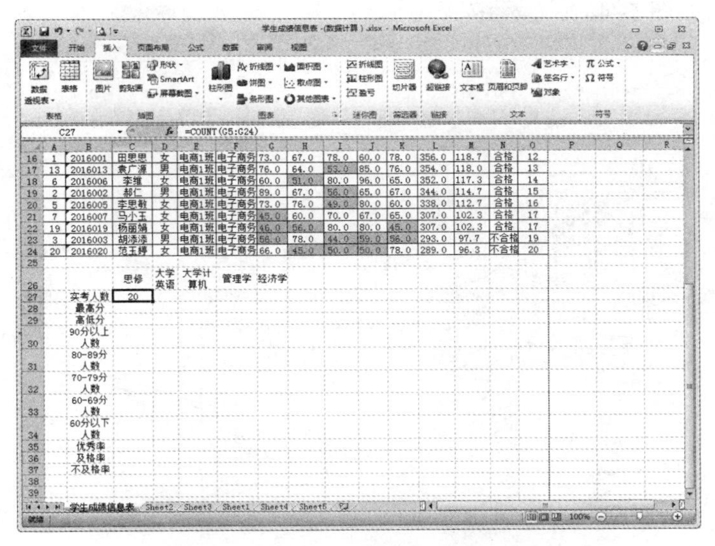

图 7-46　统计出思修科目实考人数

注意：

COUNT 函数中的参数 Value 的值必须是数值类型，否则统计的结果都为 0。

第四步：选中 C27 单元格，把光标移动到单元格右下角，当鼠标出现实心十字形“+”填充柄时，按住鼠标左键不放，向右拖动到单元格 G27，即可实现统计所有学生科目实考人数，如图 7-47 所示。

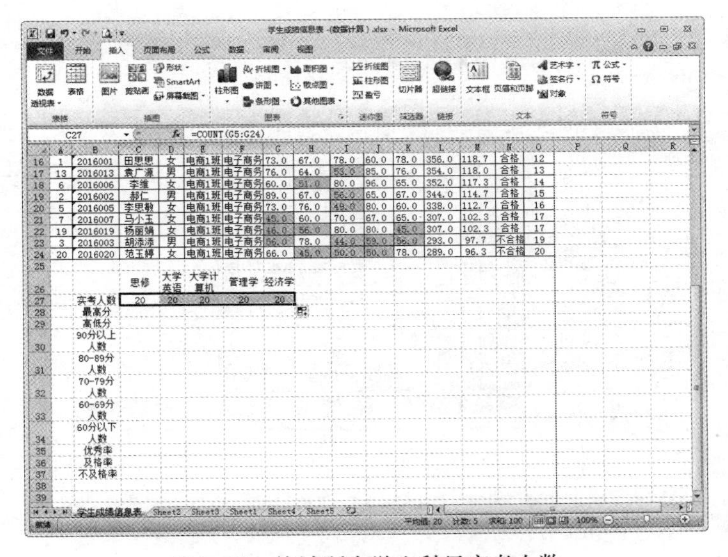

图 7-47　统计所有学生科目实考人数

（2）统计最高分

第一步：选中 C28 单元格，单击编辑栏上的“插入函数”按钮 *fx*，弹出“插入函数”面板，选择 MAX 函数，如图 7–48 所示。

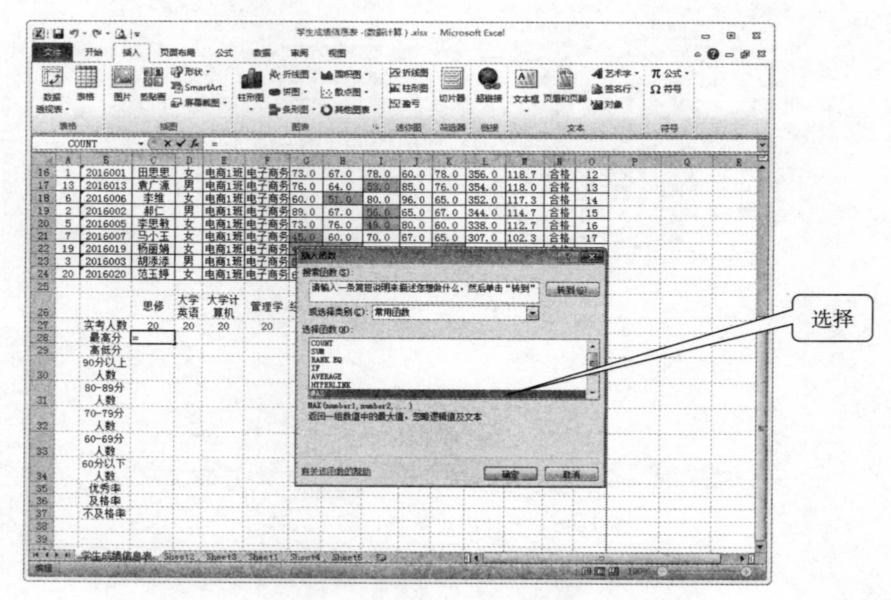

图 7–48 插入 MAX 函数

第二步：在“插入函数”面板上，单击“确定”按钮后，弹出“函数参数”面板，参数 Value1 选择 G5：G24 单元格区域，如图 7–49 所示。

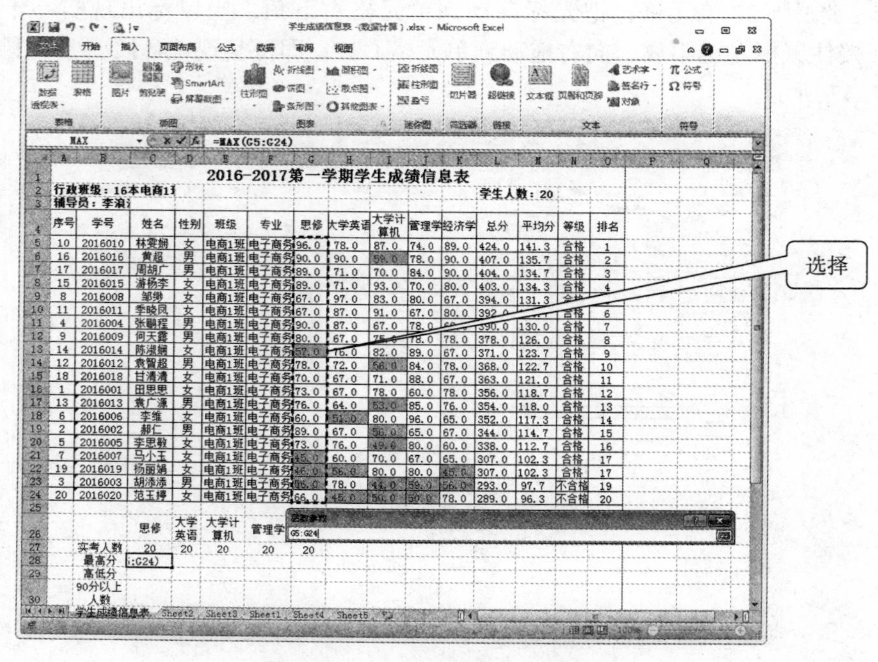

图 7–49 MAX 函数参数数据区域

第三步：在函数参数面板中单击返回按钮，单击“确定”按钮后，统计出思修科目的最高分，如图 7–50 所示。

C28 | =MAX(G5:G24)

2016-2017第一学期学生成绩信息表

行政班级：16本电商1班　　学生人数：20

辅导员：李浪

序号	学号	姓名	性别	班级	专业	思修	大学英语	大学计算机	管理学	经济学	总分	平均分	等级	排名
10	2016010	林雯娴	女	电商1班	电子商务	96.0	78.0	87.0	74.0	89.0	424.0	141.3	合格	1
16	2016016	黄超	男	电商1班	电子商务	90.0	90.0	59.0	78.0	90.0	407.0	135.7	合格	2
17	2016017	周胡广	男	电商1班	电子商务	89.0	71.0	70.0	84.0	90.0	404.0	134.7	合格	3
15	2016015	游杨李	女	电商1班	电子商务	89.0	71.0	93.0	70.0	80.0	403.0	134.3	合格	4
8	2016008	邹缈	女	电商1班	电子商务	67.0	97.0	83.0	80.0	67.0	394.0	131.3	合格	5
11	2016011	李晓凤	女	电商1班	电子商务	67.0	87.0	91.0	67.0	80.0	392.0	130.7	合格	6
4	2016004	张鹏程	男	电商1班	电子商务	90.0	87.0	67.0	78.0	68.0	390.0	130.0	合格	7
9	2016009	何天露	男	电商1班	电子商务	80.0	67.0	75.0	78.0	78.0	378.0	126.0	合格	8
14	2016014	陈淑娴	女	电商1班	电子商务	57.0	76.0	82.0	89.0	67.0	371.0	123.7	合格	9
12	2016012	袁智超	男	电商1班	电子商务	78.0	72.0	56.0	84.0	78.0	368.0	122.7	合格	10
18	2016018	甘清清	女	电商1班	电子商务	70.0	67.0	71.0	88.0	67.0	363.0	121.0	合格	11
1	2016001	田思思	女	电商1班	电子商务	73.0	67.0	78.0	60.0	78.0	356.0	118.7	合格	12
13	2016013	袁广源	男	电商1班	电子商务	76.0	64.0	53.0	85.0	76.0	354.0	118.0	合格	13
6	2016006	李维	女	电商1班	电子商务	60.0	51.0	80.0	96.0	65.0	352.0	117.3	合格	14
2	2016002	郝仁	男	电商1班	电子商务	89.0	67.0	56.0	65.0	67.0	344.0	114.7	合格	15
5	2016005	李思敏	女	电商1班	电子商务	73.0	76.0	49.0	80.0	60.0	338.0	112.7	合格	16
7	2016007	马小玉	女	电商1班	电子商务	45.0	60.0	70.0	67.0	65.0	307.0	102.3	合格	17
19	2016019	杨丽娟	女	电商1班	电子商务	46.0	56.0	80.0	80.0	45.0	307.0	102.3	合格	17
3	2016003	胡添添	男	电商1班	电子商务	56.0	78.0	44.0	59.0	56.0	293.0	97.7	不合格	19
20	2016020	范玉婷	女	电商1班	电子商务	66.0	45.0	50.0	50.0	78.0	289.0	96.3	不合格	20

	思修	大学英语	大学计算机	管理学	经济学
实考人数	20	20	20	20	20
最高分	96.0				
高低分					
90分以上人数					

学生成绩信息表　Sheet2　Sheet3　Sheet1　Sheet4　Sheet5

图 7–50　统计思修科目的最高分

第四步：选中 C28 单元格，把光标移动到单元格右下角，当鼠标出现实心十字形“+”填充柄时，按住鼠标左键不放，向右拖动到单元格 G28，即可实现所有学生科目最高分的统计，如图 7–51 所示。

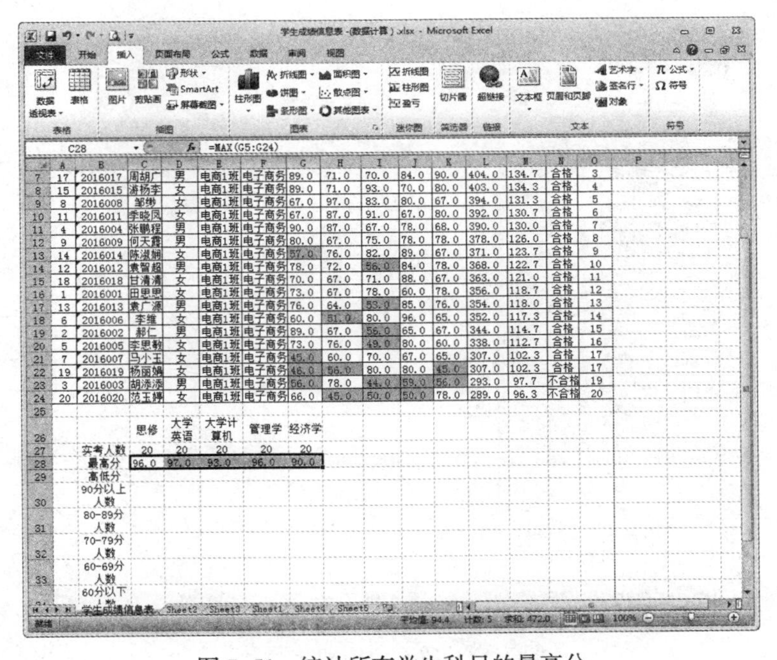

C28 | =MAX(G5:G24)

	思修	大学英语	大学计算机	管理学	经济学
实考人数	20	20	20	20	20
最高分	96.0	97.0	93.0	96.0	90.0
高低分					
90分以上人数					
80-89分人数					
70-79分人数					
60-69分人数					
60分以下人数					

图 7–51　统计所有学生科目的最高分

（3）统计最低分

学生所有科目最低分的统计，操作步骤如同统计学生所有科目最高分的一样，但选择函数不同，应该选择最低分 MIN 函数，效果如图 7-52 所示。

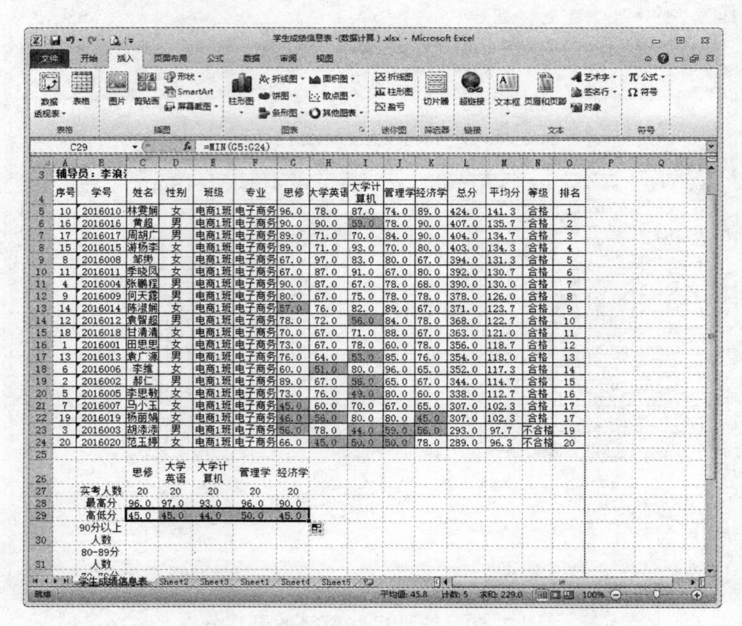

图 7-52　统计所有学生科目最低分

（4）统计 90 分以上人数、80-89 分人数、70-79 分人数、60-69 分人数、60 分以下人数

第一步：选择 C30 单元格，单击“编辑栏”上的“插入函数”按钮 f_x，弹出“插入函数”面板，选择 COUNTIF 函数，如图 7-53 所示。

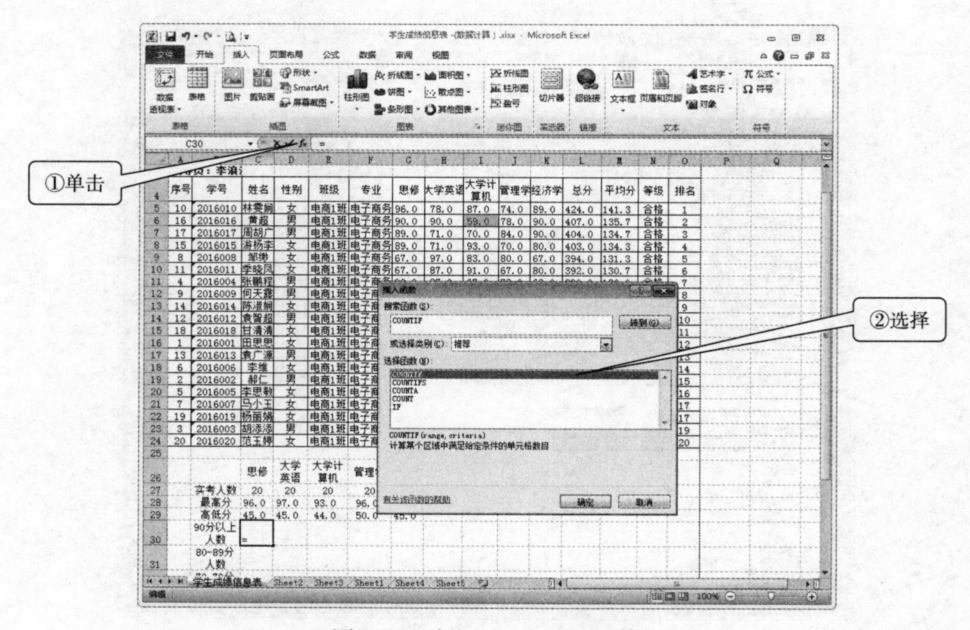

图 7-53　插入 COUNTIF 函数

第二步：在“插入函数”面板上，单击“确定”按钮后，弹出“函数参数”面板，第一个参数 Range 计算 90 分以上人数数据范围，选择 G5：G24 单元格区域，第二个函数 Criteria 表示数据区域满足的条件，输入“>=90”，如图 7-54 所示。

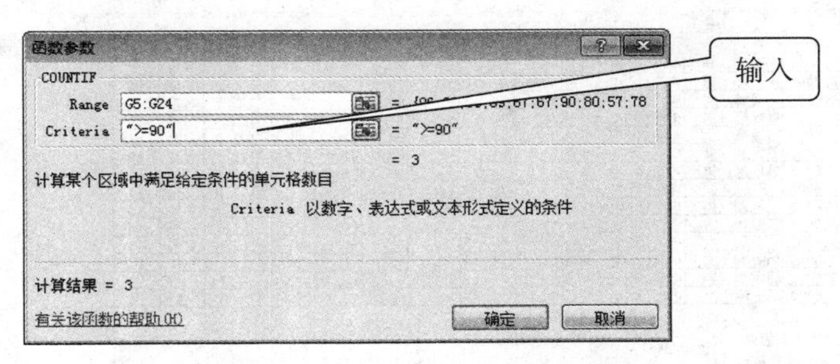

图 7-54 COUNTIF 函数参数内容

第三步：在函数参数面板单击“确定”按钮后，即可统计出思修科目 90 分以上人数，如图 7-55 所示。

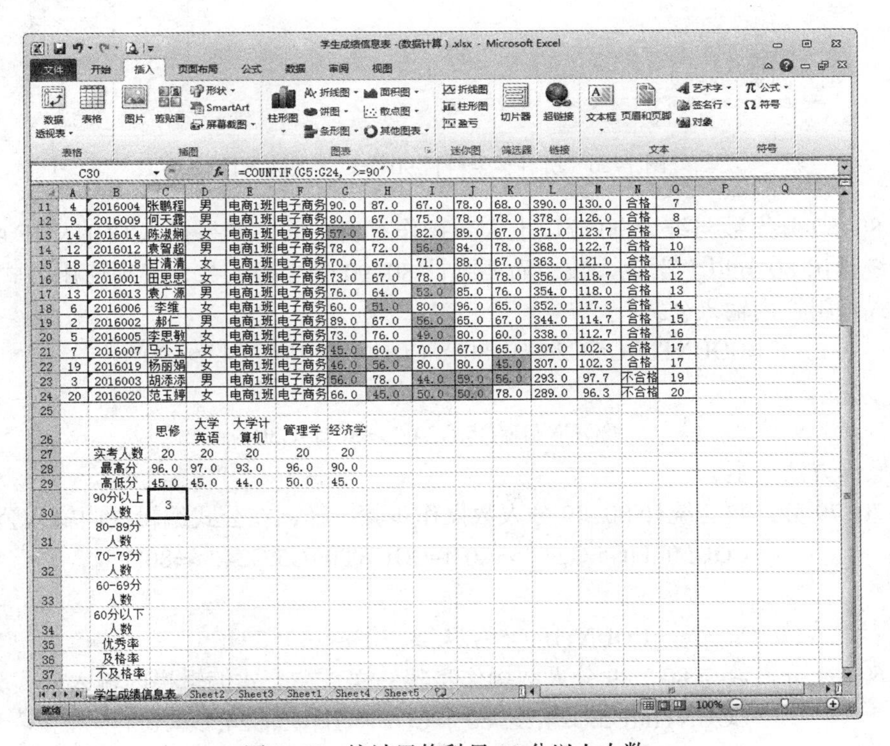

	A	B	C	D	E	F	G	H	I	J	K	L	M	N	O
11	4	2016004	张鹏程	男	电商1班	电子商务	90.0	87.0	67.0	78.0	68.0	390.0	130.0	合格	7
12	9	2016009	何天露	男	电商1班	电子商务	80.0	67.0	75.0	78.0	78.0	378.0	126.0	合格	8
13	14	2016014	陈淑娴	女	电商1班	电子商务	57.0	76.0	82.0	89.0	67.0	371.0	123.7	合格	9
14	12	2016012	袁智超	男	电商1班	电子商务	78.0	72.0	56.0	84.0	78.0	368.0	122.7	合格	10
15	18	2016018	甘清清	女	电商1班	电子商务	70.0	67.0	71.0	88.0	67.0	363.0	121.0	合格	11
16	1	2016001	田思思	女	电商1班	电子商务	73.0	67.0	78.0	60.0	78.0	356.0	118.7	合格	12
17	13	2016013	袁广源	男	电商1班	电子商务	76.0	64.0	53.0	85.0	76.0	354.0	118.0	合格	13
18	6	2016006	李维	女	电商1班	电子商务	60.0	51.0	80.0	96.0	65.0	352.0	117.3	合格	14
19	2	2016002	郝仁	男	电商1班	电子商务	89.0	67.0	56.0	65.0	67.0	344.0	114.7	合格	15
20	5	2016005	李思敏	女	电商1班	电子商务	73.0	76.0	49.0	80.0	60.0	338.0	112.7	合格	16
21	7	2016007	马小玉	女	电商1班	电子商务	45.0	60.0	70.0	67.0	65.0	307.0	102.3	合格	17
22	19	2016019	杨丽娟	女	电商1班	电子商务	46.0	56.0	80.0	80.0	45.0	307.0	102.3	合格	17
23	3	2016003	胡添添	男	电商1班	电子商务	56.0	78.0	44.0	59.0	56.0	293.0	97.7	不合格	19
24	20	2016020	范玉婷	女	电商1班	电子商务	66.0	45.0	50.0	50.0	78.0	289.0	96.3	不合格	20
25															
26			思修	大学英语	大学计算机	管理学	经济学								
27		实考人数	20	20	20	20	20								
28		最高分	96.0	97.0	93.0	96.0	90.0								
29		高低分	45.0	45.0	44.0	50.0	45.0								
30		90分以上人数	3												
31		80-89分人数													
32		70-79分人数													
33		60-69分人数													
34		60分以下人数													
35		优秀率													
36		及格率													
37		不及格率													

图 7-55 统计思修科目 90 分以上人数

第四步：选中 C30 单元格，把光标移动到单元格右下角，当鼠标出现实心十字形“+”填充柄时，按住鼠标左键不放，向右拖动到单元格 G30，即可实现所有学生科目 90 分以上人数的统计，如图 7-56 所示。

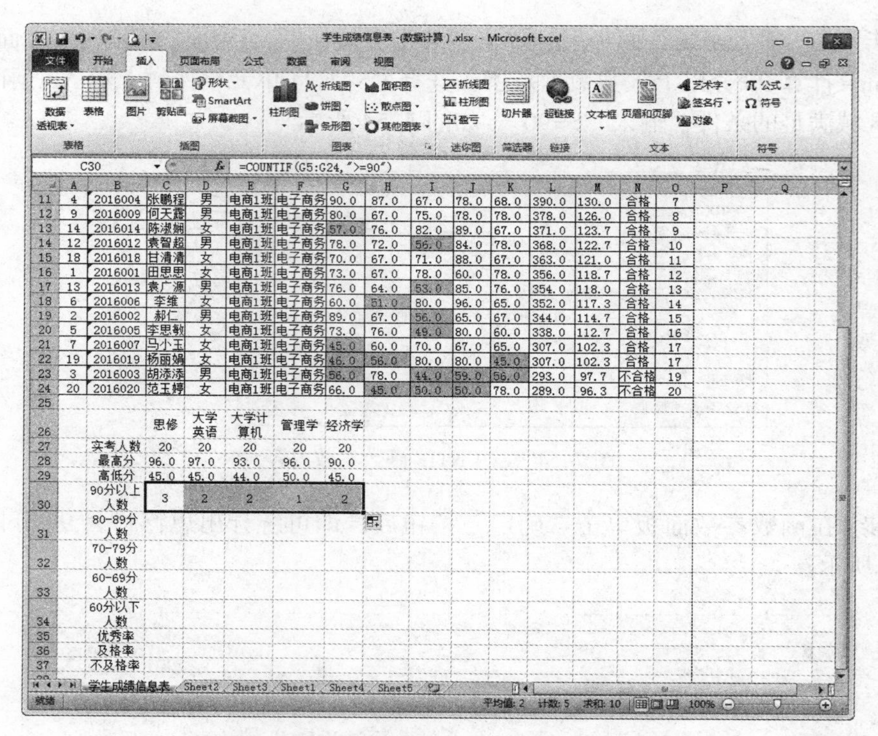

图 7-56　所有学生科目 90 分以上人数统计

统计 80–89 分人数与统计 90 分以上人数操作有所不同，如果插入 COUNTIF 函数统计，那么只能统计出 80 分以上学生人数，而要统计 80~90 分之间人数，必须使用公式编辑的方法，在公式编辑栏内输入公式：

=COUNTIF(G5:G24,">=80")–COUNTIF(G5:G24,">=90")

或者

=COUNTIF(G5:G24,">=80")–C30

其他操作方法同上。

统计 70–79 分人数与统计 80~89 分人数操作步骤一样，在公式编辑栏内输入公式为：

=COUNTIF(G5:G24,">=70")–COUNTIF(G5:G24,">=80")

或者

=COUNTIF(G5:G24,">=70")–C30–C31

统计 60–69 分人数与 80—89 分人数操作步骤一样，在公式编辑栏内输入公式为：

=COUNTIF(G5:G24,">=60")–COUNTIF(G5:G24,">=70")

或者

=COUNTIF(G5:G24,">=60")–C30–C31–C32

统计 60 分以下人数与 80–89 分人数操作步骤一样，在公式编辑栏内输入公式为：

=COUNTIF(G5:G24,"<60")

效果如图 7–57 所示。

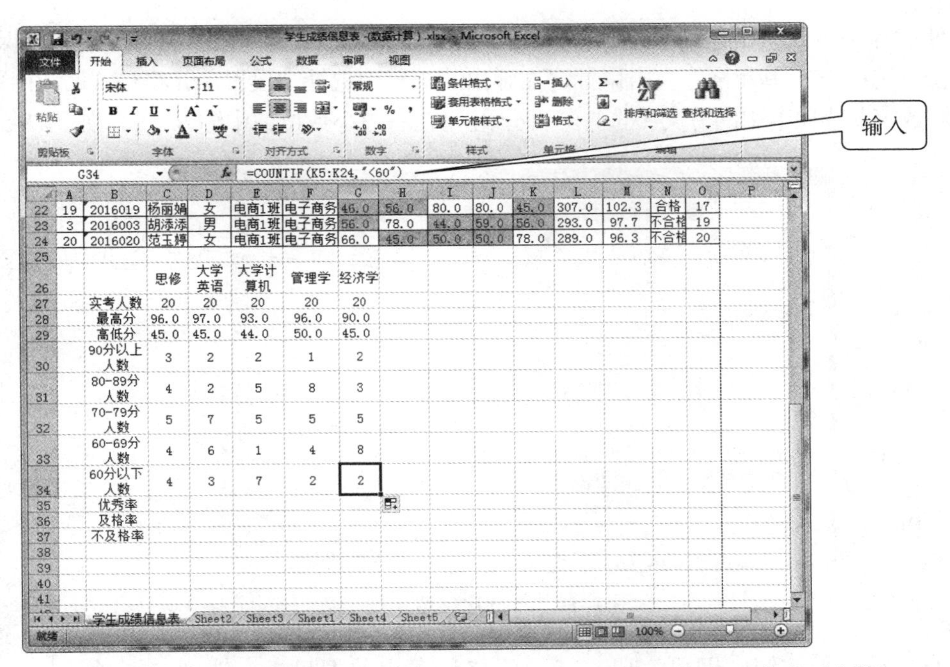

图 7–57 统计 80~89 分人数、70~79 分人数、60~69 分人数及 60 分以下人数

（5）统计优秀率、及格率及不及格率

优秀率，即满足大于等于 90 分的人数与班级实考人数的比率。先统计思修科目的优秀率，选中 C35 单元格，在公式编辑栏内输入公式“=C30/C27”，单击公式编辑栏内的✔图标，即可完成统计优秀率，如图 7–58 所示。

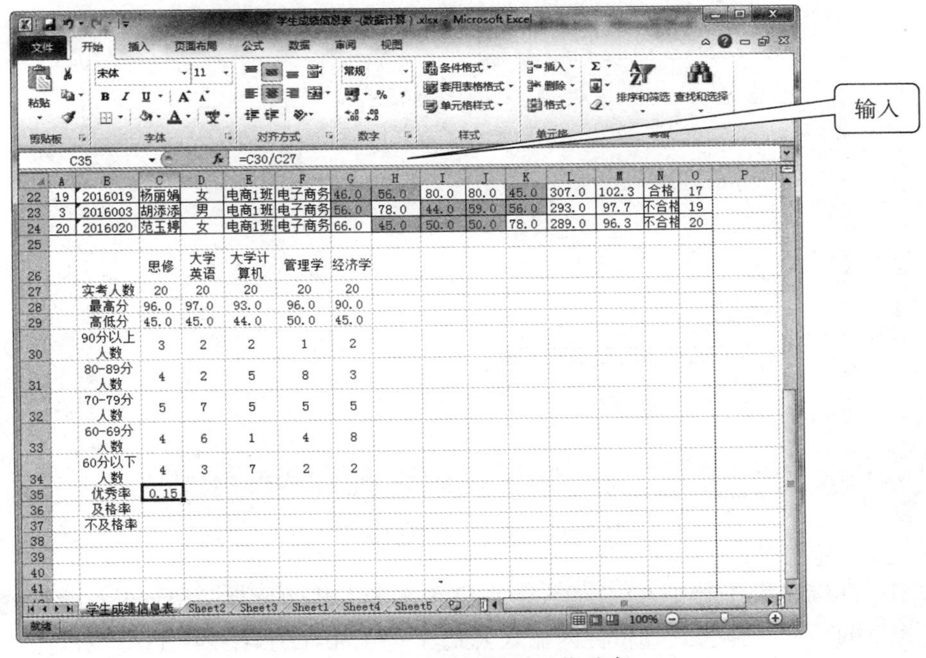

图 7–58 统计思修科目优秀率

为使优秀率单元格中的数据显示美观，要求优秀率单元格数据显示为百分比，并保留小数点后 1 位。选中 C35 单元格，右击鼠标，在弹出的菜单中选择“设置单元格格式”，在弹出的对话框的“数字”选项卡中的分类中选择“百分比”，在右边小数位数中输入“1”，如图 7–59 所示。

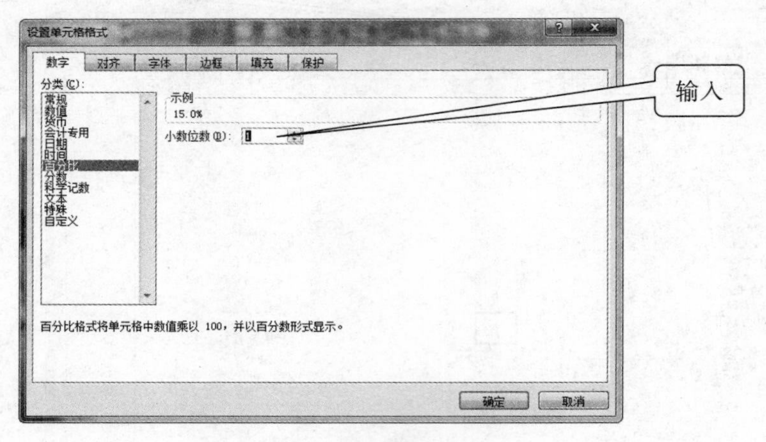

图 7–59　百分比保留 1 位小数

单击“确定”按钮，即可完成 C35 单元格优秀率数据显示。选中 C35 单元格，把光标移动到单元格右下角，当鼠标出现实心十字形“+”填充柄时，按住鼠标左键不放，向右拖动到单元格 G35，即可实现所有学生科目优秀率的统计，效果如图 7–60 所示。

C35　=C30/C27

	A	B	C	D	E	F	G	H	I	J	K	L	M	N	O
22	19	2016019	杨丽娟	女	电商1班	电子商务	46.0	56.0	80.0	80.0	45.0	307.0	102.3	合格	17
23	3	2016003	胡添添	男	电商1班	电子商务	56.0	78.0	44.0	59.0	56.0	293.0	97.7	不合格	19
24	20	2016020	范玉婷	女	电商1班	电子商务	66.0	45.0	50.0	50.0	78.0	289.0	96.3	不合格	20
25															
26			思修	大学英语	大学计算机	管理学	经济学								
27		实考人数	20	20	20	20	20								
28		最高分	96.0	97.0	93.0	96.0	90.0								
29		高低分	45.0	45.0	44.0	50.0	45.0								
30		90分以上人数	3	2	2	1	2								
31		80–89分人数	4	2	5	8	3								
32		70–79分人数	5	7	5	5	5								
33		60–69分人数	4	6	1	4	8								
34		60分以下人数	4	3	7	2	2								
35		优秀率	15.0%	10.0%	10.0%	5.0%	10.0%								
36		及格率													
37		不及格率													

图 7–60　统计所有科目优秀率

及格率，即满足大于等于 60 分的人数与班级实考人数的比率。统计及格率的操作步骤与统计优秀率的一样，在公式编辑栏内输入公式“=（C30+C31+C32+C33）/C27”。

不及格率，即满足小于 60 分的人数与班级实考人数的比率。统计不及格率的操作步骤

与统计优秀率的一样，在公式编辑栏内输入公式“=C34/C27”。

效果如图 7-61 所示。

C37 =C34/C27

	思修	大学英语	大学计算机	管理学	经济学
实考人数	20	20	20	20	20
最高分	96.0	97.0	93.0	96.0	90.0
高低分	45.0	45.0	44.0	50.0	45.0
90分以上人数	3	2	2	1	2
80-89分人数	4	2	5	8	3
70-79分人数	5	7	5	5	5
60-69分人数	4	6	1	4	8
60分以下人数	4	3	7	2	2
优秀率	15.0%	10.0%	10.0%	5.0%	10.0%
及格率	80.0%	85.0%	65.0%	90.0%	90.0%
不及格率	20.0%	15.0%	35.0%	10.0%	10.0%

图 7-61 统计所有科目及格率、不及格率

3. 添加表格边框：外边框为细线条，内边框为虚线

第一步：选择 B26：G37 单元格区域后，在 Excel 2010 工具栏中选择⊞ ▾图标，选择“其他框架”命令，如图 7-62 所示。

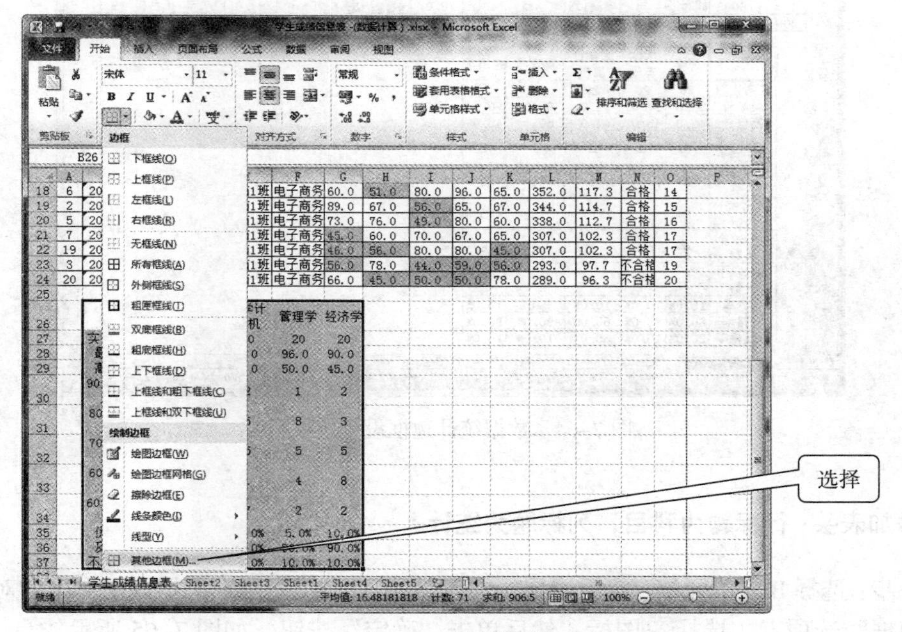

图 7-62 边框设置

第二步：在弹出的边框设置对话框中，选择“边框”选项卡，将线条样式设置为细线，内边框设置为虚线，如图 7–63 所示。

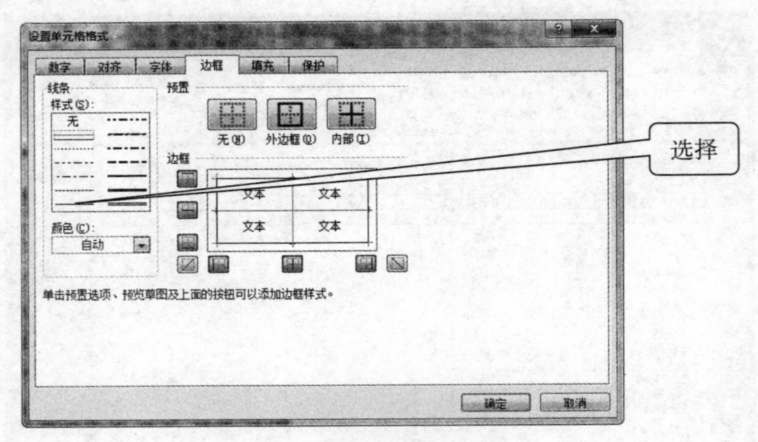

图 7–63　线条设置

第三步：线条设置好后，单击“确定”按钮，如图 7–64 所示。

	A	B	C	D	E	F	G	H	I	J	K	L	M	N	O
18	6	2016006	李维	女	电商1班	电子商务	60.0	51.0	80.0	96.0	65.0	352.0	117.3	合格	14
19	2	2016002	郝仁	男	电商1班	电子商务	89.0	67.0	56.0	65.0	67.0	344.0	114.7	合格	15
20	5	2016005	李思敏	女	电商1班	电子商务	73.0	76.0	49.0	80.0	60.0	338.0	112.7	合格	16
21	7	2016007	马小玉	女	电商1班	电子商务	45.0	60.0	70.0	67.0	65.0	307.0	102.3	合格	17
22	19	2016019	杨丽娟	女	电商1班	电子商务	46.0	56.0	80.0	80.0	45.0	307.0	102.3	合格	17
23	3	2016003	胡添添	男	电商1班	电子商务	56.0	78.0	44.0	59.0	56.0	293.0	97.7	不合格	19
24	20	2016020	范玉婷	女	电商1班	电子商务	66.0	45.0	50.0	50.0	78.0	289.0	96.3	不合格	20

	思修	大学英语	大学计算机	管理学	经济学
实考人数	20	20	20	20	20
最高分	96.0	97.0	93.0	96.0	90.0
高低分	45.0	45.0	44.0	50.0	45.0
90分以上人数	3	2	2	1	2
80-89分人数	4	2	5	8	3
70-79分人数	5	7	5	5	5
60-69分人数	4	6	1	4	8
60分以下人数	4	3	7	2	2
优秀率	15.0%	10.0%	10.0%	5.0%	10.0%
及格率	80.0%	85.0%	65.0%	90.0%	90.0%
不及格率	20.0%	15.0%	35.0%	10.0%	10.0%

图 7–64　数据统计边框设置效果图

4. 添加表头：行标题为科目，列标题为统计

第一步：选择 B26 单元格，然后用鼠标右键选择“设置单元格格式”，在弹出的对话框中，选择“边框”选项卡，选择▨图标，然后单击“确定”按钮，如图 7–65 所示。

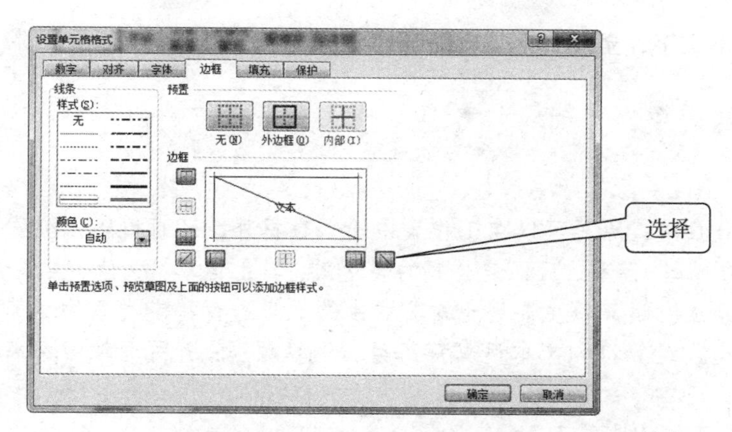

图 7–65 表格单元格斜线设置

第二步：在单元格 B26 中输入“统计科目”。选择“科目”两字，右击鼠标，选择“设置单元格格式”，在弹出的对话框中，勾选“特殊效果”中的“上标”，如图 7–66 所示。

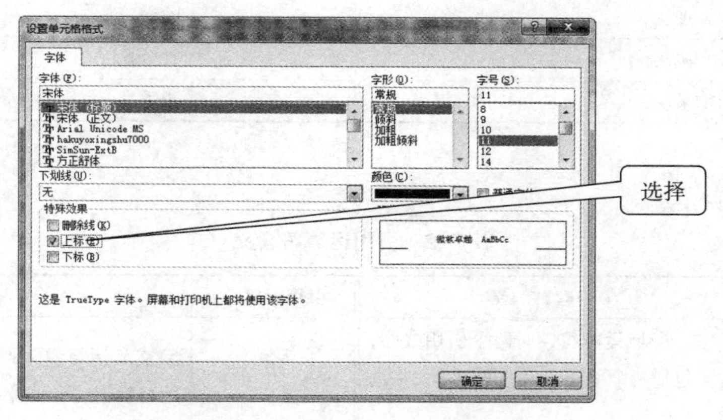

图 7–66 设置科目文字为上标

第三步：用同样的方法，选择“统计”两字，右击鼠标，选择“设置单元格格式”，在弹出的对话框中，勾选“特殊效果”中的“下标”，如图 7–67 所示。

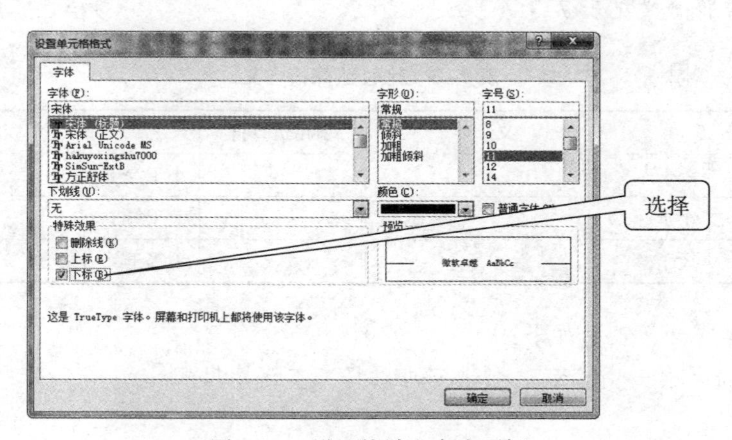

图 7–67 设置统计文字为下标

最后调整一下文字，至此，学生成绩统计分析表全部制作完成。

知识加油站

在 Excel 2010 中，除了可以在工作表中输入数据外，还可以输入公式和函数进行计算，公式以等号“=”开头，后面是公式的表达式，其由运算符、值、常量、单元格引用、函数及括号等组成。运算符主要用于对公式中的元素进行特定类型的运算，包括引用运算符、算术、比较运算符和文本运算符四类。运算顺序：引用运算→算术运算→文本运算→比较运算。

- 算术运算符含义见表 7-1。

表 7-1　算术运算符含义

算术运算符	含　义	算术运算符	含　义
+	加法	/	除法
–	减法	%	百分比
*	乘法	^	乘方

- 引用运算符含义见表 7-2。

表 7-2　引用运算符含义

引用运算符	含　义	引用运算符	含　义
:（冒号）	区域运算符，对两个引用之间，包括两个引用在内的所有单元格进行引用	空格	交叉运算符，产生对同时隶属于两个引用的单元格区域的引用
,（逗号）	联合运算符，将多个引用合用并为一个引用		

- 比较运算符含义见表 7-3。

表 7-3　比较运算符含义

引用运算符	含　义	引用运算符	含　义
=	等于	<=	小于等于
<	小于	>=	大于等于
>	大于	<>	不等于

- 文本运算符含义表示如下：

文本运算符只有一个“&”，利用它可以将文本连接起来。

7.3 课后习题

1. 利用单元格的混合引用，制作如 7–68 图所示的九九乘法表，要求单元格区域 B3:E11 由公式生成。

九九乘法表（相对混合引用）.xlsx - Microsoft Excel
文件 开始 插入 页面布局 公式 数据 审阅 视图
粘贴 宋体 11 常规 条件格式 套用表格格式 单元格样式 插入 删除 格式 排序和筛选 查找和选择
剪贴板 字体 对齐方式 数字 样式 单元格 编辑
B2 fx 1

	A	B	C	D	E	F	G	H	I	J	K
1											
2		1	2	3	4	5	6	7	8	9	
3	1	1*1=1									
4	2	1*2=2	2*2=4								
5	3	1*3=3	2*3=6	3*3=9							
6	4	1*4=4	2*4=8	3*4=12	4*4=16						
7	5	1*5=5	2*5=1	3*5=15	4*5=20						
8	6	1*6=6	2*6=1	3*6=18	4*6=24						
9	7	1*7=7	2*7=1	3*7=21	4*7=28						
10	8	1*8=8	2*8=1	3*8=24	4*8=32						
11	9	1*9=9	2*9=1	3*9=27	4*9=36						

Sheet1 Sheet2 Sheet3
就绪 205%

图 7–68 九九乘法表

2. 制作设计员工年终考核表。要求：表中文字都为宋体，居中。其中标题文字字号为 18 磅，加粗，其他文字和数据为 14 磅。外边框为细线条，内边框为虚线。表格中性别字段采用数据有效性设置；总成绩、平均分字段要求用公式编辑，并且平均分字段要求保留 1 位小数；考核等级字段要求 60 分以下为不合格，60~79 分为合格，80~89 分为良，90 分以上为优秀。效果如图 7–69 所示。

员工年终考核表

工号	姓名	性别	业务知识	工作能力	沟通能力	总成绩	平均分	考核等级
01001	程维维	男	80	79	90	249	83.0	良
01002	罗浩天	男	96	89	94	279	93.0	优
01003	张多灵	女	78	86	93	257	85.7	良
01004	郑晓明	男	83	89	94	266	88.7	良
01005	依多·娜古	女	89	78	91	258	86.0	良
01006	明鹏程	男	92	82	96	270	90.0	优
01007	师思	女	93	84	95	272	90.7	优
01008	袁冠军	男	89	83	94	266	88.7	良
01009	周臻	男	78	88	90	256	85.3	良

图 7–69 员工年终考核表

3. 统计某县大学升学和分配情况表。要求：表中文字都为宋体，居中。其中标题文字字号为 12 磅，加粗；其他文字和数据字号为 10 磅。表格中分配回县 / 考取比率字段采用公式计算，百分比显示，保留小数点后 2 位，并且比率大于等于 50% 的数据采用“浅红填充深色文本”显示，如图 7–70 所示。

	A	B	C	D
1	**某县大学升学和分配情况表**			
2	时间	考取人数	分配回县人数	分配回县/考取比率
3	2009	560	200	35.71%
4	2010	601	240	39.93%
5	2011	623	263	42.22%
6	2012	689	278	40.35%
7	2013	720	280	38.89%
8	2014	780	310	39.74%
9	2015	810	356	43.95%
10	2016	860	450	52.33%

图 7–70　某县大学升学和分配情况表

4. 设计某比赛计分统计表。要求表中文字都为宋体，居中。其中标题字号为 16 磅，加粗，其他文字和数据字号为 10 磅。比赛共举行两轮，每轮分三组计分，其中专家组（6 人）占 40%、点评组（5 人）占 40%、媒体组（5 人）占 20%，并且每轮每组计分采用去掉一个最高分和一个最低分制，计算后总分进行排位。表格中排名、总分、专家组评分、点评组评分及媒体组分评分字段要求采用公式编辑计算，其他数据或字段要求按图 7–71 所示录入。效果如图 7–71 所示。

	A	B	C	D	E	F	G	H	I	J	K	L	M	N	O	P	Q	R	S	T	U	V	W
1	**某比赛计分统计表**																						
2					**专家组评委打分**							**点评组评委打分**						**媒体组评委打分**					
3	序号	姓名	排名	总分	1	2	3	4	5	6	专家组评分	1	2	3	4	5	点评组评分	1	2	3	4	5	媒体组评分
4	1	李来	4	90.333	91	90	94	96	95	92	93	90	85	95	81	85	86.667	80	90	89	93	93	90.667
5					92	95	95	93	94	90	93.5	90	85	95	81	87	87.333	85	93	94	91	91	91.667
6	2	胡月明	7	89.367	93	92	93	88	91	91	91.75	82	82	80	86	90	83.333	90	93	87	95	90	91
7					96	96	90	90	92	93	92.75	85	86	86	90	90	87.333	94	93	90	95	90	92.333
8	3	于闵	15	86.35	94	95	88	85	90	88	90	75	80	95	75	80	78.333	92	90	86	92	86	89.333
9					94	95	88	85	89	90	90.25	78	83	86	80	85	82.667	92	93	88	97	90	91.667
10	4	任非非	4	90.333	94	96	92	86	91	89	91.5	80	87	88	84	85	85.333	86	91	92	86	80	87.667
11					96	96	93	95	97	95	95.5	86	89	90	87	90	88.667	94	93	94	96	90	93.667
12	5	邱月飞	3	90.483	93	92	92	91	92	85	91.75	84	82	81	90	90	85.333	94	92	91	100	100	95.333
13					95	94	90	94	92	88	92.5	85	85	85	90	91	86.667	97	94	93	100	100	97
14	6	肖冰	14	88.383	92	92	89	88	92	90	90.75	85	86	85	60	85	85	87	92	82	91	92	90
15					92	91	86	87	97	92	90.5	85	85	85	65	90	85	88	92	91	91	94	91.333
16	7	万里云	2	90.633	96	96	94	95	90	92	94.25	87	87	90	89	70	87.667	91	86	91	86	90	89
17					94	93	90	90	91	93	91.75	87	91	94	90	70	89.333	91	90	92	96	91	91.333
18	8	刘留	11	88.667	96	92	95	88	88	91	91.5	83	84	89	85	92	86	84	85	73	93	100	87.333
19					95	90	93	93	80	92	92	83	83	84	86	90	84.333	90	92	93	84	100	91.667
20	9	甄真	8	89.1	91	88	92	93	94	92	92	83	80	90	90	90	87.667	89	94	76	78	76	81
21					90	90	95	93	94	93	92.5	84	82	90	90	89	87.667	92	94	83	86	93	90.333
22	10	解玲	10	88.767	95	90	95	92	92	92	92.75	80	85	94	80	80	81.667	83	87	88	85	85	85.667
23					95	96	97	93	95	91	94.75	85	88	90	84	80	85.667	94	91	85	92	95	92.333
24	11	傅鹏里	13	88.5	85	93	93	92	93	91	92.25	85	82	85	86	85	85	89	86	81	86	90	87
25					87	93	94	90	94	94	92.75	81	84	84	87	86	84.667	93	87	88	87	91	88.667
26	12	郝露露	9	89.033	89	94	94	92	93	95	93.25	80	80	86	85	84	83	86	92	84	93	92	90
27					94	93	95	92	97	99	94.75	77	78	89	87	85	83.333	91	95	92	88	92	91.667
28	13	魏银通	12	88.583	92	87	89	91	94	85	89.75	82	80	85	90	88	85	91	91	92	93	87	91.333
29					92	88	88	92	93	87	90	83	80	86	92	89	86	94	93	93	93	90	93
30	14	岳小珍	6	90.217	83	89	90	89	92	90	89.5	88	93	91	82	85	88	85	93	90	91	92	91
31					95	90	92	94	93	92	92.75	90	92	90	88	87	89.333	87	95	93	90	93	92
32	15	周甄	1	91.483	89	94	91	92	94	91	92	92	91	84	88	88	89	75	87	95	100	90	90.667
33					96	98	91	94	95	94	94.75	91	88	85	90	90	89.333	96	93	93	100	92	94

图 7–71　某比赛计分统计表

5. 设计某公司职工工资表。要求表中文字都为黑体，居中。其中标题字号为 20 磅，加粗，其他文字和数据字号为 12 磅，字段名称加粗。表格中应发工资和实发工资字段要求用公式编辑完成，其他数据按图 7–22 所示录入。效果如图 7–72 所示。

	A	B	C	D	E	F	G	H	I	J	K	L
1	**某公司职工工资表**											
2	**工号**	**姓名**	**部门**	**籍贯**	**性别**	**基本工资**	**住房补贴**	**奖金**	**加班**	**应发工资**	**其它扣除**	**实发工资**
3	001020	张怀璋	销售部1	九江	男	2500	150	1200	60	3910	30	3880
4	001031	李隆浩	销售部3	南昌	男	2800	200	1400	60	4460	50	4410
5	001048	黄彩云	销售部4	南昌	女	3500	200	1300	50	5050	30	5020
6	001001	陈沁	销售部1	赣州	女	4000	300	1200	60	5560	40	5520
7	001024	胡卓然	销售部2	抚州	男	2800	150	1500	60	4510	30	4480
8	001031	罗成程	销售部1	九江	男	3000	200	1300	80	4580	100	4480
9	001059	林社	销售部4	南昌	男	3400	200	1400	60	5060	30	5030
10	001110	邱森林	销售部1	抚州	男	2900	150	1500	70	4620	50	4570
11	001365	成咬金	销售部2	宜春	男	3500	200	1300	60	5060	30	5030
12	001129	李梦洁	销售部3	宜春	女	3800	200	1300	40	5340	70	5270
13	001510	韩增增	销售部2	萍乡	男	4200	300	1400	60	5960	30	5930
14	001031	高月娥	销售部2	新余	女	4100	300	1350	20	5770	10	5760
15	001781	程树人	销售部4	萍乡	男	4100	300	1400	60	5860	60	5800
16	001038	袁洁	销售部3	新余	女	3900	200	1300	80	5480	30	5450
17	001597	颜露	销售部4	南昌	女	2600	150	1200	100	4050	20	4030
18	001598	赵依依	销售部1	抚州	女	3000	200	1200	80	4480	30	4450
19	001599	张玲珍	销售部2	宜春	女	3200	200	1300	50	4750	50	4700
20	001600	陈涛涛	销售部3	南昌	男	3500	200	1200	60	4960	20	4940

图 7–72　某公司职工工资表

第8章

制作 Excel 高级应用文档

随着信息技术不断发展和深入，在日常办公中，对办公自动化软件的依赖越来越强，经常需要进行数据统计、报表及图表分析等操作。

Microsoft Office 2010 除了提供日常数据存储、计算及排序功能，还提供了对表格数据的查找、筛选、排序、分类汇总、数据透视表和图表分析统计等功能，从而实现对数据进行高效加工、分析和利用。通过本章讲解，可以使用户掌握 Excel 高级基本功能的应用，提高办公效率。

本章知识技能要求：

✧ 掌握 Excel 的查找、筛选和高级筛选等操作
✧ 掌握 Excel 的排序、分类汇总操作
✧ 掌握 Excel 的数据透视图表等操作
✧ 掌握 Excel 的图表统计分析操作

8.1 任务：筛选学生成绩信息表中的成绩记录

8.1.1 任务描述

期末考试结束，教师会将学生的考试成绩录入 Excel 表格中，录入完成后，经常要求查询或筛选成绩满足条件的记录，将不满足条件的记录隐藏起来。查找和筛选都是为了快速得出满足条件的结果记录。

本任务将“学生成绩信息表”工作表中的数据清单复制到新的工作表，并改名为“学生成绩（查找筛选）”工作表，然后完成以下操作。

①在“学生成绩（查找筛选）”工作表中，查找“何天露”同学的记录，并将“何天露”

所在单元格标为黄色以突出该记录；

②在“学生成绩（查找筛选）”工作表中，筛选出“大学计算机”成绩在 90 分以上（含 90 分）同学的记录；

③在“学生成绩（查找筛选）”工作表中，筛选出“大学计算机”成绩在 60~90 分之间同学的记录；

④在“学生成绩（查找筛选）”工作表中，筛选出“大学英语”和“大学计算机”成绩都在 60 分以下的同学的记录。

本任务实施要求如下：

①新建工作表：学生成绩（查找筛选），实现数据的查找和替换；

②数据自定义筛选；

③数据高级筛选。

8.1.2　任务实现

1. 新建工作表：学生成绩（查找筛选），实现数据的查找和替换

第一步：打开任务 7.1 创建的“学生成绩信息表”工作表，然后使用 Ctrl+A 组合键全选该工作表中的内容，再使用 Ctrl+C 组合键复制数据清单，在工作表区域选择图标 Sheet2，按 Ctrl+V 组合键粘贴到 Sheet2 中，再将 Sheet2 工作表重命名为“学生成绩（查找筛选）”，如图 8-1 所示。

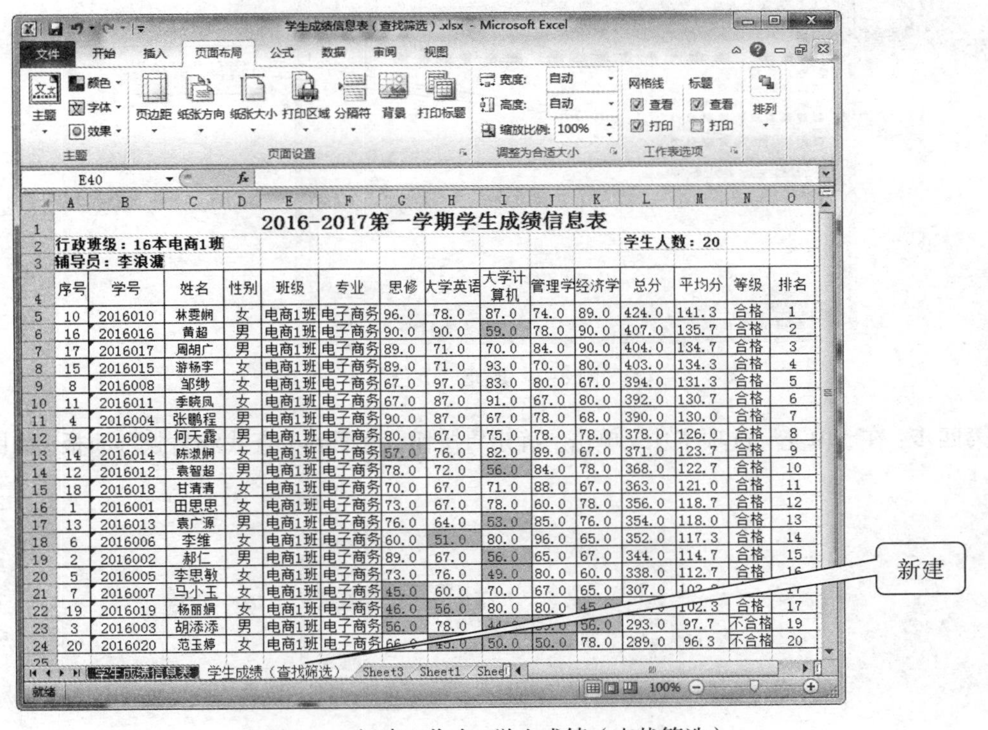

2016-2017第一学期学生成绩信息表

行政班级：16本电商1班　学生人数：20

辅导员：李浪潇

序号	学号	姓名	性别	班级	专业	思修	大学英语	大学计算机	管理学	经济学	总分	平均分	等级	排名
10	2016010	林雯娴	女	电商1班	电子商务	96.0	78.0	87.0	74.0	89.0	424.0	141.3	合格	1
16	2016016	黄超	男	电商1班	电子商务	90.0	90.0	59.0	78.0	90.0	407.0	135.7	合格	2
17	2016017	周胡广	男	电商1班	电子商务	89.0	71.0	70.0	84.0	90.0	404.0	134.7	合格	3
15	2016015	游杨李	女	电商1班	电子商务	89.0	71.0	93.0	70.0	80.0	403.0	134.3	合格	4
8	2016008	邹缈	女	电商1班	电子商务	67.0	97.0	83.0	80.0	67.0	394.0	131.3	合格	5
11	2016011	季晓凤	女	电商1班	电子商务	67.0	87.0	91.0	67.0	80.0	392.0	130.7	合格	6
4	2016004	张鹏程	男	电商1班	电子商务	90.0	87.0	67.0	78.0	68.0	390.0	130.0	合格	7
9	2016009	何天露	男	电商1班	电子商务	80.0	67.0	75.0	78.0	78.0	378.0	126.0	合格	8
14	2016014	陈淑娴	女	电商1班	电子商务	57.0	76.0	82.0	89.0	67.0	371.0	123.7	合格	9
12	2016012	袁智超	男	电商1班	电子商务	78.0	72.0	56.0	84.0	78.0	368.0	122.7	合格	10
18	2016018	甘清清	女	电商1班	电子商务	70.0	67.0	71.0	88.0	67.0	363.0	121.0	合格	11
1	2016001	田思思	女	电商1班	电子商务	73.0	67.0	78.0	60.0	78.0	356.0	118.7	合格	12
13	2016013	袁广源	男	电商1班	电子商务	76.0	64.0	53.0	85.0	76.0	354.0	118.0	合格	13
6	2016006	李维	女	电商1班	电子商务	60.0	51.0	80.0	96.0	65.0	352.0	117.3	合格	14
2	2016002	郝仁	男	电商1班	电子商务	89.0	67.0	56.0	65.0	67.0	344.0	114.7	合格	15
5	2016005	李思敏	女	电商1班	电子商务	73.0	76.0	49.0	80.0	60.0	338.0	112.7	合格	16
7	2016007	马小玉	女	电商1班	电子商务	45.0	60.0	70.0	67.0	65.0	307.0	[illegible]	[illegible]	[illegible]
19	2016019	杨丽娟	女	电商1班	电子商务	46.0	56.0	80.0	80.0	[illegible]	[illegible]	102.3	合格	17
3	2016003	胡添添	男	电商1班	电子商务	56.0	78.0	[illegible]	[illegible]	56.0	293.0	97.7	不合格	19
20	2016020	范玉婷	女	电商1班	电子商务	[illegible]	[illegible]	50.0	50.0	78.0	289.0	96.3	不合格	20

图 8-1　新建工作表：学生成绩（查找筛选）

第二步：选择菜单栏“开始”选项卡，在工具栏单击“查找和选择”图标，选择“查找”命令，如图 8–2 所示。

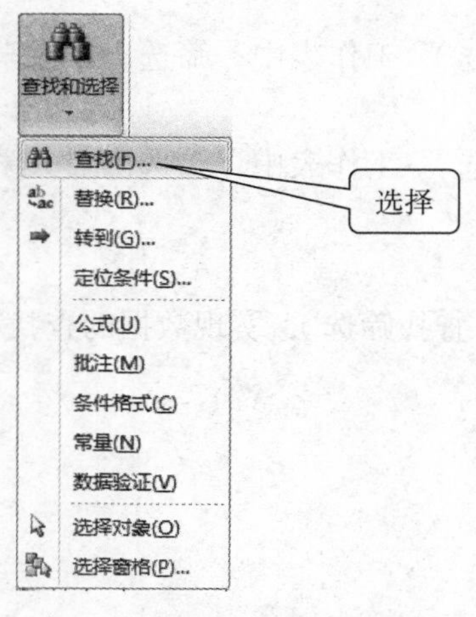

图 8–2　选择“查找”命令

第三步：弹出“查找和替换”对话框，选择“替换”选项卡，在查找内容栏内输入“何天露”，在替换栏内输入“何天露”，再单击“格式”图标，填充颜色选择“黄色”，如图 8–3 所示。

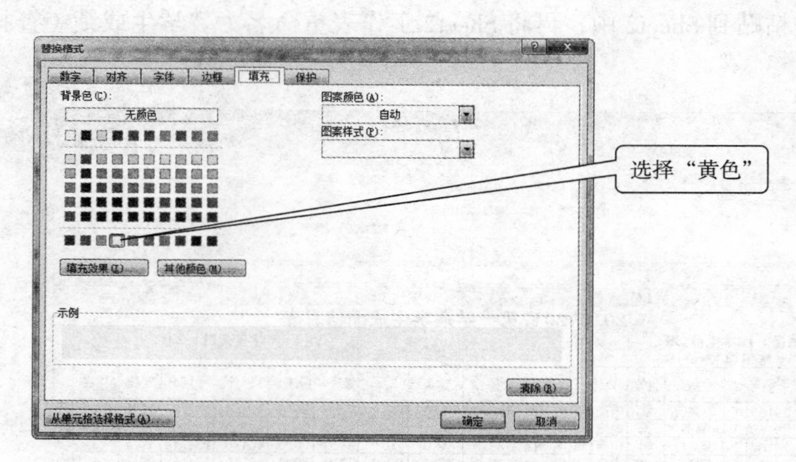

图 8–3　填充“黄色”

第四步：在“填充”选项卡中，单击“确定”按钮，返回到“查找和替换”面板，如图 8–4 所示。

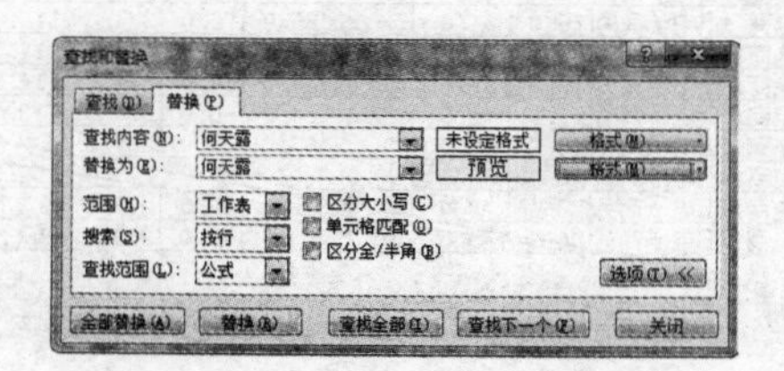

图 8–4　查找和替换“何天露”

第五步：在“查找和替换”面板上，单击“全部替换”按钮，出现替换成功窗口，如图 8–5 所示。

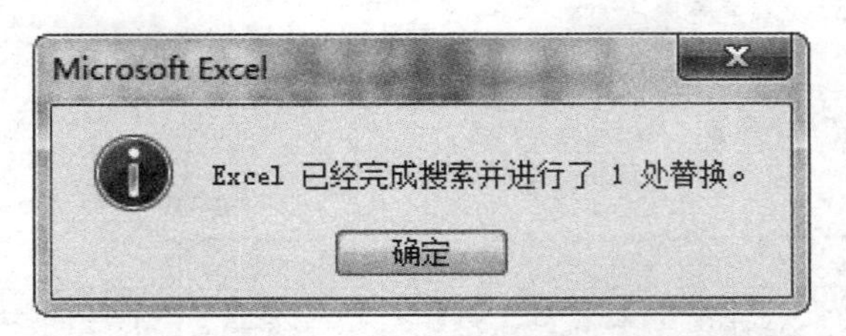

图 8–5　查找和替换成功窗口

第六步：单击“确定”按钮，完成替换，如图 8–6 所示。

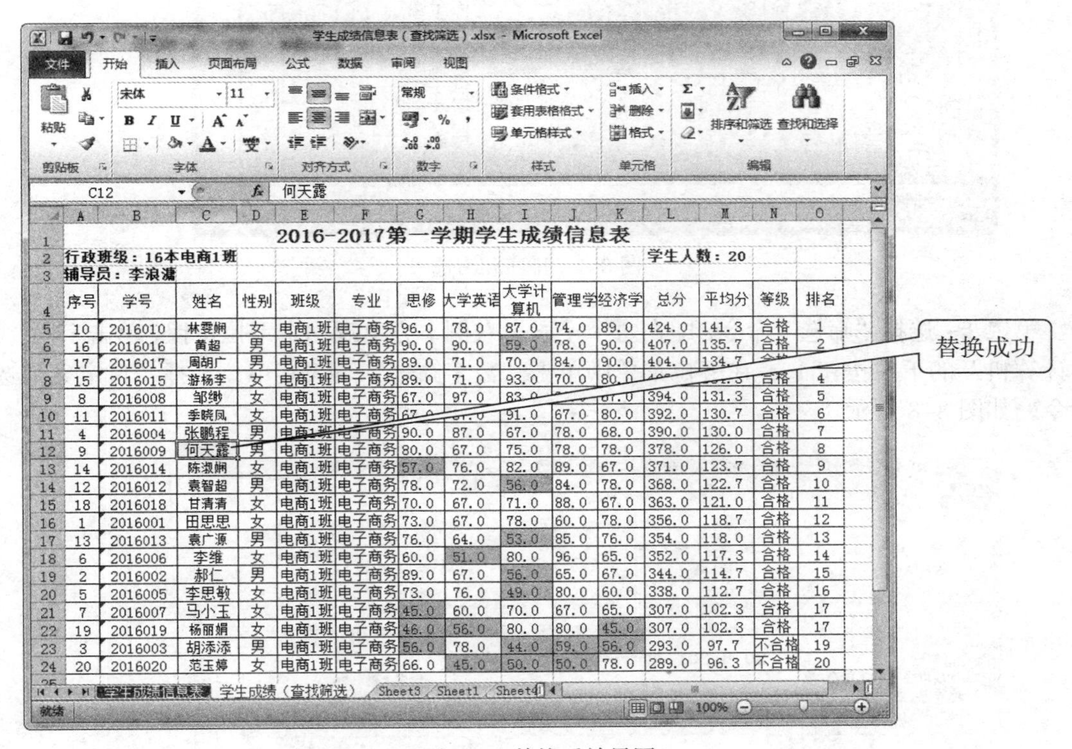

图 8–6　替换后效果图

2. 数据自定义筛选

第一步：在“学生成绩（查找筛选）”工作表中，选定数据区域 A4：O24，选择菜单栏的“开始”选项卡，在工具栏单击“排序和筛选”图标，弹出下拉菜单，如图 8–7 所示。

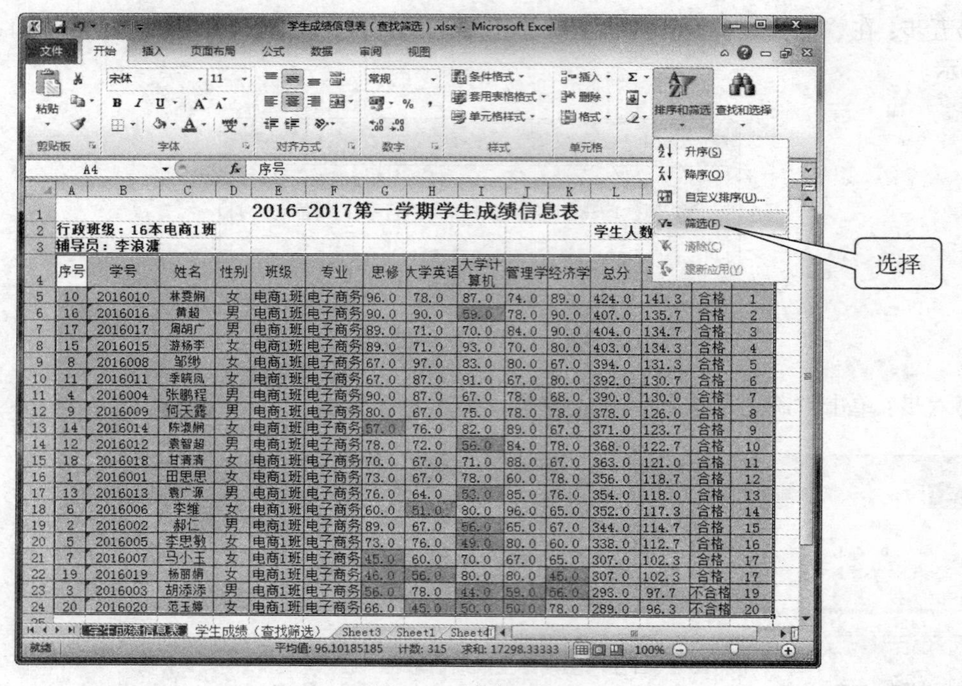

图 8-7　排序和筛选

第二步：选择“筛选”命令，即在每个字段名右侧下方出现一个下拉按钮，单击字段“大学计算机”的下拉按钮▾，在下拉菜单中单击“数字筛选”下级菜单，选择“自定义筛选”命令，如图 8-8 所示。

图 8-8　选择“自定义筛选”

第三步：在弹出的“自定义自动筛选方式”面板中，设置显示行－大学计算机条件：大于或等于 90，如图 8-9 所示。

自定义自动筛选方式
显示行：
大学计算机
大于或等于
90
与(A)
或(O)
可用 ? 代表单个字符
用 * 代表任意多个字符
确定
取消
选择并输入

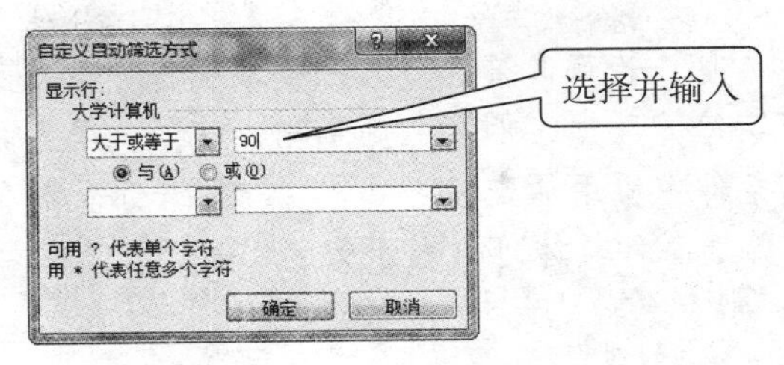

图 8-9　自定义自动筛选方式

第四步：单击“确定”按钮，完成“大学计算机”成绩在 90 分以上的同学的数据筛选，如图 8-10 所示。

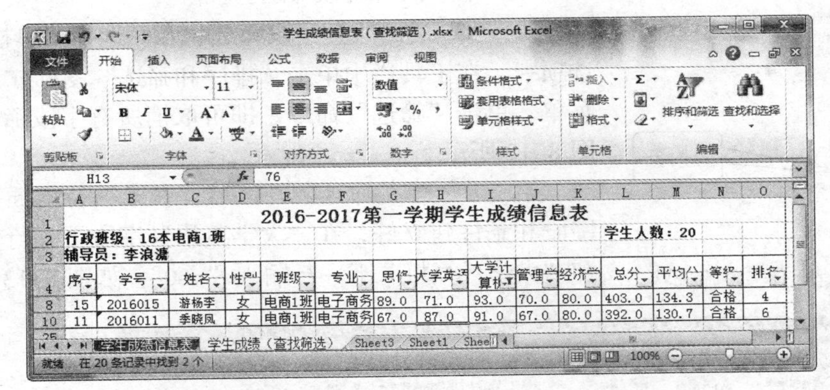

学生成绩信息表（查找筛选）.xlsx - Microsoft Excel
H13
76
2016-2017第一学期学生成绩信息表
行政班级：16本电商1班
学生人数：20
辅导员：李浪潇
序号 学号 姓名 性别 班级 专业 思修 大学英语 大学计算机 管理学 经济学 总分 平均分 等级 排名
15 2016015 游杨李 女 电商1班 电子商务 89.0 71.0 93.0 70.0 80.0 403.0 134.3 合格 4
11 2016011 季晓凤 女 电商1班 电子商务 67.0 87.0 91.0 67.0 80.0 392.0 130.7 合格 6
学生成绩（查找筛选）
Sheet3
Sheet1
就绪 在 20 条记录中找到 2 个
100%

图 8-10　“大学计算机”成绩在 90 分以上（含 90 分）的同学的记录

第五步：重复第三、四步，设置显示－大学计算机条件：大于或等于 60 与小于或等于 90，筛选结果如图 8-11 所示。

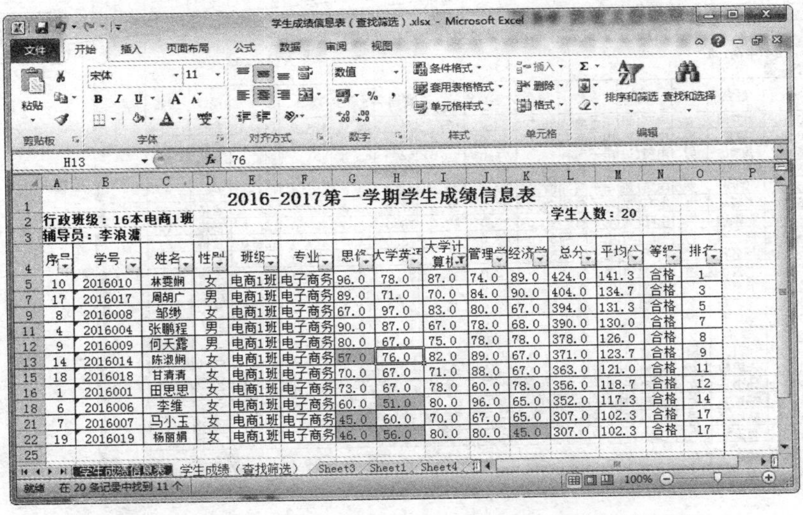
学生成绩信息表（查找筛选）.xlsx - Microsoft Excel
H13
76
2016-2017第一学期学生成绩信息表
行政班级：16本电商1班
学生人数：20
辅导员：李浪潇
序号 学号 姓名 性别 班级 专业 思修 大学英语 大学计算机 管理学 经济学 总分 平均分 等级 排名
10 2016010 林雯娴 女 电商1班 电子商务 96.0 78.0 87.0 74.0 89.0 424.0 141.3 合格 1
17 2016017 周胡广 男 电商1班 电子商务 89.0 71.0 70.0 84.0 90.0 404.0 134.7 合格 3
8 2016008 邹缈 女 电商1班 电子商务 67.0 97.0 83.0 80.0 67.0 394.0 131.3 合格 5
4 2016004 张鹏程 男 电商1班 电子商务 90.0 87.0 67.0 78.0 68.0 390.0 130.0 合格 7
9 2016009 何天露 男 电商1班 电子商务 80.0 67.0 75.0 78.0 78.0 378.0 126.0 合格 8
14 2016014 陈淑娴 女 电商1班 电子商务 57.0 76.0 82.0 89.0 67.0 371.0 123.7 合格 9
18 2016018 甘清清 女 电商1班 电子商务 70.0 67.0 71.0 88.0 67.0 363.0 121.0 合格 11
1 2016001 田思思 女 电商1班 电子商务 73.0 67.0 78.0 60.0 78.0 356.0 118.7 合格 12
6 2016006 李维 女 电商1班 电子商务 60.0 51.0 80.0 96.0 65.0 352.0 117.3 合格 14
7 2016007 马小玉 女 电商1班 电子商务 45.0 60.0 70.0 67.0 65.0 307.0 102.3 合格 17
19 2016019 杨丽娟 女 电商1班 电子商务 46.0 56.0 80.0 80.0 45.0 307.0 102.3 合格 17
学生成绩（查找筛选）
Sheet3
Sheet1
Sheet4
就绪 在 20 条记录中找到 11 个
100%

图 8-11　“大学计算机”成绩在 60~90 分之间的同学的记录

知识加油站

对表格数据进行筛选时，若筛选条件为某一类数据值中的一部分，即需要筛选出数据值中包含某个或某组字符的数据，例如，筛选出所有姓“马”的同学的记录，在进行此类筛选时，可在筛选条件中应用通配符＊和？。“*”表示代替任意多个字符，“?”表示代替任意一个字符。筛选条件具体可以表示为“＊马＊”。

3. 数据高级筛选

数据的高级筛选是多条件的复杂筛选，首先要退出所有字段筛选状态，然后建立筛选条件区域，最后执行高级筛选。

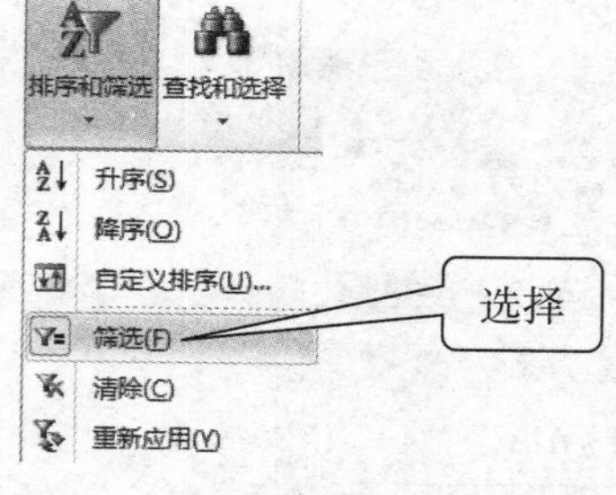

图 8-12　取消所有字段筛选状态

第一步：退出所有字段筛选状态。选择菜单栏的“开始”选项卡，在工具栏中单击“排序和筛选”图标，弹出下拉菜单，单击“筛选”命令，即可取消所有字段筛选状态，如图 8-12 所示。

第二步：建立筛选条件区域。在第一行前插入三行，将字段和条件建立好，在“大学英语”字段下一行输入“<60”和“大学计算机”下一行输入“<60”，如图 8-13 所示。

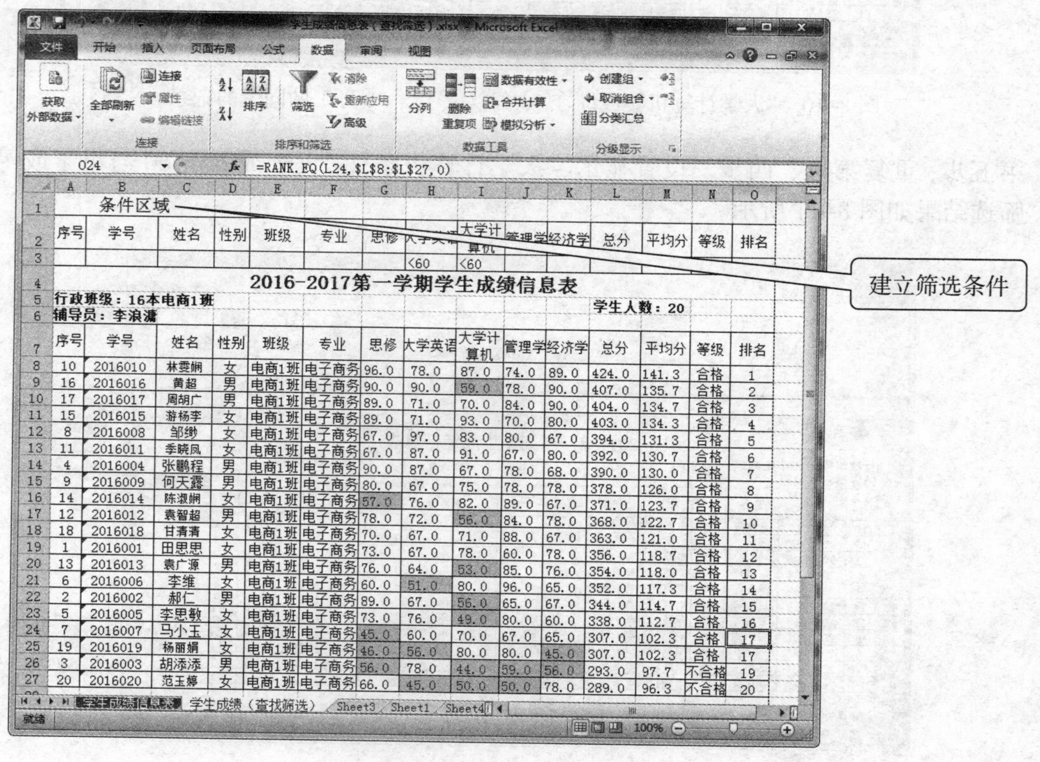

序号	学号	姓名	性别	班级	专业	思修	大学英语	大学计算机	管理学	经济学	总分	平均分	等级	排名
							<60	<60						

2016-2017第一学期学生成绩信息表

行政班级：16本电商1班

辅导员：李浪潇　　学生人数：20

序号	学号	姓名	性别	班级	专业	思修	大学英语	大学计算机	管理学	经济学	总分	平均分	等级	排名
10	2016010	林雯娴	女	电商1班	电子商务	96.0	78.0	87.0	74.0	89.0	424.0	141.3	合格	1
16	2016016	黄超	男	电商1班	电子商务	90.0	90.0	59.0	78.0	90.0	407.0	135.7	合格	2
17	2016017	周胡广	男	电商1班	电子商务	89.0	71.0	70.0	84.0	90.0	404.0	134.7	合格	3
15	2016015	游杨李	女	电商1班	电子商务	89.0	71.0	93.0	70.0	80.0	403.0	134.3	合格	4
8	2016008	邹缈	女	电商1班	电子商务	67.0	97.0	83.0	80.0	67.0	394.0	131.3	合格	5
11	2016011	季晓凤	女	电商1班	电子商务	67.0	87.0	91.0	67.0	80.0	392.0	130.7	合格	6
4	2016004	张鹏程	男	电商1班	电子商务	90.0	87.0	67.0	78.0	68.0	390.0	130.0	合格	7
9	2016009	何天露	男	电商1班	电子商务	80.0	67.0	75.0	78.0	78.0	378.0	126.0	合格	8
14	2016014	陈淑娴	女	电商1班	电子商务	57.0	76.0	82.0	89.0	67.0	371.0	123.7	合格	9
12	2016012	袁智超	男	电商1班	电子商务	78.0	72.0	56.0	84.0	78.0	368.0	122.7	合格	10
18	2016018	甘清清	女	电商1班	电子商务	70.0	67.0	71.0	88.0	67.0	363.0	121.0	合格	11
1	2016001	田思思	女	电商1班	电子商务	73.0	67.0	78.0	60.0	78.0	356.0	118.7	合格	12
13	2016013	袁广源	男	电商1班	电子商务	76.0	64.0	53.0	85.0	76.0	354.0	118.0	合格	13
6	2016006	李维	女	电商1班	电子商务	60.0	51.0	80.0	96.0	65.0	352.0	117.3	合格	14
2	2016002	郝仁	男	电商1班	电子商务	89.0	67.0	56.0	65.0	67.0	344.0	114.7	合格	15
5	2016005	李思敏	女	电商1班	电子商务	73.0	76.0	49.0	80.0	60.0	338.0	112.7	合格	16
7	2016007	马小玉	女	电商1班	电子商务	45.0	60.0	70.0	67.0	65.0	307.0	102.3	合格	17
19	2016019	杨丽娟	女	电商1班	电子商务	46.0	56.0	80.0	80.0	45.0	307.0	102.3	合格	17
3	2016003	胡添添	男	电商1班	电子商务	56.0	78.0	44.0	59.0	56.0	293.0	97.7	不合格	19
20	2016020	范玉婷	女	电商1班	电子商务	66.0	45.0	50.0	50.0	78.0	289.0	96.3	不合格	20

图 8-13　建立条件筛选区域

知识加油站

筛选条件区域必须是数据清单之外的区域，一般建立在数据清单上方。条件区域一般包含两部分：字段名和筛选条件。筛选条件应该写在字段名下面的若干行内。如果筛选条件行是空行，那么所有的记录都被筛选出来；如果将筛选条件写在同一个筛选条件内，那么条件之间是“与”的关系；如果将筛选条件写在不同的筛选条件行内，那么条件之间是“或”的关系。

第三步：选择数据区域 A7：O27，在菜单栏“数据”选项卡“排序和筛选”选项面板中选择“高级”按钮，在打开的“高级筛选”面板中，设置筛选结果的条件。选中“将筛选结果复制到其他位置”，列表区域：$A$7：$O$27，条件区域：$A$2：$O$3，复制到：$A$29：$O$31，如图 8-14 所示。

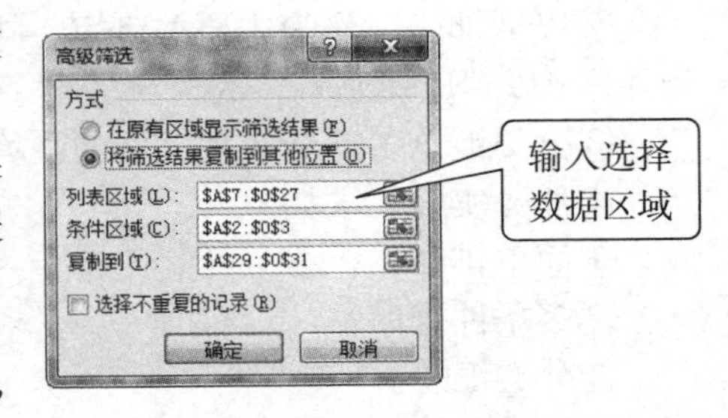

图 8-14　高级筛选条件设置

第四步：单击“确定”按钮，即可完成“大学英语”和“大学计算机”成绩都在 60 分以下的同学的记录，如图 8-15 所示。

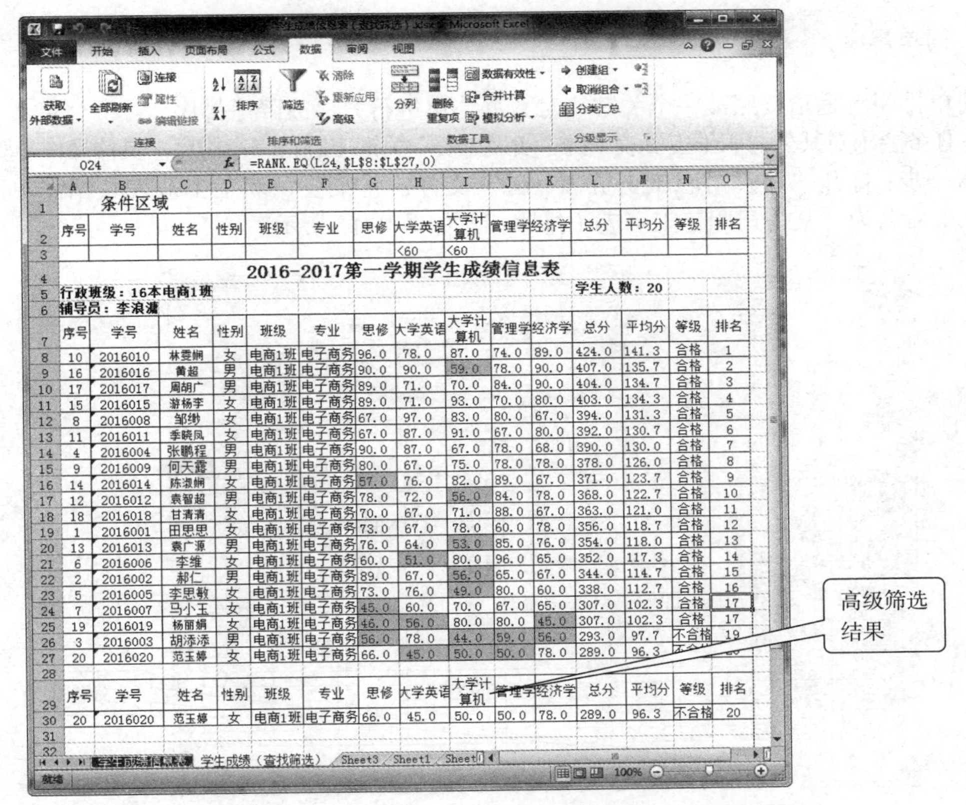

序号	学号	姓名	性别	班级	专业	思修	大学英语	大学计算机	管理学	经济学	总分	平均分	等级	排名
							<60	<60						

序号	学号	姓名	性别	班级	专业	思修	大学英语	大学计算机	管理学	经济学	总分	平均分	等级	排名
10	2016010	林雯娴	女	电商1班	电子商务	96.0	78.0	87.0	74.0	89.0	424.0	141.3	合格	1
16	2016016	黄超	男	电商1班	电子商务	90.0	90.0	59.0	78.0	90.0	407.0	135.7	合格	2
17	2016017	周胡广	男	电商1班	电子商务	89.0	71.0	70.0	84.0	90.0	404.0	134.7	合格	3
15	2016015	游杨李	女	电商1班	电子商务	89.0	71.0	93.0	70.0	80.0	403.0	134.3	合格	4
8	2016008	邹缈	女	电商1班	电子商务	67.0	97.0	83.0	80.0	67.0	394.0	131.3	合格	5
11	2016011	季晓凤	女	电商1班	电子商务	67.0	87.0	91.0	67.0	80.0	392.0	130.7	合格	6
4	2016004	张鹏程	男	电商1班	电子商务	90.0	87.0	67.0	78.0	68.0	390.0	130.0	合格	7
9	2016009	何天露	男	电商1班	电子商务	80.0	67.0	75.0	78.0	78.0	378.0	126.0	合格	8
14	2016014	陈淑娴	女	电商1班	电子商务	57.0	76.0	82.0	89.0	67.0	371.0	123.7	合格	9
12	2016012	袁智超	男	电商1班	电子商务	78.0	72.0	56.0	84.0	78.0	368.0	122.7	合格	10
18	2016018	甘清清	女	电商1班	电子商务	70.0	67.0	71.0	88.0	67.0	363.0	121.0	合格	11
1	2016001	田思思	女	电商1班	电子商务	73.0	67.0	78.0	60.0	78.0	356.0	118.7	合格	12
13	2016013	袁广源	男	电商1班	电子商务	76.0	64.0	53.0	85.0	76.0	354.0	118.0	合格	13
6	2016006	李维	女	电商1班	电子商务	60.0	51.0	80.0	96.0	65.0	352.0	117.3	合格	14
2	2016002	郝仁	男	电商1班	电子商务	89.0	67.0	56.0	65.0	67.0	344.0	114.7	合格	15
5	2016005	李思敏	女	电商1班	电子商务	73.0	76.0	49.0	80.0	60.0	338.0	112.7	合格	16
7	2016007	马小玉	女	电商1班	电子商务	45.0	60.0	70.0	67.0	65.0	307.0	102.3	合格	17
19	2016019	杨丽娟	女	电商1班	电子商务	46.0	56.0	80.0	80.0	45.0	307.0	102.3	合格	17
3	2016003	胡添添	男	电商1班	电子商务	56.0	78.0	44.0	59.0	56.0	293.0	97.7	不合格	19
20	2016020	范玉婷	女	电商1班	电子商务	66.0	45.0	50.0	50.0	78.0	289.0	96.3	[illegible]	[illegible]

序号	学号	姓名	性别	班级	专业	思修	大学英语	大学计算机	管理学	经济学	总分	平均分	等级	排名
20	2016020	范玉婷	女	电商1班	电子商务	66.0	45.0	50.0	50.0	78.0	289.0	96.3	不合格	20

图 8-15　“大学英语”和“大学计算机”成绩都在 60 分以下的同学的记录

8.2 任务扩展：建立某公司职工工资排序和分类汇总表

8.2.1 任务描述

在制作 Excel 表格的过程中，可以按照一定的规则对数据进行排序和归纳，如对数据进行升序或降序处理、分类汇总等，可以使复杂的数据变得直观、清晰，以便提高办公效率。

以任务 7 课后习题第 5 题制作的某公司职工工资表为工作表，要求完成以下操作：

①按“实发工资”降序排序；

②以“部门”作为主要关键字，排序方式为升序；以“籍贯”为次要关键字，排序方式为降序；以“应发工资”为第三关键字，排序方式为升序；

③分类汇总各部分应发工资的平均工资，汇总的结果显示在数据的下方。

本任务实施要求如下：

①简单排序；

②多条件排序；

③分类汇总。

8.2.2 任务实现

1. 简单排序

简单排序，是指按照某一个关键字对数据清单进行升序或降序排序。

本任务要求对某公司职工工资表中的“实发工资”关键字进行降序排序。具体操作步骤如下。

第一步：打开“某公司职工工资表.xlsx”文件，将某公司职工工资表数据清单所在的 Sheet1 重命名为“某公司职工工资表（排序）”，如图 8-16 所示。

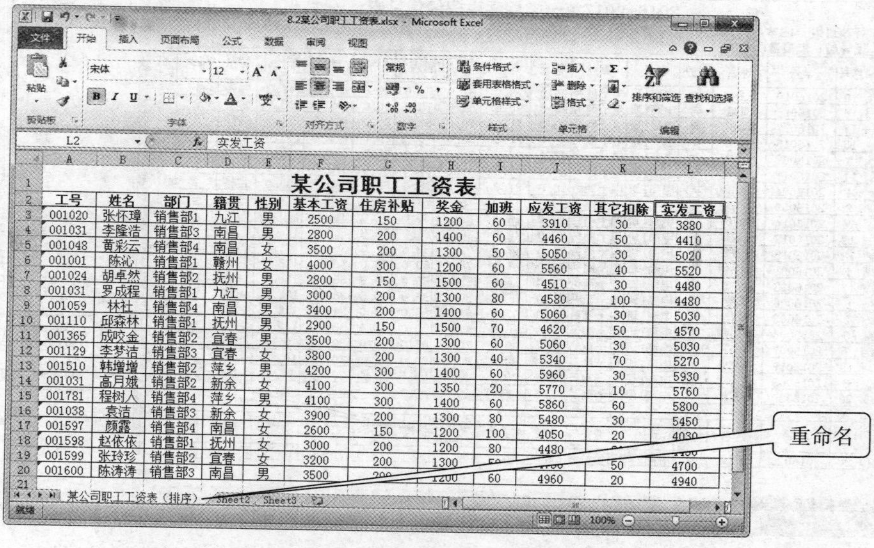

某公司职工工资表

工号	姓名	部门	籍贯	性别	基本工资	住房补贴	奖金	加班	应发工资	其它扣除	实发工资
001020	张怀璋	销售部1	九江	男	2500	150	1200	60	3910	30	3880
001031	李隆浩	销售部3	南昌	男	2800	200	1400	60	4460	50	4410
001048	黄彩云	销售部4	南昌	女	3500	200	1300	50	5050	30	5020
001001	陈沁	销售部1	赣州	女	4000	300	1200	60	5560	40	5520
001024	胡卓然	销售部2	抚州	男	2800	150	1500	60	4510	30	4480
001031	罗成程	销售部1	九江	男	3000	200	1300	80	4580	100	4480
001059	林社	销售部4	南昌	男	3400	200	1400	60	5060	30	5030
001110	邱森林	销售部1	抚州	男	2900	150	1500	70	4620	50	4570
001365	成咬金	销售部2	宜春	男	3500	200	1300	60	5060	30	5030
001129	李梦洁	销售部3	宜春	女	3800	200	1300	40	5340	70	5270
001510	韩增增	销售部2	萍乡	男	4200	300	1400	60	5960	30	5930
001031	高月娥	销售部2	新余	女	4100	300	1350	20	5770	10	5760
001781	程树人	销售部4	萍乡	男	4100	300	1400	60	5860	60	5800
001038	袁洁	销售部3	新余	女	3900	200	1300	80	5480	30	5450
001597	颜露	销售部4	南昌	女	2600	150	1200	100	4050	20	4030
001598	赵依依	销售部1	抚州	女	3000	200	1200	80	4480	[illegible]	[illegible]
001599	张玲珍	销售部2	宜春	女	3200	200	1300	[illegible]	[illegible]	50	4700
001600	陈涛涛	销售部3	南昌	男	3500	[illegible]	1200	60	4960	20	4940

图 8-16 重命名某公司职工工资表数据清单

第二步：选中 L2 单元格，单击菜单栏的“数据”选项卡，在“排序和筛选”面板上单击降序图标 Z↓A，如图 8–17 所示。

图 8–17　降序操作

第三步：此时数据清单中的“实发工资”字段实现了降序排序，效果如图 8–18 所示。

某公司职工工资表

工号	姓名	部门	籍贯	性别	基本工资	住房补贴	奖金	加班	应发工资	其它扣除	实发工资
001510	韩增增	销售部2	萍乡	男	4200	300	1400	60	5960	30	5930
001781	程树人	销售部4	萍乡	男	4100	300	1400	60	5860	60	5800
001031	高月娥	销售部2	新余	女	4100	300	1350	20	5770	10	5760
001001	陈沁	销售部1	赣州	女	4000	300	1200	60	5560	40	5520
001038	袁洁	销售部3	新余	女	3900	200	1300	80	5480	30	5450
001129	李梦洁	销售部3	宜春	女	3800	200	1300	40	5340	70	5270
001059	林社	销售部4	南昌	男	3400	200	1400	60	5060	30	5030
001365	成咬金	销售部2	宜春	男	3500	200	1300	60	5060	30	5030
001048	黄彩云	销售部4	南昌	女	3500	200	1300	50	5050	30	5020
001600	陈涛涛	销售部3	南昌	男	3500	200	1200	60	4960	20	4940
001599	张玲珍	销售部2	宜春	女	3200	200	1300	50	4750	50	4700
001110	邱森林	销售部1	抚州	男	2900	150	1500	70	4620	50	4570
001024	胡卓然	销售部2	抚州	男	2800	150	1500	60	4510	30	4480
001031	罗成程	销售部1	九江	男	3000	200	1300	80	4580	100	4480
001598	赵依依	销售部1	抚州	女	3000	200	1200	80	4480	30	4450
001031	李隆浩	销售部3	南昌	男	2800	200	1400	60	4460	50	4410
001597	颜露	销售部4	南昌	女	2600	150	1200	100	4050	20	4030
001020	张怀璋	销售部1	九江	男	2500	150	1200	60	3910	30	3880

图 8–18　按“实发工资”降序排序

注意：

在进行简单排序时，只能选择需要排序列中的一个单元格。如果选择单元格区域，则会弹出对话框询问是否要扩展排序区域。

2. 多条件排序

多条件排序，是指可以按多个关键字进行排序。多条件排序需要先指定一个关键字为第一关键字，按第一关键字排序后，再按第二关键字排序，依此类推。

本任务要求以“部门”作为主要关键字，排序方式为升序；以“籍贯”为次要关键字，排序方式为降序；以“应发工资”为第三关键字，排序方式为升序。

第一步：打开某公司职工工资表（排序）工作表，选中单元格 A2：L20 数据区域，单击菜单栏“数据”选项卡，在“排序和筛选”面板中单击排序图标，如图 8–19 所示。

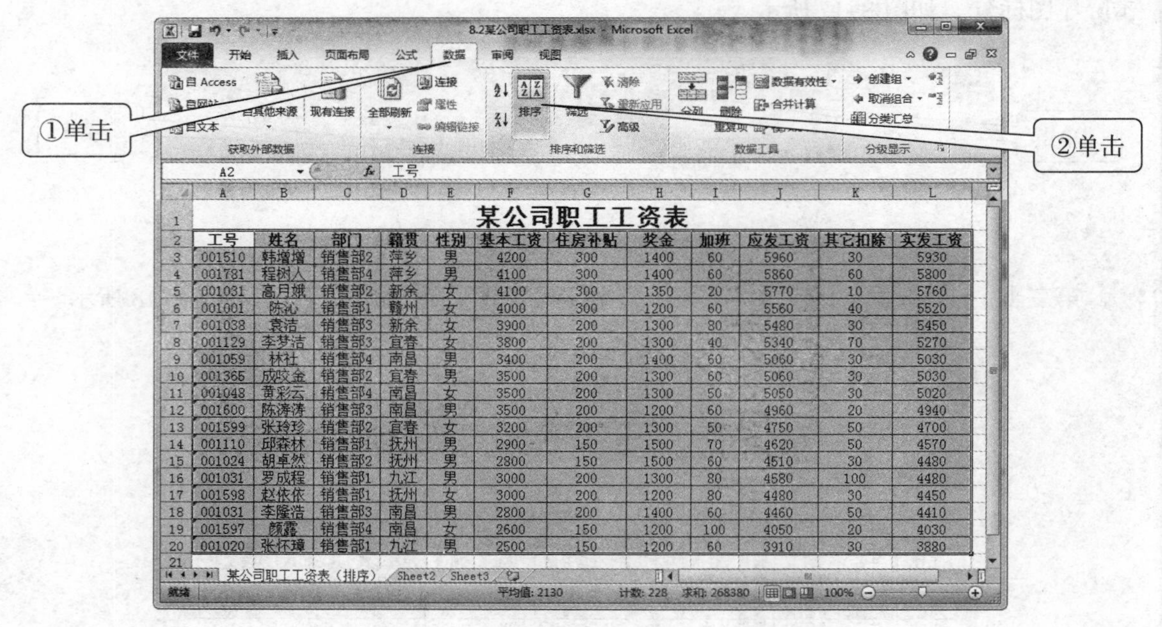

某公司职工工资表

工号	姓名	部门	籍贯	性别	基本工资	住房补贴	奖金	加班	应发工资	其它扣除	实发工资
001510	韩增增	销售部2	萍乡	男	4200	300	1400	60	5960	30	5930
001781	程树人	销售部4	萍乡	男	4100	300	1400	60	5860	60	5800
001031	高月娥	销售部2	新余	女	4100	300	1350	20	5770	10	5760
001001	陈沁	销售部1	赣州	女	4000	300	1200	60	5560	40	5520
001038	袁洁	销售部3	新余	女	3900	200	1300	80	5480	30	5450
001129	李梦洁	销售部3	宜春	女	3800	200	1300	40	5340	70	5270
001059	林社	销售部4	南昌	男	3400	200	1400	60	5060	30	5030
001365	成跤金	销售部2	宜春	男	3500	200	1300	60	5060	30	5030
001048	黄彩云	销售部4	南昌	女	3500	200	1300	50	5050	30	5020
001600	陈涛涛	销售部3	南昌	男	3500	200	1200	60	4960	20	4940
001599	张玲珍	销售部2	宜春	女	3200	200	1300	50	4750	50	4700
001110	邱森林	销售部1	抚州	男	2900	150	1500	70	4620	50	4570
001024	胡卓然	销售部2	抚州	男	2800	150	1500	60	4510	30	4480
001031	罗成程	销售部1	九江	男	3000	200	1300	80	4580	100	4480
001598	赵依依	销售部1	抚州	女	3000	200	1200	80	4480	30	4450
001031	李隆浩	销售部3	南昌	男	2800	200	1400	60	4460	50	4410
001597	颜露	销售部4	南昌	女	2600	150	1200	100	4050	20	4030
001020	张怀璋	销售部1	九江	男	2500	150	1200	60	3910	30	3880

图 8–19　选择排序

第二步：弹出“排序”面板，在主要关键字字段选择：部门，次序：升序；然后单击添加条件图标 添加条件(A)，添加次要关键字（第二关键字），次要关键字字段选择：籍贯，次序：降序；最后单击添加条件图标 添加条件(A)，添加次要关键字（第三关键字），次要关键字字段选择：应发工资，次序：升序。排序依据默认为“数值”，如图 8–20 所示。

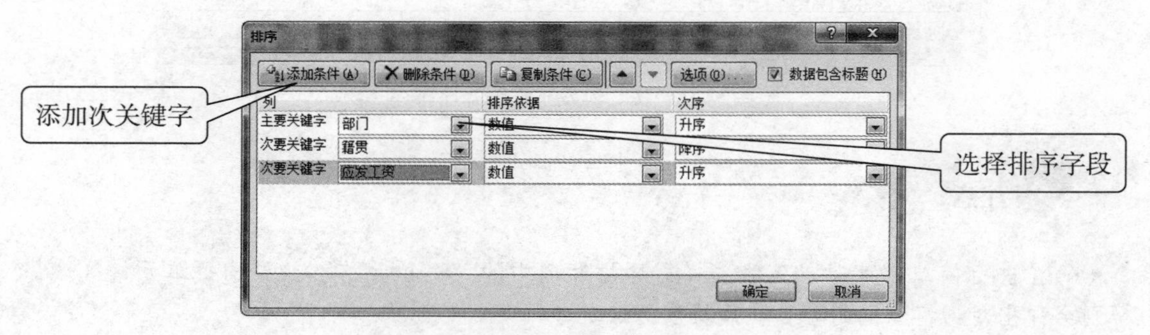

图 8–20　排序条件

第三步：设置好排序条件后，单击“确定”按钮，排序后效果如图 8–21 所示。

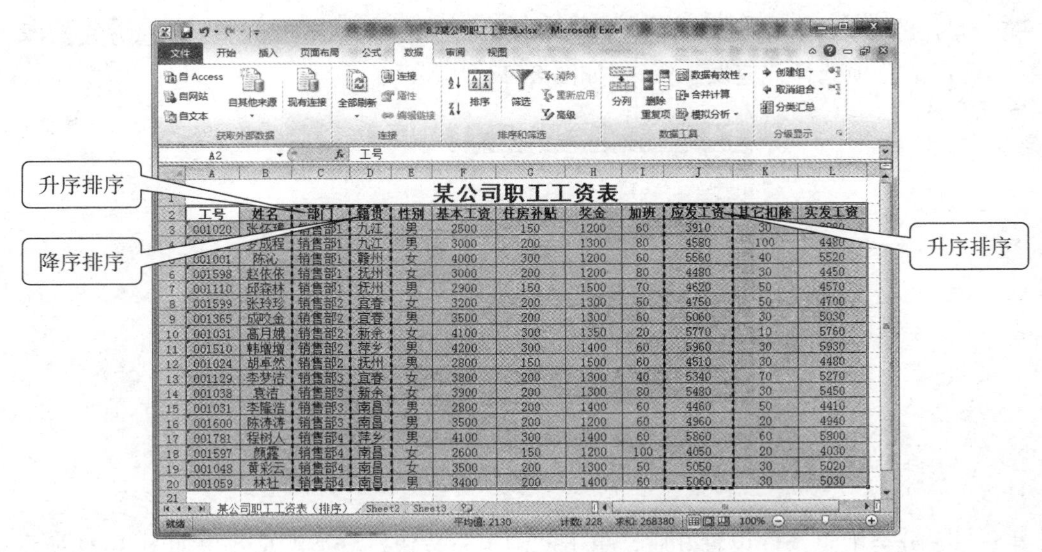

图 8–21　排序后效果图

3. 分类汇总

分类汇总，是指利用汇总函数对同一类别中的数据进行计算，得到统计结果。经过分类汇总，可分级显示汇总结果。创建分类汇总的前提是对数据进行排序，以使相同关键字的记录集中在一起。

本任务要求按各部门分类，汇总应发工资的平均工资。由于多条件排序已经按“部门”和“应发工资”字段数据清单进行了排序，所以可直接执行分类汇总操作，具体操作步骤如下。

第一步：打开已经对“部门”和“应发工资”字段数据清单排序的某公司职工工资表（排序）工作表，选中单元格 A2：L20 数据区域，单击菜单栏“数据”选项卡，在“分类显示”面板中单击“分类汇总”图标，如图 8–22 所示。

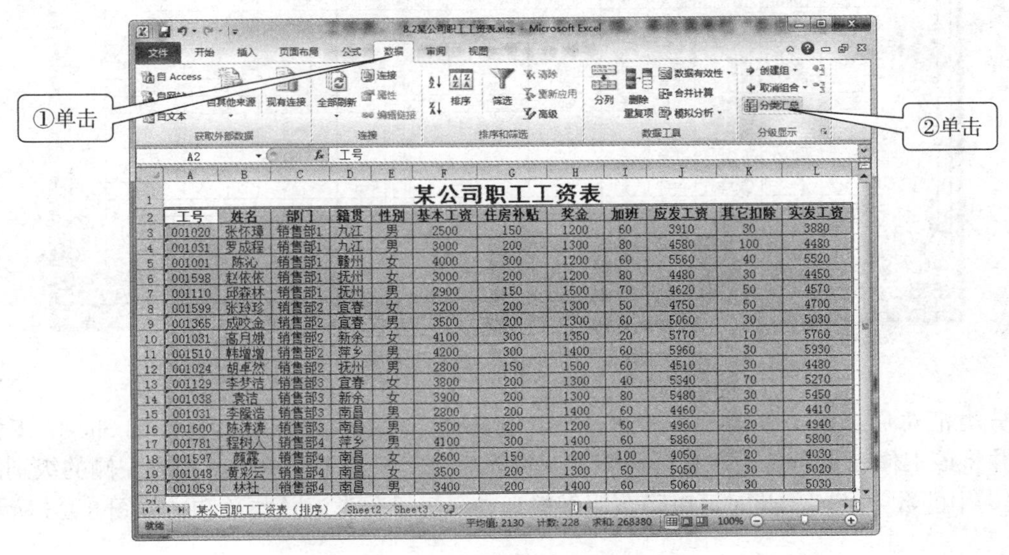

图 8–22　选择“分类汇总”

第二步：弹出“分类汇总”对话框面板，在分类字段中选择“部门”，汇总方式选择“平均值”，选定汇总项选择“应发工资”，如图 8-23 所示。

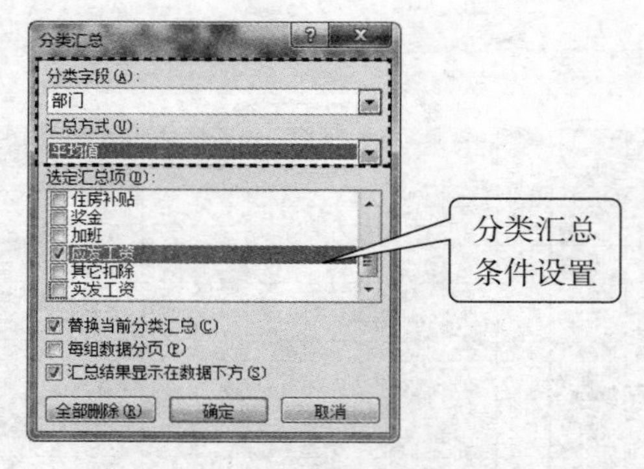

图 8-23　分类汇总条件设置

第三步：分类汇总条件设置好后，单击“确定”按钮，分类汇总效果如图 8-24 所示。

某公司职工工资表

工号	姓名	部门	籍贯	性别	基本工资	住房补贴	奖金	加班	应发工资	其它扣除	实发工资
001020	张怀璋	销售部1	九江	男	2500	150	1200	60	3910	30	3880
001031	罗成程	销售部1	九江	男	3000	200	1300	80	4580	100	4480
001001	陈沁	销售部1	赣州	女	4000	300	1200	60	5560	40	5520
001598	赵依依	销售部1	抚州	女	3000	200	1200	80	4480	30	4450
001110	邱森林	销售部1	抚州	男	2900	150	1500	70	4620	50	4570
		销售部1 平均值							4630		
001599	张玲珍	销售部2	宜春	女	3200	200	1300	50	4750	50	4700
001365	成咬金	销售部2	宜春	男	3500	200	1300	60	5060	30	5030
001031	高月娥	销售部2	新余	女	4100	300	1350	20	5770	10	5760
001510	韩增增	销售部2	萍乡	男	4200	300	1400	60	5960	30	5930
001024	胡卓然	销售部2	抚州	男	2800	150	1500	60	4510	30	4480
		销售部2 平均值							5210		
001129	李梦洁	销售部3	宜春	女	3800	200	1300	40	5340	70	5270
001038	袁洁	销售部3	新余	女	3900	200	1300	80	5480	30	5450
001031	李隆浩	销售部3	南昌	男	2800	200	1400	60	4460	50	4410
001600	陈涛涛	销售部3	南昌	男	3500	200	1200	60	4960	20	4940
		销售部3 平均值							5060		
001781	程树人	销售部4	萍乡	男	4100	300	1400	60	5860	60	5800
001597	颜露	销售部4	南昌	女	2600	150	1200	100	4050	20	4030
001048	黄彩云	销售部4	南昌	女	3500	200	1300	50	5050	30	5020
001059	林社	销售部4	南昌	男	3400	200	1400	60	5060	30	5030
		销售部4 平均值							5005		
		总计平均值							4970		

图 8-24　分类汇总后的效果

分类汇总后，将“某公司职工工资表（排序）”工作表数据清单复制到 Sheet2 工作表中，并将该工作表重命名为“某公司职工工资表（分类汇总）”。单击工作表左侧的级别图标 1 2 3 中的数字“2”，此时可以隐藏明细数据，只显示分类汇总与总和，如图 8-25 所示。

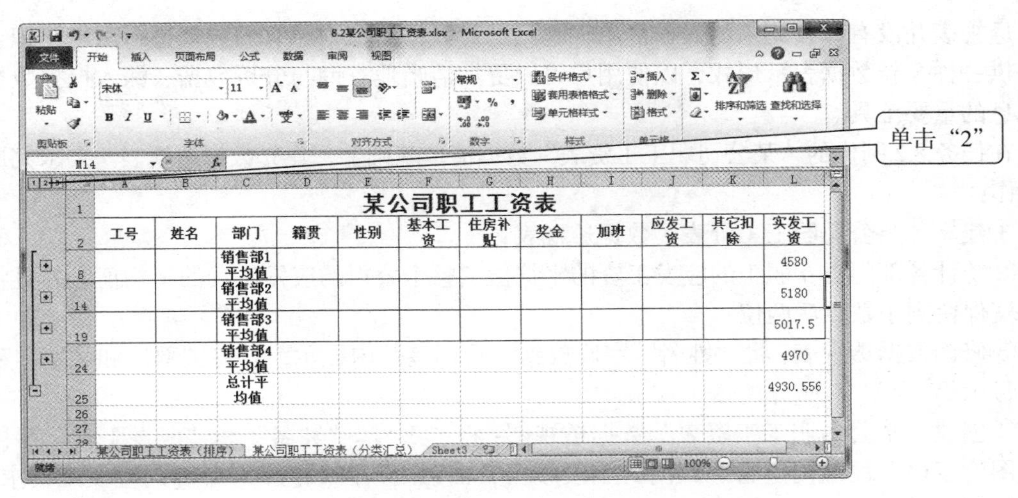

图 8–25　分类汇总和

若单击级别图标 1 2 3 中的数字“1”，则只显示总计，将分类和数据明细全部隐藏起来；若单击级别图标 1 2 3 中的数字“3”，则全部显示，用户可以更加直观地了解数据之间的关系。

若用户不需要分类汇总，可以将分类汇总删除。单击菜单栏“数据”选项卡，在“分类”显示面板中选择“分类汇总”图标，在弹出的“分类汇总”对话框面板中，单击“全部删除”按钮，即可实现删除分类汇总，恢复到分类汇总之前的状态，如图 8–26 所示。

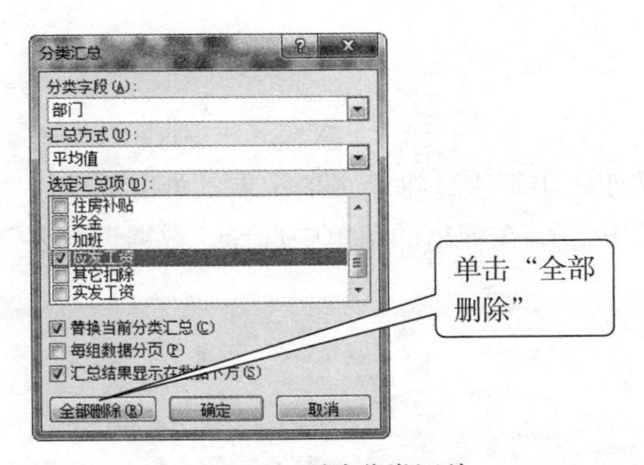

图 8–26　删除分类汇总

8.3　任务扩展：建立某公司职工工资数据透视图表

8.3.1　任务描述

数据透视表是对数据清单进行分类汇总而建立的行列交叉表，或者说是数据透视表是行列交叉的分类汇总表。它可以转换行和列，以不同的方式显示分类汇总的结果。简单地说，数据透视表并没有修改原来的数据清单，它只是对数据清单中原有的数据进行重新组织，从而提供一种全新数据表示形式，以便用户可以更加清晰地查询与分析数据、深入挖掘数据内部信息的重要工具。

在任务 8.2 制作的“某公司职工工资表”数据清单基础上，建立数据透视表。要求完成以下操作：

①建立“某公司职工工资表”数据透视表；

②统计各部门男女职工的应发工资的平均值、整个公司的应发工资的平均值，并且将平均工资保留到小数点后两位；

③修饰数据透视表：将“姓名”字段放到“行标签”内显示，并将“部门和性别”字段置换显示等；

④创建“某公司职工工资表”数据透视图：将“工号”“姓名”和“应发工资”字段放入“图例字段”区域内，将“部门”字段放入“轴字段”区域内；对各部门应发工资求和。图表类型：三维堆积柱形图。

本任务实施要求如下：

①创建数据透视表；

②改变数据显示方式；

③美化数据透视表；

④创建数据透视图。

8.3.2 任务实现

1. 创建数据透视表

第一步：打开某公司职工工资表（排序）工作表，单击菜单栏“插入”选项卡，在表格面板中单击数据透视表图标，在弹出的菜单中选择“数据透视表”命令，如图 8–27 所示。

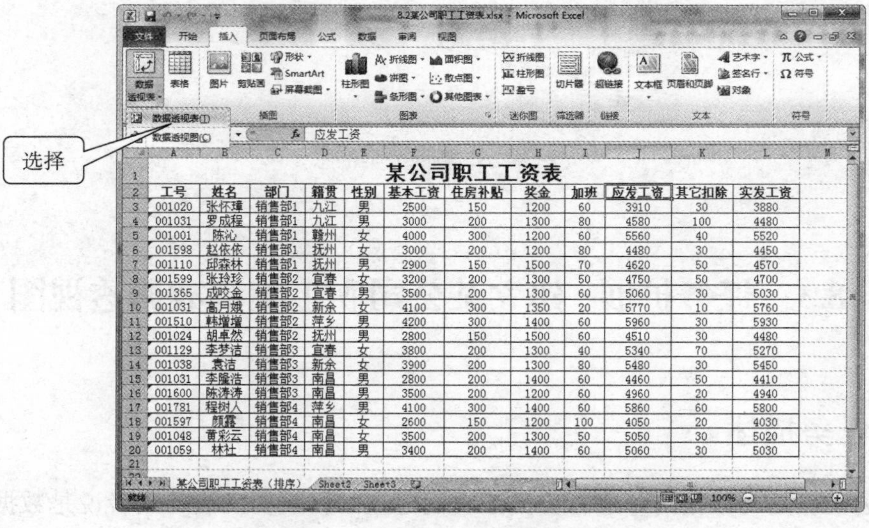

选择

数据透视表(T)

数据透视图(C)

某公司职工工资表

工号	姓名	部门	籍贯	性别	基本工资	住房补贴	奖金	加班	应发工资	其它扣除	实发工资
001020	张怀璋	销售部1	九江	男	2500	150	1200	60	3910	30	3880
001031	罗成程	销售部1	九江	男	3000	200	1300	80	4580	100	4480
001001	陈沁	销售部1	赣州	女	4000	300	1200	60	5560	40	5520
001598	赵依依	销售部1	抚州	女	3000	200	1200	80	4480	30	4450
001110	邱森林	销售部1	抚州	男	2900	150	1500	70	4620	50	4570
001599	张玲珍	销售部2	宜春	女	3200	200	1300	50	4750	50	4700
001365	成咬金	销售部2	宜春	男	3500	200	1300	60	5060	30	5030
001031	高月娥	销售部2	新余	女	4100	300	1350	20	5770	10	5760
001510	韩增增	销售部2	萍乡	男	4200	300	1400	60	5960	30	5930
001024	胡卓然	销售部2	抚州	男	2800	150	1500	60	4510	30	4480
001129	李梦洁	销售部3	宜春	女	3800	200	1300	40	5340	70	5270
001038	袁洁	销售部3	新余	女	3900	200	1300	80	5480	30	5450
001031	李隆浩	销售部3	南昌	男	2800	200	1400	60	4460	50	4410
001600	陈涛涛	销售部3	南昌	男	3500	200	1200	60	4960	20	4940
001781	程树人	销售部4	萍乡	男	4100	300	1400	60	5860	60	5800
001597	颜露	销售部4	南昌	女	2600	150	1200	100	4050	20	4030
001048	黄彩云	销售部4	南昌	女	3500	200	1300	50	5050	30	5020
001059	林社	销售部4	南昌	男	3400	200	1400	60	5060	30	5030

图 8–27 选择“数据表透视表”

第二步：弹出“创建数据透视表”对话框，确定数据区域，默认选中 A2：L20 数据区域，选择放置数据透视表的位置：新工作表，如图 8–28 所示。

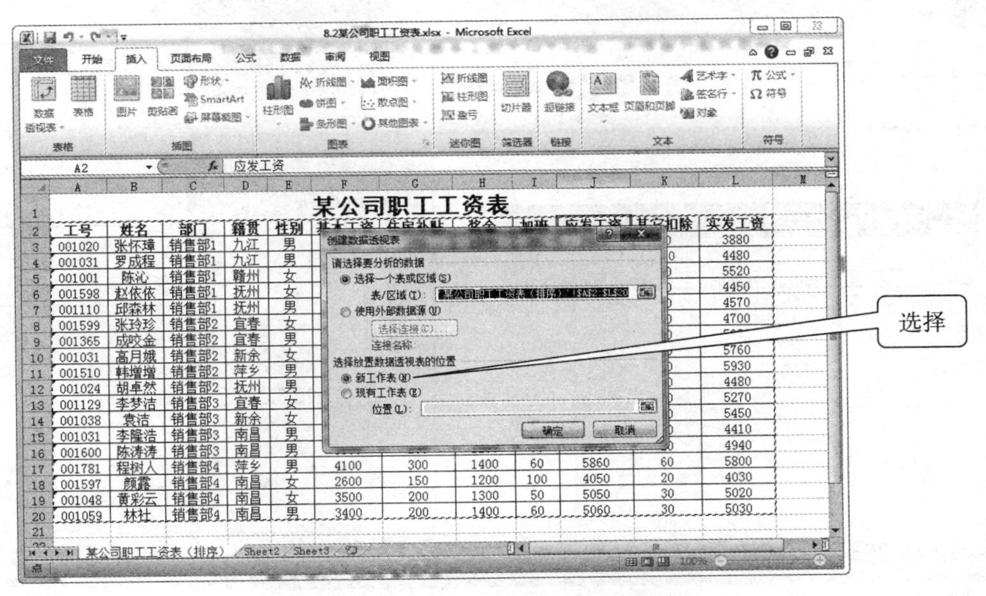

图 8–28 “创建数据透视表”对话框

第三步：单击“确定”按钮，弹出新建的工作表，并在其中创建数据透视表，如图 8–29 所示。

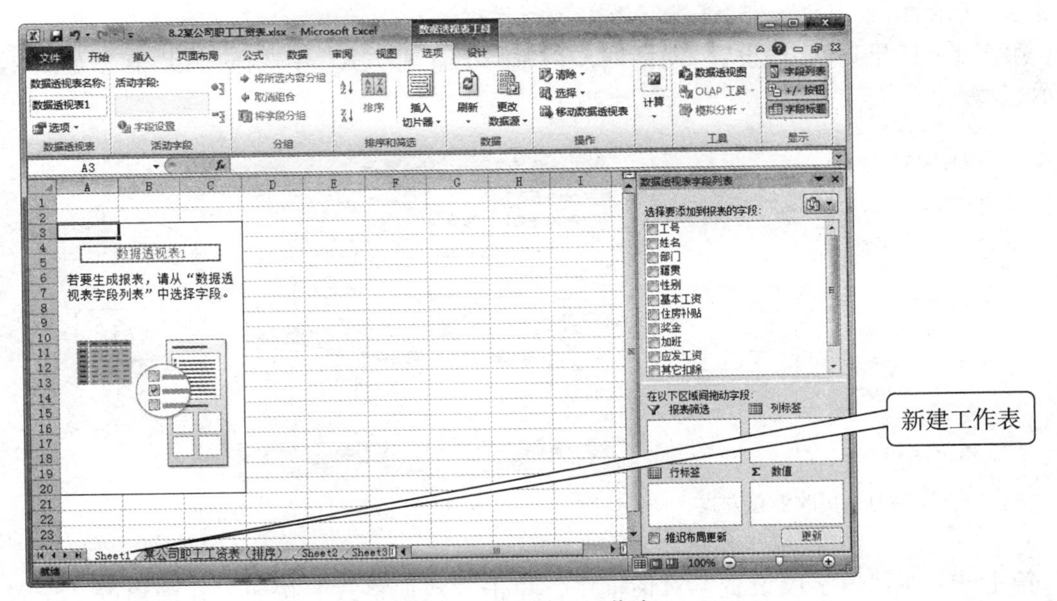

图 8–29 新建的工作表

第四步：按照任务要求，将“数据透视表字段列表”窗格中的“部门”字段拖放到“列标签”区域内，将“性别”字段拖放到“行标签”区域内，将“应发工资”字段拖放到“数据”区域内，如图 8–30 所示。

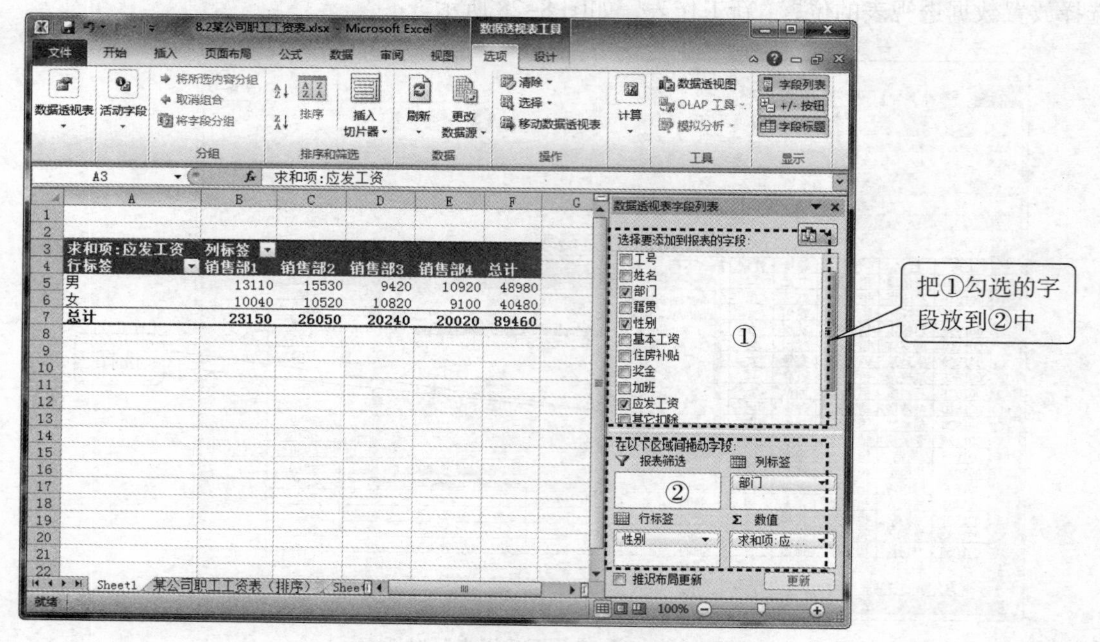

图 8–30　拖放字段

第五步：由于数据区域内默认汇总方式是“求和”，此时要将“求和”方式更改，单击“求和项：应发工资”右侧的下拉按钮，在弹出的菜单中选择“值字段设置”命令，如图 8–31 所示。

第六步：打开“值字段设置”对话框，在“值字段汇总方式”中选择“平均值”，如图 8–32 所示。

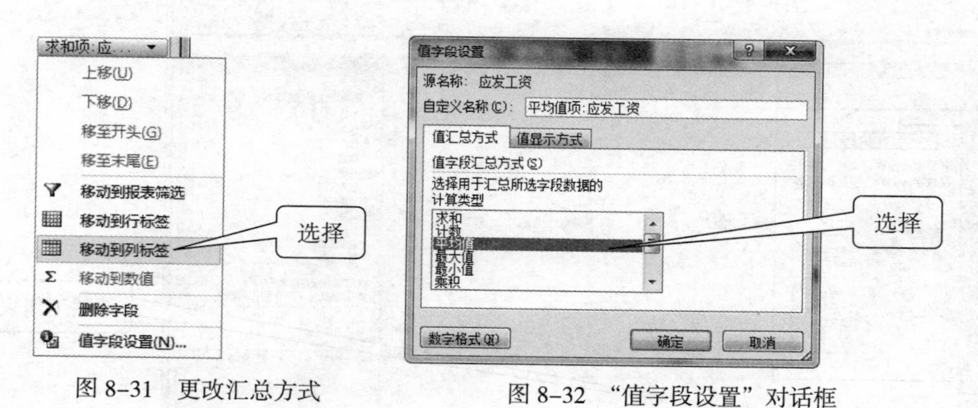

图 8–31　更改汇总方式　　　　图 8–32　“值字段设置”对话框

第七步：在“值字段设置”对话框中，单击“数据格式”按钮，在弹出的“设置单元格格式”对话框中选择“数字”分类，将小数位数设置为 2 位，如图 8–33 所示。

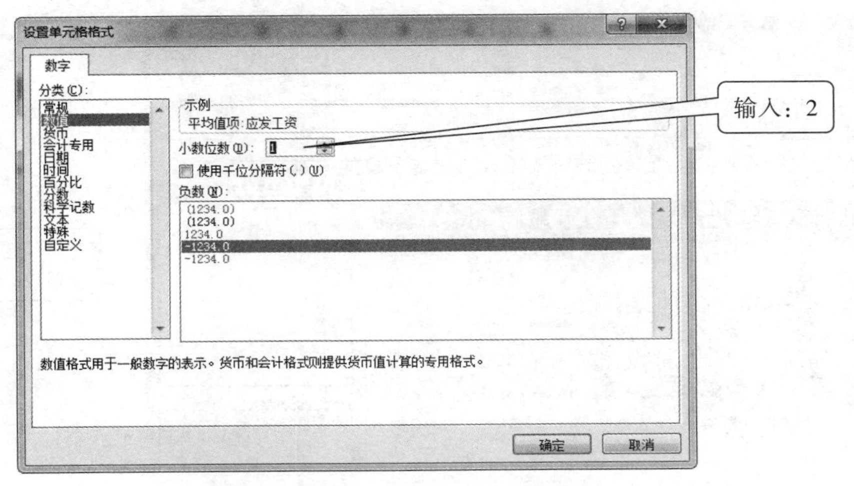

图 8–33　保留小数点后 2 位

第八步：在“设置单元格格式”对话框中，单击“确定”按钮，返回“值字段设置”对话框，单击“确定”按钮，如图 8–34 所示。

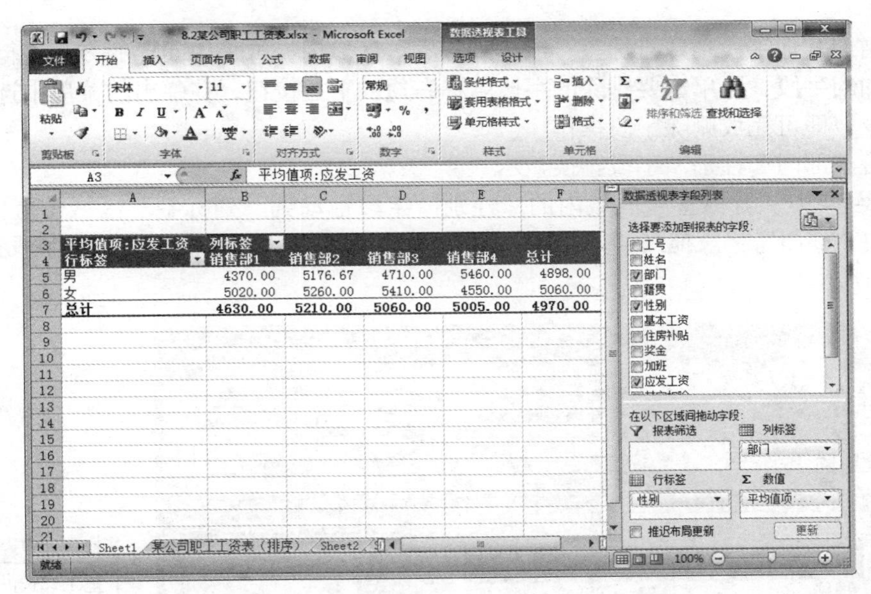

图 8–34　统计各部门男女职工的应发工资的平均值、整个公司的应发工资的平均工资

最后，将数据透视表所在的 Sheet1 工作表重命名为“某公司职工工资数据透视表”。

2. 改变数据显示方式

（1）将“姓名”字段放到“行标签”内显示

在“数据透视表字段列表”窗格，将“姓名”字段拖放到“行标签”区域内，即可实现“姓名”字段放到“行标签”内显示，如图 8–35 所示。

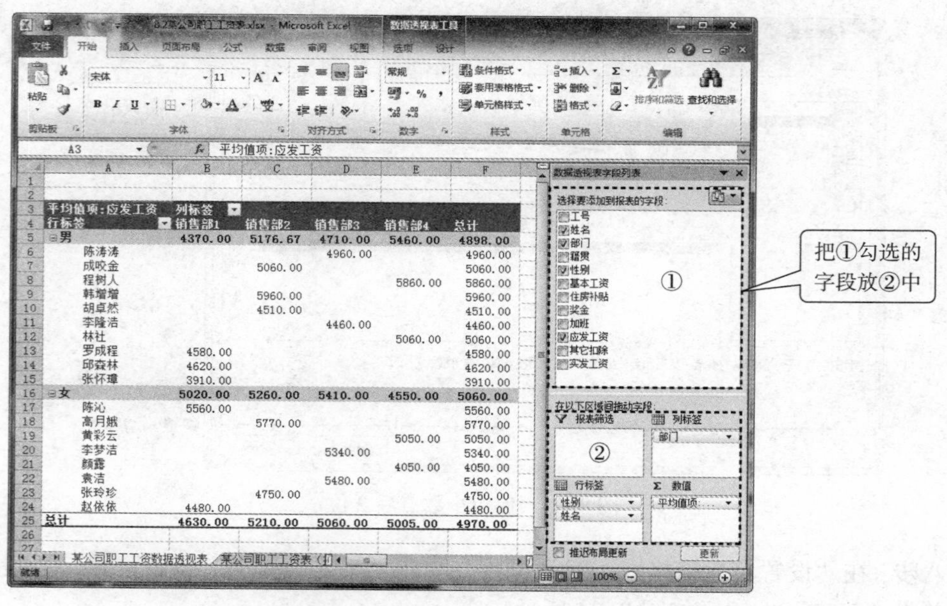

图 8–35　将“姓名”字段放到”行标签区域内

若欲增加其他字段到“行标签”或“列标签”区域内，可采用同样的方法进行拖放。若欲删除增加的字段，可单击要删除的字段名称右边的下拉按钮，在弹出的菜单中选择“删除字段”命令，即可完成删除字段操作。

（2）将“部门和性别”字段置换显示

将图 8–34 中“行标签”区域内的“性别”字段拖动到“列标签”区域位置内，“列标签”区域内“部门”字段拖到“行标签”区域位置，即可实现“部门和性别”字段置换显示，如图 8–36 所示。

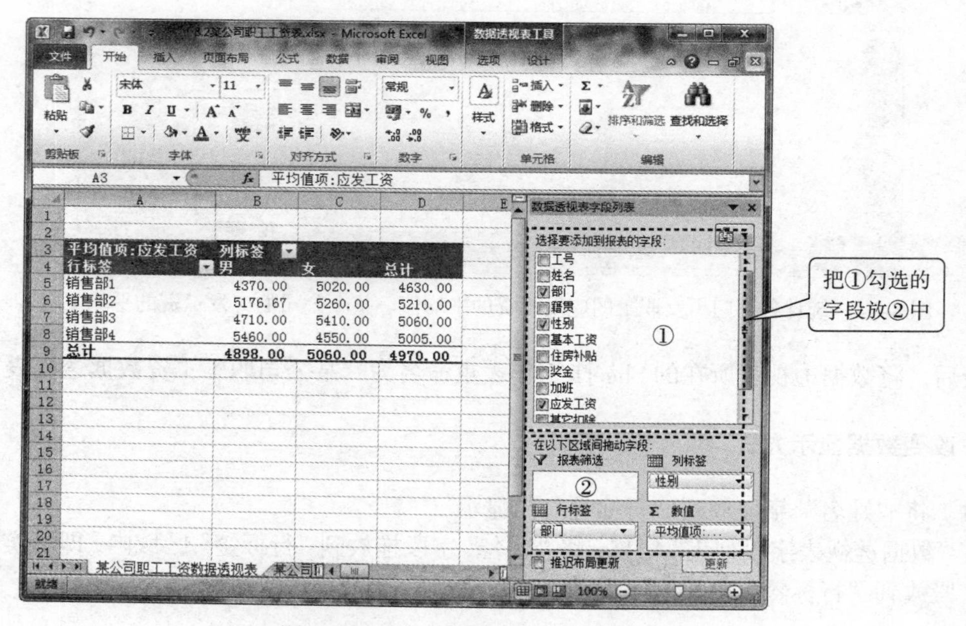

图 8–36　“部门和性别”字段置换显示

当创新的数据透视表的源数据清单中的数据发生更改时，不必重新创新数据透视表，此时只要在“数据”选项卡中单击“刷新”按钮，就可以更新创建的数据透视表中的数据了。

3. 美化数据透视表

数据透视表与数据表一样，可以对其进行编辑、设计等操作，具体操作步骤如下。

第一步：打开创建的某公司职工工资数据透视表，单击菜单栏“设计”选项卡，在“数据透视表样式”面板单击下拉按钮，选择“中等深浅 9”，如图 8–37 所示。

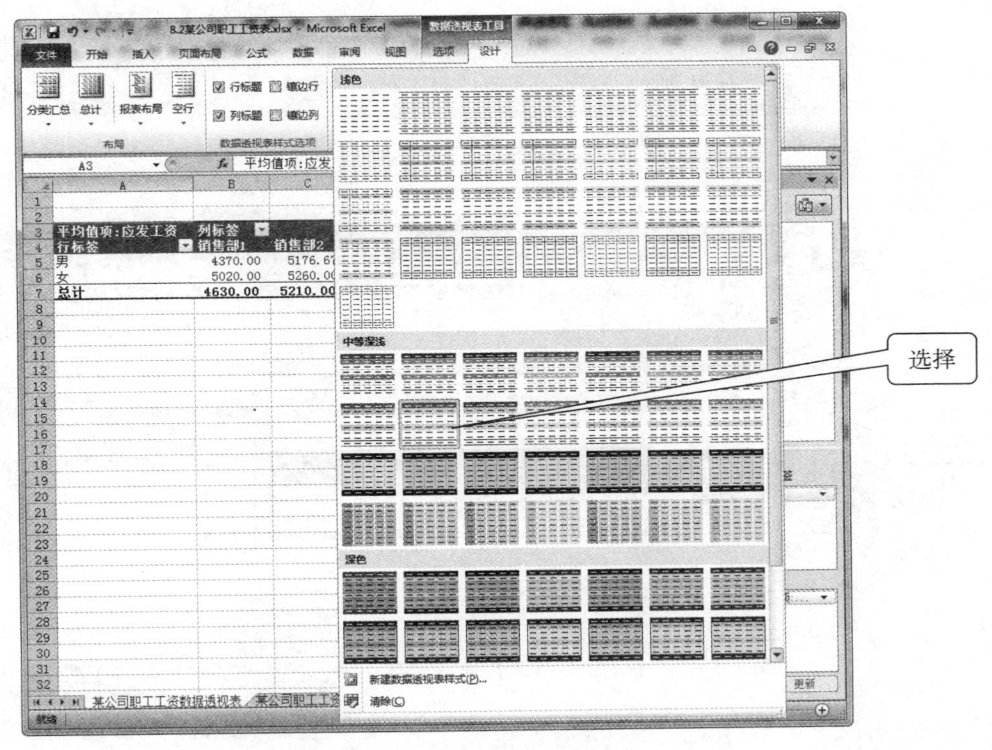

图 8–37　数据透视表样式

第二步：单击“设计”选项卡中的“报表布局”按钮，在弹出的菜单中选择“以大纲形式显示”命令，如图 8–38 所示。

第三步：单击“设计”选项卡中的“总计”按钮，在弹出菜单中选择“对行和列禁用”命令，如图 8–39 所示。

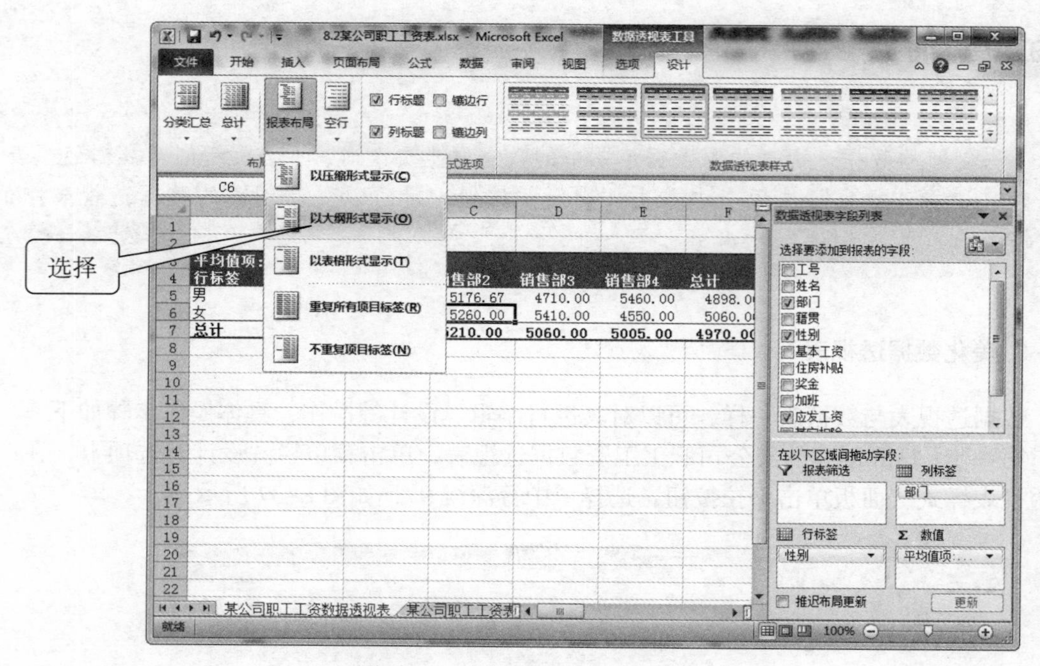

图 8-38　选择“大纲形式显示”

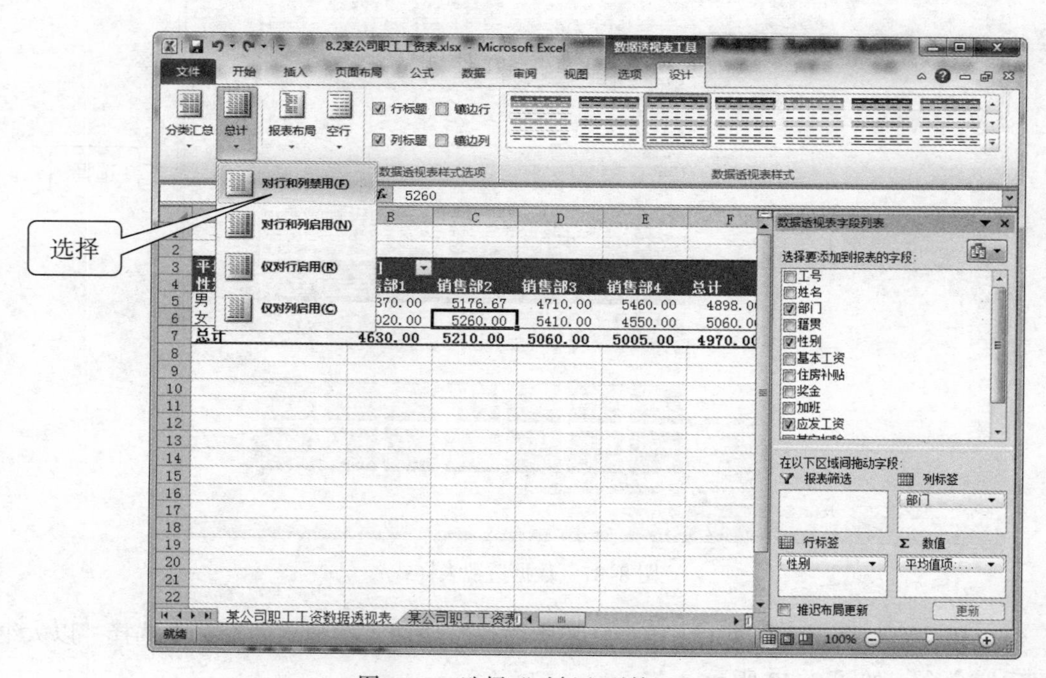

图 8-39　选择“对行和列禁用”

第四步：完成美化数据透视表的设置后，效果如图 8-40 所示。

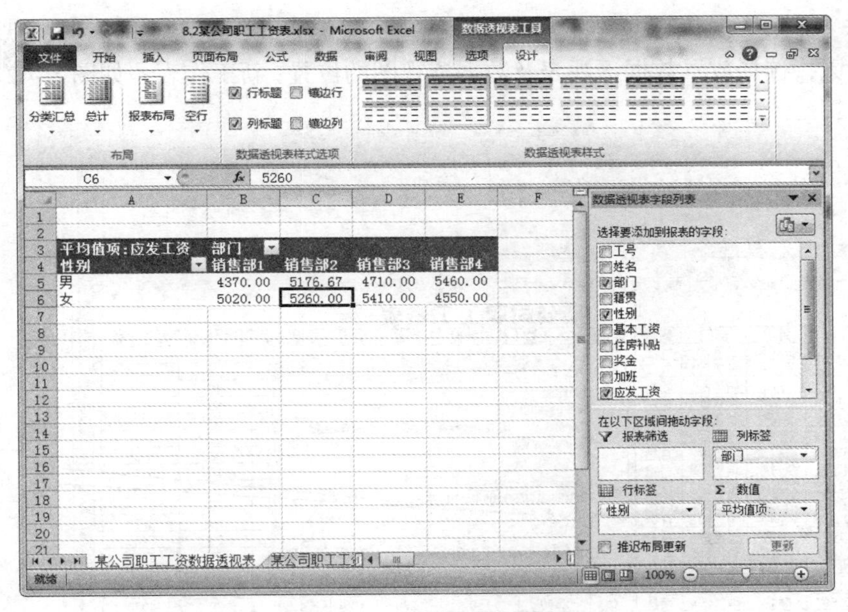

图 8-40 美化数据透视表

4. 创建数据透视图

可以创建柱形图、条形图、折线图等不同类型的数据透视图。与数据透视表相同，使用数据透视图可以帮助用户更加直观地分析数据、挖掘数据。

本任务根据需求制作“某公司职工工资表”数据透视图，具体操作步骤如下。

第一步：打开“某公司职工工资表（排序）”工作表，单击菜单栏“插入”选项卡，在“表格”面板中单击“数据透视表”图标，在弹出的菜单中选择“数据透视图”命令，如图 8-41 所示。

选择

数据透视表(T)
数据透视图(C)

某公司职工工资表

工号	姓名	部门	籍贯	性别	基本工资	住房补贴	奖金	加班	应发工资	其它扣除	实发工资
001020	张怀璋	销售部1	九江	男	2500	150	1200	60	3910	30	3880
001031	罗成程	销售部1	九江	男	3000	200	1300	80	4580	100	4480
001001	陈沁	销售部1	赣州	女	4000	300	1200	60	5560	40	5520
001598	赵依依	销售部1	抚州	女	3000	200	1200	80	4480	30	4450
001110	邱森林	销售部1	抚州	男	2900	150	1500	70	4620	50	4570
001599	张玲珍	销售部2	宜春	女	3200	200	1300	50	4750	50	4700
001365	成咬金	销售部2	宜春	男	3500	200	1300	60	5060	30	5030
001031	高月娥	销售部2	新余	女	4100	300	1350	20	5770	10	5760
001510	韩增增	销售部2	萍乡	男	4200	300	1400	60	5960	30	5930
001024	胡卓然	销售部2	抚州	男	2800	150	1500	60	4510	30	4480
001129	李梦洁	销售部3	宜春	女	3800	200	1300	40	5340	70	5270
001038	袁洁	销售部3	新余	女	3900	200	1300	80	5480	30	5450
001031	李隆浩	销售部3	南昌	男	2800	200	1400	60	4460	50	4410
001600	陈涛涛	销售部3	南昌	男	3500	200	1200	60	4960	20	4940
001781	程树人	销售部4	萍乡	男	4100	300	1400	60	5860	60	5800
001597	颜露	销售部4	南昌	女	2600	150	1200	100	4050	20	4030
001048	黄彩云	销售部4	南昌	女	3500	200	1300	50	5050	30	5020
001059	林社	销售部4	南昌	男	3400	200	1400	60	5060	30	5030

图 8-41 选择“数据表透视图”

第二步：弹出“创建数据透视表及数据透视图”对话框，确定数据区域，默认选中 A2:L20 数据区域，选择放置数据透视表及数据透视图的位置：新工作表，如图 8–42 所示。

8.2某公司职工工资表.xlsx - Microsoft Excel

A2 20

	A	B	C	D	E	F	G	H	I	J	K	L
1	某公司职工工资表											
2	工号	姓名	部门	籍贯	性别	基本工资	住房补贴	奖金	加班	应发工资	其它扣除	实发工资
3	001020	张怀璋	销售部1	九江	男	2500	150	1200	60	3910	30	3880
4	001031	罗成程	销售部1	九江							100	4480
5	001001	陈沁	销售部1	赣州							40	5520
6	001598	赵依依	销售部1	抚州							30	4450
7	001110	邱森林	销售部1	抚州							50	4570
8	001599	张玲珍	销售部2	宜春							50	4700
9	001365	成咬金	销售部2	宜春							30	5030
10	001031	高月娥	销售部2	新余							10	5760
11	001510	韩增增	销售部2	萍乡								
12	001024	胡卓然	销售部2	抚州							30	4480
13	001129	李梦洁	销售部3	宜春							70	5270
14	001038	袁洁	销售部3	新余							30	5450
15	001031	李隆浩	销售部3	南昌							50	4410
16	001600	陈涛涛	销售部3	南昌							20	4940
17	001781	程树人	销售部4	萍乡							60	5800
18	001597	颜露	销售部4	南昌	女	2600	150	1200	100	4050	20	4030
19	001048	黄彩云	销售部4	南昌	女	3500	200	1300	50	5050	30	5020
20	001059	林社	销售部4	南昌	男	3400	200	1400	60	5060	30	5030

创建数据透视表及数据透视图

请选择要分析的数据

选择一个表或区域(S)

表/区域(T): '某公司职工工资表（排序）'!$A$2:$L$20

使用外部数据源(U)

选择连接(C)...

连接名称:

选择放置数据透视表及数据透视图的位置

新工作表(N)

现有工作表(E)

位置(L):

确定 取消

选择

某公司职工工资数据透视表 某公司职工工资表（排序） Sheet2

图 8–42 “创建数据透视表及数据透视图”对话框

第三步：在“创建数据透视表及数据透视图”对话框中，单击“确定”按钮，弹出新建的工作表 Sheet4，并在其中创建数据透视图，如图 8–43 所示。

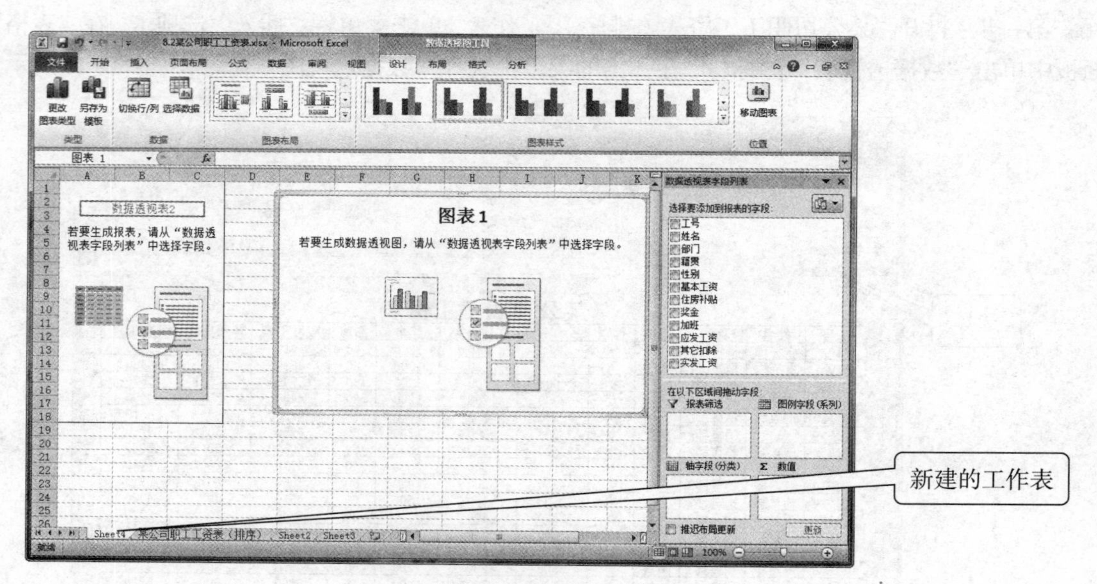

图 8–43 新建工作表

第四步：按照任务要求，将“数据透视表字段列表”窗格中“部门”字段拖放到“轴字段”区域内，将“工号”“姓名”和“应发工资”字段拖放到“图例字段”区域内，将“应发工资”

字段拖放到“数值”区域内，如图 8-44 所示。

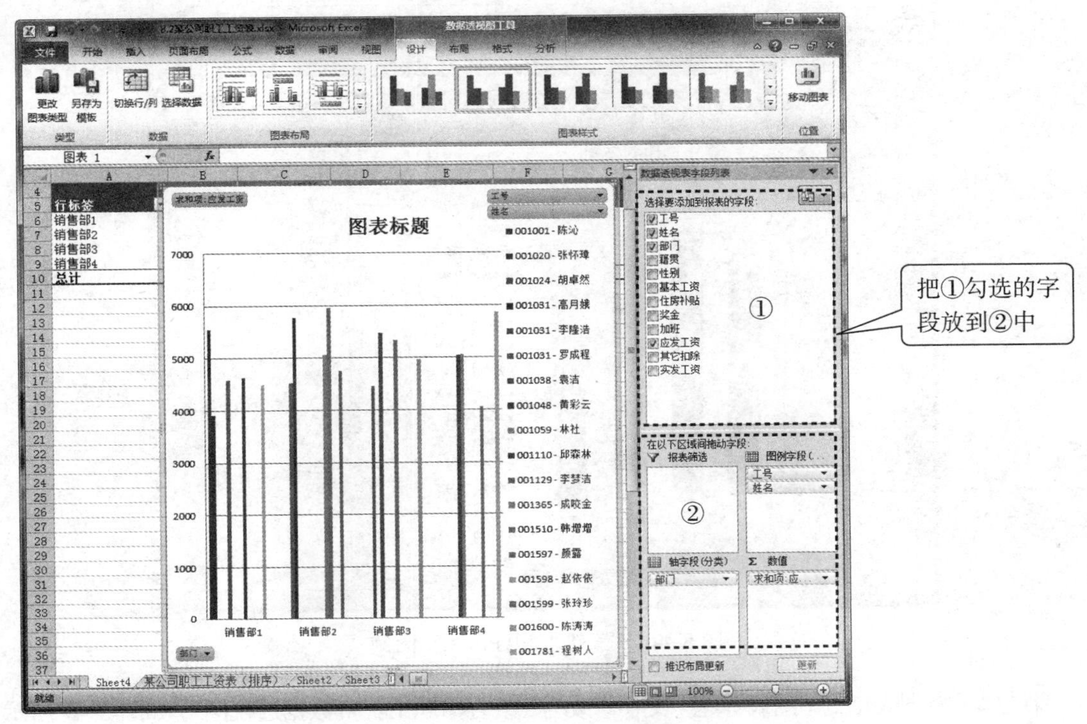

图 8-44 拖放字段

第五步：在菜单栏“设计 - 图表样式”中，单击“更改图表类型”按钮，弹出“更改图表类型”对话框，如图 8-45 所示。

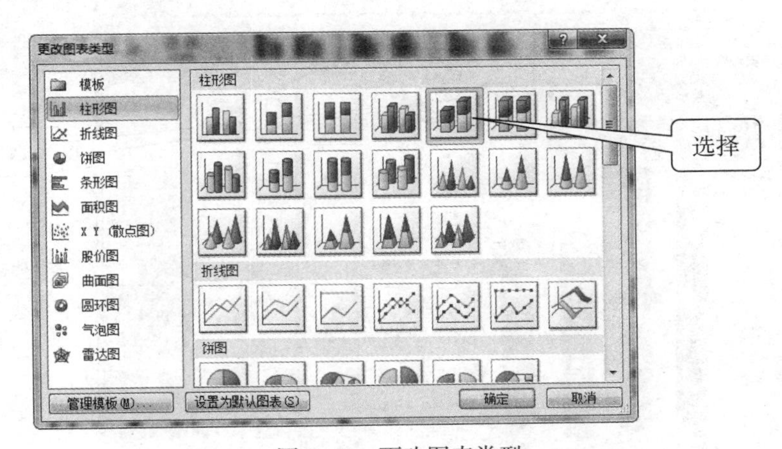

图 8-45 更改图表类型

第六步：在左侧栏单击“柱形图”，然后在右边柱形图中找到“三维堆积柱形图”图例，再单击“确定”按钮，即可完成图表类型的更改，如图 8-46 所示。

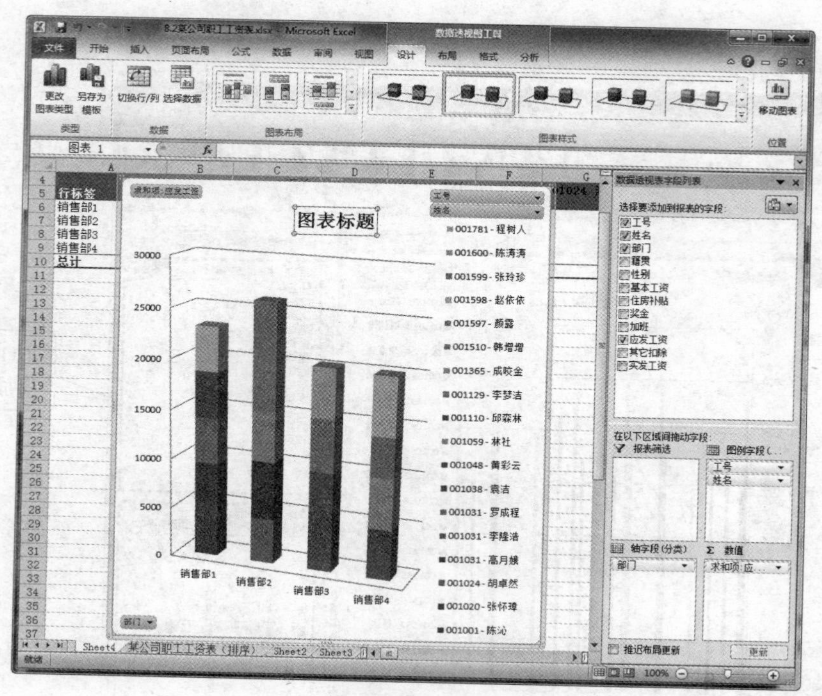

图 8–46 “三维堆积柱形图”图例

第七步: 将图表中的“图表标题”文字修改为“某公司职工工资数据透视图”, 如图 8–47 所示。

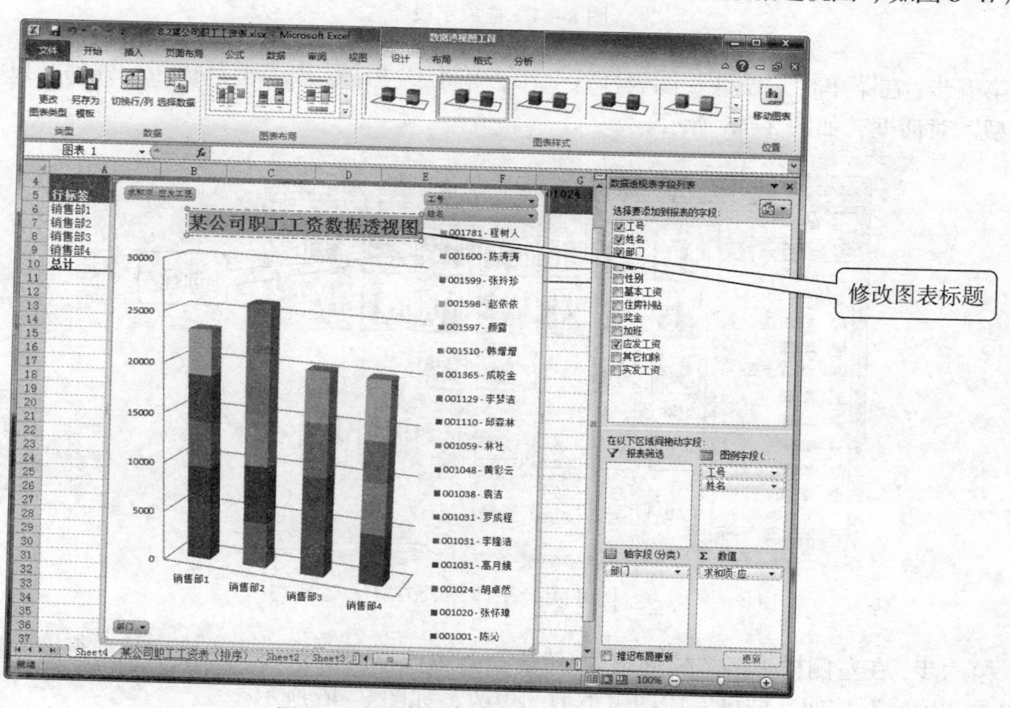

图 8–47 创建某公司职工工资数据透视图

最后, 将 Sheet4 工作表重命名为“某公司职工工资数据透视图”。

8.4 任务扩展：制作某公司职工工资图表统计表

8.4.1 任务描述

Excel 2010 提供了丰富的图表功能，使用它能够将工作表中复杂烦琐的数据用形象的图表表示出来，通过图表可以让用户更加清晰地了解工作表中数据的变化，帮助用户分析总结其变化规律，预测出未来的发展趋势。

在任务 8.2 制作的某公司职工工资表（分类汇总）数据清单的基础上，建立某公司职工工资图表统计表。要求完成以下操作：

①制作各部门实发工资的平均值的簇状圆形图。

②设置图表：添加图表标题“各部门实发工资的平均值”，黑体，24 磅，红色；“图表区”填充“渐变填充”；“图表基底”填充“橙色”；“图表背景墙”渐变填充预设颜色“金色年华”。

③创建迷你图：对销售部 1 所有数据建立迷你折线图。

本任务实施要求如下：

①创建图表；

②设置图表；

③创建迷你图。

8.4.2 任务实现

1. 创建图表

第一步：打开“某公司职工工资表（分类汇总）”工作表，选中 C2 单元格，按住 Ctrl 键，分别选中 C8、C14、C19、C24、L2、L8、L14、L19 和 L24 单元格，如图 8-48 所示。

第二步：单击菜单栏“插入”选项卡，在“图表”面板中单击右下角的下拉箭头按钮，弹出“插入图表”对话框，选中左侧的“柱形图”，然后选中右侧的“簇状圆形图”，如图 8-49 所示。

某公司职工工资表

工号	姓名	部门	籍贯	性别	基本工资	住房补贴	奖金	加班	应发工资	其它扣除	实发工资
001020	张怀璋	销售部1	九江	男	2500	150	1200	60	3910	30	3880
001031	罗成程	销售部1	九江	男	3000	200	1300	80	4580	100	4480
001001	陈沁	销售部1	赣州	女	4000	300	1200	60	5560	40	5520
001598	赵依依	销售部1	抚州	女	3000	200	1200	80	4480	30	4450
001110	邱森林	销售部1	抚州	男	2900	150	1500	70	4620	50	4570
		销售部1 平均值									4580
001599	张玲珍	销售部2	宜春	女	3200	200	1300	50	4750	50	4700
001365	成咬金	销售部2	宜春	男	3500	200	1300	60	5060	30	5030
001031	高月娥	销售部2	新余	女	4100	300	1350	20	5770	10	5760
001510	韩增增	销售部2	萍乡	男	4200	300	1400	60	5960	30	5930
001024	胡卓然	销售部2	抚州	男	2800	150	1500	60	4510	30	4480
		销售部2 平均值									5180
001129	李梦洁	销售部3	宜春	女	3800	200	1300	40	5340	70	5270
001038	袁洁	销售部3	新余	女	3900	200	1300	80	5480	30	5450
001031	李隆浩	销售部3	南昌	男	2800	200	1400	60	4460	50	4410
001600	陈涛涛	销售部3	南昌	男	3500	200	1200	60	4960	20	4940
		销售部3 平均值									5017.5
001781	程树人	销售部4	萍乡	男	4100	300	1400	60	5860	60	5800
001597	颜露	销售部4	南昌	女	2600	150	1200	100	4050	20	4030
001048	黄彩云	销售部4	南昌	女	3500	200	1300	50	5050	30	5020
001059	林社	销售部4	南昌	男	3400	200	1400	60	5060	30	5030
		销售部4 平均值									4970
		总计平均值									4930.556

选择

图 8–48　选中单元格

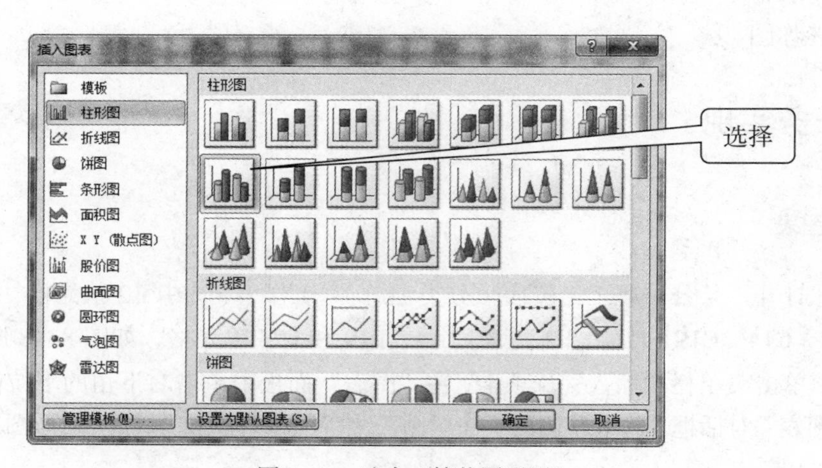

图 8–49　选中“簇状圆形图”

第三步：在“插入图表”面板中，单击“确定”按钮，返回数据清单，效果如图 8–50 所示。

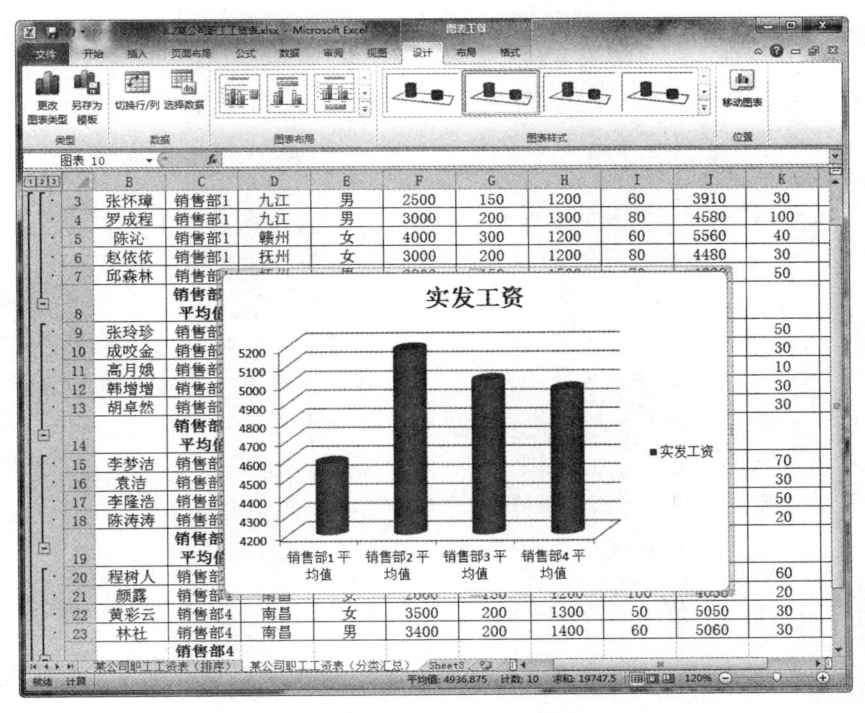

图 8-50 插入图例效果

知识加油站

在 Excel 2010 中，图表主要由图表区、图表标题、坐标轴、图例和绘图区等部分组成，如图 8-51 所示。

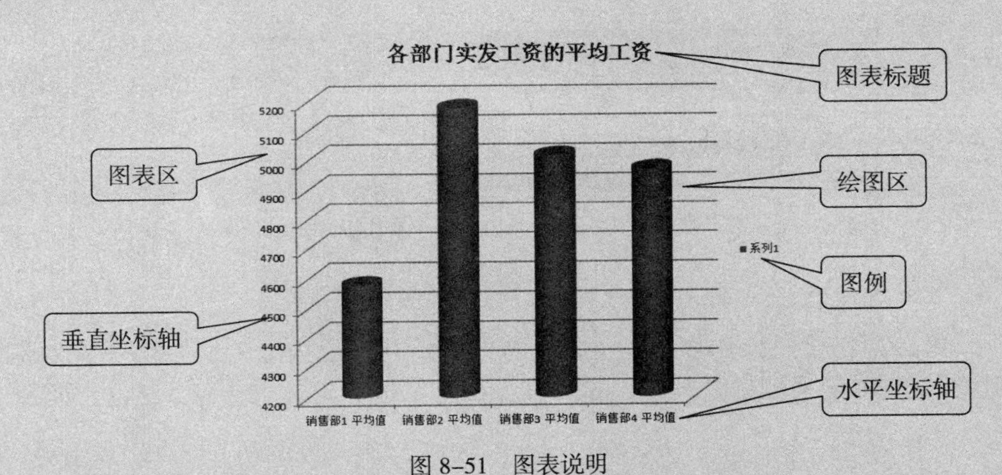

图 8-51 图表说明

图表区：整个图表区域。包含所有的数据信息。

坐标轴：包括水平坐标轴和垂直坐标轴两部分。一般情况下，水平坐标轴用于数据

的分类，垂直坐标轴主要为数据值。

绘图区：位于整个图表区的中间部分，用于显示以不同图表类型表示的数据系列。

图例：主要用来定义图表中数据系列的名称和分类，不同类别的数据可以用不同的颜色块和图案表示。

在 Excel 2010 中，为了满足不同用户的需求，Excel 2010 预设了丰富的图表，主要分为柱形图、折线图、饼图、条形图、面积图、XY 图、股价图、曲面图、圆形图、气泡图及雷达图。用户可以根据需要选择图表。不同的图表类型有着不同的数据展示方式，从而有着不同的作用。例如，“柱形图”主要用于显示一段时间内的数据变化情况或数据之间的比较情况，其中“簇状柱形图”和“三维簇状柱形图”主要用于比较多个类别的值；堆积柱形图和三维堆积柱形图主要用于显示单个项目与总体的变化关系，并跨类别比较每个值占总体的百分比；此外，“折线图”用于显示随时间变化的连续数据的关系；如果要显示不同类别的数据在总数据中所占的百分比，则可以使用“饼图”；如果要显示各项数据的比较情况，也可使用条形图；如果要体现数据随时间变化的程度，同时要强调数据总值情况，则可以使用面积图。

2. 设置图表

第一步：选中图表，单击菜单栏“图表工具 – 布局”选项卡，在“标签”面板中单击“图表标题”，在弹出的菜单中选择“图表上方”命令，如图 8–52 所示。

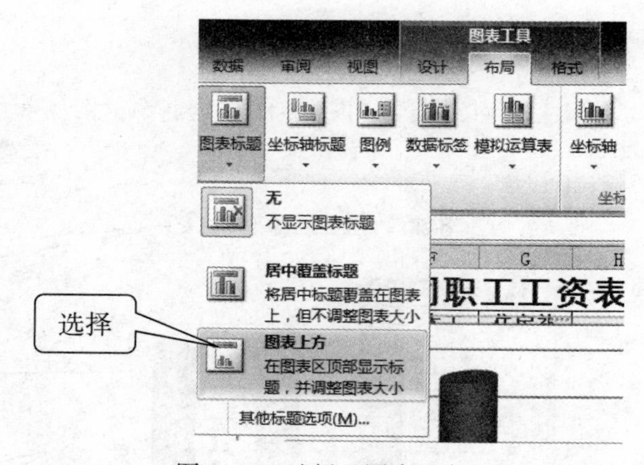

图 8–52　选择“图表上方”

第二步：在图表上方出现可输入文本的方框，在方框内输入“各部门实发工资的平均工资”，再单击菜单栏“开始”选项卡，设置字体为黑体，22 磅，红色，如图 8–53 所示。

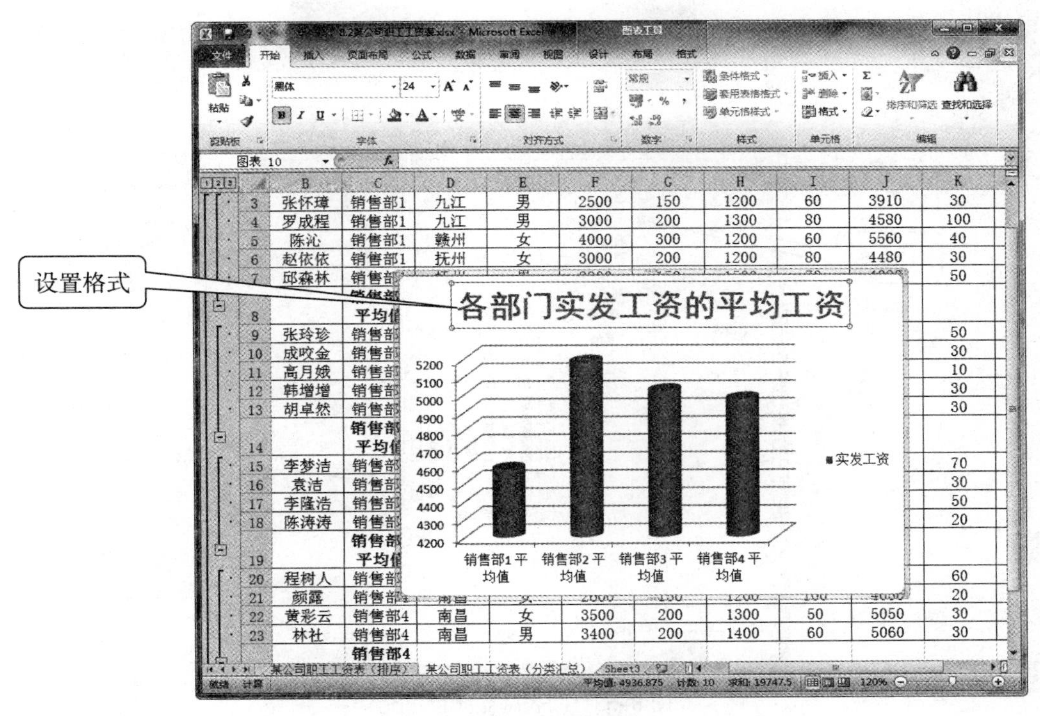

图 8–53　设置标题格式

第三步：选中图表，单击鼠标右键，选择“设置图表区域格式”，在弹出的对话框中选择“填充”，选中“渐变填充”，单击“关闭”按钮即可完成设置，如图 8–54 所示。

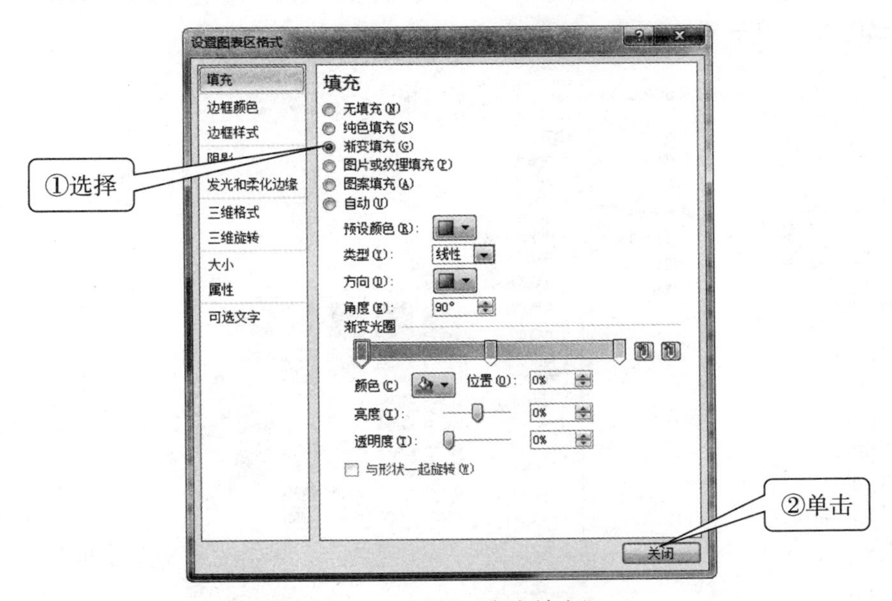

图 8–54　选择“渐变填充”

第四步：选中图表，单击菜单栏“图表工具 – 布局”选项卡，在“背景”面板中单击“图表基底”按钮，在弹出菜单中选择“其他基底选项”命令，弹出“设置基底格式”面板，选择“填充”，选中“纯色填充”，颜色为“黄色”，单击“关闭”按钮即可完成设置，如图 8–55 所示。

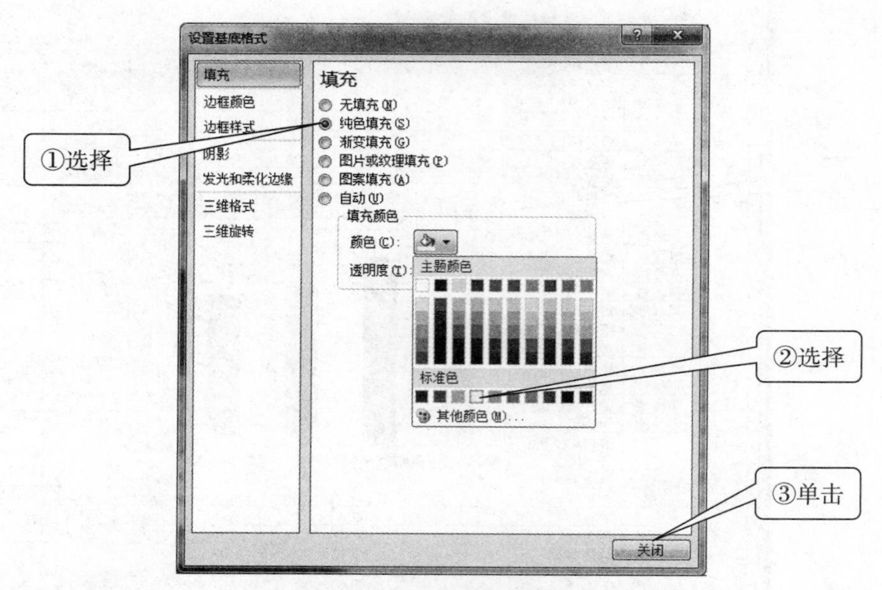

图 8–55　图表基底颜色填充

第五步：选中图表，单击菜单栏“图表工具 – 布局”选项卡，在“背景”面板中单击“图表背景墙”按钮，在弹出的菜单中选择“其他背景墙选项”命令，弹出“设置背景墙格式”面板，选择“填充”，选中“渐变填充”，在预设颜色中选择“金色年华”，单击“关闭”按钮即可完成设置，如图 8–56 所示。

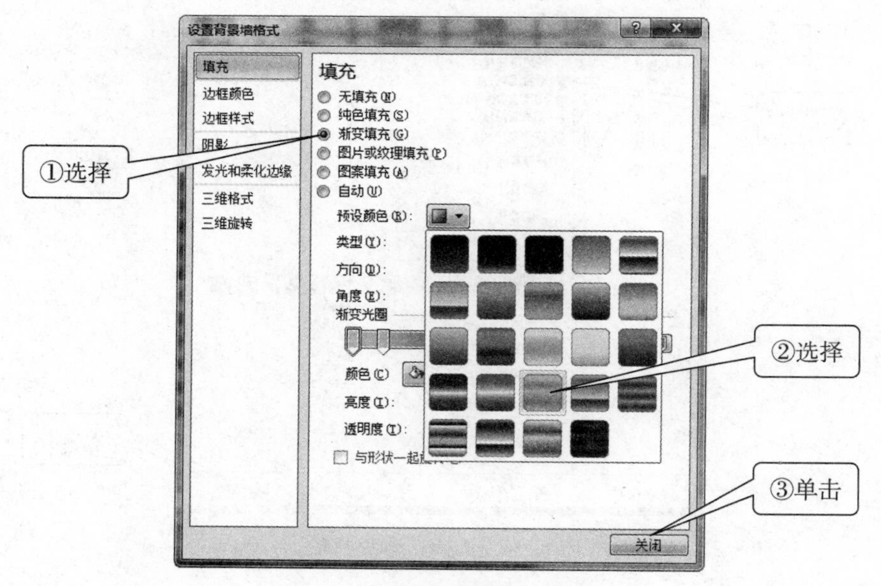

图 8–56　图表背景墙颜色填充

最终效果如图 8–57 所示。

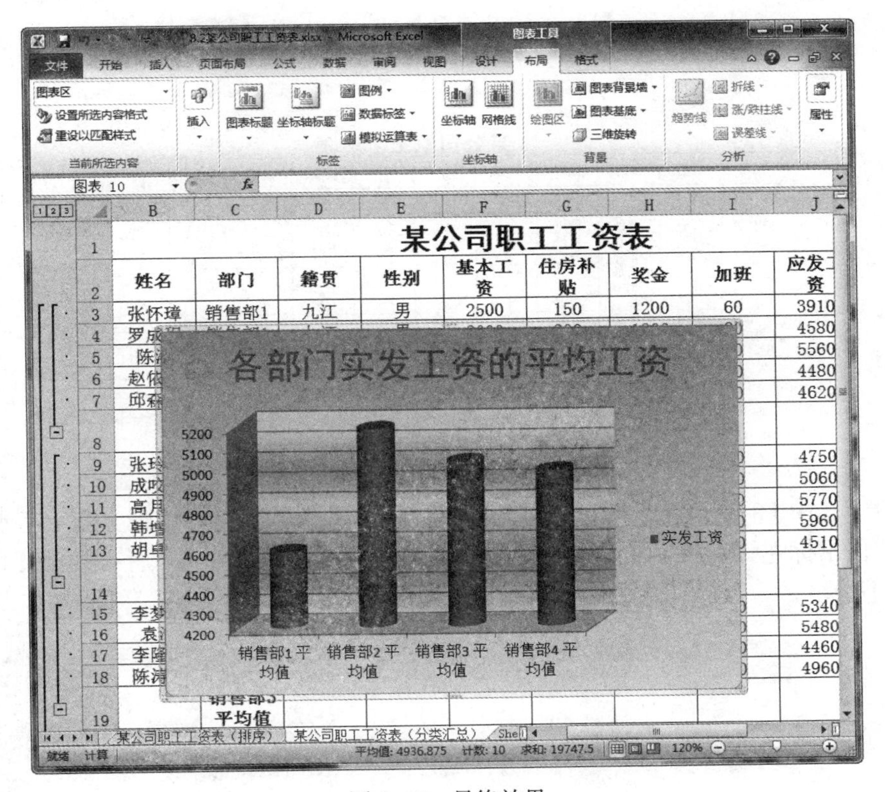

图 8–57　最终效果

3. 创建迷你图

迷你图是 Excel 2010 中新增的功能，它是单元格的一个微型图表，可以显示出数据变化的趋势。

本任务在销售部 1 数据区域进行设置，具体操作步骤如下。

第一步：打开“某公司职工工资表（分类汇总）”工作表，创建“基本工资”字段数据变化迷你图。选中 F8 单元格，单击菜单栏“插入”选项卡，在“迷你图”面板上选择“折线图”命令，在数据范围区域选择 F3：F7 或直接输入 F3：F7，如图 8–58 所示。

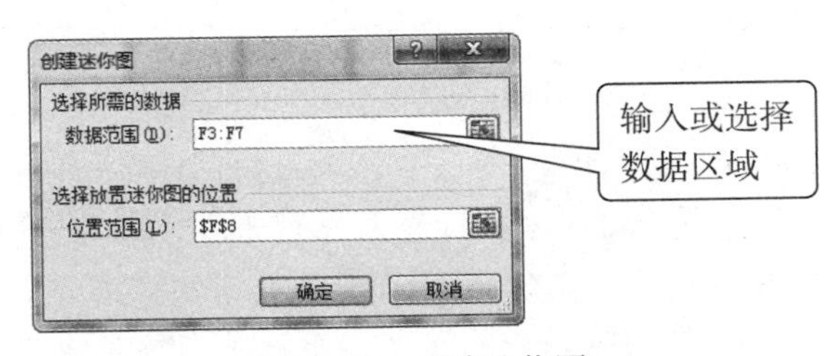

图 8–58　创建迷你图

第二步：在“创建迷你图”面板上单击“确定”按钮，返回数据清单，如图 8–59 所示。

工号	姓名	部门	籍贯	性别	基本工资	住房补贴	奖金	加班	应发工资	其它扣除	实发工资
001020	张怀璋	销售部1	九江	男	2500	150	1200	60	3910	30	3880
001031	罗成程	销售部1	九江	男	3000	200	1300	80	4580	100	4480
001001	陈沁	销售部1	赣州	女	4000	300	1200	60	5560	40	5520
001598	赵依依	销售部1	抚州	女	3000	200	1200	80	4480	30	4450
001110	邱森林	销售部1	抚州	男	2900	150	1500	70	4620	50	4570
		销售部1 平均值									4580
001599	张玲珍	销售部2	宜春	女	3200	200	1300	50	4750	50	4700
001365	成咬金	销售部2	宜春	男	3500	200	1300	60	5060	30	5030
001031	高月娥	销售部2	新余	女	4100	300	1350	20	5770	10	5760
001510	韩增增	销售部2	萍乡	男	4200	300	1400	60	5960	30	5930
001024	胡卓然	销售部2	抚州	男	2800	150	1500	60	4510	30	4480

图 8-59 创建“基本工资”数据变化迷你图

第三步：选中 F8 单元格，把光标移动到单元格右下角，当鼠标出现实心十字形“+”填充柄时，按住鼠标左键不放，向右拖动到单元格 K8，即可实现销售部 1 所有数据变化迷你图，如图 8-60 所示。

拖放

工号	姓名	部门	籍贯	性别	基本工资	住房补贴	奖金	加班	应发工资	其它扣除	实发工资
001020	张怀璋	销售部1	九江	男	2500	150	1200	60	3910	30	3880
001031	罗成程	销售部1	九江	男	3000	200	1300	80	4580	100	4480
001001	陈沁	销售部1	赣州	女	4000	300	1200	60	5560	40	5520
001598	赵依依	销售部1	抚州	女	3000	200	1200	80	4480	30	4450
		销售部1	抚州	男	2900	150	1500	70	4620	50	4570
		销售部1 平均值									4580
001599	张玲珍	销售部2	宜春	女	3200	200	1300	50	4750	50	4700
001365	成咬金	销售部2	宜春	男	3500	200	1300	60	5060	30	5030
001031	高月娥	销售部2	新余	女	4100	300	1350	20	5770	10	5760
001510	韩增增	销售部2	萍乡	男	4200	300	1400	60	5960	30	5930
001024	胡卓然	销售部2	抚州	男	2800	150	1500	60	4510	30	4480

图 8-60 销售部 1 所有数据变化迷你图

知识加油站

在 Excel 2010 中，迷你图分为三类：折线图、柱形图、盈亏。用户可以根据自己的需要将迷你图更改为所需的类型。迷你图可以显示数据的“高点”“低点”“负点”“首点”“尾点”和“标记”等不同的点。使用这些点可以快速标记出重点的点。

8.5 课后习题

1. 要求对任务 7.1 利用数据筛选功能，完成以下操作：

（1）筛选出思修课程成绩低于 60 分的学生名单；

（2）筛选出思修课程成绩高于 70 分（含 70 分）但低于 90 分的学生名单；

（3）筛选出大学英语课程成绩高于 80 分（含 80 分）且为女同学或大学计算机课程成绩高于 70 分（含 70 分）的男同学的名单。

2. 设有某汽车销售公司一季度情况一览表，各项数据如图 8-61 所示。

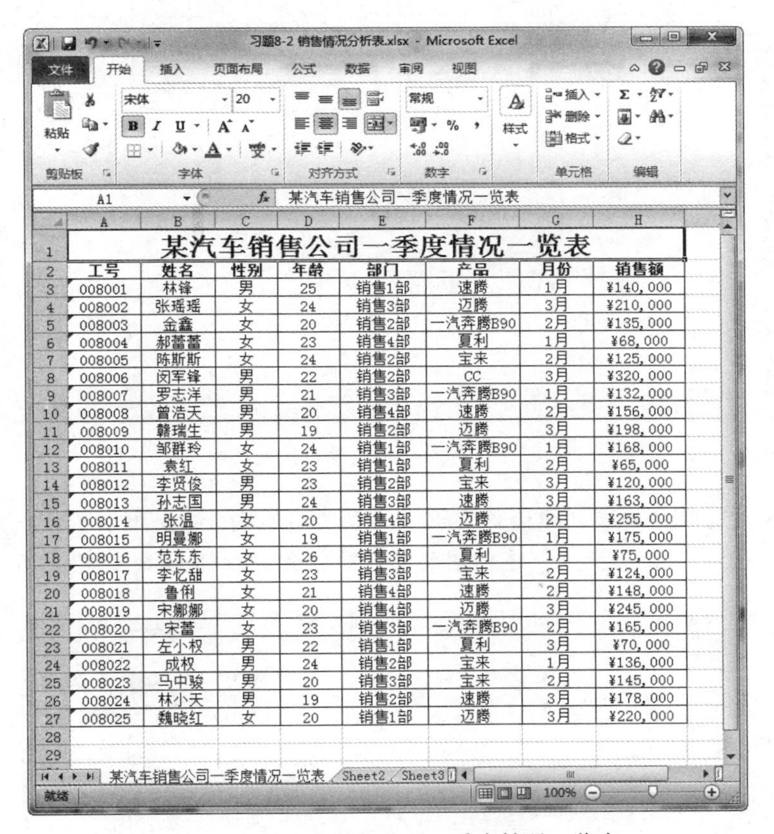

某汽车销售公司一季度情况一览表

工号	姓名	性别	年龄	部门	产品	月份	销售额
008001	林锋	男	25	销售1部	速腾	1月	¥140,000
008002	张瑶瑶	女	24	销售3部	迈腾	3月	¥210,000
008003	金鑫	女	20	销售2部	一汽奔腾B90	2月	¥135,000
008004	郝蕾蕾	女	23	销售4部	夏利	1月	¥68,000
008005	陈斯斯	女	24	销售2部	宝来	2月	¥125,000
008006	闵军锋	男	22	销售2部	CC	3月	¥320,000
008007	罗志洋	男	21	销售3部	一汽奔腾B90	1月	¥132,000
008008	曾浩天	男	20	销售4部	速腾	2月	¥156,000
008009	赣瑞生	男	19	销售2部	迈腾	3月	¥198,000
008010	邹群玲	女	24	销售1部	一汽奔腾B90	1月	¥168,000
008011	袁红	女	23	销售1部	夏利	2月	¥65,000
008012	李贤俊	男	23	销售2部	宝来	3月	¥120,000
008013	孙志国	男	24	销售3部	速腾	3月	¥163,000
008014	张温	女	20	销售4部	迈腾	2月	¥255,000
008015	明曼娜	女	19	销售1部	一汽奔腾B90	1月	¥175,000
008016	范东东	女	26	销售3部	夏利	1月	¥75,000
008017	李忆甜	女	23	销售3部	宝来	2月	¥124,000
008018	鲁俐	女	21	销售4部	速腾	2月	¥148,000
008019	宋娜娜	女	20	销售4部	迈腾	3月	¥245,000
008020	宋蕾	女	23	销售3部	一汽奔腾B90	2月	¥165,000
008021	左小权	男	22	销售1部	夏利	3月	¥70,000
008022	成权	男	24	销售2部	宝来	1月	¥136,000
008023	马中骏	男	20	销售3部	宝来	2月	¥145,000
008024	林小天	男	19	销售2部	速腾	3月	¥178,000
008025	魏晓红	女	20	销售1部	迈腾	3月	¥220,000

图 8-61　某汽车销售公司一季度情况一览表

现要求完成如下操作：

（1）以“部门”字段为主键字，升序排序；“性别”字段为第二关键字，降序排序；“销售额”为第三关键字，升序排序。

（2）按“部门”分类汇总平均销售额，汇总的结果显示在数据的下方。

（3）按“部门”分类汇总销售额，汇总的结果显示在数据的下方。

（4）按“产品和月份”分类汇总销售额，汇总的结果显示在数据的下方。

（5）创建某汽车销售公司一季度情况数据透视表，将“部门”字段作为列标签，将“姓名”字段作行标签，数据区域为汇总销售额，数据报表以大纲形式显示，样式为深色 2。

3. 制作大学生月度消费情况图表。要求表中文字都为黑体，居中。其中标题字号为 20 磅，加粗，其他文字和数据字号为 14 磅，行和列字段名称加粗。图表为带有数据标记的折线图，图表标题文字为宋体 18 磅，加粗，如图 8-62 所示。

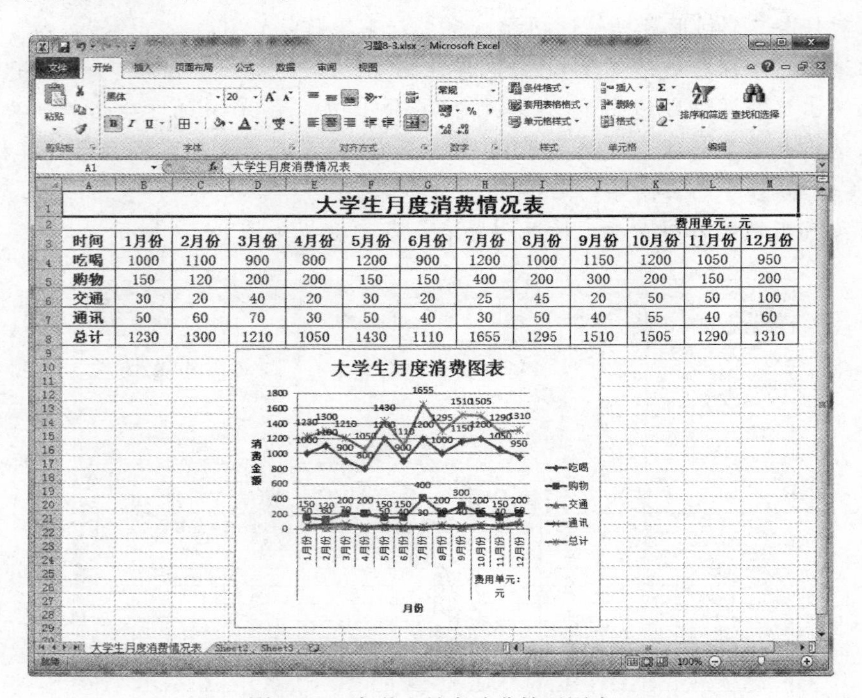
大学生月度消费情况表

费用单元：元

时间	1月份	2月份	3月份	4月份	5月份	6月份	7月份	8月份	9月份	10月份	11月份	12月份
吃喝	1000	1100	900	800	1200	900	1200	1000	1150	1200	1050	950
购物	150	120	200	200	150	150	400	200	300	200	150	200
交通	30	20	40	20	30	20	25	45	20	50	50	100
通讯	50	60	70	30	50	40	30	50	40	55	40	60
总计	1230	1300	1210	1050	1430	1110	1655	1295	1510	1505	1290	1310

图 8-62　大学生月度消费情况图表

4. 制作股票迷你图。要求创建迷你图图表类型为折线图，能突出显示数据变化中的高点、低点、负点、首点、尾点及标记，迷你图的颜色为红色，数据如图 8-63 所示。

股标名称	星期一	星期二	星期三	星期四	星期五	迷你图
平安银行	9.31	9.28	9.30	9.42	9.41	
万科A	20.80	20.10	20.36	22.30	23.00	
国农科技	39.92	40.00	40.01	40.50	40.56	
世纪星源	6.63	6.67	7.01	7.20	7.30	
神州高铁	8.74	8.70	8.80	8.90	8.60	
中国宝安	9.71	9.32	9.35	9.38	9.65	
美丽生态	7.09	7.10	7.20	6.95	7.02	
中国电影	29.77	30.10	32.23	33.56	30.10	

图 8-63　创建股票迷你图

第9章 制作 PPT 演示文稿

Microsoft PowerPoint 2010 是 Microsoft Office 2010 软件包中重要的组件之一，主要用于制作各种演示文稿，如产品介绍、学术报告、项目论证、电子课件等。这种演示文稿集文字、图形及多媒体对象于一体，将要表达的内容以图文并茂、形象生动的形式在计算机或大屏幕上展示出来，为人们进行信息传播与交流提供了强有力的手段。

本章知识技能要求：

- ✧ 掌握幻灯片的基本制作方法
- ✧ 掌握幻灯片修饰和动画效果的设置方法
- ✧ 掌握演示文稿的播放方法
- ✧ 掌握演示文稿的打包方法

9.1 任务：制作江科校园相册

9.1.1 任务描述

制作江科校园相册，要求幻灯片能够自动循环播放 8 张江西科技学院校园相片，同步播放校歌。

本例从江西科技学院网站收集 8 张校园图及校歌一首。相片要求的格式为常用的 JPG、BMP 或者 GIF，像素为 800 × 600 或 1 024 × 768 左右，不宜过小或过大。音乐格式为 MP3 或 MID。

本任务实施要求如下：

①插入预先准备的图片及音乐；

②设置音乐播放方式；

③设置相片切换方式；

④保存、打包幻灯片。

任务效果如图 9–1 所示。

图 9–1　任务效果

9.1.2　任务实现

制作江科校园相册的具体操作步骤如下。

1. 新建相册

第一步：双击桌面上 PPT 的快捷方式图标或从“开始”菜单选择 PPT 程序启动进入演示文稿，单击菜单栏“插入”选项卡，选择“相册”中的“新建相册”，如图 9–2 所示。

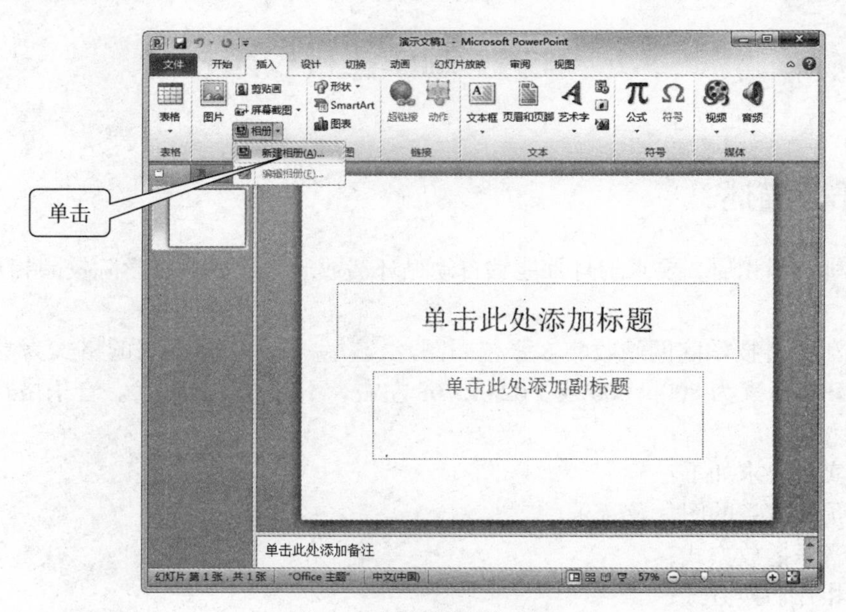

图 9–2　“新建相册”界面

第二步：弹出“相册”对话框，如图 9–3 所示，选择“文件 / 磁盘”按钮。

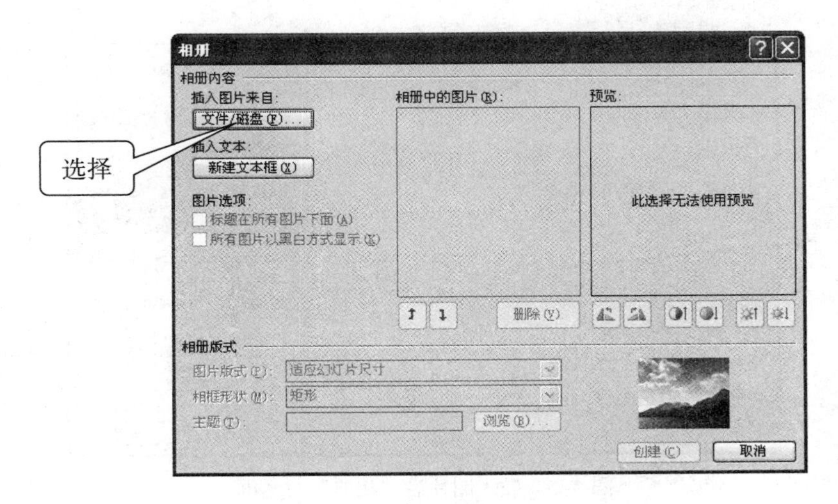

图 9–3 “相册”对话框

第三步：弹出“插入新图片”对话框，如图 9–4 所示，找到事先准备好的图片的位置，如桌面上的“江科校园图”文件夹，可以用鼠标左键框选 8 张图片，或者选择时按住 Ctrl 键，再单击每一张图片，最后单击“插入”按钮。

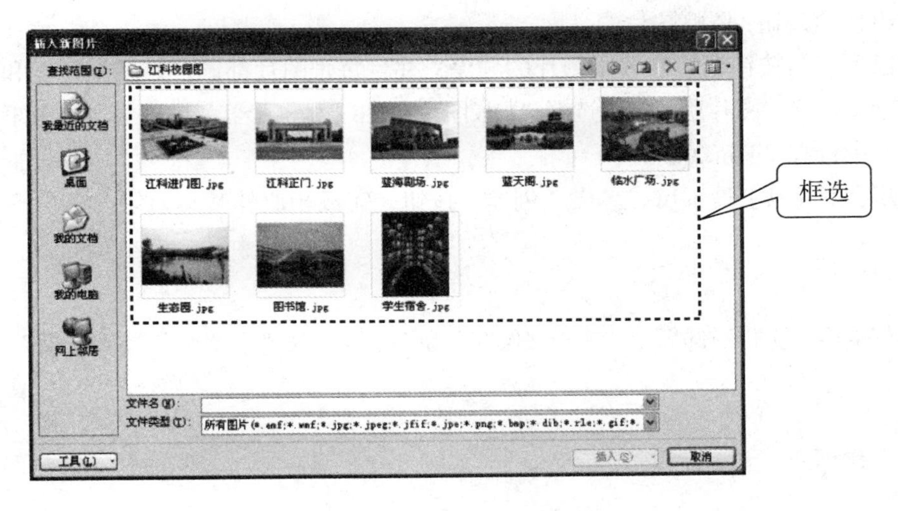

图 9–4 “插入新图片”对话框

返回到“相册”对话框，如图 9–5 所示。

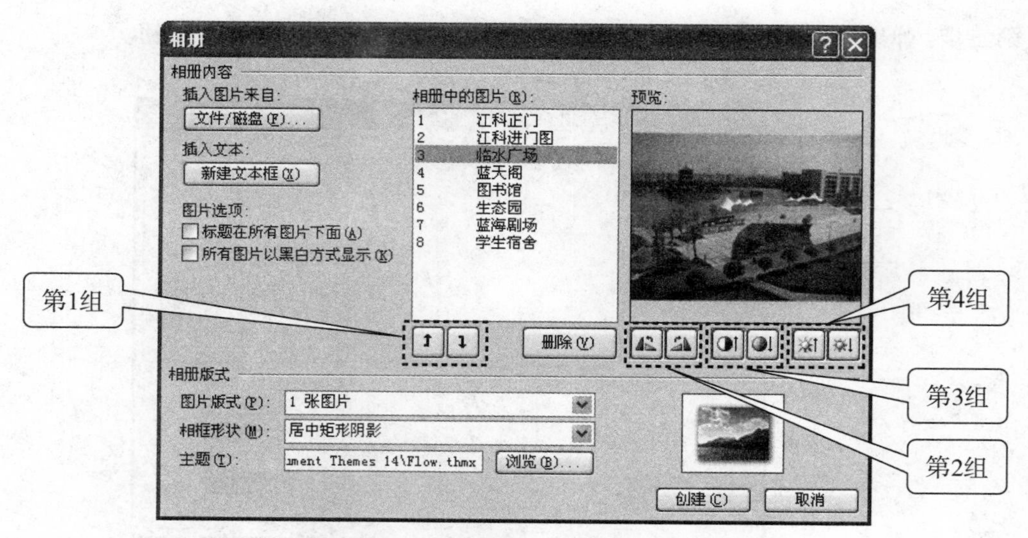

图 9–5　插入图片后“相册”对话框

图中标注的四组按钮的功能分别为:

第 1 组选项按钮: 通过上下按钮调整图片在相册中的顺序;

第 2 组选项按钮: 旋转图片，向左或向右 90° 旋转;

第 3 组选项按钮: 调整图片的对比度;

第 4 组选项按钮: 调整图片的亮度。

通过以上四组按钮调节好 8 张图片的顺序，并且每张图片都调整好了对比度和亮度，且图片方向朝上。在“图片版式”中选择“1 张图片”，在“相框形状”中选择“居中矩形阴影”，在“主题”中选择“Flow.thmx”。

第四步: 完成以上设置后，单击“创建”按钮，完成相册的基本创建。

2. 保存相册

单击菜单栏“文件”选项卡，选择“保存”命令，输入文件名“江科校园相册”，单击“确定”按钮。

3. 插入校歌

第一步: 在左侧幻灯片浏览窗口中单击选择第 1 张幻灯片后，单击菜单栏“插入”选项卡，选择最右侧的 图标按钮，在弹出的“插入音频”对话框中选择已准备好的校歌。

第二步: 单击菜单栏“播放”选项卡，设置播放幻灯片的同时一直循环播放校歌，音乐的图标不会出现，如图 9–6 所示。

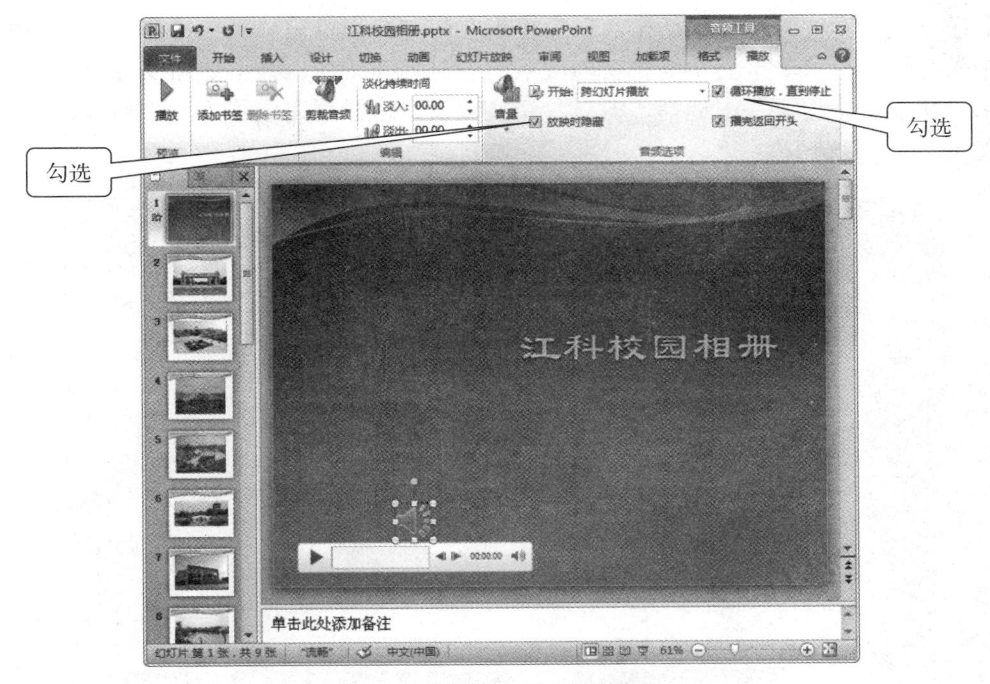

图 9–6 “播放”菜单设置界面

4. 设置幻灯片切换

幻灯片切换是指在演示中从一张幻灯片更换到下一张幻灯片的方式。单击菜单栏“切换”选项卡，设置切换效果、切换声音、持续时间、换片方式等，如图 9–7 所示。

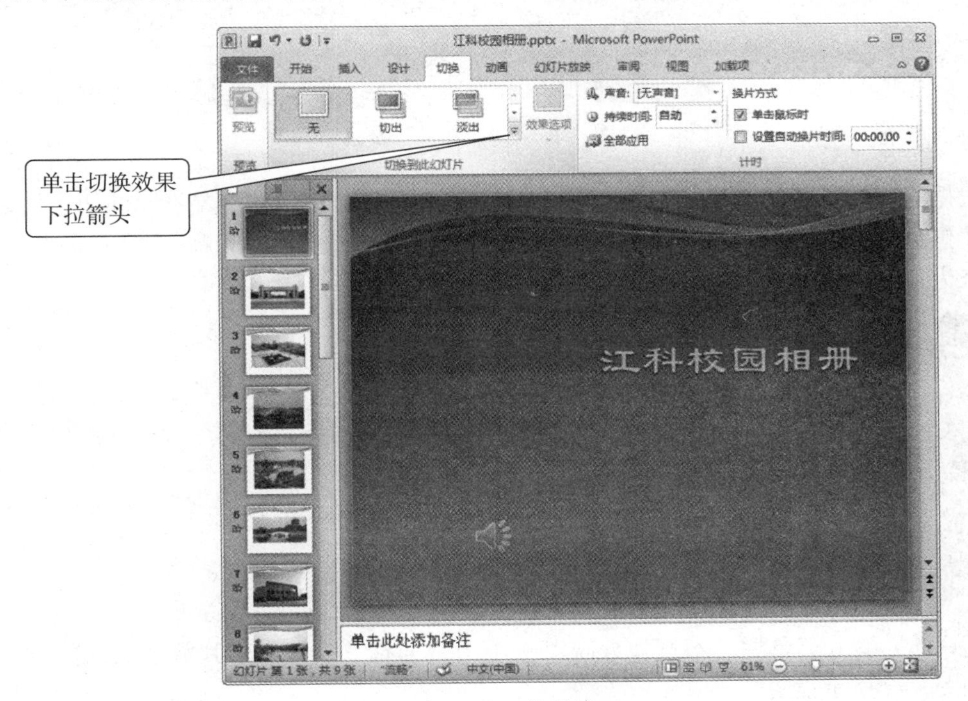

图 9–7 “切换”菜单界面

本任务重点设置各幻灯片切换效果。首先在幻灯片浏览窗口中单击需要设置切换效果的第 1 张幻灯片，再单击图 9-7 中切换效果的下拉列表按钮，弹出如图 9-8 所示的各种切换效果，在“动态内容”中选择“窗口”切换效果，这样就完成了第 1 张幻灯片切换效果的设置。

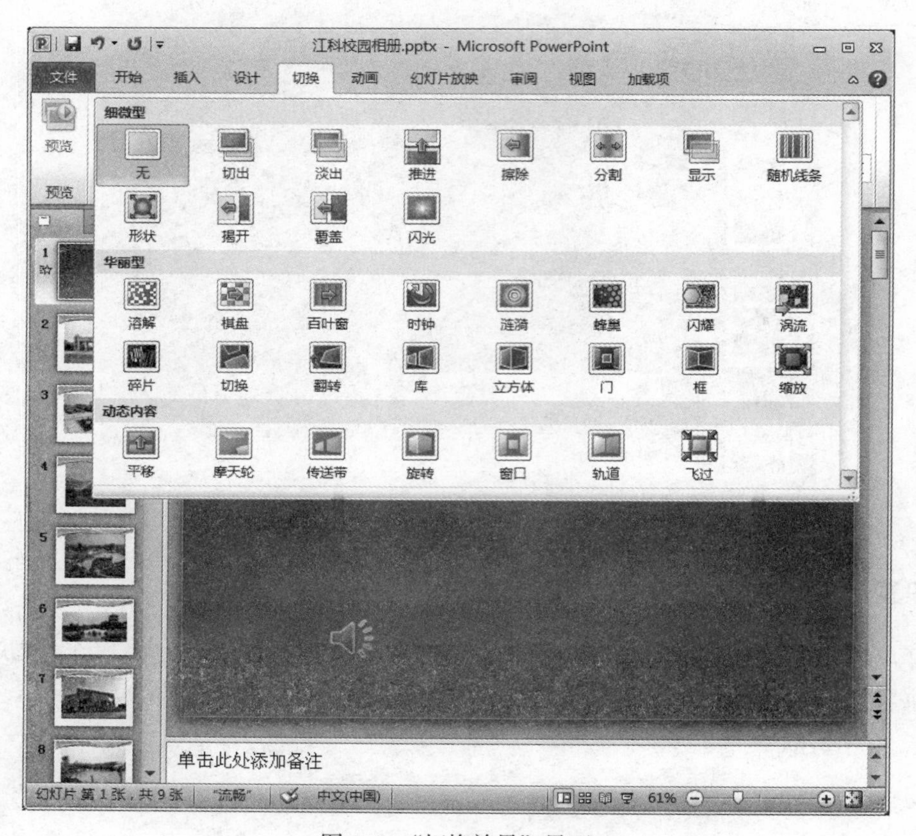

图 9-8 “切换效果”界面

根据第 1 张幻灯片设置的方法，依次将第 2~9 张幻灯片分别设置不同的切换效果：第 2 张为“棋盘”，第 3 张为“时钟”，第 4 张为“涡流”，第 5 张为“闪耀”，第 6 张为“碎片”，第 7 张为“立方体”，第 8 张为“门”，第 9 张为“缩放”。

注意：

在设置页面“切换效果”时，可以根据图片的特点进行选择，实现动画与页面的整体配合，多调试以便达到更好的效果。

5. 设置幻灯片放映

第一步：单击菜单栏“幻灯片放映”选项卡，选择“设置幻灯片放映”，弹出对话框并进行如图 9-9 所示设置。

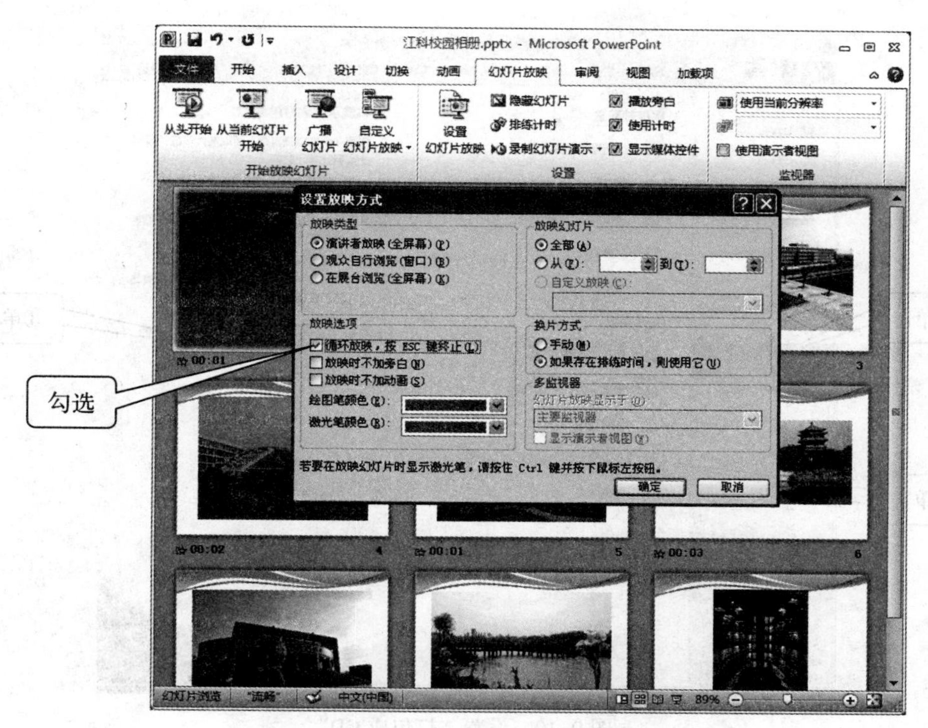

图 9-9 “设置放映方式”对话框

第二步：单击菜单栏“幻灯片放映”选项卡中的“排练计时”命令，立即进入放映排练状态，可以根据每张放映效果，适当做停留，然后单击鼠标切换下一张，直到全部放映结束。

第三步：在弹出的提示保存对话框中选择“是”进行保存。

第四步：按 F5 键放映时，幻灯片会根据刚才排练时的设置循环播放，按 Esc 键才会退出放映。

6. 打包演示文稿

第一步：单击“文件”菜单，选择“保存并发送”中的“将演示文稿打包成 CD”，再单击“打包成 CD”，如图 9-10 所示。

第二步：弹出“打包成 CD”对话框，如图 9-11 所示，选择“复制到文件夹”按钮，在弹出的选择文件夹对话框中选择存放的文件夹，即可完成演示文稿的打包。

知识加油站

演示文稿打包可以将与演示文稿有关的所有文件复制到同一个文件夹中，同时自带播放软件，这样在进行文档的复制时，复制整个文件夹就能够保证演示文稿在其他计算机上可以播放，即使该计算机没有安装 PowerPoint 也可以。

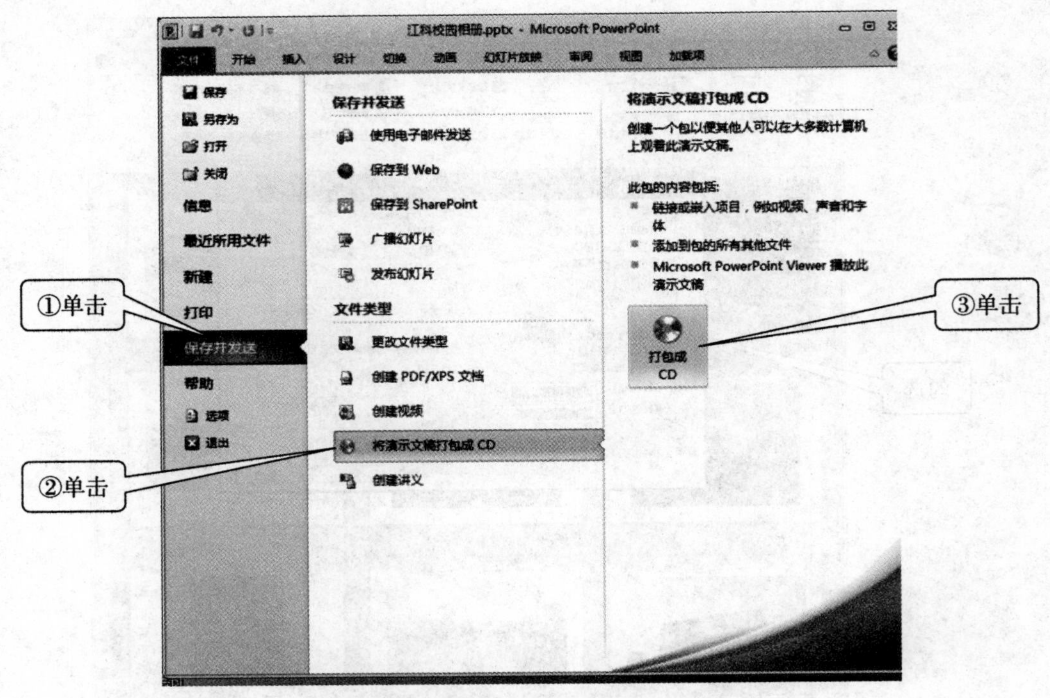

图 9-10 设置“打包成 CD”

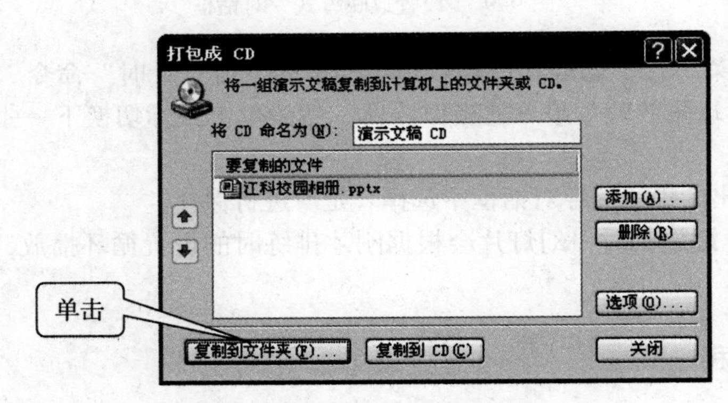

图 9-11 “打包成 CD”对话框

9.2 任务扩展：制作毕业论文答辩演示文稿

9.2.1 任务描述

同学们在参加各项比赛或其他活动汇报时，都会需要制作演示文稿进行展示。本节要求制作毕业生毕业论文答辩 PPT，根据毕业论文答辩的基本要求，答辩时间约 10 分钟，完成答辩 PPT 的制作约 7 张，包含封面、目录及论文的五个基本部分：研究背景及意义、研究企业的现状分析、研究企业存在的问题、企业存在问题的对策、总结及展望。任务效果如图 9-12 所示。

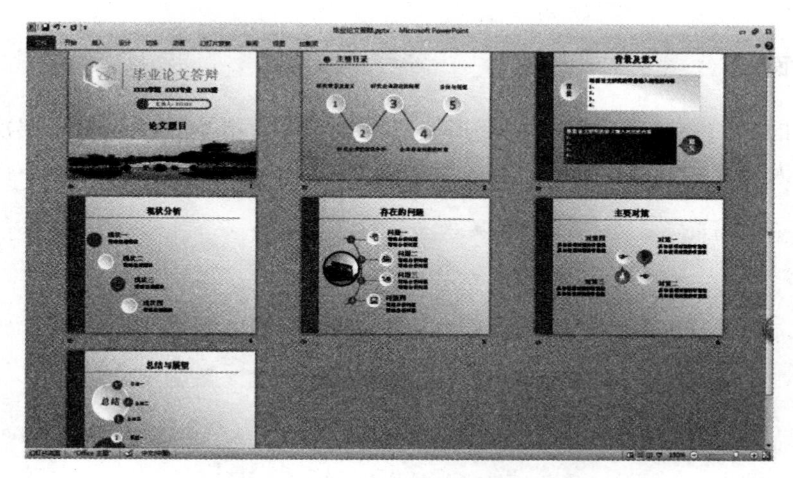

图 9-12　任务完成图

9.2.2　任务实现

启动 PowerPoint 会自动新建一个演示文稿，保存演示文稿，命名为“毕业论文答辩 .pptx”。单击左侧幻灯片浏览窗口，将光标停在第 1 张文稿后，按 Enter 键六次即可新增六张幻灯片。将新增的六张文稿中预设的内容删除，保留空白页。右击第 1 张幻灯片空白处，在弹出的快捷菜单中选择“设置背景格式”命令，在弹出的对话框中，设置“填充”项为“渐变填充”。设置“渐变光圈”时，删除中间色块的方法是先单击中间的色块，再单击最右侧的删除按钮。单击右侧色块并设置颜色为白色，背景 1；同样，设置左侧为白色，背景 1。深色 25%，角度：325° ，如图 9-13 所示。单击“全部应用”。

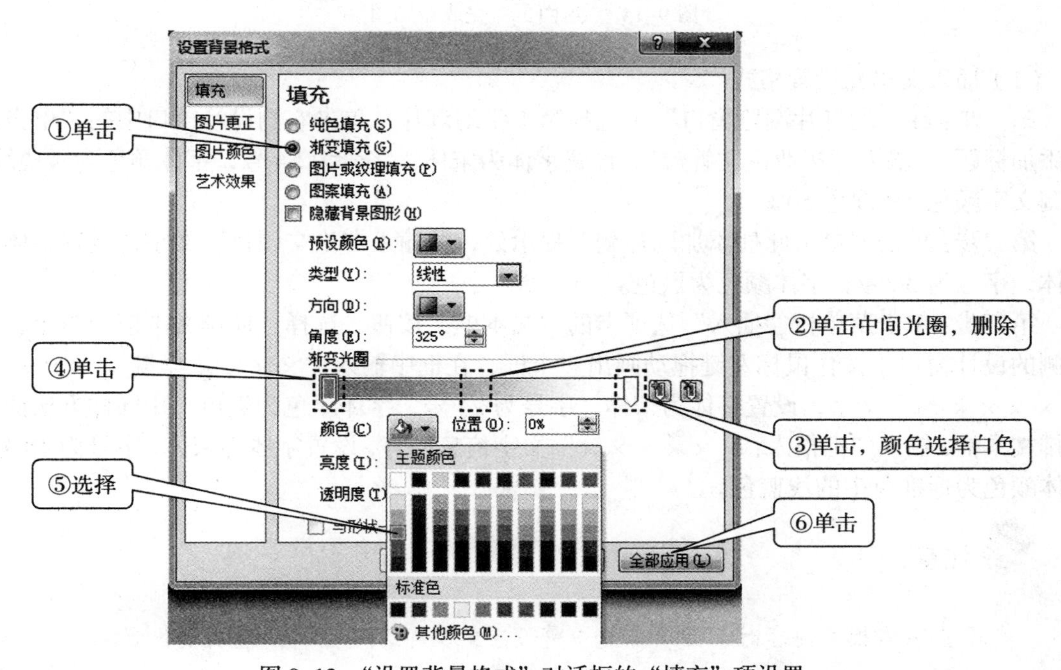

图 9-13　“设置背景格式”对话框的“填充”项设置

1. 制作封面页

制作封面时，应充分利用PPT的图形工具，制作一个既突出主题又有层次感，并且动态效果十足的人机交互页面。对象添加效果如图9–14所示。

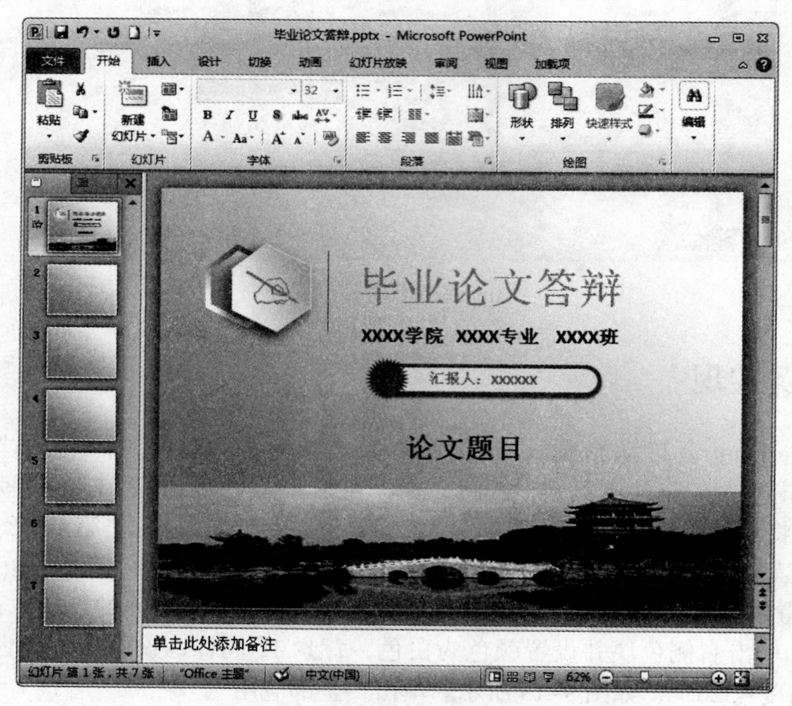

图9–14 “封面页”完成布局图

（1）插入文本并设置格式

第一步：在“幻灯片浏览窗口”中选择第1张幻灯片，单击右侧设计窗口中的“单击此处添加标题”，输入“毕业论文答辩”，设置字体为宋体，字号为54号，字体颜色为橄榄绿，强调文字颜色3，深色50%。

第二步：单击“单击此处添加副标题”提示处，并输入“论文题目”文字，设置字体为宋体，字号为36号，字体颜色为黑色。

第三步：单击菜单栏“插入”选项卡的“文本框”按钮，选择“横排文本框”命令，在右侧的设计窗口中按住鼠标左键拖动画出一个框，在框中输入“××××学院××××专业××××班”文字，设置字体为宋体，字号为24号，字体颜色为黑色。用同样方法插入横排文本框，输入“汇报人：××××××”文字信息内容，设置字体为宋体，字号为18号，字体颜色为标准色中的浅蓝色。

注意：

在设置字体相关内容时，必须先选中需设置的文字，否则将不能实现设置。

（2）插入图形并设置格式

第一步：单击菜单栏“插入”选项卡中的“图片”命令，选择准备好的图片插入，并调整图片大小，如图 9–14 所示。

第二步：单击菜单栏“插入”选项卡中的“形状”命令，在弹出的对话框中单击“线条”下面的“直线”命令，然后在“毕业论文答辩”文字前画一条垂直的线段，设置线型宽度为 2 磅，颜色为深蓝淡色 40%。

第三步：单击菜单栏“插入”选项卡，选择“形状 – 基本形状”面板中的“六边形”命令，然后按住 Shift 键，单击画出两个正六边形。右键单击其中一个正六边形，在弹出的快捷菜单中选择“设置形状格式”命令，弹出“设置形状格式”对话框，单击“大小”选项，对大小中的“尺寸和旋转”进行设置：旋转 26°，高度 2.74 厘米，宽度 3.18 厘米，缩放比例不限设置值，用户可自行调整，如图 9–15 所示。

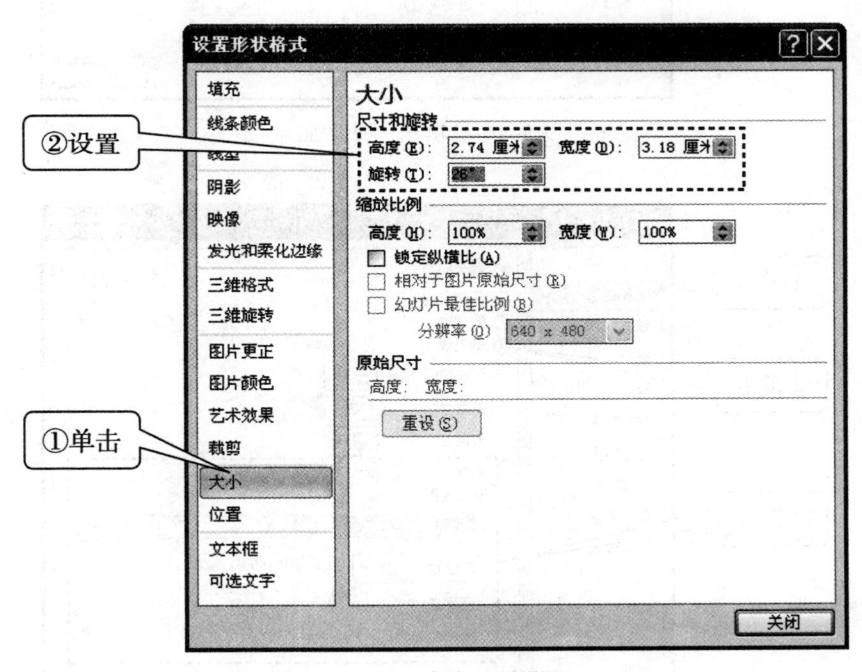

图 9–15 “大小”项设置

第四步：单击对话框中的“填充”选项，选择“渐变填充”，渐变光圈右侧滑柄颜色：白色，背景 1，左侧滑柄颜色：白色，背景 1，深色 25%，角度 315°，如图 9–16 所示。

第五步：单击对话框中的“线条颜色”选项，渐变光圈右侧滑柄颜色：白色，背景 1，左侧滑柄颜色：白色，背景 1，深色 35%，角度 90°，如图 9–17 所示。

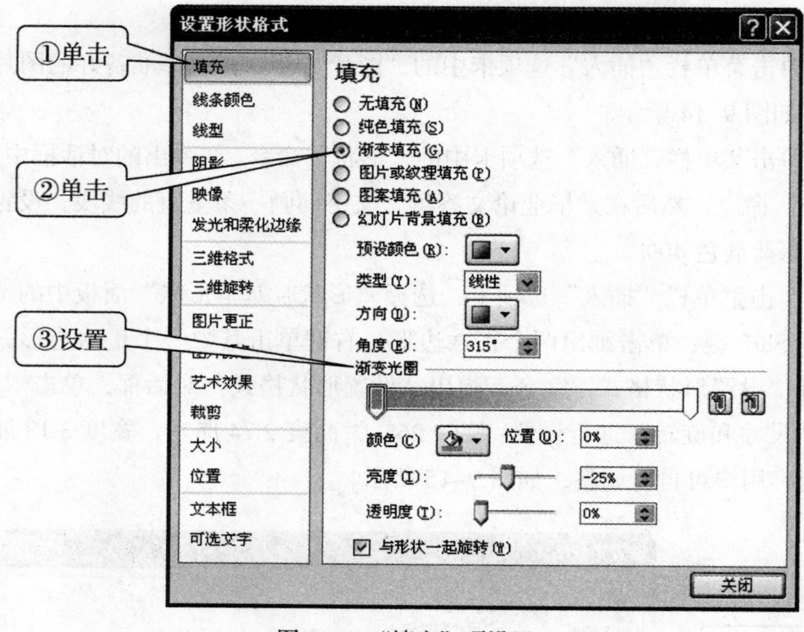

图 9–16 “填充”项设置

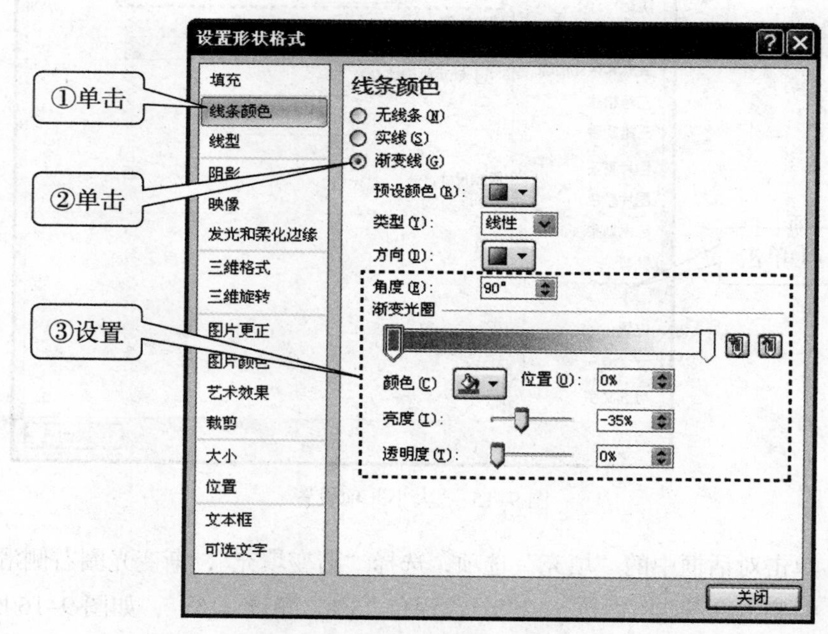

图 9–17 “线条颜色”项设置

第六步：单击对话框中的“线型”选项，右边“线型”中宽度为 7 磅，进行如图 9–18 所示设置。

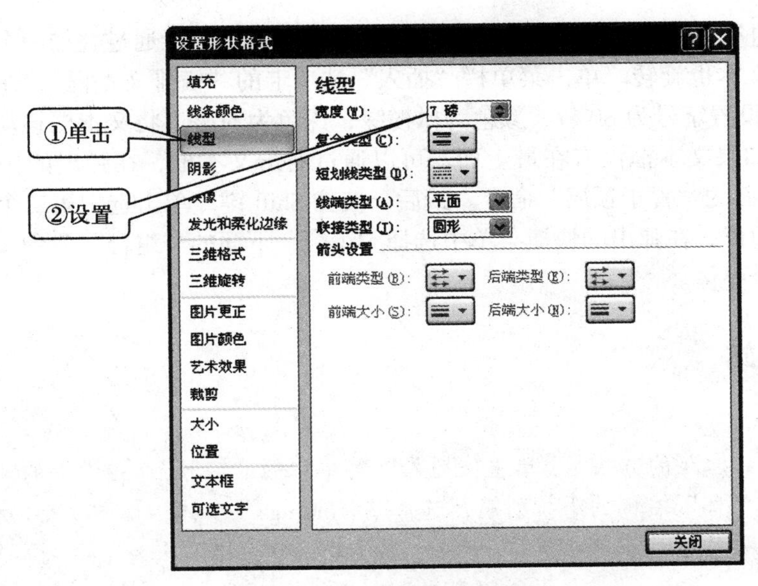

图 9–18 “线型”项设置

至此，完成第一个六边形的设置。右键单击第二个六边形，选择“设置形状格式”命令，在弹出的对话框进行设置。与第一个六边形的不同部分为：

“大小”选项：高度为 3.32 厘米，宽度为 3.85 厘米。

“填充”选项：角度为 135°，渐变光圈左侧滑柄颜色为白色，背景 1，深色 15%，其他设置不变。

“线条颜色”：实线，颜色为白色。

“线型”：宽度为 1 磅。

“阴影”选项：透明度 60%，大小 100%，虚化 22 磅，角度 135°，距离 10 磅，如图 9–19 所示。设置好阴影效果后，正六边形的立方体层次感就出现了。

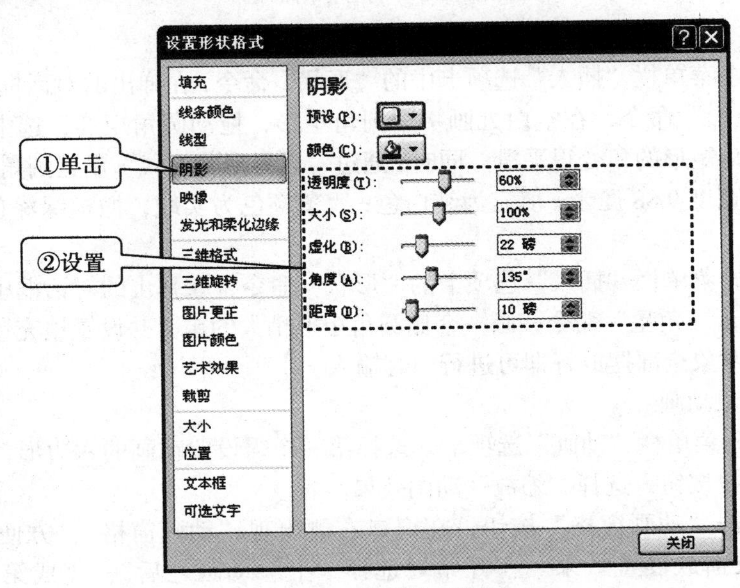

图 9–19 “阴影”项设置

由于图形进行了旋转，所以在第二个六边形中加入文本只能通过叠加一个文本框在上面的方式，否则文本也旋转。单击菜单栏“插入”选项卡的“横排文本框”，在文本框中插入“✍”符号，并设置字号为80号，颜色为橄榄绿，深色为50%，将文本框移动至刚设置好的六边形上面。如果文本框没有在最上面，可以通过右击文本框，在弹出的快捷菜单中选择“置于顶层”下面的“置于顶层”命令。最后，按住Shift键，单击选中第二个六边形和文本框，再右击六边形，在弹出的快捷菜单中选择“组合”下面的“组合”命令。这样六边形和文本就变成一个整体。

知识加油站

插入符号“✍”的方法是：单击“插入”菜单中的“符号”，在弹出的“符号”对话框中，选择“字体”右侧的下拉列表，选择“Windings”字体，如图9-20所示，在里面可以找到要插入的符号。

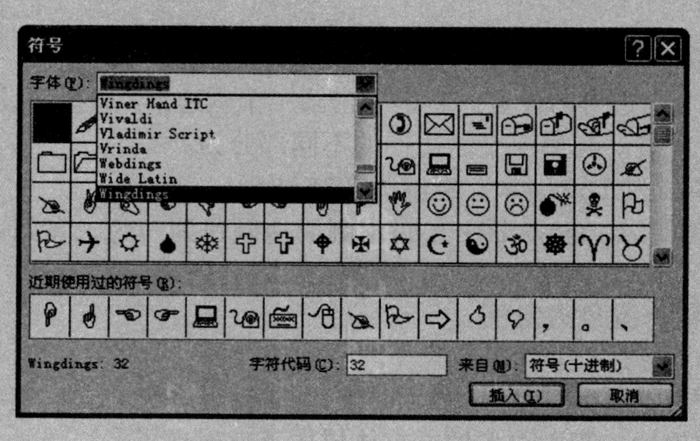

图9-20 “符号”对话框

第七步：单击菜单栏“插入”选项卡中的“形状”命令，在弹出的对话框中单击“矩形”下面的“圆角矩形”命令，在空白处画一个圆角矩形，拖动圆角矩形，选中状态左侧的黄色小方块，使圆角矩形的角变得平滑。同时，通过“设置形状格式”设置圆角矩形的大小为：高度1.2厘米，宽度9.88厘米；填充为纯白色；线条颜色为实线，橄榄绿深色25%；线型为宽度为5磅。

第八步：单击菜单栏“插入”选项卡的“形状”命令，在弹出的对话框中单击“星与旗帜”下面的“三十二角星”命令，画一个比圆角矩形稍大的星，并设置填充色为橄榄绿深色25%。把加入的对象全部摆放好即可进行内容输入。

（3）设置对象动画

第一步：单击菜单栏“动画”选项卡，选择第一个需设置动画的六边形，然后单击“动画”选项中的下拉按钮，选择“缩放”动画效果。

第二步：单击“动画窗格”按钮，在窗口右侧出现“动画窗格”，方便观察和调整对象之间的关系及播放设置效果。在开始处选择“上一动画之后”，完成第一个对象的动画设置。

重复第一、二步的方法完成其他对象的动画设置，不同对象有不同的设置：

“六边形组合”选择“缩放”动画，开始处为“上一动画之后”；

“直线”选择“擦除”动画，开始处为“上一动画之后”；

“毕业论文答辩”标题选择“飞入”动画，开始处为“上一动画之后”，效果选项为“从右侧”；

“××××学院……”文本选择“浮入”动画，开始处为“上一动画之后”，效果选项为“向上”；

“论文题目”文本选择“随机线”动画，开始处为“上一动画之后”；

“三十二角星”选择“直线”动画，开始处为“单击”，效果选项为“水平”；单击“汇报人××××××”文本，选择“淡出”动画，开始处为“上一动画之后”，延迟为 1.00 秒。

最终完成封面动画的设置，效果如图 9-21 所示。

图 9-21 “封面页”完成动画设置

2. 制作目录页

目录的作用在于让观众直观地了解主要内容，因此，目录制作需简洁明了。

（1）插入文本并设置格式

第一步：在“幻灯片浏览窗口”中选择第 2 张幻灯片，单击菜单栏“插入”选项卡中的“文本框”，插入“横向”文本框，输入“主要目录”，宋体、28 号、橄榄绿 – 深色 50%。

第二步：用相同的方法依次插入其他五个文本框，并输入“研究背景及意义”“研究企业现状分析”“研究企业存在的问题”“企业存在问题的对策”“总结与展望”等文本，宋体、20号、橄榄绿－深色50%。

（2）插入图形并设置格式

第一步：单击“插入”→“形状”→“线条”→“直线”命令，然后在“主要目录”下面画一条水平的直线段，设置线型宽度为1磅，黑色虚线。

第二步：单击“插入”→“形状”→“线条”→“曲线”命令，然后在页面中间前画一条W形曲线，设置线型宽度为4磅，标准蓝色。右键单击曲线，在弹出的快捷菜单中选择“叠放次序”下的“置于底层”命令。

第三步：单击“插入”→“形状”→“线条”→“圆”命令，然后在“主要目录”前画一个圆，设置线型宽度为0.25磅的白实线，填充为橄榄绿深色25%。

第四步：单击“插入”→“形状”→“线条”→“圆”命令，然后在页面中间画一个圆，设置高度、宽度均为2.5厘米；填充为“渐变填充”，如图9-16所示，需修改角度为135°，渐变光圈左侧滑柄颜色为白色，背景1，深色15%，其他设置不变。线条颜色为白色实线，线型为3磅，线端类型为圆形。阴影设置：透明度66%，大小102%，虚化34磅，角度119°，距离15磅，如图9-22所示。

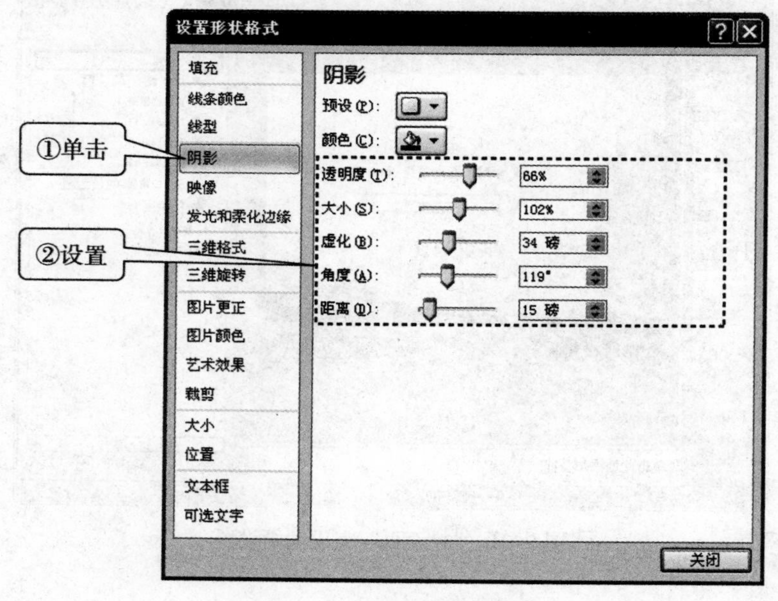

图9-22 “阴影”项设置

第五步：鼠标右键单击该圆，在弹出的快捷菜单中选择“编辑文字”命令，输入“1”，并设置54号字，橙色深色25%。右键选中该圆，选择“复制”命令，再按4次Ctrl+V组合键进行四次粘贴，把圆中的文本分别改成“2”“3”“4”“5”。

把加入的对象全部按照图9-23中位置放好即可进行内容输入。

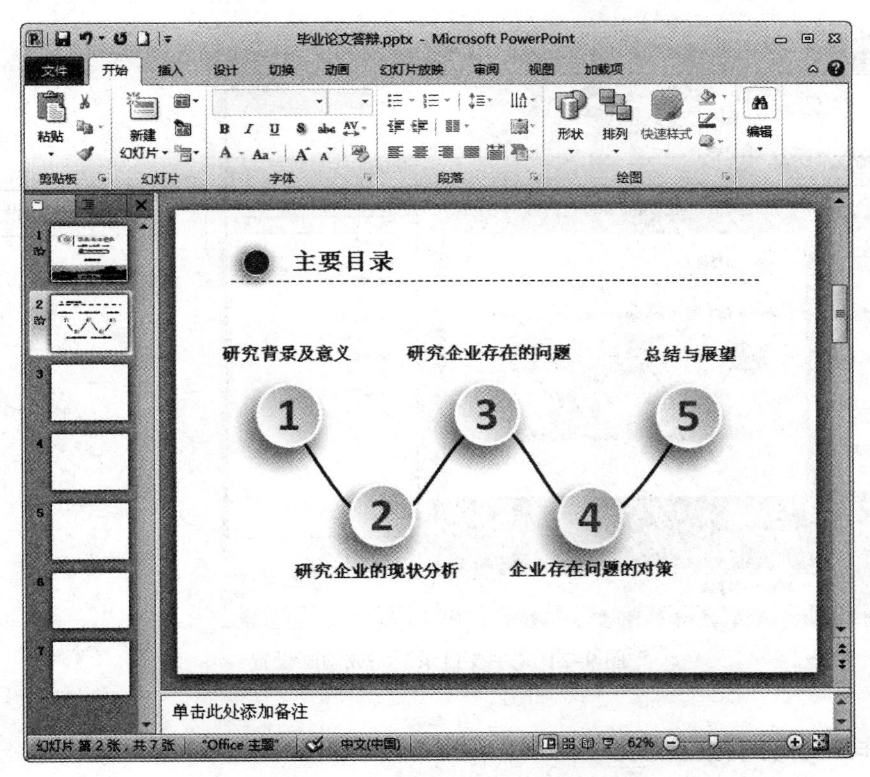

图 9-23 “主要目录”完成布局图

（3）设置对象动画

第一步：单击“任意多边形”，选择菜单栏“动画”选项卡中的“擦除”效果，效果选项为“从左侧”，开始处为“单击时”，持续时间为 3.00 秒。

第二步：单击“1”圆，选择菜单栏“动画”选项卡中的“淡出”效果，开始处为“上一动画之后”，持续时间为 0.50 秒。

第三步：单击“研究背景及意义”文本，选择菜单栏“动画”选项卡中的“浮入”效果，效果选项为从向上，开始处为“上一动画之后”，持续时间为 1.00 秒。

第四步：单击“2”圆，选择菜单栏“动画”选项卡中的“淡出”效果，开始处为“上一动画之后”，持续时间为 0.50 秒，延迟为 0.50 秒。

第五步：单击“研究企业的现状分析”文本，选择菜单栏“动画”选项卡中的“浮入”效果，效果选项为从向下，开始处为“上一动画之后”，持续时间为 1.00 秒，延迟为 0.50 秒。

第六步：将圆和与其相对应的文本视作一组对象进行设置，“3”圆和“5”圆两组的设置与“1”圆的是一样的，只需将延迟的时间分别设置为 1.00 秒和 2.00 秒；“4”圆组与“2”圆组是一样的，只需将延迟的时间设置为 1.50 秒，即可全部完成动画效果设置，如图 9-24 所示。单击“动画窗格”中的“播放”观看动画效果。

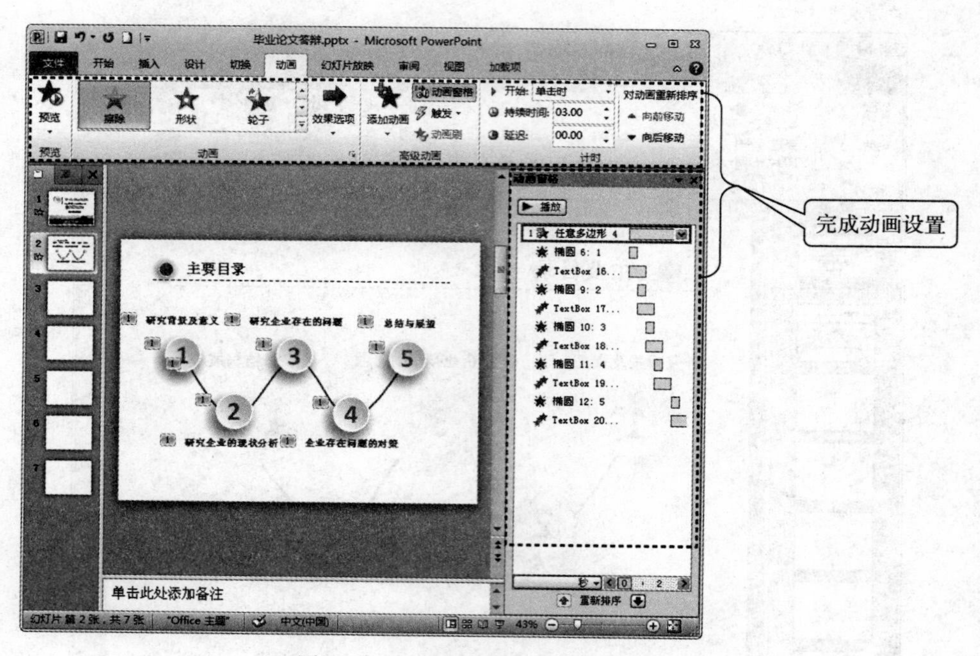

图 9-24 “主要目录”完成动画设置

3. 制作正文页：背景及意义

正文部分的整体格局建议保持一定的统一性，但具体内容的布局可以根据需要进行调整。正文部分保持三个方面一致：背景、左边的绿色矩形块及标题下面的横线。图 9-25 所示为背景及意义的效果图。

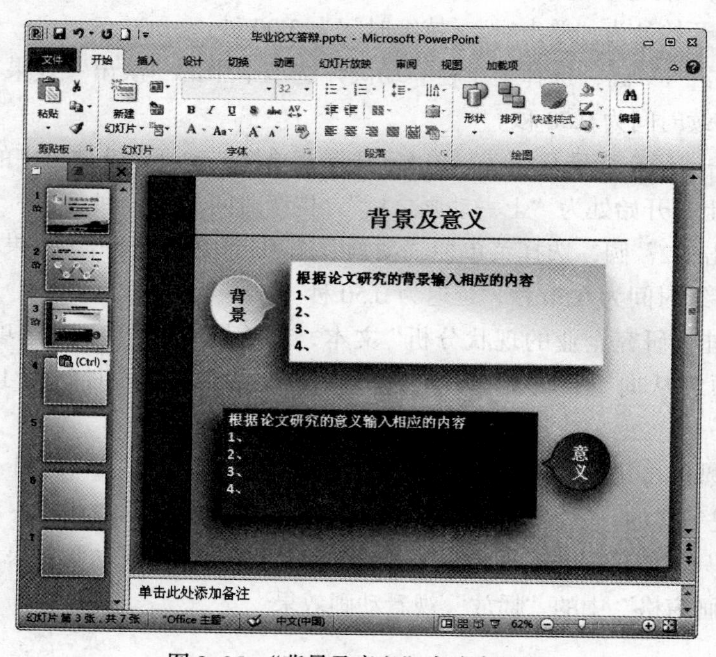

图 9-25 “背景及意义”完成布局图

（1）插入文本并设置格式

在“幻灯片浏览窗口”中选择第 3 张幻灯片，单击菜单栏“插入”选项卡中的“文本框”，插入“横向”文本框，输入“背景及意义”，设置为宋体、32 号、黑色。

（2）插入图形并设置格式

第一步：单击“插入”→“形状”→“线条”→“直线”命令，然后在“背景及意义”下面画一条水平的直线段，设置线型宽度为 2 磅，实线橄榄绿深色 25%。

第二步：单击“插入”→“形状”→“矩形”→“矩形”命令，然后在页面左侧前画一个矩形，高度与幻灯片一样高，宽度为 2 厘米，设置线型宽度为 2 磅，实线蓝色线条，填充为纯色橄榄绿深色 25%。再画两个矩形，高度 5 厘米、宽度 15 厘米，填充效果和阴影可以参考圆的设置，下框颜色改成橄榄绿渐变填充即可。分别在两个矩形框中添加文字。

第三步：单击“插入”→“形状”→“标注”→“椭圆形标注”命令，然后在空白处画两个椭圆形标注。选中标注，调整小黄块的位置可以设置标注的方向。填充效果和阴影可以参考圆的设置。分别在两个椭圆形标注中添加文字。把加入的对象全部按照图 9-25 中位置放好即可进行内容输入。

（3）设置对象动画

单击“背景”标注，选择菜单栏“动画”选项卡的“飞入”效果，效果选项为“从右侧”。同样，设置“意义”标注，修改开始处为“与上一动画同时”，这样可以实现两个对象同时出现。用同样的方法设置另外两个矩形框，效果设置为“缩放”。第 3 张幻灯片完成效果如图 9-26 所示。

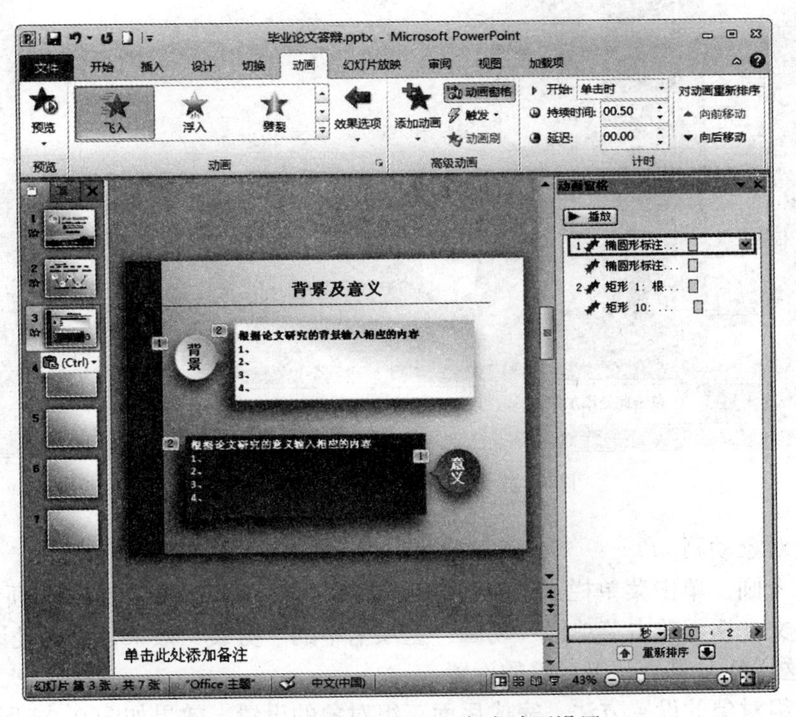

图 9-26 “背景与意义”完成动画设置

4. 制作正文页：现状分析

（1）插入对象设置

第一步：按住 Ctrl 键选择第 3 张幻灯片中的左侧矩形、“背景及意义”文本框及直线三个对象，按 Ctrl+C 组合键复制，在幻灯片浏览窗口单击第 4 张空白页，按 Ctrl+V 组合键粘贴刚才的三个对象，修改直线上的文本内容为“现状分析”。同时，将刚才复制的三个对象粘贴至其余几个页面中。

第二步：复制第 2 张中的一个圆，将里面的数字删除，将大小设置为 2 厘米。再将修改好的圆复制出三个圆，把其中两个圆的填充颜色改为橄榄绿深色 25%。

第三步：插入 4 个文本框，输入相应的文字并设置字体格式。

效果如图 9-27 所示。

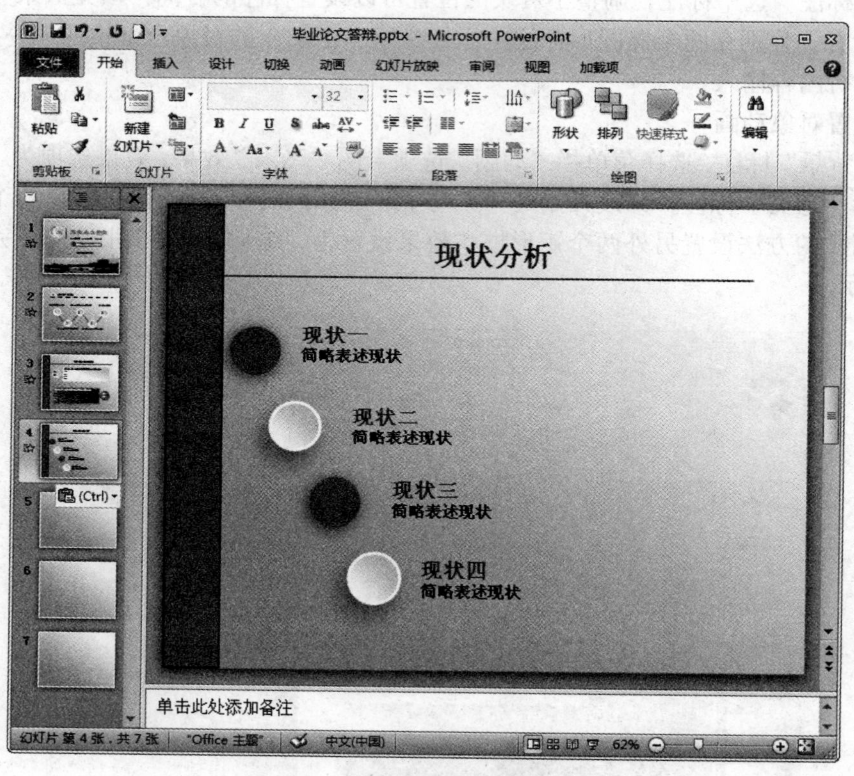

图 9-27 “现状分析”完成布局图

（2）设置对象动画

选中第 1 个圆，单击菜单栏“动画”选项卡中的“飞入”效果，效果选项为自顶部；选中“现状一”文本框，单击菜单栏“动画”选项卡中的“劈裂”效果，开始处设置为“上一动画之后”。这样就完成了一组对象的设置。

重复第一组对象的设置方法，完成后面三组对象的设置，效果如图 9-28 所示。

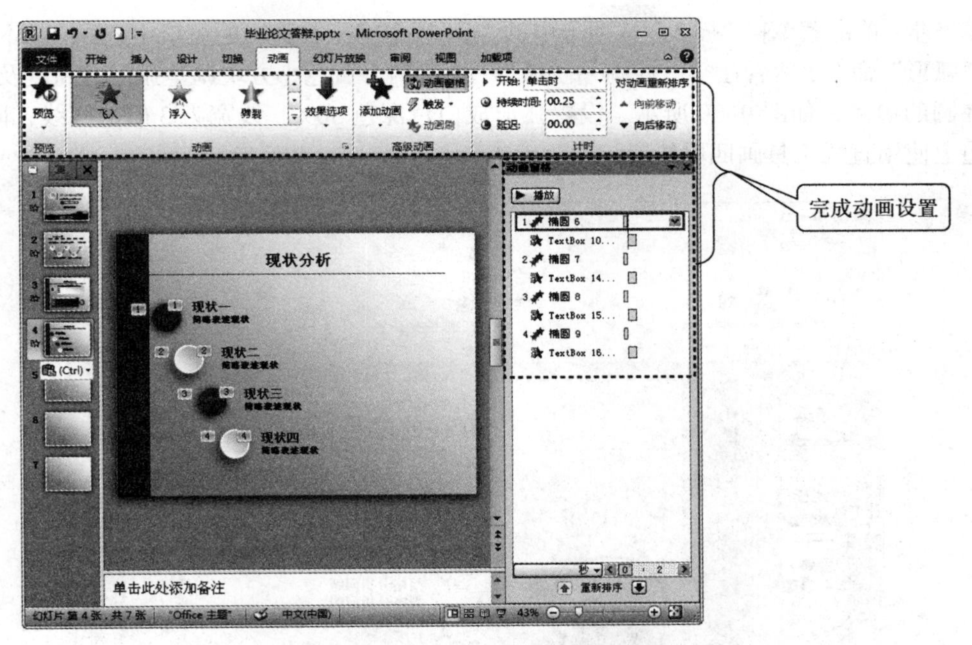

图 9-28　“现状分析”完成动画设置

5. 制作正文页：存在的问题

（1）插入对象设置

第一步：单击幻灯片浏览窗口中第 5 张幻灯片，修改标题为“存在的问题”。

第二步：单击菜单栏“插入”选项卡中的“形状”按钮，在弹出的窗口中选择“基本形状”中的“椭圆”命令，然后在空白处画一个圆，右击圆，在弹出的快捷菜单中打开“设置形状格式”对话框，设置圆的高度和宽度为 4.8 厘米，线条为黑色实线，线宽为 5 磅，填充为“图片或纹理填充”，插入自“文件”，在文件对话框选择一张预先准备的图片，设置如图 9-29 所示。

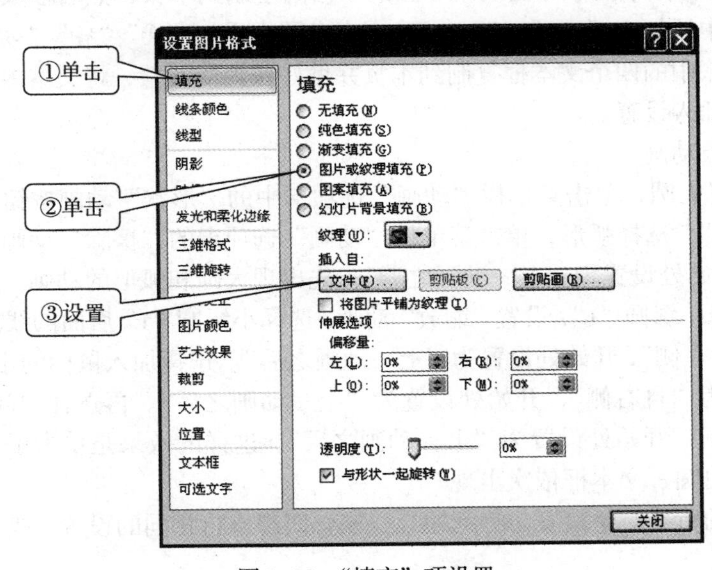

图 9-29　“填充”项设置

第三步：单击菜单栏“插入”选项卡中的“形状”按钮，在弹出的窗口中选择“基本形状”中的“弧形”命令，然后在空白处画一段弧形，通过两个黄色小方块调整弧形的高度及长度，放置在圆的边上，如图9-30所示。设置弧形成白色深色50%、线宽为3磅的实线，同时在弧形边上使用直线工具画四段线段。

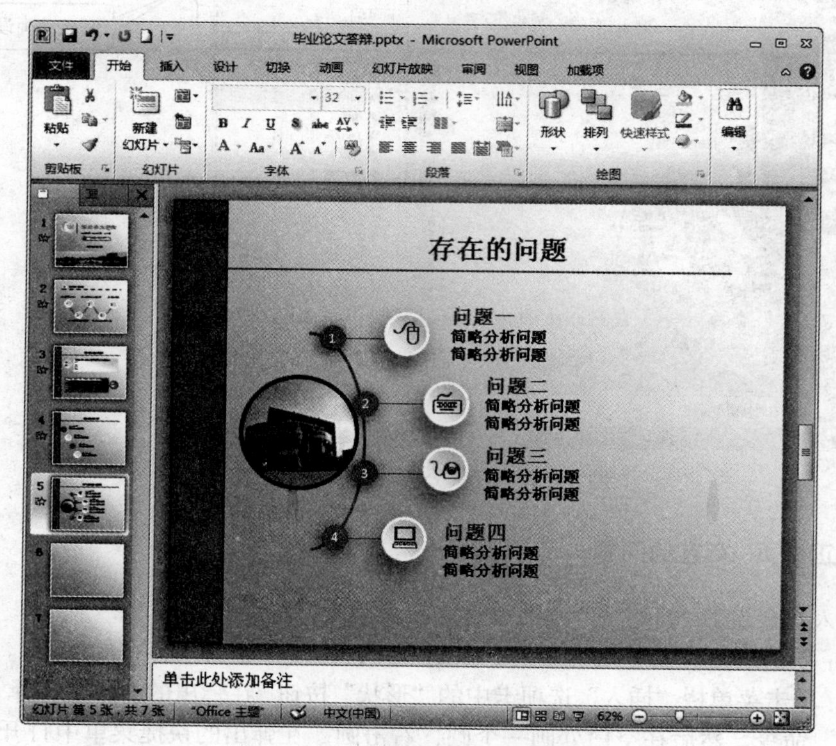

图9-30 “存在的问题”完成布局图

第四步：将第2张中的小绿圆及第4张的小白圆复制到本页，然后摆放在弧形及线段的两端，在小绿圆中添加“1”“2”“3”“4”，在小白圆中添加“🖱”“⌨”“📷”“💻”等符号。

最后将第4张中的四个文本框复制到本页并做好位置的调整，将文本内容修改一下即可完成本页的对象插入设置。

（2）设置对象动画

第一步：选择大圆，单击菜单栏“动画”选项卡中的“形状”动画按钮，开始处设置为“与上一动画同时”，选择弧形，单击菜单栏“动画”选项卡的“擦除”动画按钮，效果选项为“自顶部”，开始处设置为“上一动画之后”，先出现大圆和弧形的动画。

第二步：选择小绿圆“1”，设置“缩放”动画，选择小绿圆“1”后面的线段，设置“擦除”动画，效果为“自左侧”，开始处设置为“上一动画之后”。选择加入鼠标的小白圆，设置“飞入”动画，效果为“自右侧”，开始处设置为“上一动画之后”。再选择“问题一”文本框，设置“劈裂”动画，开始处设置为“上一动画之后”。这样的效果是单击鼠标后，小绿圆先出现，线段、小白圆、文本框依次出现。

参照问题一的所有对象设置，将问题二、三、四都进行相同的设置，完成设置的效果如图9-31所示。

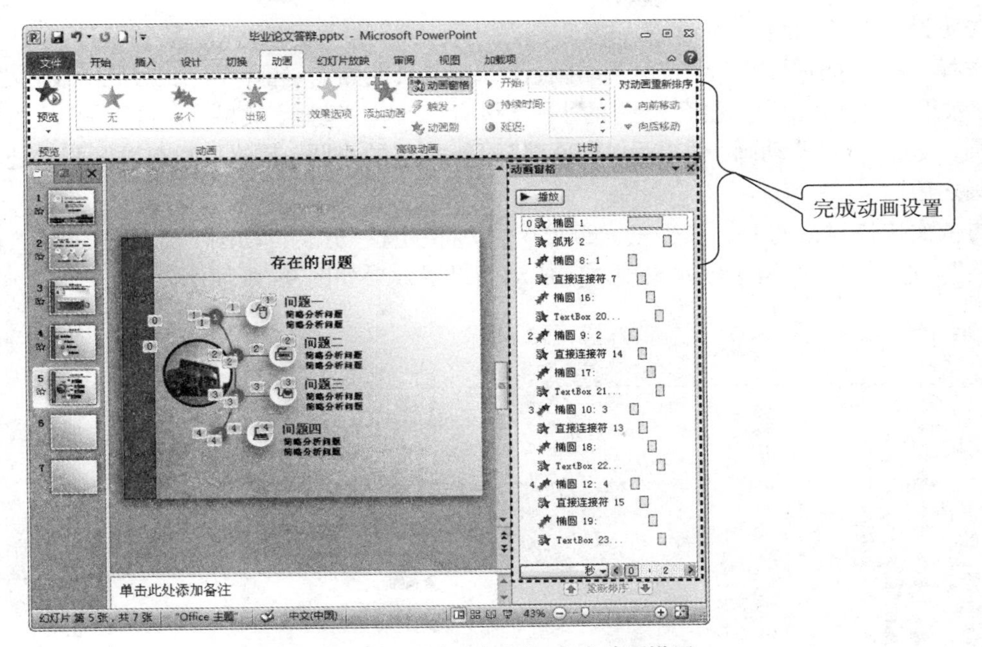

图 9-31 “存在的问题”完成动画设置

6. 制作正文页：主要对策

（1）插入对象设置

单击幻灯片浏览窗口中的第 6 张幻灯片，修改标题内容为“主要对策”。复制第 3 张幻灯片中的标注，插入符号，并做好相应的方向调整。复制第 5 张幻灯片中的文本框，修改文字及对齐方式。完成对象插入及设置，如图 9-32 所示。

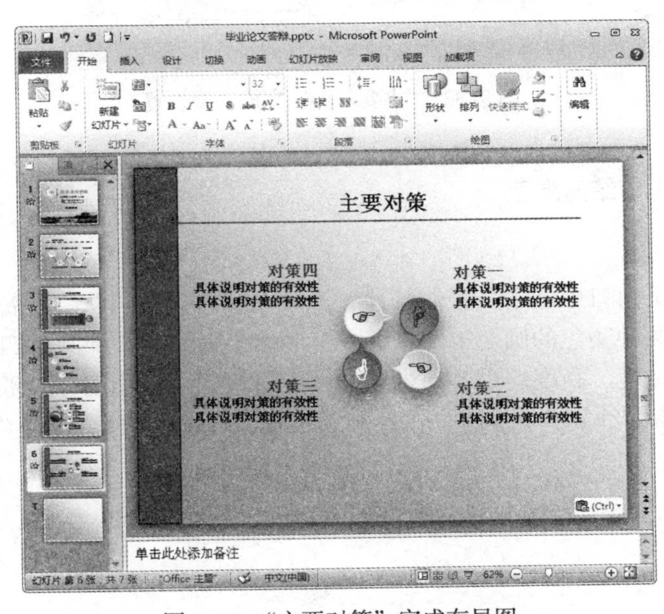

图 9-32 “主要对策”完成布局图

（2）设置对象动画

选择“☞”的小圆，设置“飞入”动画，效果为“自左侧”。选择“☝”的小圆，设置“飞入”动画，效果为“自底部”。选择“☜”的小圆，设置“飞入”动画，效果为“自右侧”。选择“☟”的小圆，设置“飞入”动画，效果为“自顶部”。除“☞”的小圆，其他小圆都设置开始处为“上一动画之后”。

再依次选择对策的一、二、三、四文本框，都设置“劈裂”动画，开始处都为“上一动画之后”。这样四个对策会依次出现。完成动画设置效果如图 9–33 所示。

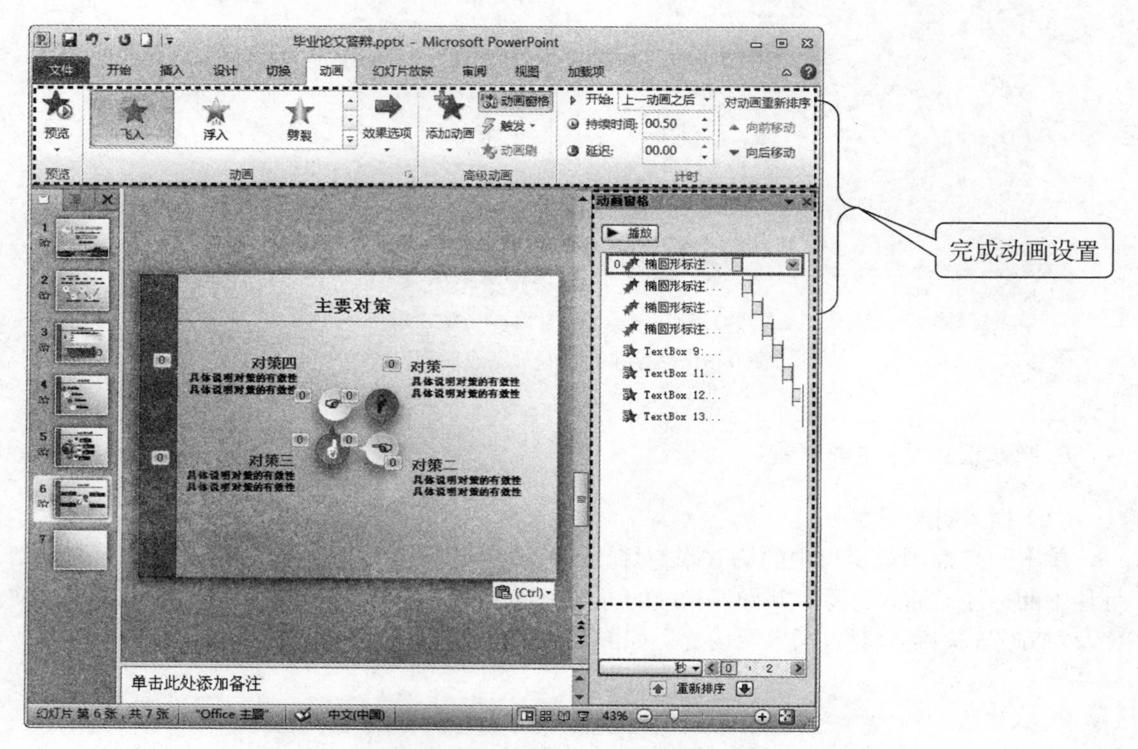

图 9–33 “主要对策”完成动画设置

7. 制作正文页：总结与展望

（1）插入对象设置

单击幻灯片浏览窗口中的第 7 张幻灯片，修改标题内容为“总结与展望”。

复制第 4 张中两种颜色的圆至第 7 张，共复制出小白圆和小绿圆各四个，调整其中一个白圆和一个绿圆的宽度、高度均为 5 厘米，并设置白色的大圆线宽为 5 磅。将小圆的宽度和高度设置为 1.3 厘米，线宽为 1.5 磅。在各种圆中输入相应的数字或文字，调整位置，再插入六个文本框，输入如图 9–34 所示文本内容。

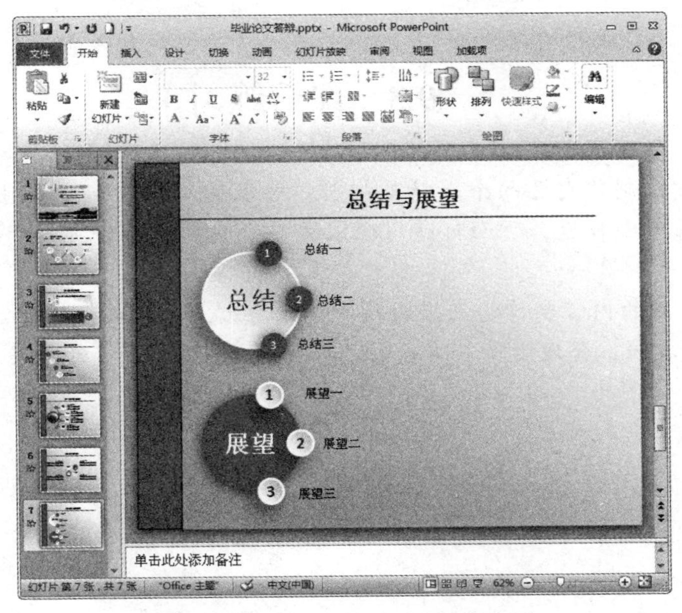

图 9–34 “总结与展望”完成布局图

（2）设置对象动画

选择两个大圆，设置“淡出”动画，开始处设为“与上一动同时”。

选择“总结”大圆后面的小圆“1”，设置“弹跳”动画，再选择“总结一”文本，设置“擦除”动画，效果为“自左侧”，开始处为“上一动画之后”。依次设置小圆“2”、“总结二”、小圆“3”、“总结三”的“弹跳”和“擦除”动画，开始处均为“上一动画之后”。

用上面相同的方法设置“展望”大圆后面的小圆及文本的动画。完成后的效果如图 9–35 所示。

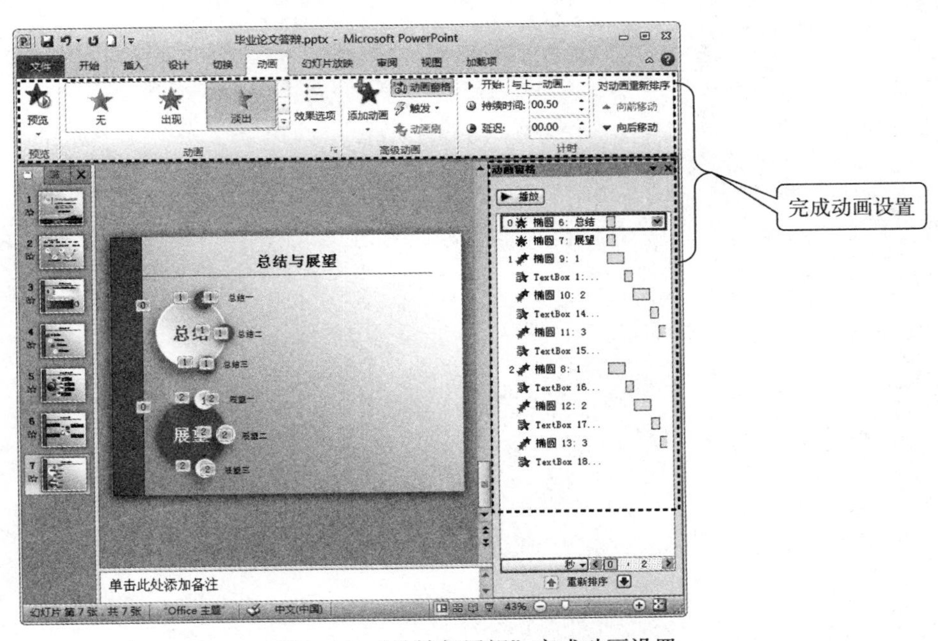

图 9–35 “总结与展望”完成动画设置

9.3 课后练习

1. 参照所学方法制作自己的个人精美相册，要求插入个人相片 10 张，同时配上自己喜欢的音乐，图片大小合适，页面可适当配以文字说明，并做好页面动画设置，最后 CD 打包输出。

2. 根据本章介绍的内容制作约五张的精美个人简历，要求每页 PPT 文字不宜过多，应突出自己的优点和特长，合理设置不同对象的动画，达到图文并茂的效果。

第三篇

办公自动化设备篇

打印机

10.1 介绍打印机

打印机（printer）是计算机办公中最常见的设备，也是计算机的主要输出设备。通过打印机可以很方便地将在计算机中编辑好的办公文档、图片等数据资源打印输出到纸上。简单来讲，打印机就是一种将计算机的运算结果或中间结果以人所能识别的数字、字母、符号和图形等，依照规定的格式印在纸上的设备。

1885年，全球第一台打印机出现。这台针式打印机是由Centronics公司推出的，可由于当时技术上不完善，没有推广进入市场，所以几乎没有人记住它。1968年9月，日本精工株式会社推出了EP-101针式打印机，其被人们誉为第一款商品化的针式打印机。

1978年，约翰·沃特（John Vaught）、戴夫·唐纳德（David Donald）及其他几位工程师在著名的惠普公司的帕洛阿尔托研究实验室里完成了惠普公司新激光打印机发动机的设计。

1991年以前，中国并没有自己的打印机，为了能让中国的用户用上打印机，联想集团经过不懈努力，在1991年成功研制出第一代中文激光打印加速卡——LXLJ，成功实现了使中国用户用上高品质打印工具的梦想。

1993年，世界上第一台中文激光打印机LJ3A诞生，彻底解决了中国用户中文打印的问题。联想集团用两年的时间完成了中国打印的开拓使命，如此之快的研发速度引来了国外同行的一片惊叹，大叫“中国速度”神奇。

1997年，惠普公司HP LaserJet 6L亮相中国市场，宣告中国激光打印普及时代的到来。

1998年，惠普推出了HP Color LaserJet 4500和8500，是世界上第一批支持自动双面打印的彩色激光打印机。

2002年，黑白激光打印机呈繁荣盛世，彩色激光打印机开始迅速发展。

2005年，黑白激光打印机普及，彩色激打引领彩色商务时代的到来。

2011年，联想发布了基于光墨打印技术的RJ600N，基于Memjet技术的联想RJ600N实现了激光打印机才能达到的打印速度，能为用户提供60 ppm的黑白彩色同速打印。

未来打印机正向轻、薄、短、小、低功耗、高速度和智能化方向发展。

10.1.1 打印机的分类

目前，打印机的种类很多，根据打印机不同的种类、工作原理及作用来分，有以下几类。

1. 按一行字在纸上形成的方式分

分为串式打印机与行式打印机。

（1）串式全形字符击打式打印机

柱形、球形、菊花瓣形和杯形均属此类。所有字符均完整地以反形凸刻于柱、球等字模载体上，字模载体在驱动源的驱动下能转动，并可上、下移动，以将所需字模送到打印位置，通过打印锤敲击字模载体或字模载体本身摆动，击打色带后在纸上印出所需打印的字符。这类打印机可印出质量高的全形字符，最大打印速度约为 60 字符 /s。缺点是打印字符数受字模载体所载字模数限定，不能打印汉字和图像，不能实现彩色打印，且噪声大。

（2）串式点阵击打式打印机

打印头是由排成一列，并由电磁铁驱动的打印针构成。通过针的运动撞击色带，在纸上印出一列点。打印头可沿横向移动打印出点阵，这些点的不同组合就构成各种字符或图形。这类打印机能打印出接近全形字符质量的字符。它组字灵活，可打印图形和图像。通过使用彩色色带还可打印几种彩色。打印速度可达 600 字符 /s，结构简单，成本低，可打印多份拷贝。应用十分普及，已部分取代了低、中速行式打印机。缺点是噪声大。

（3）行式全形字符击打式打印机

鼓式、链式、带式均属此类。反形字模载于字鼓、字链或字带上，对应于纸上一行每一个字符位置一般都设置对应数目的打印锤，当字模载体运动，将所需字模送到打印位置时，对应的打印锤击打字模与色带，将这些字印在纸上。这类打印机印字质量高。带式的打印速度可达 3000 行 /min，鼓式和链式可达 2000 行 /min。缺点是打印字符数有限，不能打印汉字和彩色，噪声大。

（4）行式点阵字符击打式打印机

梳形点阵针式打印机属此类。打印元件由若干水平排成一行的打印针组成，通过电磁铁驱动针撞击色带，在纸上印出一排点，根据字符点阵大小由几排点构成一行字符。打印速度可达 500 行 /min。缺点是噪声大。

（5）串式点阵字符非击打式打印机

主要有喷墨式和热敏式打印机两种。

（6）行式点阵字符非击打式打印机

主要有激光、静电、磁式和发光二极管式打印机。

2. 按工作方式分

分为针式打印机、喷墨式打印机、激光打印机等。

（1）针式打印机

针式打印机的打印原理是通过打印机针对色带的机械撞击，在打印介质上产生小点，最终由小点组成所需打印的对象。打印针数是指针式打印机打印头上打印针的数量，从 9 针到 24 针。而打印针的数量直接决定了产品打印的效果和打印速度。针式打印机多用于执行账单、发票等对打印分辨率要求不太高的打印任务。由于这种打印机打印速度比较慢、噪声大，所以，现在只有在银行、超市等用于票单打印的很少的地方还可以看见它的踪迹。

（2）喷墨式打印机

喷墨打印机一般都能进行彩色打印。它对彩色质量要求较高，所以在打印的时候一般要有几个彩色墨盒。彩色喷墨打印机有着良好的打印效果与较低价位的优点，因而占领了广大中低端市场。此外，喷墨打印机还具有更为灵活的纸张处理能力，在打印介质的选择上，喷墨打印机也具有一定的优势：既可以打印信封、信纸等普通介质，也可以打印各种胶片、照片纸、光盘封面、卷纸、T恤转印纸等特殊介质。

（3）激光打印机

激光源发出的激光束经由字符点阵信息控制的声光偏转器调制后，进入光学系统，通过多面棱镜对旋转的感光鼓进行横向扫描，于是在感光鼓上的光导薄膜层上形成字符或图像的静电潜像，再经过显影、转印和定影，便在纸上得到所需的字符或图像。主要优点是打印速度高，可达20 000行/min以上。印字的质量高，噪声小，可采用普通纸，可印刷字符、图形和图像。由于打印速度高，宏观上看，就像每次打印一页，故又称为页式打印机。

激光打印机是近年来高科技发展的一种新产物，也是有望代替喷墨打印机的一种机型，分为黑白和彩色两种，它提供了更高质量、更快速、更低成本的打印方式。其中低端黑白激光打印机的价格目前已经降到了几百元，达到了普通用户可以接受的水平。虽然激光打印机的价格要比喷墨打印机昂贵的多，但从单页的打印成本上讲，激光打印机则要便宜很多。而彩色激光打印机的价位很高，几乎都要在万元上下，应用范围较窄，很难被普通用户接受，在此就不过多地进行介绍了。

3. 按用途分

分为办公和事务通用打印机、商用打印机、专用打印机、家用打印机、便携式打印机、网络打印机、多功能一体机和3D打印机。

（1）办公和事务通用打印机

在这一应用领域，针式打印机一直占主导地位。由于针式打印机具有中等分辨率和打印速度、耗材便宜，同时还具有高速跳行、多份拷贝打印、宽幅面打印、维修方便等特点，目前仍然是办公和事务处理中打印报表、发票等的优选机种，如图10–1所示。

（2）商用打印机

商用打印机是指商业印刷用的打印机，由于这一领域要求印刷的质量比较高，有时还要处理图文并茂的文档，因此，一般选用高分辨率的激光打印机，如图10–2所示。

图10–1 针式打印机

图10–2 高分辨率激光打印机

（3）专用打印机

专用打印机一般是指各种微型打印机、存折打印机、平推式票据打印机、条码打印机、热敏印字机等用于专用系统的打印机，如图 10–3 所示。

（4）家用打印机

家用打印机是指与家用电脑配套进入家庭的打印机。根据家庭使用打印机的特点，目前低档的彩色喷墨打印机逐渐成为主流产品，如图 10–4 所示。

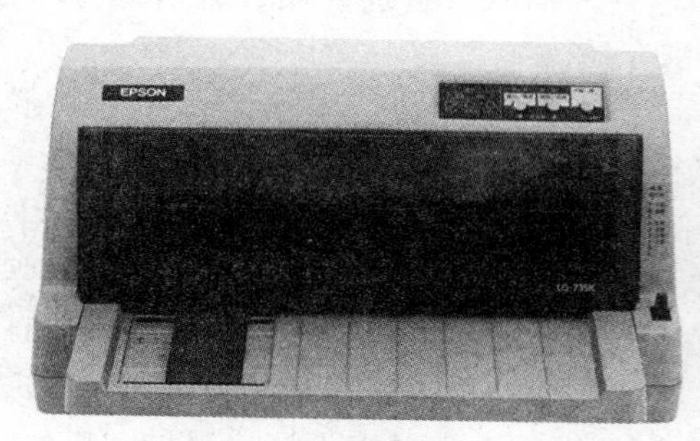

图 10–3　票据打印机

图 10–4　彩色喷墨打印机

（5）便携式打印机

便携式打印机一般用于与笔记本电脑配套，具有体积小、质量小、可用电池驱动、便于携带等特点，如图 10–5 所示。

（6）网络打印机

网络打印机用于网络系统，要为多数人提供打印服务，因此要求这种打印机具有打印速度快、能自动切换仿真模式和网络协议、便于网络管理员进行管理等特点，如图 10–6 所示。

图 10–5　便携式打印机

图 10–6　网络打印机

（7）多功能一体机

它是一种同时具有打印、复印、扫描、传真 4 种或多种功能的机器。它凭借良好的性价比迅速赢得了政府机关、事业单位及中小企业办公的青睐，成为现代办公的主流，如图 10–7 所示。

（8）3D 打印机

3D 打印机（3D Printers）简称 3DP，是一位名为恩里科·迪尼（Enrico Dini）的发明家设计的一种神奇的打印机，它不仅可以“打印”一幢完整的建筑，甚至可以在航天飞船中给宇航员打印任何所需的物品的形状。

房子、器官、汽车、衣服、机器人……你能想象这些东西都可以打印出来吗？3D 打印的概念起源于 19 世纪末的美国，近几年逐渐大热，中国物联网校企联盟称它为“上上个世纪的思想，上个世纪的技术，这个世纪的市场”。此前，部件设计完全依赖于生产工艺能否实现，而 3D 打印机的出现，将颠覆这一生产思路，任何复杂形状的设计均可以通过 3D 打印机来实现。

3D 打印技术可用于珠宝、鞋类、工业设计、建筑、工程和施工（AEC）、汽车、航空航天、牙科和医疗产业、教育、地理信息系统、土木工程和许多其他领域。常常在模具制造、工业设计等领域被用于制造模型或者用于一些产品的直接制造，意味着这项技术正在普及。通过 3D 打印机也可以打印出食物，是 3D 打印机未来的发展方向。3D 打印机如图 10–8 所示。

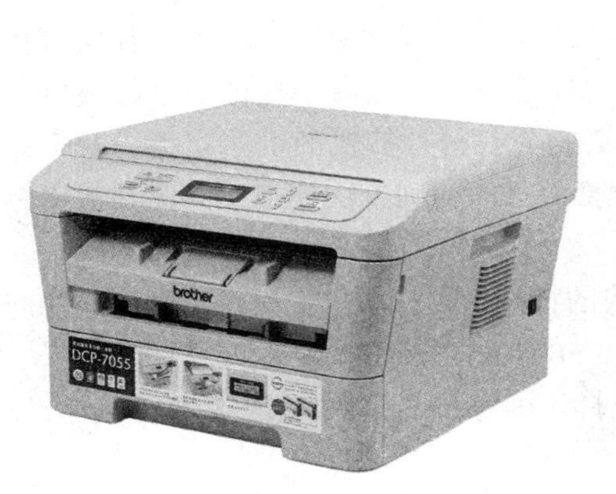

图 10–7　多功能一体机

图 10–8　3D 打印机

10.2　使用打印机

打印机与计算机之间采用的接口类型，可以间接反映出打印机输出速度的快慢。打印机的接口很多，目前市场上主要有并行（LPT）、SCSI、USB 三种。

目前，并行接口主要作为打印机端口，采用的是 25 针 D 形接头。所谓并行，是指 8 位数据同时通过并行线进行传送，这样数据传送速度大大提高，但并行传送的线路长度受到限制，因为长度增加，干扰就会增加，数据也就容易出错。目前计算机基本上都配有并行接口。并行接口的工作模式主要有三种：

1. SPP（标准并行接口）

SPP 数据是半双工单向传输，传输速率较慢，仅为 15 KB/s，但应用较为广泛，一般设为默认的工作模式。

2. EPP（增强型并行接口）

EPP 采用双向半双工数据传输，其传输速度比 SPP 的高很多，可达 2 MB/s，目前已有不少外设使用此工作模式。

3. ECP（扩展型并行端口）

ECP 采用双向全双工数据传输，传输速率比 EPP 的还要高一些，但支持的设备不是很多。

其中标准并行端口（SPP）也是最早的端口定义。目前，LPT 并行接口是一种增强了的双向并行传输接口，在 USB 接口出现以前是扫描仪、打印机最常用的接口。最高传输速度为 1.5 Mb/s，设备容易安装及使用，但是速度比较慢。

SCSI 接口的打印机由于利用专业的 SCSI 接口卡和计算机连接在一起，能实现信息流量很大的交换传输速度，从而能达到较高的打印速度。不过由于这种型号的接口在与计算机相连接时，操作比较烦琐，每次安装时必须先打开计算机的机箱箱盖。对于那些没有专用 SCSI 插槽的计算机来说，这种接口类型的打印机则无法使用，因此其适用范围并不广泛。

USB 接口依靠其支持热插拔和输出速度快的特性，在打印机接口类型中迅速崛起，因此目前市场主流的打印机有些型号兼具并行与 USB 两种打印接口。

本书以惠普公司生产的 HP 1020 黑白激光打印机为例，讲解如何安装打印机驱动程序，如图 10–9 所示。

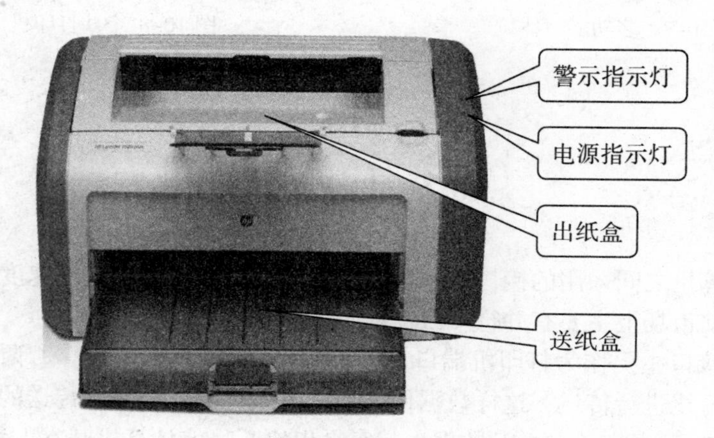

图 10–9　HP 1020

首先将 HP 1020 打印机与计算机通过 USB 接口相连，打开打印机电源开关（在打印机的背面），如图 10–10 所示。

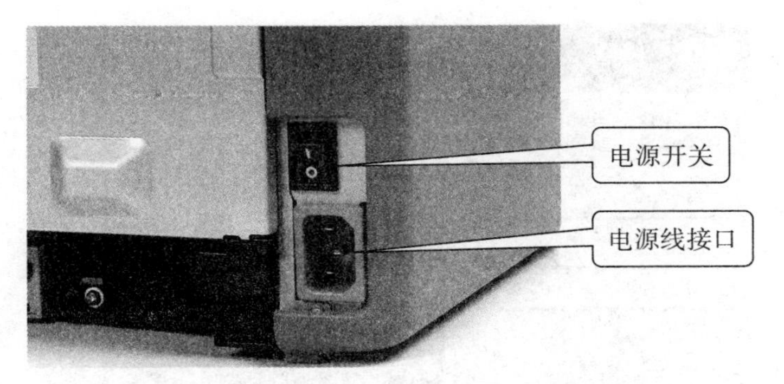

图 10-10　HP 1020 背面打印机电源开关

然后启动计算机，就可以安装打印机驱动了。

10.2.1　安装打印机驱动

为了安装好打印机驱动，首先确定安装打印机的安装环境，本书是在 Microsoft Win7 操作系统中进行安装的。其次，寻找 HP 1020 安装源文件。

安装方式可以通过两种方式进行。

第一种方式：直接安装法

第一步：直接找到安装打印机的源文件，双击打印机文件中的 Setup.exe 文件，如图 10-11 所示。

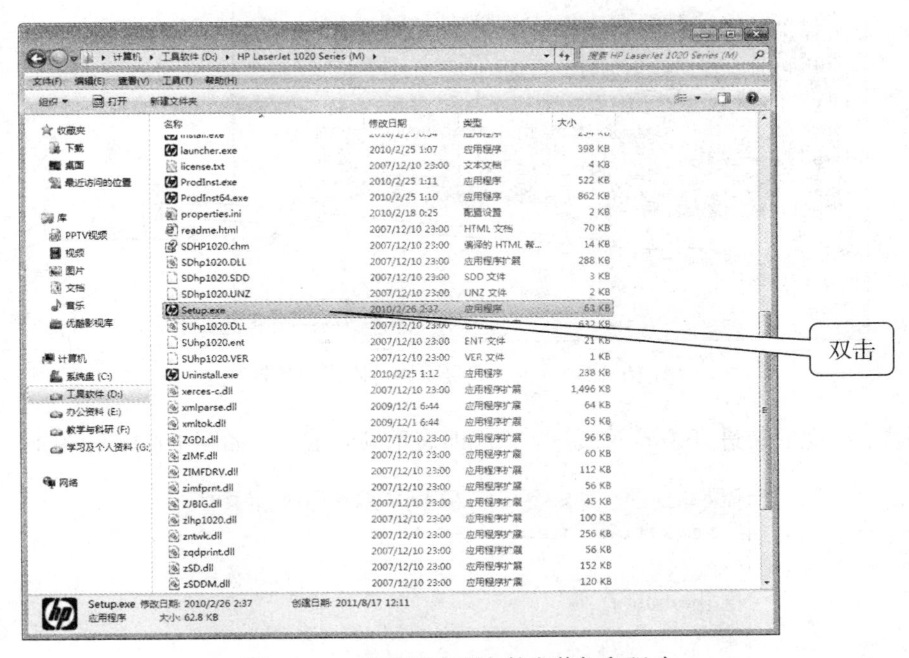

图 10-11　直接双击源文件安装打印驱动

第二步：弹出 HP 软件安装界面，单击“安装”按钮，如图 10-12 所示。

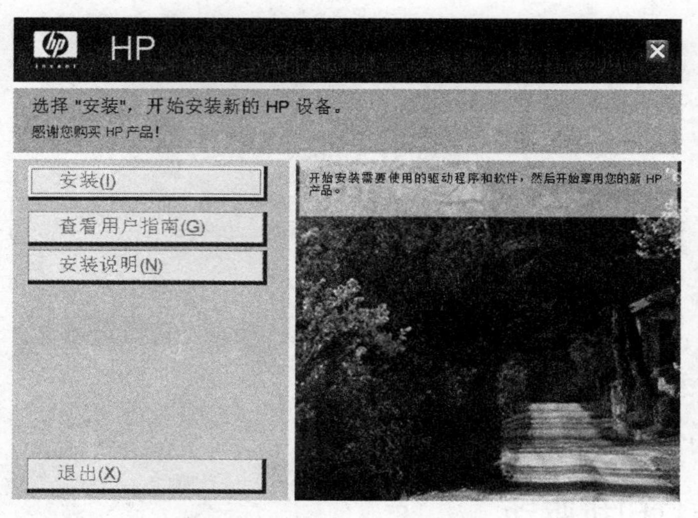

图 10–12　安装界面

第三步：弹出安装协议，将“我接受许可协议的条款”前的方框内打上“√”，单击“下一步”按钮，如图 10–13 所示。

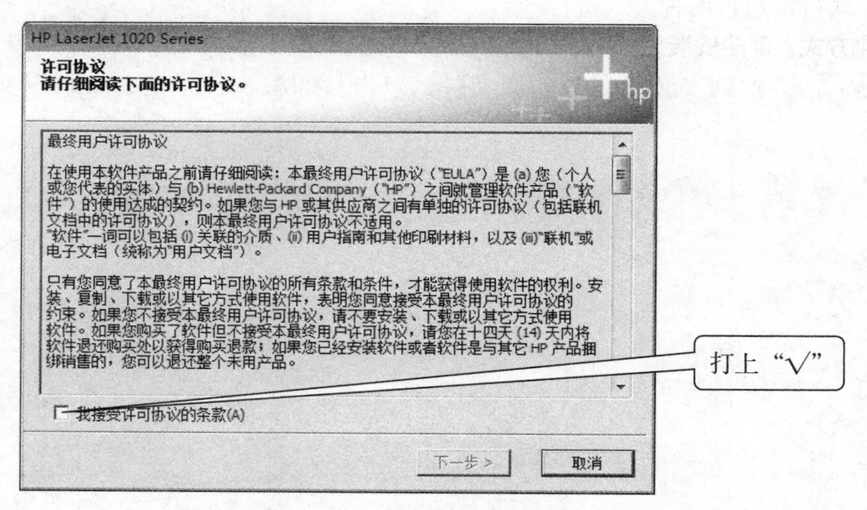

图 10–13　单击“我接受许可协议的条款”

第四步：出现安装进度条界面，进度完成即表示安装成功，如图 10–14 和图 10–15 所示。

HP LaserJet 1020 Series
正在安装 HP LaserJet 1020 Series
正在预安装驱动程序…

图 10–14　安装进度条

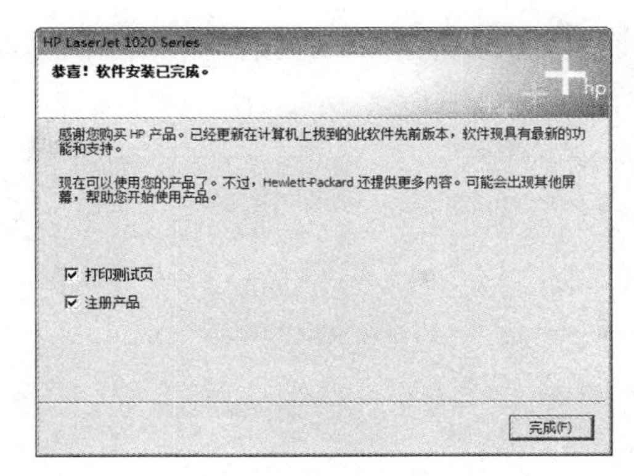

图 10–15 安装成功

第二种方式：硬件安装寻找法

第一步：当打印机与计算机相连后，打印机开关处于“开”时，第一次安装时出现“未能成功安装设备驱动程序”打印安装硬件驱动，如图 10–16 所示。

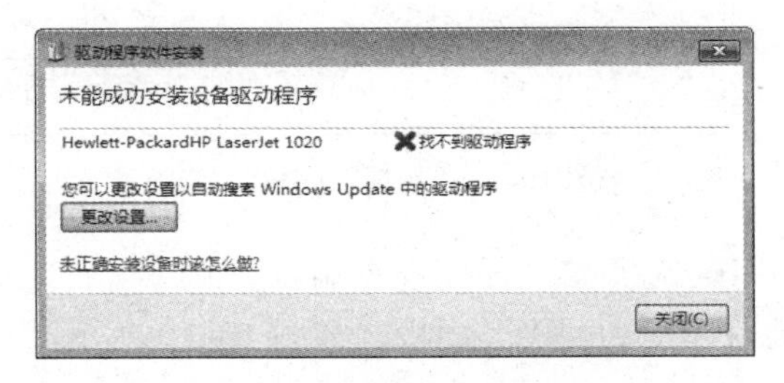

图 10–16 自动搜索打印机驱动界面

第二步：出现上面的驱动程序安装界面后，用户可以单击驱动程序软件安装界面上的“关闭”按钮，然后在控制面板 – 设备和打印机窗口工具栏菜单中单击“添加打印机”命令，实现添加打印机硬件设备，如图 10–17 所示。

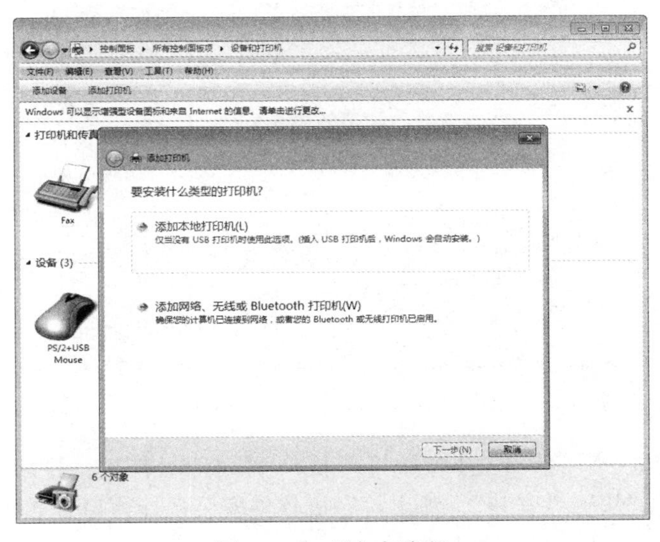

图 10–17 添加打印机

第三步：在“添加打印机”对话框窗口面板上单击“添加本地打印机”按钮，出现图10–18所示窗口。

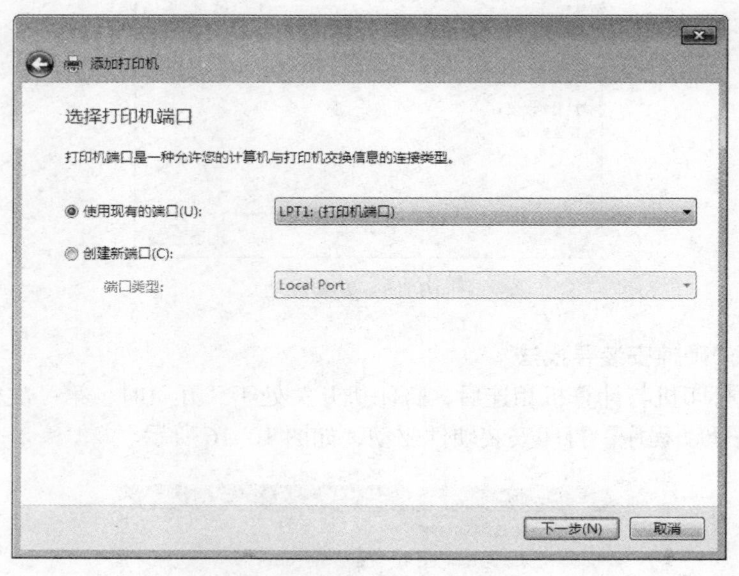

图 10–18　选择打印机端口

第四步：这里可以采用默认状态：“使用现有端口：LPT1：（打印机端口）”，然后单击“下一步”按钮，弹出“安装打印驱动程序”面板，如图10–19所示。

图 10–19　安装打印机驱动程序

第五步：从左边“厂商”栏内选择打印机厂商：HP，右边“打印机”栏内选择：HP LaserJet 1020，单击“从磁盘安装”，弹出打印机软件安装选择窗口，如图10–20所示。

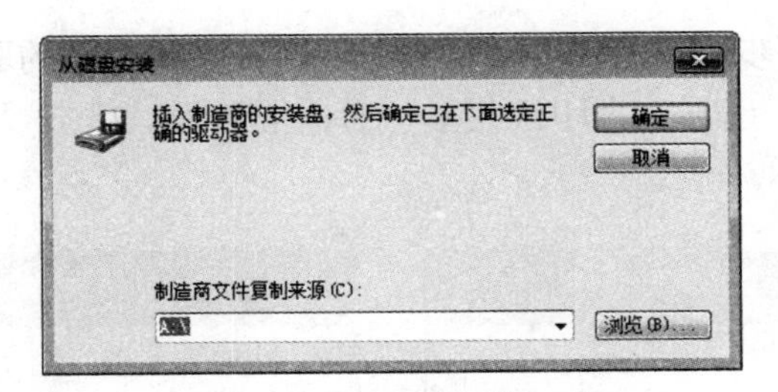

图 10-20　磁盘安装路径选择

第六步：单击“浏览”按钮，此时出现 HP 1020 打印机驱动程序安装源文件选择对话框，本书安装打印机驱动程序地址为 D：\HP LaserJet 1020 Series（M），如图 10-21 所示。

图 10-21　选择打印机安装源文件

第七步：找到源文件，自动在文件名一栏出现 autorun.inf 文件，单击“打开”按钮，然后返回“从磁盘安装”窗口界面，再单击“确定”按钮后，出现兼容硬件 HP LaserJet 1020 打印机，如图 10-22 所示。

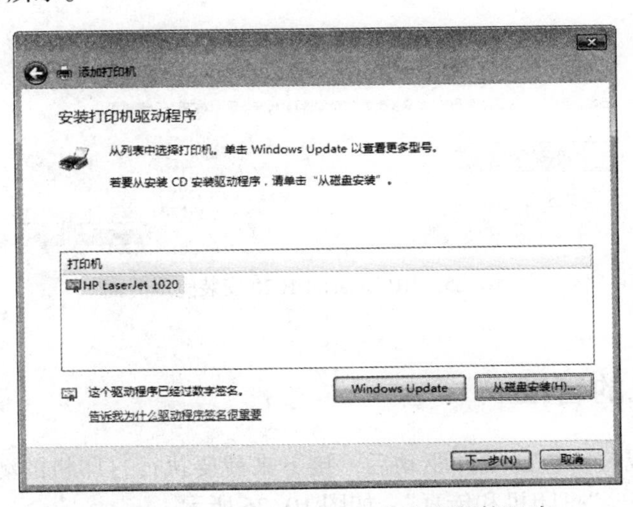

图 10-22　HP LaserJet 1020 打印机硬件驱动

第八步：单击“下一步”按钮，此时计算机会自动将打印机的驱动文件程序安装到计算机中。安装进度完成后，出现“打印机共享”对话框面板，单击“不共享这台打印机”。如图 10–23 和图 10–24 所示。

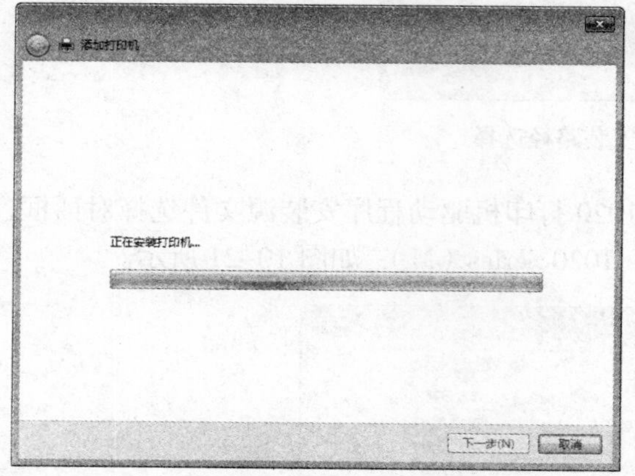

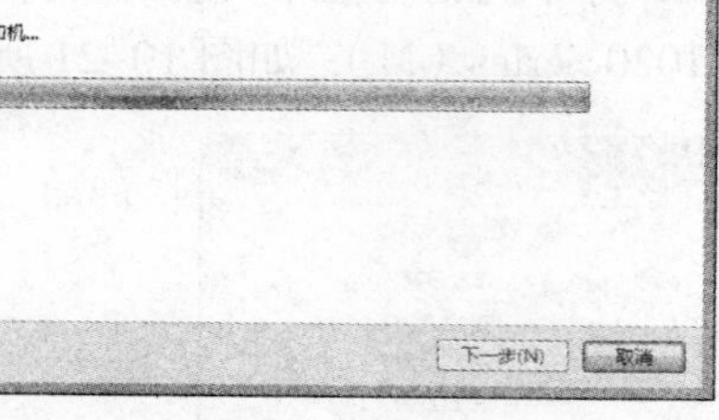

图 10–23　复制文件

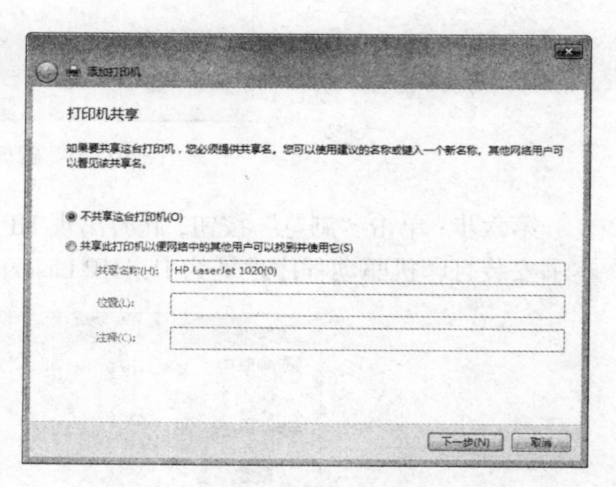

图 10–24　打印共享设置

第九步：在“打印机共享”对话框面板上单击“下一步”按钮，出现安装完成面板，再在该面板上单击“完成”按钮，至此，就完成了打印机驱动程序的安装，如图 10–25 所示。

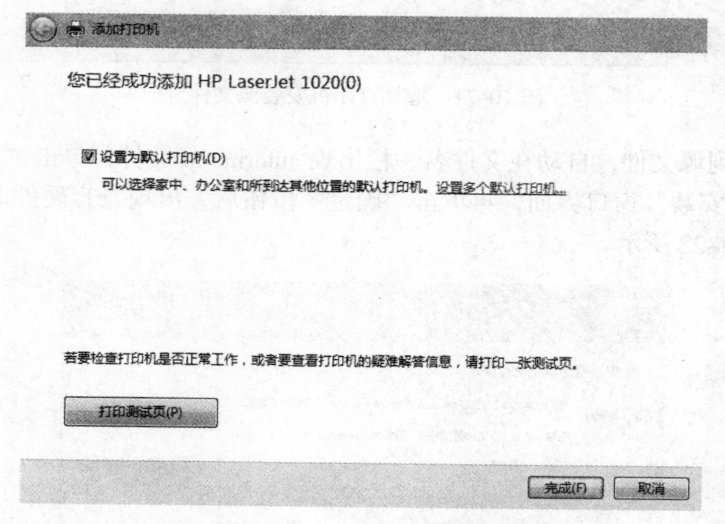

图 10–25　HP LaserJet 1020 安装完成界面

10.2.2　打印机的管理

当用户安装完成打印机的硬件驱动后，接下来就要执行打印机的测试工作。首先打开“开始”→“设置”→“打印机和传真”，如图 10–26 所示。

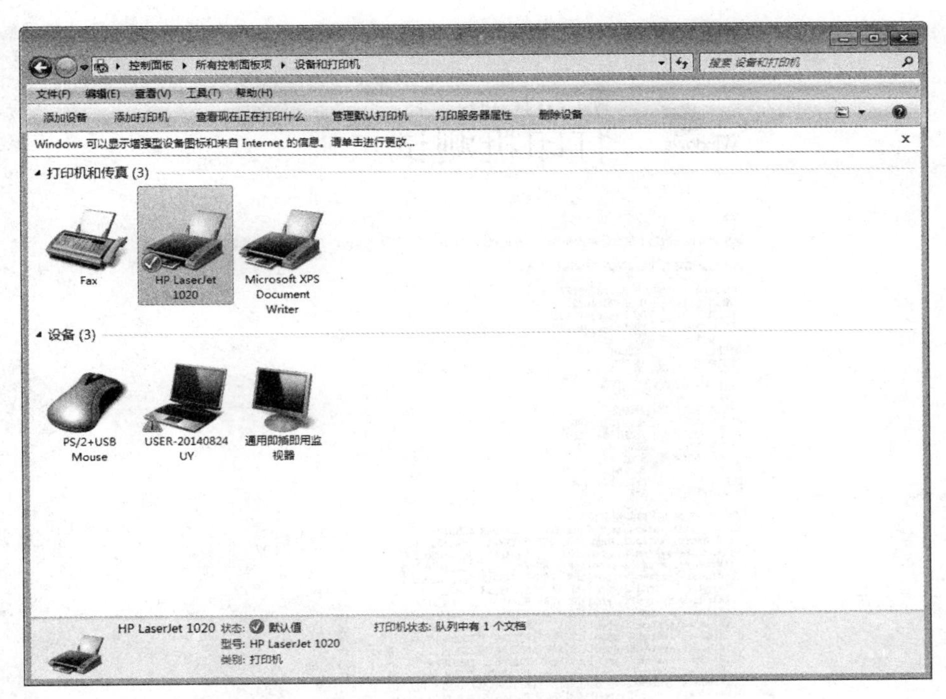

图 10–26　打印机和传真面板

然后，选中已安装的 HP LaserJet 1020 图标，单击鼠标右键，选中“属性”选项，如图 10–27 所示。

HP LaserJet 1020 属性
常规 共享 端口 高级 颜色管理 安全 配置
HP LaserJet 1020
位置(L):
注释(C):
型号(O): HP LaserJet 1020
功能
彩色: 否
双面: 是
装订: 否
速度: 未知
最大分辨率: 600 dpi
可用纸张:
A4
首选项(E)... 打印测试页(T)
确定 取消 应用(A) 帮助

图 10–27　HP LaserJet 1020 属性

其次，单击“打印测试页”，效果如图 10-28 所示。

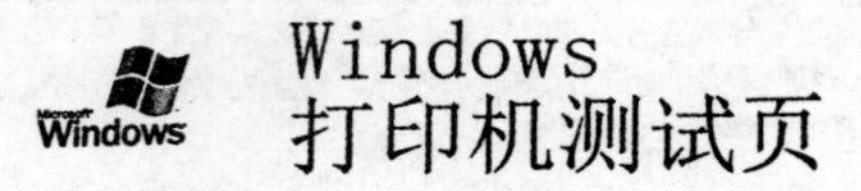

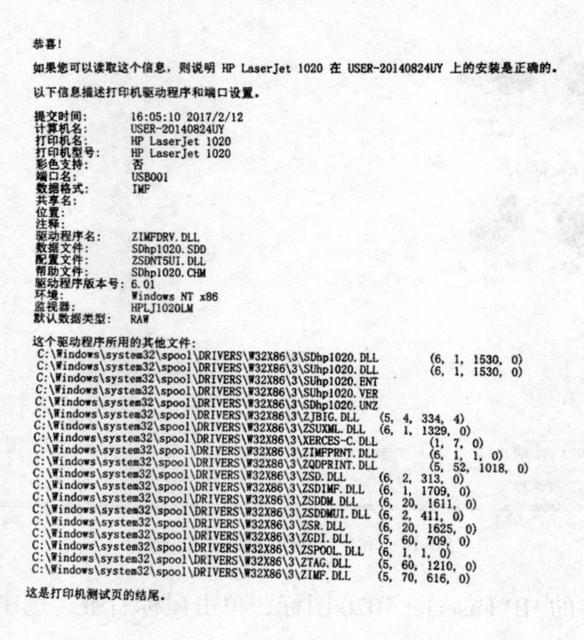

恭喜!

如果您可以读取这个信息，则说明 HP LaserJet 1020 在 USER-20140824UY 上的安装是正确的。

以下信息描述打印机驱动程序和端口设置。

```
提交时间:        16:05:10 2017/2/12
计算机名:        USER-20140824UY
打印机名:        HP LaserJet 1020
打印机型号:      HP LaserJet 1020
彩色支持:        否
端口名:          USB001
数据格式:        IMF
共享名:
位置:
注释:
驱动程序名:      ZIMFDRV.DLL
数据文件:        SDhp1020.SDD
配置文件:        ZSDNT5UI.DLL
帮助文件:        SDhp1020.CHM
驱动程序版本号:  6.01
环境:            Windows NT x86
监视器:          HPLJ1020LM
默认数据类型:    RAW
```

这个驱动程序所用的其他文件:

```
C:\Windows\system32\spool\DRIVERS\W32X86\3\SDhp1020.DLL     (6, 1, 1530, 0)
C:\Windows\system32\spool\DRIVERS\W32X86\3\SUhp1020.DLL     (6, 1, 1530, 0)
C:\Windows\system32\spool\DRIVERS\W32X86\3\SUhp1020.ENT
C:\Windows\system32\spool\DRIVERS\W32X86\3\SUhp1020.VER
C:\Windows\system32\spool\DRIVERS\W32X86\3\SDhp1020.UNZ
C:\Windows\system32\spool\DRIVERS\W32X86\3\ZJBIG.DLL    (5, 4, 334, 4)
C:\Windows\system32\spool\DRIVERS\W32X86\3\ZSUXML.DLL   (6, 1, 1329, 0)
C:\Windows\system32\spool\DRIVERS\W32X86\3\XERCES-C.DLL     (1, 7, 0)
C:\Windows\system32\spool\DRIVERS\W32X86\3\ZIMFPRNT.DLL     (6, 1, 1, 0)
C:\Windows\system32\spool\DRIVERS\W32X86\3\ZQDPRINT.DLL     (5, 52, 1018, 0)
C:\Windows\system32\spool\DRIVERS\W32X86\3\ZSD.DLL      (6, 2, 313, 0)
C:\Windows\system32\spool\DRIVERS\W32X86\3\ZSDIMF.DLL   (6, 1, 1709, 0)
C:\Windows\system32\spool\DRIVERS\W32X86\3\ZSDDM.DLL    (6, 20, 1611, 0)
C:\Windows\system32\spool\DRIVERS\W32X86\3\ZSDDMUI.DLL  (6, 2, 411, 0)
C:\Windows\system32\spool\DRIVERS\W32X86\3\ZSR.DLL      (6, 20, 1625, 0)
C:\Windows\system32\spool\DRIVERS\W32X86\3\ZGDI.DLL     (5, 60, 709, 0)
C:\Windows\system32\spool\DRIVERS\W32X86\3\ZSPOOL.DLL   (6, 1, 1, 0)
C:\Windows\system32\spool\DRIVERS\W32X86\3\ZTAG.DLL     (5, 60, 1210, 0)
C:\Windows\system32\spool\DRIVERS\W32X86\3\ZIMF.DLL     (5, 70, 616, 0)
```

这是打印机测试页的结尾。

图 10-28　打印测试页

最后，通过双击 HP LaserJet 1020 图标，实现打印管理操作。通过该窗口，用户可以对文档进行暂停、取消打印等管理，如图 10-29 所示。

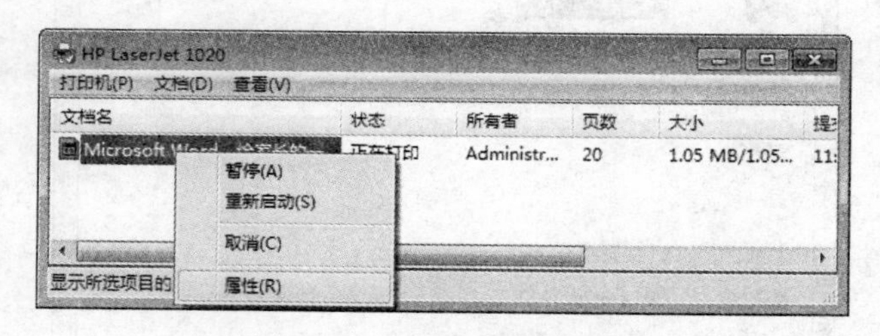

图 10-29　打印管理器窗口

如果用户需要打印多个文档，则根据需要暂停或取消打印对象，调整打印顺序。

①暂停打印：如果在打印过程出现卡纸、纸没有放好等意外情况，则可以暂停打印操作，等待问题解决后，方可继续打印。

②调整打印：打印机在打印文档时，以作业提交的先后顺序在打印管理器中列队打印，一般情况下按照先来先打印的原则。如果用户要变更打印的先后次序，只需修改它们在队列中的先后次序，即可完成调整打印顺序。

③取消打印：如果用户在打印过程中不想再打印，但是文件已经传输到了打印管理器中，此时选中要取消的文档，即可完成取消打印文档操作。

10.3 打印机的选购和使用注意事项及故障排除

10.3.1 打印机的选购

衡量打印机好坏的指标有三项：打印分辨率、打印速度和噪声。用户在购买打印机的时候，除了上述三项指标外，还有一个需要重点考虑：墨盒的费用。墨盒是打印机重要的耗材，耗材种类有很多，还包括硒鼓、碳粉、色带等，根据打印机的种类各归其主。

①色带：色带的工作原理就是利用针式打印机机头内的点阵撞针或是英文打字机中的字母撞件，去撞击打印色带，在打印纸上产生打印效果。从最早的机械撞击式的英文打印机到后来的电脑针式打印机，使用的都是色带。

②墨盒：主要指的是喷墨打印机中用来存储打印墨水，并最终完成打印的部件。旧时指人们用来装盛墨汁的文房用具。墨盒的容量与打印张数成正比，如图 10-30 所示。

③硒鼓：也称为感光鼓。它不仅决定了打印质量的好坏，还决定了使用者在使用过程中需要花费的金钱多少。在激光打印机中，70% 以上的成像部件集中在硒鼓中，打印质量的好坏实际上在很大程度上是由硒鼓决定的，如图 10-31 所示。

图 10-30 墨盒　　图 10-31 硒鼓

④碳粉：主要指硒鼓中用来进行打印、成像的物质。虽然主要的成分是碳，但是和我们日常生活中的一些墨粉相比，硒鼓中碳粉的颗粒更加细小，化学稳定性更高，因此具有极高的成像质量。

相对而言，色带的使用成本最低，不足之处是打印效果不理想，不能打彩色图文；激光打印机墨粉和硒鼓的使用成本最高，打印精度最高，但打印彩色效果不如喷墨打印机；喷墨打印机墨水和墨盒的使用成本适中，打印彩色效果目前最好，打印精度较高，但一般喷墨打印机的彩色保持不及激光的持久，时间长容易褪色，受潮易化。

选购打印机时，可参考如下一些主要技术指标：

1. 品牌

打印机的品牌很多，主要有惠普 HP、佳能 Canon、爱普生 Epson、三星 Samsung、富士施乐 Fuji Xerox、联想 Lenovo、兄弟 Brother、利盟 Lexmark 及理光 RICOH 等。

这些品牌在行业中占有凸出的地位，但是光选择品牌也不够，还要根据打印机的使用功能类别来选择。

2. 打印速度

这个指标也很重要。当然，如果是家用机，这一项可以不做过多的考虑，因为家庭打印量一般不会太大，但对于商业用的打印机，这一项就很有必要去考虑了。和分辨率一样，打印速度也有两个数值，由于黑白的字符处理起来相对比较简单，所以打印的速度也就比较快，彩色的图案要处理的数据较多，速度也就比较慢。另外，打印速度与实际打印时设定的分辨率大小有关，设定的分辨率越高，打印速度越慢。

3. 分辨率

这个指标大家都不会陌生，它用来表示打印机打印分辨率。这是衡量打印机打印精度的主要参数之一。一般来说，该值越大，表明打印机的打印精度越高。不过，一般的彩色喷墨打印机有两个 DPI（每英寸点数）：一个是黑白打印时的 DPI，另一个是彩色打印的 DPI。选购时要看清楚。目前市场上的主流彩色喷墨打印机分辨率都可以达到 600 DPI 以上，对于一般家庭，这个分辨率足够用了。如果需要更高的分辨率，可以选择 1 440 DPI 产品。

4. 色阶

即色彩的层次感。在打印图片时，除了分辨率外，还必须要有丰富的色阶，否则打印出的效果不好。当前的彩色喷墨打印机都是多个墨盒颜色组合，这样才会打印出彩色效果。通过控制单一颜色墨点浓淡的方法来创造更加丰富的色彩，这就是色阶技术。色阶原理是在同一点上重复喷上不同次数的同色墨点，显示出颜色的浓淡，所以说色阶和分辨率也是同等重要的。

5. 色彩调和能力

对于要经常打印彩色图片的用户，要特别注意这一项。现在打印技术在色彩的调和上有很大的进步，从而使打印出来的墨点变细，也就使图像更清晰、漂亮。这其中的改进技术主要有增加色彩数量、改变喷出墨滴的大小、降低墨水浓度等。像增加色彩数量的做法，是非常有效的，现在的六墨盒彩喷都能打印出照片级的图案。

6. 打印幅面

打印幅面是指打印机能够打印的最大纸张面积。目前，喷墨和激光打印机主要有 A3（29.7 cm × 42.0 cm）和 A4（21.0 cm × 29.7cm）两种幅面，其中 A4 幅面是主流。

7. 耗材

由于硒鼓成本不仅是打印机首次购买成本的一个重要组成部分，也是日常打印中离不开的耗材，因此用户在选购的时候要特别注意。随机硒鼓的容量要比标准硒鼓的小。当然，应该选择性价比高、可靠性高的激光打印机品牌，这样后期使用打印机的时候，就会得到更多的售后服务保证。

总而言之，首先要说明的是，打印机这种产品也是和CPU、硬盘等一样，也许在购买不久就落后了，因为现在的新技术层出不穷，买来就用，否则还不如不买。确定自己购买打印机的实际用途，根据它来选择你所需档次的打印机，如果是一般用途，就不要购买专业的打印机。如果购买打印机主要是为了打印黑白文稿，并且对打印图像的品质要求不是特别严格，经济型的彩色喷墨打印机是首选；如果购买打印机主要是为了办公，兼顾品质、功能和速度的实用型彩色喷墨打印机是首选；如果是为了用于设计打样等专业用途，那么只有专业型的彩色喷墨打印机才能满足要求。

在打印头的选择上，一般说来采用压电技术的打印头效果要好一些，此外，打印头上的喷孔越多，打印速度越快；喷孔越细密，越有利于提高打印的分辨率。

现在一般的打印机采用的都是四色墨盒设计，在选购时也尽量要买这种，因为在性能上它要高出三色的很多。

还要注意打印机的接口方式，一般打印机的接口有并行口、SCSI接口和USB接口等。此外，还有打印的噪声、墨粉消耗情况、售后服务及打印机耗材成本的问题等。

10.3.2 打印机的使用注意事项及故障排除

由于打印机内部的部件比较精密，在使用过程中，可能会遇到一些问题，所以用户在打印时应注意如下事项及故障排除：

①在正常打印过程中，不要关闭电源开关或摇动打印机、开打印机的盖板、抽开纸盒等，以免导致打印机故障、卡纸或影响打印效果。

②在打印过程中，打印机不能打印或打印中途停止，要观察打印机操作面板上的提示等，以此判断是什么故障，如无法判断，要及时与网络管理员联系。

③在添加打印纸时，进纸盒内放纸一定要松紧适度，并且将纸摆放整齐，否则非常容易卡纸。

④注意打印机周围清洁，切勿将纸屑或其他杂物掉入打印机内，以免造成损坏。

⑤在打印量过大时，应让打印量保持在30份以内，使打印机休息5~10 min，以免过热而损坏；重复的文件应打印一份后用复印机复印。

⑥双面打印时，要分批分次打，减少出问题的可能性。一面打印好之后，不要立即打印第二面，容易卡纸。可将纸反向卷一卷，压压平，等纸平整后再打印；第二面的放纸方法是：将打印好的页面整体翻过来向下，页面底部先进纸。

⑦遇到打印质量问题时，先打印一张打印测试页，检查有无质量问题。若有问题，仔细检查硒鼓表面是否良好。若表面仍然存在问题，此时与该打印机品牌维修中心联系。

⑧若遇到打印出来的纸张有平行的长边白线，说明碳粉不多了，此时将硒鼓取出，用手

晃动几下，幅度不宜过大，以免造成碳粉喷出，然后再打印。如果还不行，更换新的硒鼓。

⑨当用户打印文档过程中，送纸盒没有纸张或进纸有问题，打印机上的面板警示指示灯会不停闪烁，此时应先关闭打印机背面开关，从进纸盒将纸张放好，如发现纸张卡在硒鼓机内，应先将硒鼓取出，然后将卡在机内的纸张慢慢取出。

⑩放假或周末打印机不用时，一定要将电源切断，以防无人时出现事故。

10.4 课后练习

1. 详细阐述在 Windows 7 操作系统下安装打印机 HP LaserJet 1100（MS）驱动程序过程，并把该台打印机设置为默认打印机，完成后将打印测试打印出来。

2. 如何设置网络共享打印机？完成网络打印机的设置过程，通过打印管理器观察网络打印文档的效果。

3. 如何暂停、取消、变换打印文档的打印顺序？

4. 如何将一文档打印设置为打印奇数页（页码为 1，3，5，7，9，…）？

5. 如何将一文档打印设置缩放比例为 80%？

11.1 介绍复印机

通常所说的复印机，是指静电复印机，它是一种利用静电技术进行文书复制的设备。复印机的历史，最早要追溯到19世纪初，英国伯明翰的詹姆斯·瓦特发明了文字复制机（Letter Copying Machine），是今日数码复印机的前身。1938年10月，复印机的发明人切斯特·卡尔森正式为他的第一台复印机申请了专利。复印机的具体演变发展经历了五个阶段：

1. 第一阶段

20世纪初，文件图纸的复印主要用蓝图法和重氮法。重氮法比蓝图法方便、迅速，得到广泛的应用。后来又出现了染料转印、银盐扩散转印和热敏复印等多种复印方式。

2. 第二阶段

1938年，美国的卡尔森将一块涂有硫黄的锌板用棉布在暗室中摩擦，使之带电，然后在上面覆盖带有图像的透明原稿，曝光之后撒上石松粉末即可显示出原稿图像。这是静电复印的原始方式。

3. 第三阶段

1950年，以硒作为光导体，用手工操作的第一台普通纸静电复印机问世；1959年，又出现了性能更为完善的914型复印机。自此以后，复印机的研究和生产发展很快。静电复印已成为应用最广的复印方法。

4. 第四阶段

60年代开始了彩色复印的研究，所用方法基本上为三基色分解，另加黑色后成为四色复印。

5. 第五阶段

70 年代后期，在第三次国际静电摄影会议上发表了用光电泳方法一次彩色成像的研究报告，这比以前所采用的方法又前进了一步。到了 90 年代，又出现了激光彩色复印机。

复印机是从书写、绘制或印刷的原稿得到等倍、放大或缩小的复印品的设备。复印机复印的速度快，操作简便，与传统的铅字印刷、蜡纸油印、胶印等的主要区别是无须经过其他制版等中间手段，而能直接从原稿获得复印品。

11.1.1 复印机的分类

按工作原理，复印机可分为光化学复印、热敏复印、静电复印和数码复印四类。

1. 光化学复印机

光化学复印有直接影印、蓝图复印、重氮复印、染料转印和扩散转印等方法。直接影印法用高反差相纸代替感光胶片对原稿进行摄影，可增幅或缩幅；蓝图法是复印纸表面涂有铁盐，原稿为单张半透明材料，两者叠在一起接受曝光，显影后形成蓝底白字图像；重氮法与蓝图法相似，复印纸表面涂有重氮化合物，曝光后在液体或气体氨中显影，产生深色调的图像；染料转印法是原稿正面与表面涂有光敏乳剂的半透明负片合在一起，曝光后经液体显影再转印到纸张上；扩散转印法与染料转印法相似，曝光后将负片与表面涂有药膜的复印纸贴在一起，经液体显影后负片上的银盐即扩散到复印纸上形成黑色图像。

2. 热敏复印机

热敏复印是将表面涂有热敏材料的复印纸，与单张原稿贴在一起接受红外线或热源照射。图像部分吸收的热量传送到复印纸表面，使热敏材料色调变深即形成复印品。这种复印方法现在主要用于传真机接收传真。

3. 静电复印机

利用物质的光电导现象与静电现象相结合的原理进行复印。常用的感光体有硒鼓、氧化锌纸、硫化镉鼓和有机光导体带。复印方式有间接式和直接式之分。

4. 数码复印机

数码复印机是指首先通过 CCD（电荷耦合器件）传感器对通过曝光、扫描产生的原稿的光学模拟图像信号进行光电转换，然后将经过数字技术处理的图像信号输入激光调制器，调制后的激光束对被充电的感光鼓进行扫描，在感光鼓上产生由点组成的静电潜像，再经过显影、转印、定影等步骤，形成复印的产品，如图 11–1 所示。

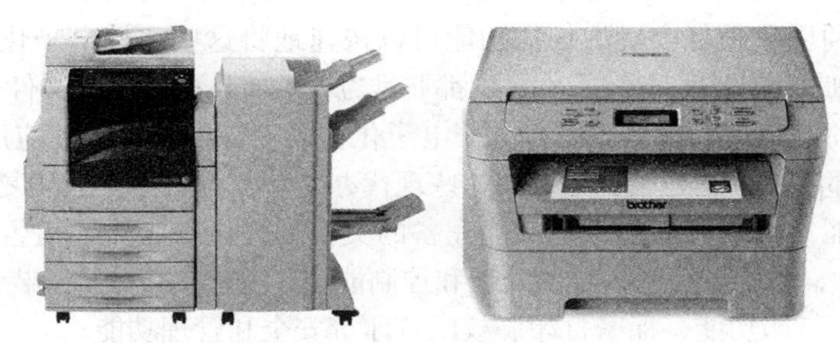

图 11-1 数码复印机

复印技术的发展很快，光导材料的性能不断提高，品种日益增多；复印机在控制性能方面不断改进，多数机器能自动和手动进纸，有些还能自动双面复印；复印机的应用范围日益扩大，各种新技术的不断采用，使它已逐渐超出单纯按原样复制文件和图纸的范围。

现在的复印机已经与现代通信技术、电子计算机和激光技术等结合起来，成为信息网络中的一个重要组成部分。在近距或远距的数据传输过程中，其可作为读取和记录信息的终端机，是现代办公自动化中不可缺少的设备。

11.1.2 数码复合机

由于人们在日常办公中经常要用到复印机，复印机在现代办公中成为不可缺少的办公设备，目前使用较多的是数码复合机，其主要功能如下。

1. 复印功能

复印功能是数码复合机的核心功能，可以彻底地取代普通复印机，作为办公中的复印设备。其复印性能和功能远远超出传统的复印机，不仅复印内容可以存储，而且可以衍生很多有特色的复印功能，例如，缩放复印、海报复印、名片复印、组合复印等，可以帮助用户实现多种非常实用的文件复印功能。

2. 打印功能

虽然是复合机的一种延展功能，但可以完全作为打印机使用，从打印速度、打印质量、纸张处理能力、打印功能方面与打印机完全一致，而在打印负荷和单页打印成本方面甚至要优于普通的打印机。而且在保密打印、存储打印、网络打印等技术上，与打印机领域保持了一致，即使在彩色发展潮流中，数码复合机与打印机领域也保持了同步，似乎没有理由将其排斥在打印领域之外。

3. 扫描功能

扫描功能同样是复印功能的一种延展，相较于普通的扫描仪，数码复合机的功能更加面向文档扫描，没有片面追求扫描分辨率和色深，但对于文档中的文字和图片扫描完全没有问题。其扫描速度、批量扫描能力、双面扫描能力又是普通扫描仪无法比拟的。文档电子化是数码复合机扫描功能的拓展，堆积如山的各种文档和票据的保存和管理是很多办公室头痛的问题，利用数码复合机的扫描功能可以快速地将这些文档电子化，以电子文件的方式保存在计算机中，分类、检索后再输出都非常方便，而且可以改善文件处理、传送流程，是提高办公效率的一个重要发展方向。文档电子化在欧美等发达国家的应用已经非常普及，国内在一些政府部门、行业、大型企业和一些现代办公室复合机中。数码复合机配置了很强大的处理和存储能力，本身就是一个功能完备的文档处理设备，除了衍生的扫描、增加的打印、传真功能外，还可以利用自身的处理和控制能力，完善文档分拣、装订功能，小册子、海报等特色复印、打印功能，保密打印、权限打印等安全和管理功能。

4. 网络功能

数码复合机可以接入网络，与信息系统和办公系统融合，成为企业信息化系统的重要组成部分。数码复合机相较于普通复印机的另一大改变是人机交互能力的大大加强，大尺寸液晶显示屏、触摸输入方式的引入，使其本身成为一种高度智能化、可独立操作运行的信息处理终端。

11.2 使用复印机

11.2.1 复印机的基本操作

复印功能是复印机的核心功能，复印的整个工序是一个光电变换的过程，这个过程并不复杂。办公室 OA 人员其实并不需要掌握这个原理，只需掌握复印机的使用和平时如何进行简单的维修和保养工作即可。

复印机的使用可以按以下步骤来进行操作。

首先打开电源，待机器预热结束后，可进行如下功能选择。

1. 常规复印

①拉开第一个纸盒，放入与原稿大小相同的纸张，关上纸盒。

②打开输稿器盖，放置原稿，使要扫描的原稿正面朝下，且与原稿玻璃上边和左边的原稿刻度对齐，合上输稿器。

③使用键盘指定所需复印的份数，可在 1~99 之间设置。

④按“开始”键，复印开始；如需停止复印，按“清除 / 复印”键。

2. 缩放复印

①在复印机操作面板上选择左侧的缩放功能。

②按▲或▼键，选择“固定”，然后按“OK”键。

③按▲或▼键，选择所需的缩放倍率，然后按“OK”键。

④按“开始”键，复印开始。

3. 双面复印

①将原稿的第一页放在原稿玻璃上。
②按操作面板上的“单面 / 双面”键。
③按▲或▼键，选择“单面→双面”，然后按“OK”键。
④待第一页扫描完后，将原稿的第二页放在原稿玻璃上，然后按“OK”键。
⑤双面复印开始。

4. 复印浓度设置

根据原稿类型可设置复印件的清晰程度：
①选择控制面板上的“浓度设置”→“手动设置”。
②按←（较淡）或→键（较浓），调整浓度。
③调整到位后按“OK”键确认。
④按“开始”键，复印开始。

11.3　复印机的选购和使用注意事项及故障排除

11.3.1　复印机的选购

选购复印机时，如何做到质优、价低、适用、实用就成为令消费者头痛的问题。当决定购买复印机的时候，面对种类繁多、性能各异的产品，一定有一种无所适从的感觉。因此，正确选择复印机就变得至关重要。事实上，生产厂家已为用户做出了相应的安排，对不同档次的复印机，厂家已在功能设置、耐久性、生产成本等方面做出了均衡的设计，使用者可根据业务量的大小、业务的性质特殊及要求做出相应的选择。下面就复印机的选购为大家提供一些建设性的建议。

1. 根据业务性质来选择

首先看所需复印的幅面有多大，如果是复印蓝图或工程图，则必须选择工程图复印机；如果复印一般的文件报表，那么应选最大的幅面为 A3 的复印机；如果所需复印的幅面不大，那么选 B4 或 A4 幅面的复印机会节省不少投资。

2. 根据业务量的大小来选择

有些业务量大的用户在选购复印机时，以低价为准，只选最便宜的。本应选购高速机型而错误地购买了低速机型，结果导致低速机型过度使用，故障频繁。对于“三资”企业、大中型企业而言，每月印量在 3 000~9 000 张的企业单位，应选一台速度在每分钟 25 张以上，功能全、容量大、性能稳定、耐久性强，价格在 20 000 元左右的复印机。

另有些客户一味追求豪华高档，认为价格越高，功能越完备，使用起来越得心应手。选择复印机是不是越高档越好呢？其实不尽然，如果业务量不大，使用高速复印机往往不能做到物尽其用，造成设备的浪费。对于中小型企业而言，每月印量在 3 000 张以下，选一台速度在每分钟 20 张以下，价格在 1.5 万元左右的中低速复印机就足够了。最好有 250 张的自动供纸盘，它可省去一张张送纸的麻烦。

对有特大印量的用户，月印量在 1 万张以上 10 万张以下者，应选用多功能高速复印机，同时选配送稿器和分页、装订器。这类高速复印机均很耐用，故障率极低，价格从 6 万到 10 万元左右有几种档次，因此听取熟练的业务员的推介是有益的。

3. 成本核算

因为复印机是个消耗性的设备，其内部的零部件有一定的使用寿命，如复印机的感光鼓、载体、碳粉等。所以，在购机时，一定要问清其消耗品的寿命及价格，如果选择不当，必将导致使用成本增加。

4. 售后服务：

复印机是集光学、电子、机械、化工为一体为精密设备。在使用过程中，需要做经常性的保养，这些保养须由专业性的人员进行。因此，在选购复印机时，一是要选择有较强专业维修能力、讲信誉的专业办公设备公司。精明的消费者应该认识到，价格并不是决定购买的全部内容，价值才是重要的（所谓价值就包含了合理的价格、优质的技术服务、充足的零配件供应等）。

11.3.2 复印机的使用注意事项及故障排除

复印机是办公设备的重要一类，提倡主动维修，使机器的停机时间处于最短，从而获得最佳使用效率和价值。复印机、打印机、传真机、证卡机等，是集光学、机械、电子技术为一体的精密办公设备，通过使用颗小的静电墨粉，利用静电原理，在感光材料上形成静电潜像，使微小的墨粉附在感光材料上，再将其转印到纸上，从而得到需要的副本。这个工序是利用静电的特性进行的。因此，在机器内部的传动部件、光学部件及高压部件上容易附着纸屑、飘浮的墨粉等，这些的存在只会影响复印的质量。但若放任不管，会增加机器的驱动负荷，妨碍热量的排除，也可能会造成机器故障。

要合理地使用复印机，就要尽可能地给复印机创造一个良好的工作环境，定期地清扫、整理、加油及调整复印机。为了省“小钱”，购买一些不合格的纸张、碳粉，这样反而会造成不必要的后果。为了延长复印机的使用寿命，节约维护成本，本书提出了一些复印机的故障排除方法：

复印机偶然卡纸，并非故障，但如果频繁卡纸，就需要检查维修了。首先，应了解在哪个部位卡纸，是供纸部位、走纸部位，还是定影部位。当然，这三个部位如有零件明显损坏，更换即可。但许多情况是整个传送机构无任何零件明显损坏，也无任何阻碍物，但却频繁卡纸，既影响工作效率，又影响操作人员工作情绪。对维修人员来说，有时往往几种因素交织在一起，影响诊断。

1. 供纸部位卡纸

这个部位卡纸，涉及的方面较多，首先应检查所用的纸是否合乎标准（如纸张重量、尺寸大小、干燥程度），试机时要用标准纸。纸盒不规则，也是造成卡纸的原因。可以这样来试：纸盒里只放几张纸，然后走纸，如果搓不进或不到位，可判定是搓纸轮或搓纸离合器的问题；如果搓纸到位，但纸不能继续前进，则估计是对位辊打滑或对位离合器失效所致。对有些机型，搓纸出现歪斜，可能是纸盒两边夹紧力大小不等引起的。另外，许多操作人员在插放纸盒时，用力过大，造成纸盒中上面几张纸脱离卡爪，也必然会引起卡纸。

2. 走纸部位卡纸

如在这个部位经常卡纸，应借助于门开关压板（一种工具），仔细观察这一部位运转情况，在排除了传送带、导正轮的因素后，应检查分离机构。由于不同型号的复印机，其分离方式不同，要区别对待。目前，国内流行的几种机型，其分离方式大致有三种：负压分离、分离带分离、电荷分离。具体检查、维修方法这里不详述，请参考其他资料。

3. 定影部位卡纸

当定影辊分离爪长时间使用后，其尖端磨钝或小弹簧疲劳失效后，都会造成卡纸。对有些机型，出纸口的输纸辊长时间使用严重磨损后，也会频繁卡纸。至于定影辊严重结垢后造成的卡纸，在一般机型上都是常见的情况。

4. 其他故障

因纸路传感器失效或其他电路故障造成的卡纸，属于另一类问题，应对照维修手册，借助仪器，做相应检查。

日常使用复印机时，应注意以下方面：

①外部环境：摆放复印机时，将机器放于干燥处，要远离饮水机、矿泉壶、水源。这样可防止由于室内潮湿造成的故障。

②通风：在潮气较大的房间内，要保持通风，以降低室内的湿度，可预防卡纸、印件不清等问题。

③预热烘干：每天早晨上班后，打开复印机预热，以烘干机内潮气。

④纸张防潮：保持纸张干燥，在复印机纸盒内放置一盒干燥剂，以保持纸张的干燥。在每天用完复印纸后，应将复印纸包好，放于干燥的柜子内。每次使用复印纸时，尽量避免剩余。

⑤电源：每天下班关掉复印机开关后，不要拔下电源插头，以使复印机内晚间保持干燥。

⑥阴雨天气：在阴雨天气情况下，要注意复印机的防潮。白天要开机保持干燥，晚间防止潮气进入机内。

11.4 课后习题

1. 练习操作：将一张单面 A4 纸张的内容，完全复印到两张 A4 单面上。
2. 练习操作：将一张单面 A4 纸张的内容，缩放 80% 复印到一张 A4 单面上。
3. 练习操作：将两张单面 A4 纸张的内容，双面复印到一张 A4 纸张上。
4. 练习操作：将八页单面 A4 纸张的内容，复印到一张双面 A3 纸张上。
5. 练习操作：将七页单面 A4 纸张的内容，复印到一张双面 A3 纸张上。
6. 练习操作：将一张横排单面 A4 纸张的内容，复印到竖排单面 A4 纸张上。

12.1　介绍传真机

传真机是应用扫描和光电变换技术，把文件、图表、照片等静止图像转换成电信号，传送到接收端，以记录形式进行复制的通信设备。

传真技术早在19世纪40年代就已经诞生了，比电话发明还要早30年。它是由英国发明家亚历山大·贝恩于1843年发明的。但是，传真通信是在电信领域里发展比较缓慢的技术，直到20世纪20年代才逐渐成熟起来，60年代后得到了迅速发展。近十几年来，它已经成为使用最为广泛的通信工具之一。

12.1.1　传真机的分类

传真机的分类方法有很多种，常见的传真机可以分为四大类：热敏纸传真机（也称为卷筒纸传真机）、激光式普通纸传真机（也称为激光一体机）、喷墨式普通纸传真机（也称为喷墨一体机）、热转印式普通纸传真机。传真机的工作原理很简单，即先扫描需要发送的文件并转化为一系列黑白点信息，该信息再转化为声频信号并通过传统电话线进行传送。接收方的传真机"听到"信号后，会将相应的点信息打印出来，这样，接收方就会收到一份原发送文件的复印件。但是四种传真机在接收到信号后的打印方式是不同的，它们的工作原理的区别也基本上在这些方面。

1. 热敏纸传真机

热敏纸传真机是通过热敏打印头将打印介质上的热敏材料熔化变色，生成所需的文字和图形。热转印由热敏技术发展而来，它通过加热转印色带，使涂敷于色带上的墨转印到纸上形成图像。最常见的传真机中应用了热敏打印方式，如图12-1所示。

热敏传真机最大的缺点就是功能单一，仅有传真功能，有些也兼有复印功能，但不能连接到电脑，相比喷墨 / 激光一体机，无法实现电脑到传真机的打印工作和传真机到电脑的扫描功能。还有就是硬件设计简单，分页功能比较差，一般只能一页一页地传。这类传真机在菜单设计上也比较简单，在传真特殊稿件时，很难手动调整深浅度、对比度等参数。

热敏纸传真机发展的历史最长，现在使用的范围也最广，技术也相对成熟，但是功能单一的缺点也比较突出。需要长期保存的传真资料还需要另外复印一次，这也比较麻烦。但是如果传真量比较大或者是传真需求比较高，而且也确实不需要扫描和打印功能的用户，热敏纸传真机是比较合适的选择。

2. 激光式普通纸传真机

激光式普通纸传真机是利用碳粉附着在纸上而成像的一种传真机，其工作原理主要是利用机体内激光束的开启和关闭，从而在硒鼓产生带电荷的图像区，此时传真机内部的碳粉会受到电荷的吸引而附着在纸上，形成文字或图像图形，激光传真机打印出的字体比较精细，有亮度，但使用成本比色带高，适合要求较高的场合，如图 12–2 所示。

图 12–1　热敏纸传真机

图 12–2　激光传真机

3. 喷墨式普通纸传真机

喷墨式传真机的工作原理与点矩阵式列印的相似，是由步进马达带动喷墨头左右移动，把从喷墨头中喷出的墨水依序喷布在普通纸上完成列印的工作。喷墨传真机最大的优点是可以打印出彩色的文件，但使用成本较高，并且如果墨盒长期放置不用，会干枯而不能再用。如图 12–3 所示。

4. 热转印式普通纸传真机

热转印式普通纸传真机的成像原理类似于针式打印机，用热敏头通过感热色带将文档打印到普通的纸上，如图 12–4 所示。色带使用成本较低，是普通纸传真机中使用成本最低的类型，但字体不够精细。适用于家庭办公和中小型企业等经常进行文档传输的用户。

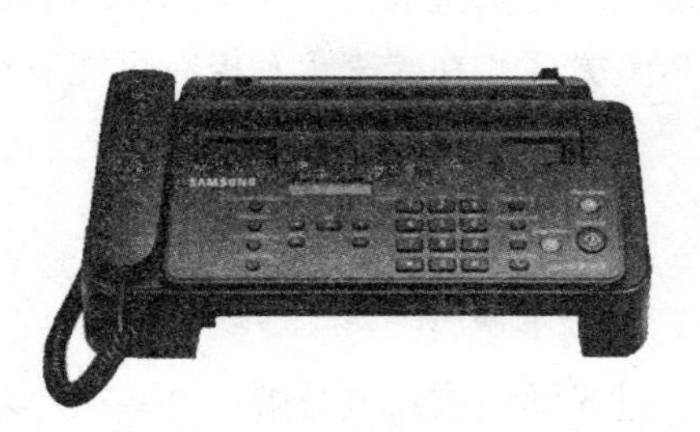

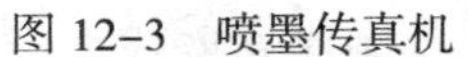
图 12-3 喷墨传真机

图 12-4 热转印传真机

按照它的用途，一般可分为以下几种：

1. 相片传真机

相片传真机是一种用于传送包括黑和白在内全部光密度范围的连续色调图像，并用照相记录法复制出符合一定色调密度要求的副本的传真机。相片传真机主要适用于新闻、公安、部队、医疗等部门。

2. 报纸传真机

报纸传真机是一种用扫描方式发送整版报纸清样，接收端利用照相记录方法复制出供制版印刷用的胶片的传真机。还有一种报纸传真机，称作用户报纸传真机，它装设在家庭或办公室内，通常用来接收广播电台或电视台广播的传真节目（整版报纸信息或气象预报等），直接在纸上记录显示。

3. 气象传真机

气象传真机是一种传送气象云图和其他气象图表用的传真机，又称天气图传真机，用于气象、军事、航空、航海等部门传送和复制气象图等。传送的幅面比一版报纸还要大，但对分辨率的要求不像对报纸传真机那样高。气象传真有两种传输方式：利用短波（3 ~ 30 MHz）的气象无线传真广播和利用有线或无线电路的点对点气象传输广播。气象传真广播为单向传输方式，大多数的气象传真机只用于接收。

4. 文件传真机

报纸传真机是一种以黑和白两种光密度级复制原稿的传真机。主要用于远距离复制手写、打字或印刷的文件、图表，以及复制色调范围在黑和白两种界限之间具有有限层次的半色调图像，它广泛应用于办公、事务处理等领域。按照文件传真机利用电信网、信号加工处理技术和传送标准幅面原稿时间的不同，又可分为在公用电话网上使用的一类传真机、二类传真机、三类传真机及在公用数据网上使用的四类传真机等。

随着喷墨 / 激光一体机技术发展的不断成熟，其强大的多功能性也不断在现代化的办公中得到广泛应用，对办公设备的利用率和工作效率的提高还是有比较大的帮助的。随着网络的发展与成熟，传统的传真机正在逐渐被新型的网络传真机取代。所谓网络传真机，是指不需要传真机，只要上网就可以收发传真的新型传真方式。在未来，它极有可能取代传统传真机而成为传真主流。

12.1.2 传真机的功能

传真机将需发送的原件按照规定的顺序，通过光学扫描系统分解成许多微小单元（称为像素），然后将这些微小单元的亮度信息由光电变换器件顺序转变成电信号，经放大、编码或调制后送至信道。接收机将收到的信号放大、解码或解调后，按照与发送机相同的扫描速度和顺序，以记录形式复制出原件的副本。传真机的主要功能如下：

（1）发送传真

如果要发送传真，用户首先需要将传真的文档放到纸槽中，再去拨打要发送传真的号码。如果对方设置了自动接收传真，接通后会自动回复接收信号；如果对方是手动接收，则当对方在线接收后，应请对方给出一个接收信号。发送方如果在接收到信号后，按传真机上的“开始/启动”键，然后将听筒放下即可。此时，传真机就会自动将要发送的文档传真出去。

（2）接收传真

接收传真的方法有两种：自动接收和人工接收。在自动接收状态下，即使旁边没有人在岗，传真机也会自动接收对方发送过来的传真文件；而在人工状态下，办公人员必须应答后才能接收对方的传真。

（3）数据自动接收电话录音

（4）拥有普通纸和热感纸的使用（使用热感纸时具有切纸功能）

（5）扫描功能

12.2 使用传真机

为了说明如何使用传真机，这里以热敏纸传真机为例进行讲解。热敏纸传真机有弹性打印和自动剪裁功能，还可以自己设定手动接收和自动接收两种接收方式。还有一个比较大的优点就是自动识别模式。当传真机被设定为自动识别模式时，传真机在响铃响 2 声后会停几秒钟，自动检测对方是普通话机打过来的还是传真机面板上拨号键打过来的。如果检测对方信号为传真信号，就自动接收传真；如果只检测到语音信号，就会自动识别这是通话信号而继续响铃，直到没有人接听后，再给出一个接收传真信号。这样的接收模式，比起自动接收方式更智能一些，可以尽量减少在误设为自动接收方式时丢失的来电。

12.2.1 传真机的安装与设置

1. 传真机安装的一般要求

安装时，应仔细对照装箱单或说明书清点随机附件或备件，拆除在运输过程中为保护机器而临时使用的胶纸带、垫块、塑料袋等防护品，然后擦净传真机的外表。传真机对安装环境的要求：

①应安装在无阳光直射的工作平台上，传真机的外壳都是由工程塑料制成的，长期处于阳光直射的环境下，会造成传真机外壳的老化变色。周围无腐蚀性气体、无振动、无尘，与墙壁之间要留有一定空隙，以利于散热通风；不要安装在窗户下面：传真机忌讳尘土，一旦尘土进入传真机的光学扫描系统，会影响传真机发送和复印的质量，尘土从窗户的缝隙中进入室内，放在窗下的传真机出现问题的可能性大大增加，清洁传真机扫描系统的工作，对专业维修人员来说虽然并不是很困难，但也应该尽量避免；另外，雨季如果窗户没关，雨水进入传真机，造成短路故障，将是一件很棘手的事情。

②交流电源应符合说明书要求，一般为 220（1± 10%）V。在电源电压经常超出这个范围的地方，应考虑使用稳压器。

③传真机周围不要有大功率的用电设备。应远离空调、电冰箱和电热水器等设备。大功率用电设备工作时会产生干扰，有可能对传真机的正常工作产生影响。尤其是这些设备与传真机共用一个电源插线板，产生的不良影响将会更大。空气相对湿度一般应为 35%~85%。

④装机位置不宜距电话线和市电电源过远。传真机需要电源供电，并且要和电话线连接，装机位置宜选择在距电源和电话线较近的地方。安装场所应有便于安装的专线或电话线，要有良好的接地线。

根据用户自己的要求，须对传真机进行一些必要的设置。一般最常用的是传真机时钟的设置、传真机自身电话号码的设置、单位名称的设置、接收状态（是手动还是自动）的设置及振铃次数的设置等。

2. 传真机的安装

传真机的线路连接与初始设定：

①按说明书中的接线团将外线（公用电话线）与传真机上接线端（一般标记为 L1、L2）相连。

②将电话机的两根线与传真机上相应端子（一般标记为 T1、T2）相连接。

③将传真机的电源线插入电源（220 V 交流电压）插座。

④将地线与传真机上的接地端子相连接。

⑤根据使用的是公用电话线还是专用线的实际情况，参照说明书，设定相应的硬件开关。

⑥传真机的发送电平通常为 0 ~ 15 dBm 连续可调，最低接收电平为 –43 dBm。安装时，可以根据估计的中继线长度和交换机所要求的接口电平标准，调到相应的输出电平。出厂

时，传真机的发送电平（输出电平）大都调定在 –5 ~ –7 dBm 范围内，一般情况下都能满足需要，如无特殊要求，用户无须再进行调整。

⑦根据机器使用的环境、外部条件和用户的实际要求，参照说明书中的操作步骤，设定相应的软件开关。其中主要是选择初始传输速率、区域代码、中继线均衡方式、管理报告输出等几项内容。

需要特别指出的是，以上各项并不都是必须进行的。实际上，机器出厂时的初始设定，已能够满足一般使用场所的需要。因此，在安装中只要将前 4 项完成，传真机就可正常工作了。后面的调整和设定不过是在一些特殊情况下才采取的步骤。尤其是在通信总是不成功或是很不顺利的情况下，如果能按照上面的步骤去操作，一般都会使通信情况得到改善，收到较好的效果。

12.2.2 传真机的使用方法

不同类型的传真机除了其操作控制面板、电路结构和外形不同外，通常它们的操作步骤也不一样，所以，各种传真机的使用，均应按其使用说明书进行。现将传真机一般操作使用方法概括如下。

1. 传真准备和注意事项

（1）传真准备

在传真前，通常要根据发报要求和传输信道质量情况对传真机工作状态和机内开关进行调整。

①传真机和电话机使用的是同一条电话线路，当开展传真业务时，必须将传真机后板上的“传真 / 电话”（FAX/TEL）开关拨向“传真”（FAX）的位置。

②当传输信道质量好时，应调整机内开关，使传真机采用 9 600 b/s 的高传输速率，并应用自动纠错功能，这样既可保证通信质量，又可缩短传输时间。

③若传输信道质量较差，可选择 4 800 b/s 或 2 400 b/s 较低的传输速率，这时自动纠错功能视情况而定。若线路质量非常差，就不应采用。

（2）注意事项

为了保证传真机正常无误地工作，一定要注意以下几点：

1）装纸

①记录纸的幅宽必须符合规格要求，纸卷两端不要卡得太紧。

②记录纸要卷紧后再安放到机内，运输前要将纸卷取出。

③注意记录纸的正反。纸的正面应对着感热记录头（没有经验的操作者可在纸的两面划几下，有划痕的一面为正面）。

④记录纸的纸头应按说明书上的规定装到指定的位置。

2）对原稿的要求

凡出现下列情况之一的原稿，都不能使用：

①大于技术规格规定的最大幅面的原稿。

②小于最小幅面（两侧导纸板之间的最小距离），或小于文件检测传感器所能检测到的最小距离的原稿。

③有严重皱折、卷曲、破损或残缺的原稿。

④过厚（大于 0.15 mm）或过薄（小于 0.06 mm）的原稿。

⑤纸上有大头针、回形针或其他硬物的原稿。

总之，若将不符合要求的原稿进行传输，则会在传真过程出现卡纸、轧纸、撕纸等故障现象，所以要特别注意。

3）放置文件

①一次放置的文件页数不能超过规定页数。

②文件面的朝向（朝上或朝下）须符合说明书的要求。

③文件顶端要推进到能够启动自动输纸机构的地方。

④发送多页文件时，两侧要排列整齐，靠近导纸板，前端要摞成楔形。

2. 试运行

为了检查传真机是否能够正常工作，常采用复印（copy）方式。因为传真机的复印过程实际上是自发自收，若复印的文件图像正常，就表明机器的各种技术性能也基本正常。反之，说明传真机有故障，需要修理。复印的具体操作步骤如下：

①接通电源开关，观察液晶显示屏是否出现“准备好”（READY），或检查指示灯亮否，若处于 READY 状态或灯亮，则表明机器可以发送或接收。

②将欲复印的原稿字面朝下放在原稿台导板上。

③选择扫描线密度的档次。一般置于“精细”级，此档的主扫描线密度为 8 点 /mm，副扫描线密度为 7.7 线 /mm。也可选择“标准”级或“超精细”级，不管选用那个档次，均有液晶显示或指示灯显示。

④原稿灰度调整。当原稿图文灰度非常黑时，将“原稿深浅”键置于“浅色”位置；若图文灰度较淡时，就将该键调至“深色”位置。

⑤最后按复印（COPY）键，再根据输出复印件（副本）的质量就可判断机器的好坏。

3. 发送方式

（1）发送文件前不进行通话

操作步骤如下：

①检查机器是否处于“准备好”（READY）状态。

②放置好发送原稿。

③选择扫描线密度和对比度。

④摘取话机手柄，拨打对方号码，并监听对方的应答信号（长鸣音）。

⑤按启动键（START），这时发送指示灯亮或液晶显示“TRANSMIT”，表明机器开始发送文件。

⑥挂上话机，等待发送结束并收取对方记录报告。

⑦根据报告上的差错情况，再进行重发，直至全部无误为止。

（2）发送文件前需要通话

操作步骤如下：

①、②、③步同上述。

④摘取话机手柄，拨通对方电话号码，并等待对方回答。

⑤双方进行通话。

⑥通话结束后，由收方先按启动键。

⑦当听到收方的应答信号时，发方按启动键，开始发送文件。

⑧挂上话机，等待发送结束，若发送出现差错，则应重发，直至收方正确接收为止。

（3）发送时的几点注意事项

①若按下“停止”（STOP）键时，发送马上停止，这时卡在传真机中的原稿，不能用手强行抽出，只能掀开盖板取出。

②在发送报文期间，不允许强抽原稿，否则会损坏机器和原稿。

③当出现原稿阻塞时，要先按“停止”（STOP）键，然后掀开盖板，小心取出原稿。若原稿出现破损，一定要将残片取出，否则将影响机器的正常工作。

④若听到对方的回铃音，而听不到机器的应答信号时，不要按启动键，应打电话问明情况后再做处理。

4. 接收方式

（1）自动接收

只有具有自动接收功能的三类传真机才能按此方式操作。在接收前，首先要检查接收机内是否有记录纸，各显示灯或液晶显示是否正常，只有当接收机处于“准备好”的状态时才能接收。自动接收时，无须操作人员在场。过程如下：

①电话振铃响一次，机器自动启动，液晶显示“RECEIVE”接收状态或接收指示灯亮，表示接收开始。

②接收结束时，机器自动输出传真副本，液晶显示“RECEIVE”消失或接收指示灯熄灭。

③机器自动回到“准备好”（READY）状态。

（2）人工接收

操作步骤如下：

①使机器处于“准备好”（READY）状态。

②当电话振铃响后，拿起话机手柄与对方通话。

③通话结束后，按发送方要求，按“启动键”（START）开始接收。

④挂上话机。

⑤若接收出差错或质量不好，可与发方联络，要求重发，直至得到满意的传真副本。

5. 查询方式

此方式是指在发方已经放置好文件原稿及按下“查询”键的情况下，由收方控制发方自动发送文件的过程。

（1）发方操作步骤

①设置查询发送的密码。

②放置好发送原稿。

③选择扫描线密度和对比度。
④按“查询”键，指示灯亮。
（2）收方操作步骤
①按预约设置好与发方一致的查询密码。
②拨发方的电话号码。
③收到发方机器的应答信号后，按“查询”键，接收指示灯亮，接收开始。

12.3 传真机的选购和使用注意事项及维护

12.3.1 传真机的选购

现在市场上的传真机类型很多，用户在选购传真机的时候，主要可以从品牌、技术指标、主要用途等方面进行综合全面的考虑。

1. 品牌

传真机按品牌和产地大致可分为：
日本品牌：日本产、东南亚产、大陆产，主要品牌有松下、兄弟、佳能、理光、夏普、三洋、东芝 OKI、NEC 等。
韩国品牌：韩国产、大陆产，主要品牌有大宇、三星等。
国产品牌：主要品牌有多元、夏华、大同、金宝等。
其他品牌：美国施乐、荷兰飞利浦等。

2. 技术指标

（1）分辨率
分辨率又称扫描密度，可分为垂直分辨率和水平分辨率。垂直分辨率是指垂直方向上每毫米的像素点数。选购传真机（三类传真机）国际标准的水平扫描密度为像素点 8/mm。垂直方向的扫描密度则可分为标准 3.85 线 /mm、精细 7.7 线 /mm、超精细 15.4 线 /mm。在选购传真机时，应注意是否具备超精细功能，一般而言，中、高档传真机均具有超精细功能。无超精细功能的传真机在复印或发送时，对细小文字、复杂图像的处理会丢掉某些细节，造成副本的可读性不强。
（2）有效记录幅面
有效记录幅面可分为 A4（210 mm）和 B4（252 mm）。一般来说，有效记录幅面为 A4 的，其有效扫描宽度为 216 mm；有效记录幅面为 B4 的，其有效扫描宽度为 256 mm（有的还可对 A3/280 mm 幅面的文件进行扫描）。A4 幅面的像素点每行为 1 728 位，B4 幅面的像素点每行为 2 048 位。有效记录幅面与有效扫描宽度是决定传真机价格的一个主要因素，同等功能条件下，B4 幅面的传真机往往比 A4 幅面的价格高许多。B4 幅面的传真机比较适合办公室用，可用于B4幅面文件的复印与收发传真。

（3）发送时间

发送时间是指传真机发送1页国际标准样张所需要的时间，发送时间一般在6~45 s之间。发送时间的长短，取决于传真机所采用的调制解调器速度、电路形式及软件编程。中、低档传真机的调制解调器速度最高为9 600 b/s，可自动调节为7 200/4 800/2 400 b/s，而高档传真机的调制解调器的最高速度为14 400 b/s，发送时间最快可达6秒。发送时间在9 s以下的为高档传真机。选购传真机时，这也是考量的参数。

（4）中间色调

中间色调又称灰度级，它是反映图像亮度层次、黑白对比变化的技术指标。传真机具有的中间色调的级数越多，其所记录与传输得到副本的图像层次就越丰富、越逼真。采用CCD作为扫描器的传真机，其中间色调可达64级；而采用CIS作为扫描器的传真机，其中间色调最多可达32级，一般均在16级以下。因此，对于经常需要对图像信息进行传真和复印的用户来说，选购传真机采用CCD扫描方式的为首选，并且应选择具有64级中间色调的传真机。

3. 主要用途

在购买传真机时，首先应从用途及功能上进行选择。是家用还是办公用？传真量大还是小？是否要录音？是否要普通纸？是否要多合一？等等。因为每增加一个功能，就要增加购买成本，所以要结合自己的实际使用情况，选一款性能价格比最适合自己的机器。

家用传真机与办公用传真机在功能设计上有许多不同，价格的差异也是相当大的。如果收发传真的数量不大，又没有大量的国内和国际传真业务，购买一般的家用机就可以了。现在的家用机设计都非常小巧，同时也增加了很多功能，如电话答录系统、电话储存、自动切纸、无纸接收、储存发送、保密传输、普通纸接收等原来办公用传真机才有的功能，价格较为低廉，一般700 ~ 2 000元的即能够用。

如果为商务用途，使用频率相当高，那么可以选择较为高级的，价格在2 000 ~ 20 000元的。选购时应注意：第一，传真机的速率。如果有大量的国际业务传真，那么高速传真机可节省大量的通信费用。第二，确定传真机传输和接收的幅宽。大多数传真机传送的都是A4幅宽，但很多文件会因幅面的限制而无法传送。如果经常有宽幅的文稿传送，就需要选择B4甚至A3的传真机。第三，要确定文件传送的质量要求。目前一般传真机的扫描密度大多为7.7线/mm的粗细型，只能传送大字体的文件；如果文件字体很小，对方就无法分辨了。因此，应选择15.4线/mm的超粗细型传真机。第四，很重要一点，确定是否采用普通纸接收的传真机。由于热敏纸无法长期保存，所以普通纸传真机就有明显优势，但其成本也相对较高。

12.3.2 传真机的使用注意事项及维护

1. 传真机的使用注意事项

①启用传真机以前，应当仔细阅读说明书，以便更好地使用传真机。

②切忌自己拆卸传真机部件。如接触设备内部暴露的电接点，将引起电击。应将传真机交给所在地经授权的传真机维修商维修。

③传真机只能在水平的、坚固的、稳定的台面上运行。

④在传真机的背面、底面均有通风孔。为避免传真机过热（将引起运转反常），不要堵塞和盖住这些孔洞。不应将传真机置于床上、沙发上或其他类似的柔软台面上。不应靠近暖风或热风机，传真机也不应放在通风不良的地方。

⑤传真机所用电源只能是设备上标注所指定的电源类型。

⑥应确认插在墙面电源插座上的所有设备所用的总电流不超过插座断路器的电流整定值。

⑦不允许电源软线挨靠任何物品。不要将传真机放置在电源软线会被踩到的地方。确认电源软线无绞缠、打结。

⑧不要使传真机靠近水或其他液体，如果设备上或设备内测到了水，应立即拔去电插头，并给所在地经授权的传真机维修商打电话。

⑨不要将小件物品（如大头针、订书针等）掉入传真机内，如果有东西掉入，应立即拔去设备电插销头，并给所在地授权的传真机维修商打电话。

2. 传真机的保养

（1）不要频繁开关传真机

因为每次开关机都会使传真机的电子元器件发生冷热变化，而频繁的冷热变化容易导致机内元器件提前老化，每次开机的冲击电流也会缩短传真机的使用寿命。

（2）尽量使用专用的传真纸张

在使用传真纸张时，使用传真机说明书推荐的传真纸张。劣质传真纸的表面粗糙度不太大，使用时会对感热记录头和输纸辊造成磨损。

（3）禁忌在使用过程中打开合纸舱盖

因为传真机的感热记录头大多装在纸舱盖的下面，打印时不要打开纸卷上面的合纸舱盖。打开或关闭合纸舱盖的动作不宜过猛。

（4）经常做清洁

要经常使用柔软的干布清洁传真机，保持外部的清洁。对于传真机内部，最好每半年清洁保养一次。

（5）使用环境很重要

传真机要避免受到阳光直射、热辐射，以及强磁场、潮湿、灰尘多的环境，防止水或化学液体流入传真机，以免损坏电子线路及器件。

12.4 课后习题

1. 现在市场上主流传真机品牌有哪些？各有哪些优势？

2. 现在有顾客对某传真机感兴趣，请结合传真机的功能、特点等为顾客做导购。

3. 阳光公司负责传真管理的小李秘书最近交了一个女朋友，每天下班后就急急忙忙赶去约会。眼看又要下班了，天地公司小陈秘书打来电话，说两小时后有个急件将以传真的方式传过来，需要面交阳光公司郑总。看着小李秘书着急的模样，如果你是小李秘书的同事，为了解决好这问题，你会为小李秘书提供哪些可行性建议呢？

4. 如何接收传真文件？如何设置自动接收和人工接收？

5. 在发送传真时，为什么原稿经常出现传送歪斜甚至卡纸现象？应如何处理这种情况？

第13章 扫描仪

13.1 介绍扫描仪

扫描仪（Scanner）是一种计算机外部仪器设备，是通过捕获图像并将其转换成计算机可以显示、编辑、存储和输出的数字化输入设备。照片、文本页面、图纸、美术图画、照相底片、菲林软片，甚至纺织品、标牌面板、印制板样品等三维对象，都可作为扫描对象。

1884年，德国工程师尼普科夫（Paul Gottlieb Nipkow）利用硒光电池发明了一种机械扫描装置，这种装置在后来的早期电视系统中得到了应用，到1939年，机械扫描系统被淘汰。虽然跟100多年后利用计算机来操作的扫描仪没有必然的联系，但从历史的角度来说，这算是人类历史上最早使用的扫描技术。

扫描仪是19世纪80年代中期才出现的光机电一体化产品，它由扫描头、控制电路和机械部件组成。其取逐行扫描技术，将得到的数字信号以点阵的形式保存，再使用文件编辑软件将它编辑成标准格式的文本储存在磁盘上。

13.1.1 扫描仪的分类

目前市场上出现的扫描仪种类繁多，主要可分为两大类型：滚筒式扫描仪和平面扫描仪，此外，近几年出现了笔式扫描仪、便携式扫描仪、胶片扫描仪和名片扫描仪。

1. 滚筒扫描仪

分为高档滚筒扫描仪和小型台式滚筒扫描仪。

滚筒式扫描仪是目前最精密的扫描仪器，它一直是高精密度彩色印刷的最佳选择。它也叫作“电子分色机”。它采用PMT（光电倍增管）光电传感技术，而不是CCD，能够捕获到正片和原稿的最细微的色彩。小滚筒式扫描仪，又称馈纸式扫描仪。这种产品绝大多数采用CIS（接触式感光器件）技术，光学分辨率为300 dpi。有彩色和灰度两种，彩色型号一般为 24 位彩色。也有极少数馈纸式扫描仪采用 CCD（光电耦合器件）技术，其扫描的效果明显优于 CIS 技术的产品。但由于结构的限制，其体积一般明显大于 CIS 技术的产品，如图 13–1 所示。

2. 平面扫描仪（又称平台或平板式扫描仪）

平面扫描仪使用的是光电耦合器件 CCD，故其扫描的密度范围较小。CCD 是一长条状有感光元器件，在扫描过程中用来将图像反射过来的光波转化为数位信号，平面扫描仪使用的 CCD 大都是具有日光灯线性陈列的彩色图像感光器。目前市面上大部分的扫描仪都属于平台式扫描仪，是现在的主流。这类扫描仪光学分辨率在 300~8 000 dpi 之间。色彩位数从 24 位到 48 位，扫描幅面一般为 A3 或者 A4。平台式的好处在于像使用复印机一样，只要把扫描仪的上盖打开，不管是书本、报纸、杂志还是照片底片，都可以放上去扫描，相当方便，而且扫描出的效果也是所有常见类型扫描仪中最好的，如图 13–2 所示。

图 13–1　滚筒扫描仪

图 13–2　平板式扫描仪

3. 笔式扫描仪

笔式扫描仪出现于 2000 年左右，初期产品的扫描宽度大约为四号汉字，使用时，贴在纸上一行一行地扫描，主要用于文字识别，代表产品有汉王、晨拓系列的翻译笔与摘录笔；另外一个代表是 2002 年引入中国，由 3R 推出的普兰诺（planon），其可进行文字与 A4 的图片扫描，其长 227 mm、宽 20 mm、高 20 mm，最大扫描幅度可达到 A4，其可应用于移动办公与现场执法；扫描分辨率最高可达到 400 dpi。到了 2012 年 3 月，3R 推出了第四代扫描仪、扫描笔——艾尼提（anyty）微型扫描仪 HSA619PW 与 HSAP700，其不仅可扫描 A4 幅度大小的纸张，而且扫描分辨率可高达 900 dpi，并以其 TF 卡即插即用的移动功能，可随处扫描可读数据，扫描输出彩色或黑白的 JPG 和 PDF 图片格式，如图 13–3 所示。

4. 便携式扫描仪

便携式扫描仪小巧、快速，2010 年市面上出现了多款全新概念的扫描仪，因其扫描效果突出，扫描速度快，价格适中，体积非常小巧，因而受到广大企事业办公人群的热爱，其中枫林 X200 这款扫描仪结合了市面上众多扫描仪的优点，如图 13–4 所示。

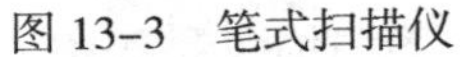

图 13-3 笔式扫描仪

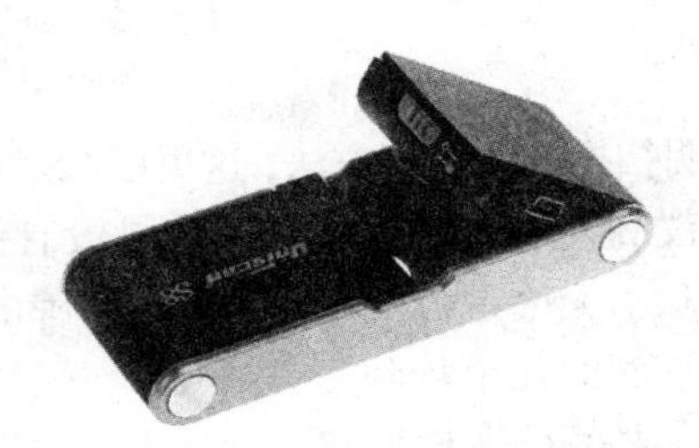

图 13-4 便携扫描仪

5. 胶片扫描仪

胶片扫描仪又称底片扫描仪或接触式扫描仪，其扫描效果是平板扫描仪不能比拟的，主要任务是扫描各种透明胶片，扫描幅面从 135 底片到 4 × 6 英寸甚至更大，光学分辨率最低也在 1 000 dpi 以上，一般可以达到 2 700 dpi 水平，更高精度的产品则属于专业级产品。现在市场上的胶片扫描仪大体分为两种：激光胶片扫描仪和医疗用胶片扫描仪。工业用的激光胶片扫描仪适用于各个工业领域，包括核能、石化、航空航天、军工、船舶及各类特种设备等行业。主要是用于工业无损检测（X 射线、γ 射线照相）后的底片数字化扫描。医疗用胶片扫描仪，光学密度也可达到 4.3，适用于医疗 X 光底片的数字化。发达国家大型的医院一般用 CR、DR、CT 和 MIR，很少有使用胶片扫描仪进行 X 光底片数字化的，唯一例外的是乳腺癌 X 光检查底片的数字化，如图 13–5 所示。

6. 名片扫描仪

名片扫描仪，顾名思义，能够扫描名片的扫描仪，以其小巧的体积和强大的识别管理功能，成为许多人办公人士的商务小助手。名片扫描仪是由一台高速扫描仪加上一个质量稍高一点的 OCR（光学字符识别系统），再配上一个名片管理软件组成的。

目前市场上主流的名片扫描仪的主要功能，一般以高速输入、准确的识别率、快速查找、数据共享、原版再现、在线发送、能够导入 PDA 等为基本标准。尤其是通过计算机可以与掌上电脑或手机连接使用这一功能越来越为使用者所看重。此外，名片扫描仪的操作简便性和携带便携性也是选购者比较的两个方面，如图 13–6 所示。

图 13–5 胶片扫描仪

图 13–6 名片扫描仪

13.2 使用扫描仪

为了能说明扫描仪的使用方法，这里以USB接口的EPSON V30扫描仪为例进行安装和使用。

这种扫描仪的安装非常简便，即使是没有使用经验的用户，也能在很短的时间内迅速安装好USB扫描仪。无论是什么型号、什么品牌的扫描仪，其具体的安装方法几乎都是一样的，一般都会遵循下面的几个步骤。

第一步：首先进行硬件连接，将方形的USB接头先插入扫描仪中，然后使用USB数据线把扫描仪与计算机的USB接口连接好；接着检查一下扫描仪是否将CCD扫描元件用锁固定住，如果固定将扫描仪开锁，并接通扫描仪和计算机的电源，随后计算机会自动检测到当前系统中的USB扫描仪，再根据屏幕的安装提示来完成扫描仪驱动程序和配置软件的安装。计算机安装完成后，会在计算机的桌面出现如图13-7所示的图标。

图13-7　EPSON V30扫描仪图标

第二步：安装结束后，可以利用扫描仪随机附带的编辑软件调出扫描软件的应用界面，如图13-8所示。

图13-8　启动扫描

第三步：按下“扫描”按钮，就能使用扫描仪了。扫描过程如图 13–9 所示。

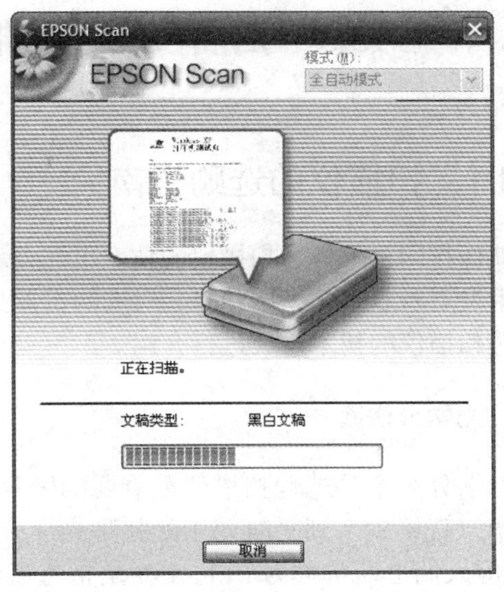

图 13–9 扫描过程

第四步：完成扫描后，在默认的文件夹 C:\Documents and Settings\Administrator\My Documents\My Pictures 中出现扫描后的图片，如图 13–10 所示。

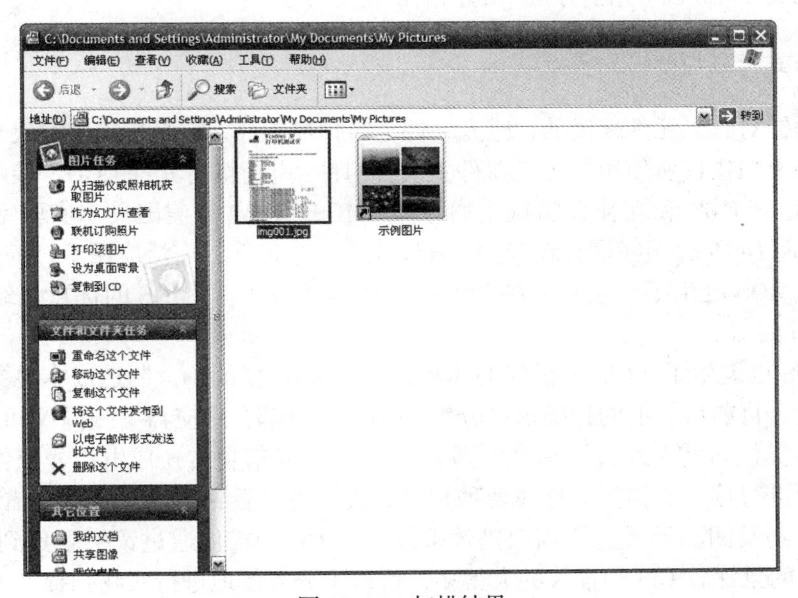

图 13–10 扫描结果

此外，安装这种类型的扫描仪时，还必须注意，在对扫描仪进行物理连接时，最好先打开与扫描仪相连的计算机系统，进入 CMOS 设置界面中，打开 BIOS 系统，确保打开通用序列总线设置；同时，在扫描仪安装结束后，重新启动计算机，以确保扫描仪的各项功能。

13.3　扫描仪的选购指南和使用技巧及注意事项

13.3.1　扫描仪的选购指南

就像打印机一样，扫描仪的技术也在日新月异地发展着，也越来越人性化，了解扫描仪的技术发展及未来的发展趋势，对选购机器是十分有利的。下面从选购时需要注意的参数入手，对扫描仪的技术发展进行介绍。

1. 光学分辨率

光学分辨率是选购扫描仪最重要的因素，扫描仪有两大分辨率，即最大分辨率和光学分辨率，直接关系到平时使用的就是光学分辨率，扫描仪的分辨率的单位严格定义应当是PPI，但人们也通常称为DPI。PPI是指每英寸的pixel数，一般使用横向分辨来判定扫描仪的精度，因为纵向分辨率可通过扫描仪的步进电动机来控制，而横向分辨率则完全由扫描仪的CCD精度来决定。刚开始的时候，主流光学分辨率为300 DPI，1999年之后为600 DPI，2000年以后逐步过渡到1 200 DPI，而现在，主流光学分辨率已经到了2 400 DPI。因此，现在普通用户购买2 400 DPI光学分辨率的扫描仪就足够了。

2. 扫描方式

这主要是针对感光元件来说的，感光元件也叫扫描元件，它是扫描仪完成光电转换的部件。目前市场上扫描仪所使用的感光器件主要有四种：电荷耦合元件CCD、接触式感光器件CIS、光电倍增管PMT和互补金属氧化物导体CMOS。1969年美国贝尔实验室发明了CCD（Charge Coupled Device，电荷耦合装置），其体积小、造价低，广泛应用于扫描仪。

1998年CMOS诞生了，它是一种新型的图像传感技术。CMOS的优点是结构简单，制造成本比CCD的低。

同年，CIS也诞生了。CIS扫描仪的体积比CCD扫描仪的小，制造成本也更少，但品质上还是比不上。目前市场上的扫描仪可分为CCD（光电耦合感应器）扫描仪和CIS（接触式图像扫描）扫描仪，前者通过镜头聚焦到CCD上，将光信号转换成电信号成像，后者紧贴扫描稿件表面进行接触式扫描。比较两种扫描方式，可以看到作为接触式扫描器件，CIS景深较小，对实物及凹凸不平的原稿扫描效果较差；CCD扫描仪通过镜头聚焦到CCD上直接感光，因此它的景深较CIS扫描仪的大得多，可以十分方便地进行实物扫描。一般现在选购扫描仪时，选择CCD的就可以了，而且市场上CCD扫描仪也是最多的。

3. 色彩位数

色彩位数是扫描仪所能捕获色彩层次信息的重要技术指标，高的色彩位可得到较高的动态范围，对色彩的表现也更加艳丽逼真。色位是影响扫描效果的色彩饱和度及准确度的。

色位的发展很快，从 8 位到 16 位，再到 24 位，又从 24 到 36 位、48 位。这与对扫描的物件色彩还原要求越来越高是直接相关的，因此，色位值越大越好。虽然目前市场上的家用扫描仪多为 48 位（36 位还将继续存在），但 48 位的扫描仪正在逐渐向主流行列迈进。

4. 接口类型

扫描仪的接口是指扫描仪与电脑主机的连接方式，是从 SCSI 接口发展到 EPP（Enhanced Parallel Port 的缩写）接口技术，而如今都步入了 USB 时代，并且多是 2.0 接口的。USB 接口作为近年新兴的行业标准，在传输速度、易用性及计算机相容方面均有较好的表现，自 1999 年推出以后，在家用市场的占有率节节上升，已经成为公认的标准。虽然目前市场上还能看到 EPP 接口的扫描仪，但是几乎所有的厂商都已经停产。

5. 软件配置及其他

扫描仪配置包括软件图像类、OCR 类和矢量化软件等，OCR 是目前扫描仪市场比较重要的软件技术，它实现了将印刷文字扫描得到的图片转化为文本文字的功能，提供了一种全新的文字输入手段，大大提高了用户工作的效率，同时也为扫描仪的应用带来了进步。

此外，对于家用扫描仪来说，除了分辨率、色彩位、接口类型外，还有其他一系列辅助的技术指标来增强易用性和其他功能。如 Microtek 系列扫描仪中配备了自动预扫描功能、“GO”键设计、节能设计等。由于快捷功能键的出现，简化了用户使用扫描仪的步骤。

13.3.2 扫描仪的注意事项

①一旦扫描仪通电后，千万不要热插拔 SCSI、EPP 接口的电缆，这样会损坏扫描仪或计算机，当然，USB 接口除外，因为它本身就支持热插拔。

②扫描仪在工作时不要中途切断电源，一般要等到扫描仪的镜组完全归位后，再切断电源，这对扫描仪电路芯片的正常工作是非常有意义的。

③由于一些 CCD 的扫描仪可以扫小型立体物品，所以，在扫描时应当注意：放置锋利物品时，不要随便移动，以免划伤玻璃，包括反射稿上的订书针；放下上盖时，不要用力过猛，以免打碎玻璃。

④一些扫描仪在设计上并没有完全切断电源的开关，当用户不用时，扫描仪的灯管依然是亮着的，由于扫描仪灯管也是消耗品（可以类比于日光灯，但是持续使用时间要长很多），所以建议用户在不用时切断电源。

⑤扫描仪应该摆放在远离窗户的地方，因为窗户附近的灰尘比较多，而且会受到阳光的直射，会减少塑料部件的使用寿命。

⑥由于扫描仪在工作中会产生静电，从而吸附大量灰尘进入机体影响镜组的工作。因此，不要用容易掉渣的织物（绒制品、棉织品等）来覆盖，可以用丝绸或蜡染布等进行覆盖，房间适当的湿度可以避免灰尘对扫描仪的影响。

13.3.3 扫描仪的使用技巧

扫描仪凭借其低廉的价格及优良的性能，已经成为人们心目中一种最实用的图像输入设备。但是，不可否认的是，扫描仪比较娇气，要想有效地使用它，还必须学会一些技巧：

（1）不能随意拆卸扫描仪

扫描仪是一种比较精致的设备，它在工作时需要用到内部的光电转换装置，以便把模拟信号转换成数字信号，然后再送到计算机中。这个光电转换装置中的各个光学部件对位置要求是非常高的，如果擅自拆卸扫描仪，不小心就会改动这些光学部件的位置，从而影响扫描仪的扫描成像工作。因此，扫描仪出现故障时，不要擅自拆修，一定要送到厂家或者指定的维修站去；另外，在运送扫描仪时，一定要把扫描仪背面的安全锁锁上，以避免改变光学配件的位置，同时要尽量避免扫描仪震动或者倾斜。

（2）保护好光学成像部件

光学成像部件是扫描仪中的一个重要组成部分，工作时间长了，光学部件上落上一些灰尘也是很正常的，但是如果长时间使用扫描仪而不注意维护，那么光学部件上的灰尘将越聚越多，这样会大大降低扫描仪的工作性能，例如，反光镜片、镜头上的灰尘会严重降低图像质量，出现斑点或减弱图像对比度等。另外，在使用过程中，手碰到玻璃平板而在平板上留下指纹，也是不可避免的，这些指纹同样也会使反射光线变弱，从而影响图片的扫描质量。因此，应该定期地对其进行清洁。清洁时，可以先用柔软的细布擦去外壳的灰尘，然后再用清洁剂和水对其认真地进行清洁。接着再对玻璃平板进行清洗，由于该面板的干净与否直接关系到图像的扫描质量，因此，在清洗该面板时，先用玻璃清洁剂擦拭一遍，接着再用软干布将其擦干擦净。用完以后，一定要用防尘罩把扫描仪遮盖起来，以防止更多的灰尘来侵袭。

（3）正确安装扫描仪

扫描仪并不像普通的电脑外设那么容易安装，根据其接口的不同，扫描仪的安装方法是不一样的。如果扫描仪的接口是USB类型的，就应该先在计算机的“系统属性”对话框中检查USB装置是否工作正常，然后再安装扫描仪的驱动程序，之后重新启动计算机，并用USB连线把扫描仪接好，随后计算机就会自动检测到新硬件，接着根据屏幕提示来完成其余操作就可以了。如果扫描仪是并口类型的，在安装之前必须先进行BIOS设置，在I/O Device configuration选项里把并口的模式改为EPP，然后连接好扫描仪，并安装驱动程序就可以了。

（4）消除扫描仪的噪声

扫描仪在长期工作后，可能会在工作时出现一些噪声，如果噪声太大，应该拆开机器盖子，找一些缝纫机油滴在卫生纸上将镜组两条轨道上的油垢擦净，再将缝纫机油滴在传动齿轮组及皮带两端的轴承上（注意油量适中），最后适当调整皮带的松紧。

（5）正确摆放扫描对象

在实际使用图像的过程中，有时希望能够获得倾斜效果的图像，一般是通过扫描仪把图像输入电脑中，然后使用专业的图像软件进行旋转，以使图像达到旋转效果，但是这种过程很浪费时间，根据旋转的角度大小，图像的质量会下降。如果事先就知道图像在页面上是如何放置的，那么使用量角器在平台上将原稿放置成精确的角度，会得到最高质量的图像，而不必在图像处理软件中再做旋转。

（6）选择合适的分辨率

扫描分辨率须根据用户的实际应用需求决定。由于扫描仪的最高分辨率是由插值运算得到的，用超过扫描仪光学分辨率的精度进行扫描，对输出效果的改善并不明显，而且大量消耗电脑的资源。如果扫描是为了在显示器上观看，扫描分辨率设为100即可；如果为打印而扫描，采用300的分辨率即可，要想将作品通过扫描印刷出版，至少需要用到300 DPI以上的分辨率，当然，若能使用600 DPI则更佳。

（7）最好进行预扫描

许多用户在扫描尺寸较大的照片或者文稿时，为了节约扫描时间，总会跳过预扫步骤。其实，在正式扫描前，预扫功能是非常必要的，它是保证扫描效果的第一道关卡。通过预扫有两个方面的好处：一是在通过预扫后的图像可以直接确定自己所需要扫描的区域，以减少扫描后对图像的处理工序；二是观察预扫后的图像的色彩、效果等，如不满意，可对扫描参数重新进行设定，调整之后再进行扫描。

（8）选择合适的扫描类型

选择合适的扫描类型，不仅有助于提高扫描仪的识别成功率，还能生成合适尺寸的文件。通常扫描仪可以为用户提供照片、灰度及黑白三种扫描类型，在扫描之前必须根据扫描对象的不同选择合适的扫描类型。“照片”扫描类型适用于扫描彩色照片，它要对红绿蓝三个通道进行多等级的采样和存储，这种方式会生成较大尺寸的文件；“灰度”扫描类型则常用于既有图片又有文字的图文混排稿样，该类型兼顾文字和具有多个灰度等级的图片，文件尺寸适中；“黑白”扫描类型常见于白纸黑字的原稿扫描，用这种类型扫描时，扫描仪会按照1个位来表示黑与白两种像素，而且这种方式生成的文件尺寸是最小的。

（9）正确扫描文稿

现在不少人为了避免输入汉字的麻烦，开始使用扫描仪来输入文稿；为了保证扫描仪有较高的识别率，应该确保扫描的稿件要清晰，在其他条件相同的前提下，对一般印刷稿、打印稿等的识别率可以达到95%以上；而对复印件和报纸等不太清晰的文章进行识别，大部分OCR软件的识别率都不是太高。当用户需要扫描厚度较大的文稿时，若直接扫描，难免会发生文稿内部因无法完全摊开而导致部分文字不清晰及扭曲失真的情况，这样的结果是OCR软件无法正确识别的，大大降低了识别率。因此，在扫描前，最好将文稿拆成一页页的单张，然后再进行扫描。对于一般的报纸，由于本身即是单张形式，因此不存在上述问题，但由于报纸面积通常较大，无法一次扫描，因此预扫时事先框选扫描范围，一次扫描一块区域，这样的辨识效果会大大提高。

（10）调整好亮度和对比度

为了能获得较高的图像扫描效果，应该学会调整亮度和对比度，例如，当灰阶和彩色图像的亮度太亮或太暗时，可通过拖动亮度滑动条上的滑块，改变亮度。如果亮度太高，会使图像看上去发白；亮度太低，则太黑。拖动亮度滑块，使图像的亮度适中。对于其他参数，可以按照同样的调整方法进行局部修改，直到效果满意为止。

（11）巧妙扫描胶片

普通扫描仪是不能扫描透明胶片的，必须用具有透扫适配器的扫描仪才能进行，不过具有这个功能的扫描仪价格比较高昂。那么我们能不能用普通扫描仪来扫描胶片呢？答案当然是肯定的，不过需要对普通扫描仪进行改造。首先要把普通扫描仪内部的光源关闭（这个步骤操作起来难度较大，如果操作水平不高，不要轻易尝试），然后在待扫胶片背部添加一光源就可以了。扫描时，在扫描仪平台的剩余部分要用黑纸遮住，以防露光。至于新增光源，可用最常见的日光灯。光源的位置不要离扫描仪太近，最好为 8 cm 左右。

（12）校正好扫描色彩

为了能使色彩丰富的彩照获得更高的逼真度，在扫描仪之前应该校正好扫描色彩位数。校正时，首先选择好扫描仪标称色彩位数，并扫描一张预定的彩照，同时将显示器的显示模式设置为真彩色，与原稿比较一下，观察色彩是否饱满，有无偏色现象。要注意的是：与原稿完全一致的情况是没有的，显示器有可能产生色偏，以致影响观察，扫描仪的感光系统也会产生一定的色偏。大多数高、中档扫描仪均带有色彩校正软件，但仅有少数低档扫描仪带有色彩校正软件。先进行显示器、扫描仪的色彩校准，再进行检测。

（13）计算好输出文件的尺寸

当扫描一幅照片时，扫描仪就会在硬盘上生成一个图像文件。此文件所占据硬盘空间的大小是与所扫描照片的大小、复杂程度及扫描时设置的分辨率直接相关的，因此，在扫描时，应该设置好文件尺寸的大小。通常，扫描仪能够在预览原始稿样时自动计算出文件大小，但了解文件大小的计算方法更有助于在管理扫描文件和确定扫描分辨率时做出适当的选择。

（14）善用透明片配件

许多用户发现扫描仪购买回来后，还附带一个透明片配件，这个配件到底是干什么用的呢？不少用户感到很茫然，其实该配件是配合平板扫描仪来扫描透明片的。为了得到透明片或幻灯片的最佳扫描效果，将图片安装在玻璃扫描床上，反面朝下（反面通常是毛面）。用黑色的纸张剪出图形，覆盖除稿件被设置的地方之外的整个扫描床。这将在扫描期间减少闪耀和过分曝光。

（15）寻找理想的扫描位置

在摆放扫描稿时，通常都是沿着扫描平板的边缘摆放，其实扫描平板的边缘并不是最佳的扫描区域，那么扫描平板上的什么位置是最佳扫描区域呢？这个最佳扫描摆放位置是经过多次测试和寻找得到的，其具体寻找方法为：首先将扫描仪的所有控制设成自动或默认状态，选中所有区域，接着再以低分辨率扫描一张空白、白色或不透明的样稿；然后再用专业的图像处理软件 Photoshop 来打开该样稿，使用该软件中的均值化命令（Equalize 菜单项）对样稿进行处理，处理后就可以看见在扫描仪上哪儿有裂纹、条纹、黑点。可以打印这个文件，剪出最好的区域（也就是最稳定的区域），以帮助放置图像。

13.4 课后习题

1. 常用扫描仪有几种类型？你能说说实训机房中的扫描仪是哪种类型吗？它的具体作用是什么？

2. 简述使用 OCR 专用软件完成书籍文稿的扫描方法，操作演示一次并写出操作步骤。

3. 动手操作：将自己的身份证（正、反两面）扫描到计算机中，将扫描后的身份证加上“此身份证只作为上机练习使用，复印无效”字样，保存到自己的U盘中。

参考文献

[1] 李建俊 . 办公自动化实用教程（Office 2010）（第 2 版）[M]. 北京：电子工业出版社，2016.

[2] 马永涛 . 现代化办公自动化（第 2 版）[M]. 北京：机械工业出版社，2016.

[3] 郭春燕 . 办公自动化（第三版）[M]. 北京：高等教育出版社，2016.

[4] 陈平 . 新编高级办公自动化教程 [M]. 南京：东南大学出版社，2016.

[5] 徐津 . 办公自动化案例教程（Windows 7+Office 2010）[M]. 北京：电子工业出版社，2016.

[6] 刘喜军，张丽 . 办公自动化 [M]. 北京：科学出版社，2015.

[7] 黄培周，江速勇，陈加元 . 办公自动化任务驱动教程 [M]. 北京：中国铁道出版社，2015.

[8] 韩伟颖 . 办公自动化高级教程 [M]. 天津：天津大学出版社，2015.

[9] 九天科技 .Word/Excel 2010 高效办公——从新手到高手 [M]. 北京：中国铁道出版社，2013.

[10] 杨威 . 办公自动化实用教程 [M]. 北京：人民邮电大学出版社，2015.

[11] 赛贝尔资讯 .Excel 函数与公式应用技巧 [M]. 北京：清华大学出版社，2014.

[12] 宋玲玲 . 办公自动化应用案例教程（第 2 版）[M]. 北京：电子工业出版社，2014.

[13] 张震，任秀娟，徐辉增 . 办公自动化 [M]. 北京：北京师范大学出版社，2012.

[14] 成昊，魏彦华 . 新概念——文秘与办公自动化教程 [M]. 北京：科学出版社，2011.

[15] 上海市计算机应用能力考核办公室 . 办公自动化（第 6 版）[M]. 上海：复旦大学出版社，2010.